**A Sense
of
the Future**

과학과 인간의 미래

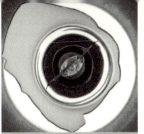

A Sense
of
the Future

Essays in Natural
Philosophy

과학과 인간의 미래

제이콥 브로노우스키 지음 | 임경순 옮김

三

김영사

과학과 인간의 미래

저자_ 제이콥 브로노우스키
역자_ 임경순

1판 1쇄 인쇄_ 2011. 9. 1.
1판 1쇄 발행_ 2011. 9. 14.

발행처_ 김영사
발행인_ 박은주

등록번호_ 제406-2003-036호
등록일자_ 1979. 5. 17.

경기도 파주시 교하읍 문발리 출판단지 515-1 우편번호 413-756
마케팅부 031)955-3100, 편집부 031)955-3250, 팩시밀리 031)955-3111

값은 뒤표지에 있습니다.
ISBN 978-89-349-5464-4 04500
      978-89-349-5488-0 (세트)

독자의견 전화_ 031)955-3200
홈페이지_ http://www.gimmyoung.com
이메일_ bestbook@gimmyoung.com

좋은 독자가 좋은 책을 만듭니다.
김영사는 독자 여러분의 의견에 항상 귀 기울이고 있습니다.

인간의 얼굴을 한 과학을 찾아서

광우병, 구제역, 신종 플루, 내분비계 교란 물질 그리고 지구 온난화와 엄청난 규모의 자연 재앙 등 현재 우리는 미래에 닥칠지도 모르는 과학 기술과 관련된 수많은 위험 속에서 하루하루를 살고 있다. 원자력 발전은 우리에게 편리한 전기 문명의 혜택을 제공하지만 우리는 방사능에 의한 치명적인 위협을 항상 느끼며 현재의 안락함을 누려야 한다. 그토록 안전성을 강조하던 일본의 원자로도 쓰나미라는 자연의 대재앙 앞에서 여지없이 무너지고 주변국은 말할 것도 없고 전 세계 사람들을 공포로 몰아넣었다. 프랜시스 베이컨은 과학 기술이 인류 복지를 위해 기여할 것이라고 기대했지만 과학 기술이 우리에게 항상 장밋빛 미래만을 보장해준 것은 아니었다. 과학 기술의 사회적 변형력이 엄청나게 확대된 오늘날, 인간은 과연 앞으로도 행복한 미래를 보장할 수 있을까?

이미 40년 전에 집필된 브로노우스키의 책은 오늘날에도 미래를 대비하는 우리에게 매우 깊고 심오한 통찰력을 제시하고 있다. 출판 당시 그의 책은 양심적인 휴머니스트 과학자의 선구자적인 외침으로 많은 사람들로부터 주목을 받았다. 현대 과학 기술의 진행 과정에 대해 우려를 느꼈던 많은 과학 분야 종사자들은 자신의 전문 분야인 과학 기술의 영역을 넘어 철학, 역사학, 문학, 사회 과학 등 다른 분야에도 관심을 돌리기 시작했다. 이 책은 당시에 이렇게 새로운 돌파구를 찾던 많은 젊은 학자들에게 자신의 미래 학문 분야를 선택할 때 좋은 이정표가 되었다.

우리가 브로노우스키의 책에 대해 오늘날에도 지속적으로 관심을 가지게 되는 주된 배경은 그가 그토록 고민했던 문제들이 오늘날 우리가 직면하고 있는 대표적인 사회 문제가 되었기 때문일 것이다. 과학 기술의 발전 덕분에 사회는 놀라운 속도로 변화되었고, 미래는 이제 더욱 불확실하게 되었다. 우리 주변에서는 미래 사회를 예측하고 이것을 대비하기 위한 다양한 노력이 나타나고 있다. 이런 까닭에 불확실한 글로벌 위험 사회 시대에 살고 있는 우리는 반세기 전에 한 휴머니스트 과학자가 외쳤던 말에 다시 귀를 기울이게 된 것이다.

불확실한 미래를 대비하고 그 해결책을 준비하기 위해 브로노우스키는 자연의 통일성과 의미를 부여하는 개념을 창조하는 과학뿐만 아니라 인간의 존엄성, 자유, 존경, 관용과 같은 윤리 의식을 강조했다. 최근에 와서 우리 주변에서는 줄기세포, 인간 복제, 생명 의료 윤리, 정보화 윤리 등 과학 기술과 관련된 다양한 윤리 문제가 사회적, 학문적으로 중요한 관심사로 떠오르면서 과학과 윤리 문제에 대한 브로노우스키의 관심이 오늘날 다시 조명을 받고 있는 것이다.

과학과 윤리에 대한 브로노우스키의 관심은 핵무기 개발과 과학자들의 책무에 대한 고전적인 문제에서 출발했다. 과학 기술은 인류에게 항상 희망에 찬 유토피아와 어두운 그림자라는 두 얼굴로 다가왔다. 20세기 초 퀴리 부부가 방사성 원소와 핵에너지에 대해 연구할 때 사람들은 자신의 몸을 돌보지 않으면서 헌신적으로 인류 복지를 위해 일하는 과학자의 모습을 존경의 눈으로 바라보았다. 하지만 핵에너지가 핵무기로 응용되어 실제로 전쟁에 활용되면서 과학자들은 인류에게 무한한 행복을 주는 게 아니라 세상을 파멸로 이끌지도 모른다는 의구심이 싹트게 되었다.

지구 전체를 위기로 몰아넣은 두 차례의 세계 대전을 통해 과학 기술의 사회적 영향력은 엄청나게 커졌다. 제2차 세계 대전 중에 과학 기술의 역량이 전쟁의 승패를 좌우하는 중요한 요소라는 것이 분명하게 인식되었고 과학 기술은 정부 차원의 엄청난 지원을 받게 되었다. 제2차 세계 대전 이후 냉전 기간 중에도 과학 기술의 군사적 연구는 오히려 더욱 증가했다. 냉전 시기의 군비 경쟁에는 미국 유수의 대학들과 산업체들도 깊이 관여했다. MIT는 링컨연구소를 중심으로 SAGE 계획의 일환으로 방공망 체계 구축에 관한 연구가 진행되었다. 스탠퍼드 대학과 그 주변의 실리콘 밸리는 우주 개발 및 미사일 개발과 긴밀한 연관을 맺으면서 성장했다. 미국과 구 소련을 필두로 세계의 여러 국가에서 나타난 과학 기술의 군사화는 과학자들이 지녀야 할 연구 윤리 문제를 더욱 복잡하게 만들었다.

군사 무기를 연구하는 과학자들은 과연 윤리적으로 정당한 일을 하고 있는가? 브로노우스키는 핵무기를 개발한 과학자일지라도 그 개발 과정에서도 심오한 인간애와 도덕 의식을 찾을 수 있다고 강변한다. 플루토늄 핵폭탄을 개발하다가 실수로 핵무기가 폭발 위기에 봉착하자 자신을 희생함으로써 핵 위험으로부터 동료들을 구한 슬로틴Louis Slotin이라는 원자 물리학자의 이야기는 과학과 윤리의 문제를 다시 넓고 깊이 생각하도록 만든다.

과학의 제도화에 따르는 지식의 정치 경제 역시 브로노우스키가 다룬 중요한 문제였다. 최근에 우리 사회에서는 대학의 구조 조정 문제가 첨예화되었고, 다른 한편에서는 연구 개발의 상업화 문제가 불거지고 있다. 이 과정에서 과학 기술과 관련된 지식의 정치 경제 문제가 우리 사회의 핵심적인 관심 사안으로 떠오르고 있다. 1980년대 이후에 미국을 비롯한 세계 유수의 대학들이 점차 상업화의 길로 접어들면서 긍정적 측면과 아울러 부정적 측면도 동시에 나타나고 있다. 즉 수요자 및 시장 중심의 대학 운영을 하면서 대학은 재정의 확대, 우수 학생 모집, 첨단 연구 능력의 향상, 경제 성장에 대한 능동적 기여의 측면에서 긍정적인 성과를 거두었다. 하지만 이 과정에서 대학 등록금이 엄청나게 인상됨으로써 학생들의 부담이 증가하여 우리나라에서도 등록금 문제는 대학생들의 최고 관심사로 부상되었다. 또한 공공의 목적에 기여하는 대학의 사명도 퇴색되었고, 대학의 독립성 및 학문의 자율성이 훼손되었으며, 지식에 대한 공정한 중재자로서의 대학의 위상도 흔들리기 시작했다. 브로노우스키가 오래전에 우려했던 지식의 정치 경제는 이제 우리 사회가 직면한 핵심 문제가 된 것이다.

브로노우스키가 관심을 가졌던 과학과 예술의 통합적인 연구도 오늘날 우리에게 시사하는 바가 크다. 21세기에 들어와 가장 많이 언급된 말 가운데 하나가 융합이라는 말일 것이다. 과학 기술은 과거의 지식 발전에서 보여주던 단순한 결합, 통합, 학제 간 협력 차원을 넘어서 아예 새로운 융합의 단계로 발전했다. 분자 생물학, 나노테크놀로지, 생물 정보학, 지능형 로봇 공학 등은 이런 경향을 보여주는 대표적인 학문 분야라고 할 수 있다. 과학 기술 분야 내부뿐만 아니라 과학 기술, 인문 사회, 문화 예술 등 과거에는 서로 이질적이던 분야들도 서로 접합되어 새로운 창조의 영역을 개척하고 있다. 인문 예술과 IT 분야의 융합을 통해 세계의 정보 통신 시장이 개편되고 있는 것이 그 대표적인 예라고 할 수 있다.

브로노우스키는 과학적 창조성와 예술적 창조성 사이의 유사성을 일찍이 간파하고 이 두 세계를 서로 연결시키려고 노력했다. 그는 새로운 열복사 이론을 제기해서 양자론의 서막을 열었던 막스 플랑크가 지녔던 상상력과 통찰력을 윌리엄 블레이크의 시에서도 똑같이 느낄 수 있다고 역설하고 있다. 과학자들이나 예술가들이나 모두 독창성을 강조하고 있고, 과학과 예술은 모두 창조의 과정이라는 측면에서 유사성을 지니고 있다.

물리학과 수학을 교육 받은 그가 나중에 생물학에 관심을 갖게 된 것도 물리학에서 생명 과학으로 학문의 중심이 옮겨가는 것을 예측했던 그의 혜안 가운데 하나였다. 과학 철학에서도 처음에는 물리 과학에 바탕을 두고 연구되던 주제들이 점차 생명 과학의 문제로 확대되고 있다.

인간의 언어와 동물의 언어에 관한 연구도 최근에 많은 성과를 이룩하고 있다. 또한 브로노우스키가 관심을 가졌던 동물 행동학은 분자 생물학의 성과와 결합되어 사회 생물학이라는 새로운 분야로 발전했다. 사회 생물학은 유전학적 결정론의 입장을 지니고 있기 때문에 문화적인 요소를 강조하는 학자들과, 특히 종교계에서 커다란 반발을 불러일으켰다. 사회 생물학이 우리 사회에서 어떤 역할을 해야 할 것인가에 대해서도 브로노우스키는 많은 선구적인 비교 연구를 통해 우리가 선택해야 할 미래의 모습을 보여주고 있다.

브로노우스키는 인간 지성의 발달에 자연에 대한 이해가 커다란 역할을 했다고 생각한다. 우선 그는 자연에 대한 이해를 통해 우리 인간성과 인간의 조건에 대한 보다 폭넓은 이해를 할 수 있다고 주장하고 있다. 우리 인간이 로봇과 다른 점은 외부 세계의 경험을 통해 끊임없이 적응하고 변화하는 데 있다. 진화 과정에서 허용 한계의 중요성을 강조한 브로노우스키의 주장도 오늘날 우리가 새겨들어야 할 대목이다.

인류의 진화 과정에서 과연 우리가 살아남을 수 있을 것인가에 대해서도 브로노우스키가 제시한 통합적인 이해가 필요하다. 브로노우스키는 네안데르탈인은 멸종했지만 그 방계의 일부가 현생 인류로 이어진 것으로 보았다. 하지만 분자 생물학과 유전 공학의 발전에 힘입어 새롭게 등장한 유전자 감식 결과, 네안데르탈인은 현생 인류에 의해 전멸당한 것으로 판명되었다. 코소보의 대학살처럼 엄청난 인종 청소에 의해 우리 인류가 지구 역사의 무대에 등장한 것이다. 우리 인류는 미래에도 인간성을 유지하며 지속적으로 진화할 수 있을 것인가?

브로노우스키는 미래 사회가 이견과 자유, 독립성과 독창성, 인간 존중, 관용, 정의, 명예와 같은 인간의 가치 없이는 유지되지 못할 것이라고 강조했다. 최근에 하워드 가드너는 우리가 미래를 효과적으로 대비하기 위해 필요한 다섯 가지 마음을 제안했다. 가드너는 '훈련된 마음', '종합하는 마음', '창의적 마음'과 아울러 다른 사람을 이해하는 '존중하는 마음'과 우리 사회의 전체적인 요구를 이해하고 이에 부합되는 행동을 하는 '윤리적인 마음'도 강조하고 있다. 오늘날 집단 창조성이 강조되면서 인간 존중, 관용과 같은 윤리적 가치가 다시금 그 중요성을 더해가고 있다.

과학과 윤리는 끊임없이 진화해나간다. 우리는 인간적이 되면서 진화 과정을 통해 새로운 잠재력을 지니게 될 것이다. 인간의 이성과 과학의 합리성에 대해 회의를 제기한 포스트모더니즘의 거센 물결이 지나가고, 지금 우리 사회는 새로운 개방된 질서를 모색하고 있다. 브로노우스키가 추구했던 "새로운 이성주의에 대한 연구는 사회 속의 인간과 인간 속의 사회가 지니는 잠재력, 즉 가장 깊은 의미의 인간 실현에 대한 연구"로 거듭나게 될 것이다.

임경순

2011. 8.

차례

A Sense of the Future:
Essays in Natural Philosophy

인간을 위한 과학과 철학

시인이며 수학자, 물리학자이면서 행정 관리이고 극작가, 철학자이자 과학과 문화와 인간에 대한 해설자이면서 시와 문학, 예술 비평가이자 생물학과 언어 그리고 사회 과학도인 브로노우스키Jacob Bronowski는 광범위하고 다양한 분야에 관심과 정열을 기울여왔다. 하지만 그는 다양하고 폭넓은 관심사들을 통일시키는 한 가지 끈을 가지고 있었다. 그것은 바로 다음과 같은 말에서 가장 잘 드러난다.

"나의 꿈은 20세기를 위한 일관된 철학을 만들어내는 것이었다. 훌륭한 철학뿐만 아니라 훌륭한 과학조차 인간애 없이는 존재할 수 없다. 나는 자연에 대한 이해의 궁극적 목표는 인간성에 대한 이해이며 자연 속에서의 인간 조건에 대한 이해라고 생각한다."

이는 영국 케임브리지 학부 시절부터 이미 분명하게 드러났던 그의 전 생애에 걸친 관심사였다. 수학을 연구하면서도 그는 '실험'이라는 의미심장한 제목의 시 잡지를 창간하고, 자신의 글을 실기도 하고 편집을 맡아보았다. 과학과 예술, 인문학이란 결국 인간을 위해 존재하는 것이며 상상과 이해를 위한 동일한 인간 능력의 여러 측면을 이루는 것이어야 한다는 것이 그의 생각이었다. 그 분야들이 뚜렷하게 구별되는 별개의 것은 아니라고 그는 평생에 걸쳐 주장했다. 보른Max Born이 일찍이 물리학은 철학이라고 주장했으나 브로노우스키는 여기서 한 걸음 더 나아가 모든 과학은 철학이라고 주장했다. 그는 탐구와 이해의 그러한 실체를 지금은 잘 사용하지 않는 '자연 철학natural philosophy'이라는 용어로 불렀다.

스페인 내전에 이어 거의 전 인류를 고통 속으로 몰고 간 세계대전, 집단 처형장의 공포, 마지막으로 일본의 두 도시가 철저히 파괴된 일(그는 전쟁 직후에 영국 사절단의 단장 자격으로 일본에 가 그 두 도시를 둘러보았다), 그러한 것들은 과학과 철학이 인간적이어야 할 뿐만 아니라 인도적이어야 한다는 그의 신념을 한층 강화시켰다.

브로노우스키는 과학 속에서 인간이 만들어낸 가치의 원천을 발견했다. 그러한 가치는 신약·구약 성서의 가치를 독단적으로 수용하지 않도록 할 뿐 아니라 전쟁과 인간적 참상의 배후에 깔려 있던 국가 지상주의, 전체주의, 민족주의 및 종교적, 정치적, 인종적 도그마라는 파멸적인 원칙들을 대신할 수도 있는 것들이었다. 그는 평생에 걸친 탐구와 연구 결과들을 여러 방면의 책을 통해 부분적으로 발표했다. 그 책들 속에 나타나지 않은 다른 부분들은 발표되거나 또 발표되지 않았던 상당한 분량의 짧은 저술 속에 남아 있다. 각종 연구 단체에서 행한 강연들, 다양한 길이와 깊이의 에세이들, 여러 연구물과 논평 및 보고서 등이 후자에 속한다. 여기에 실린 이 글은 기존에 수집되지 않았던 자료들에서 뽑은 것이다.

브로노우스키의 폭넓은 관심은 그의 저작들처럼 짤막한 이 논문에서도 과학과 철학, 역사, 시, 문학, 예술과 인문 과학, 사회적 관심의 제반 문제들에 이르는 다양한 주제와 화제에 관여하고 있다. 이 모든 관심사들을 포괄하는 선집은 모든 분야를 다루되 특별히 한 분야를 향한 것이 아닌 책을 요구하게 될지도 모른다. 보편적인 논의로 얻어낼지 모르는 것들은 그로 인해 생기는 각각의 화제에 대한 불완전한 취급 때문에 상실되어버릴 것이다. 그래서 이 책은 자연 과학으로서의 과학, 즉 그것의 범위, 성격, 한계와 함축된 의미 및 책임감에 초점을 맞추었다.

사후에 간행되는 짧은 저술들의 편집자로서는 비록 고의가 아닐지라도 편집자 자신의 견해 때문에 원전에 담긴 의미와 중요성을 왜곡할 수 있다는 중대한 위험에 부딪치게 된다. 그러나 사실 어느 정도까지는 그런 침해가 불가피하다. 책에 실릴 내용을 선택하고 배열하는 사람은 편집자이기 때문이다. 그러나 편집자가 추상적인 개념이나 해설, 서술 혹은 요약을 가지고 원저자의 글귀 속으로 끼어들지 않도록 한다면 더 이상의 위험은 피할 수 있다. 이 책 속에서 브로노우스키는 과거와 마찬가지로 어떤 주해나 해석, 비평 없이 혼자의 힘으로 말할 것이다. 그는 어떤 첨가나 삭제 없이 자기 자신의 목소리로 얘기할 것이다.

피에로 아리오티
캘리포니아 델 마르에서

A SENSE
OF
THE FUTURE

과학과 인간의 미래

휴머니스트 과학자의 에세이

인간과 문화 그리고 사회에 관한 모든 논의는 인간의 재능이 남겨놓은 자취를 지향해야 하고, 결국 인간의 재능을 완성하는 데 초점을 맞추어야 할 것이다. 중요한 것은 사회가 무엇이냐가 아니라 인간을 어떻게 생각하느냐의 문제다. 문화가 갖는 유일한 의미는 매우 특수하고 천부적 재능을 부여받은 유일한 동물인 사회적 단독자social solitary로서의 인간의 완성에 있다.

미래 의식

100년 전의 어느 여름 저녁, 만약 여러분이 영국의 켄트 주 브롬리를 막 벗어난 시골에 갔더라면 어떤 놀랄 만한 광경을 접했을지도 모른다. 크고 지저분한 주택가의 한 온실에서 큰 키의 60대 남자가 화분에 심은 식물들을 굽어보고 있다. 그 옆에 홀린 듯이 앉아 있는 젊은 남자는 바순을 연주하고 있다.

이 진지한 두 남자는 다윈Charles Darwin과 그의 아들 프랭크Frank Darwin로, 그들은 과학 실험을 하는 중이었다. 다윈은 끈끈이주걱 같은 식충 식물이 파리가 앉았을 때 잎사귀를 닫는 이유가 무엇인지 정확하게 알고 싶었다. 그래서 그는 가능한 원인들을 하나씩 하나씩 실험해가고 있었다. 소리는 그럴듯한 원인이 아니었다. 그러나 그것이 원인으로 작용하는 것인지도 모르는 일이다.

다윈은 어떤 것도 배제하는 사람이 아니었다. 그는 모래와 물을 실험해보았고 완숙시킨 달걀 조각들도 실험해보았다. 지금은 프랭크가 연주하는 바순 소리를 실험하고 있는 중이다. 다윈은 끈끈이

주걱의 잎사귀를 닫게 만드는 원인을 알아내지 못했다. 하지만 그는 거의 도달한 셈이었고 다음 세대가 그의 일을 마무리했다. 그는 그것만으로도 기꺼이 만족했다. 예순 살의 다윈은 자연에 대한 우리의 이해를 완전히 뒤바꿔놓은 유명한 과학자였다. 그럼에도 그는 여전히 미래의 누군가에 의해 결실을 맺게 될 많은 실험을 하는 것에 만족했다.

이것이 내가 과학자로서 제일 먼저 얘기하고 싶은 미래 의식이다.

오늘날 많은 사람들이 미래와 과학을 두려워하는 것을 볼 때마다 나는 걱정스럽다. 나는 이러한 두려움이 잘못된 것이라고 생각한다. 그것은 과학의 여러 방법을 오해하는 것이며, 과학이 해온 일들에 대한 비관적 견해와 제반 사실을 쉽게 망각하는 데서 비롯된 것이다. 우리는 9시 뉴스의 그늘 아래 앉아 어두운 운명에 대한 예감을 키워가면서, 나폴레옹과 전쟁 중이던 170년 전의 선조들보다 더 악화된 상황에 있다고 생각한다. 그러나 170년 전 어린이들의 주당 노동 시간은 80시간이었으며 콜레라는 영국에서 독감보다 흔한 병이었다. 국가는 겨우 1000만 명 정도의 인구를 부양할 수 있었을 뿐이며 그중 글을 읽을 줄 아는 사람은 100만 명도 안 되었다. 여러분은 이 모든 것들이 어떻게 달라졌는지 알고 있다. 편해진 것 말고는 아무것도 얻은 게 없다고 말하지 마라. 생명과 건강 면에서의 성과만을 생각해보자. 인구는 5000만 명을 넘어섰고 유아 사망률은 80~90퍼센트나 떨어졌으며 수명도 최소한 25년은 늘어났다. 하수 설비와 비료, 식자기와 엑스레이 촬영기, 유전 연구에 몰두하는 통계학자가 그 일을 해냈다. 그들은 고된 노동과 질병, 무지로부터 우리를 해방시켰으며 취중 혼수상태에서나 잊을 수 있는 끔찍한 관절염의 고통으로부터 우리를 구해주었다.

그런 기적(그것은 정말 기적이다)은 과학 덕분이다. 그러나 그 일을 해낸 과학자들은 신도 아니고 마술사도 아니다. 그들은 인간이다. 미래에 대한 믿음을 갖고 있는 사람일 뿐, 마술을 부린 것은 아니다. 그들이 사용한 것은 오직 다윈이 쓴 과학적 방법일 뿐이다. 과학은 실험이며 사물들을 시험하는 것이다. 그것은 가능한 각각의 대안을 현명하게 체계적으로 돌아가며 시험하는 것이다. 아무리 우리의 선입관에 어긋난다 하더라도 제대로 된 것은 받아들이고 그렇지 못한 것은 버려야 한다. 그렇게 해서 얻은 성과는 느리고 고되지만 활기찬 세계를 이해하는 데 작은 보탬이 된다.

이것은 은밀하거나 불가사의한 진보가 아니다. 종종 그렇게 여기는 이유는 그날그날의 과학 연구가 잘 드러나지 않기 때문이다. 몇 년 동안 과학자에게 아무것도 듣지 못했는데 갑자기 페니실린, 제트 엔진, 핵분열 등과 같은 연구 결과가 빅뉴스로 등장한다. 누구도 문외한에게는 실험과 실패의 많은 세월에 대해 얘기해주지 않는다. 실패한 일이 무엇인지, 과학자의 노고가 어땠는지 그가 어떻게 짐작이나 할 수 있겠는가. 과학의 묘기에 경탄하고 그 위력에 두려움을 느끼는 일 외에 그가 달리 무엇을 할 수 있겠는가.

나는 두려움만큼이나 감탄 역시 해롭다고 생각한다. 이러한 감정들은 과학에 대해 잘 모르는 사람에게 자신은 아무것도 할 수 없다는 무력감을 갖게 하기 때문이다. 이런 감정들은 과학이 당신과는 거리가 먼 새로운 마술이며, 그것이 좋든 나쁘든, 여러분을 구원하든 파멸시키든 다른 사람들의 업무일 뿐이라고 속삭인다.

이 두려움 이면에는 감탄의 마음이 깔려 있기 때문에 두려움에 앞서 감탄을 비난했던 것이다. 오늘날 거의 모든 사람에게 두려움은 가장 솔직한 감정이다. 사람들은 미래를 두려워한다. 당신이 만약 그 이유를 묻는다면 그들은 편한 대로 원자탄을 비난할 것이다. 그러나 원자탄은 그저 우리가 갖는 두려움의 희생양에 불과하다. 우리가 원자탄을 두려워하는 것은 미래에 대해 어떤 신념도 갖고 있지 않기 때문이다. 우리는 더 이상 개인으로서 혹은 국민으로서 우리의 미래를 스스로 관리할 수 있다는 믿음을 갖고 있지 않다. 그러한 신뢰의 상실은 어떤 무기의 발명 때문에 밤사이 갑자기 생겨난 것이 아니다. 원자탄은 오랫동안 싹터온 삶과 죽음의 문제를 절실히 느끼게 한 것에 불과하다. 문제는 개인으로서도 국민으로서도 이 세상에서 과학이 차지하는 위치를 직시하는 데 실패했으며 또 직시하기를 거부했다는 점이다.

거기에 우리가 느끼는 두려움의 근본 원인이 있다. 물론 마음속으로는 미래가 과학에 달려 있다는 것을 알고, 또 그 점에 대해 우리 자신을 속이려 하지도 않는다. 그러나 우리는 과학자들처럼 사고하기를 원하지 않는다. 오히려 거꾸로, 70년 전에 세상을 편안하게 만들었다고 생각하는 학설이나 편견을 고수하려 한다. 미래에는 관심이 없고 단지 우리가 사는 동안 그런 좋은 세상이 계속되기를 바랄 뿐이다. 그것은 우리가 새로운 개념들을 감당할 수 없다고 생각할 뿐만 아니라 과학은 신비하고 어려운 것으로 들어왔기 때문이다. 그래서 자극적인 새로운 지식을 매일 조금씩 우리로부터 멀리 떼어놓으려 하고, 그것에 대해 점차 신뢰하지 않게 된다. 그러고 나서 무기력에 부닥치면 그것이 모두 핵물리학자들 사이에서 이루어지는 음모 때문이라고 주장한다.

우리에게는 우리 세대에 그러한 태도를 변화시킬 만한 능력이 있다. 국민의 입장에서 우리는 좋은 성과물을 취하고 그렇지 않은 것은 버린다는 과학의 현실주의를 국가적인 문제들에 응용할 수 있다. 개인으로서의 우리는 과학의 상식적인 생각들을 이해할 수 있다. 그러나 꼭 기억해야 할 중요한 교훈은, 세계를 바꾸는 것은 과학이 이룩해낸 기계적인 성과들이 아니라 과학이 지닌 관념들이라는 것이다. 우리가 그러한 교훈을 터득할 때 과학의 업적을 제대로 평가할 수 있을 것이다. 원자탄은 과학이 만들어낸 탁월한 성과물이 아니다. 그러나 과학은 위대한 것을 발견해냈다. 그것은 바로 우리가 원자 에너지를 다룰 수 있다는 근본적인 발견이다. 그것은 전쟁 중인 국가들의 성과가 아니라 인류의 성과다. 과학의 역사는 모든 근본적인 발견이 결국은 인간에게 해보다는 이로움을 가져다주었음을 말해준다. 나는 거의 습관적으로 '결국은'이라고 말했다. 우리가 기꺼이 앞날을 내다볼 때 그렇다는 말이다. 모든 과학자는 앞날을 내다본다. 연구라는 것이 다른 사람들이 끝내고 기뻐할 일을 시작한다는 것 외에 다른 무엇이 있겠는가? 그러한 미래 의식 외에 또 무엇이 우리를 만족시킬 수 있겠는가?

과학으로부터 우리 자신의 생활과 생각을 계속 분리시키려고 할 때만 재난은 우리를 두렵게 한다. 다시는 과학이 전문가만을 위한 것이라고 말하지 마라. 과학은 그런 것이 아니다. 그것은 역사나 훌륭한 연설 또는 소설을 읽는 것과 결코 다르지 않다. 누구는 더 잘하고 또 누구는 못할 수도 있으며, 누구는 그 일을 평생 직업으로 삼기도 한다. 그러나 그것은 모든 사람이 이해할 수 있는 범위 안에 있다.

과학은 다윈이나 프랭크의 바순만큼 인간적인 것이며 이해하기 어려운 점은 조금도 없다. 정직함과 인내, 독립심, 상식 및 정신 집중 등 과학의 가치는 곧 인간적인 가치들이다. 과학의 성과물들은 인류가 이룩한 거대한 업적 가운데 하나다. 그래서 그리스인들은 피타고라스Pythagoras를 호메로스Homeros만큼이나 위대한 인물로 평했다.

그리고 과학은 은밀하게 만들어지는 게 아니라 오직 평범한 사실들에 충실함으로써만 이루어지는 것이다. 누가 그것들을 발견했고 누가 도전했는지는 신경 쓰지 말자. 과학은 뉴턴Isaac Newton과 그의 친구 렌Christopher Wren에게 똑같이 귀 기울였으며, 다윈과 그의 비판자인 버틀러Samuel Butler 그리고 교수들 못지않게 진지하게 연구하는 오늘날의 젊은이들에게도 열심히 귀를 기울이고 있다.

과학이 정치적 권위나 과학적 권위에 의해 지배받을 때 어떤 일이 일어나는지는 전쟁 중 독일에서의 연구를 보면 잘 알 수 있다. 독일의 과학 기술은 대단한 명성을 누리고 있었기 때문에 우리는 두려움을 갖고 전쟁에 임했다. 그러나 독일인들은 전쟁 기간 내내 유보트의 연구나 유도탄, 핵물리학의 연구에서도 근본적인 진전을 이루지 못했다. 전문적인 전쟁 수행자들이었던 그들이 왜 우리에게 뒤떨어졌을까? 다음의 이야기가 무언가를 말해줄 것이다. 우리가 최초의 원자로를 가동시키고 있을 즈음 힘러Heinrich Himmler(독일의 나치 경찰 행정가이자 군사령관-옮긴이)의 전쟁 연구 참모는, 믿을 만한 것인지는 모르겠지만, 바이킹족이 어떻게 뜨개질을 했는지 알아내기 위해 덴마크로 조사원을 파견하고 있었다. 또 이 역시 믿어야 할지 말아야 할지 모르겠지만, 나치에 붙어 다녔던 재미있는 조롱거리 중 하나인데 그 조사관의 이름이 미스 피플Piffl(허튼소리-옮긴이)이었다는 것이다.

모든 사람에게 귀 기울이고 누구에게도 침묵을 강요하지 않는 것, 올바른 사람을 칭찬하고 격려하는 것, 이런 것들이 과학으로 하여금 이 세상에서 힘을 갖게 하고 과학에 휴머니티를 부여한다. 과학은 편협한 것이라고 말하는 자들에게 현혹되지 말자. 편협하고 옹졸한 힘은 힘러처럼 쉽게 무너지는 것이다. 과학이 독단적이라는 말을 들어본 적 있는가? 지난 50년 동안 완전히 뒤바뀌지 않은 과학 분야는 존재하지 않는다. 이 세상을 과학이 채우고 있는 것은 과학이 새로운 생각을 용납하고 유연하게 대처하며 또 무한히 개방적이기 때문이다. 과학이 민주적인 방법이라는 말은 다소 어렵긴 하지만 가장 적절한 용어다. 민주적 방법과 진리보다 더 중요한 것은 없다는 과학의 믿음, 그것이 과학의 힘이었던 것이다.
당신은 이런 것들이 결국은 매우 평범한 전통이라고 생각할지도 모른다. 물론 그렇다. 자유로운 탐구와 인격적인 행동은 유럽이 르네상스 이래 갈망해왔던 전통이다. 그것은 과학에서와 마찬가지로 제반 예술의 풍토다. 영국은 이 두 부문 모두에서 세계를 이끌어왔는데 그것은 엘리자베스 시대 이래 자립의 전통이 현실적인 영국의 생활 방식으로 굳어왔기 때문이다. 《킹 제임스 성경》(1611년 영국 왕 제임스 1세의 재임기에 편집된 영역 성경-옮긴이), 최초의 대수 表對數表, 셰익스피어William Shakespeare의 첫 2절판 책자 등이 12년 사이 영국에서 나올 수 있었던 것도 그 때문이다. 육체와 함께 정신을 해방시켜온 것은 자유의 전통이다. 우리가 이 전통과 미래 의식을 결합시키고자 한다면 하나가 될 수 있다. 과학 사상은 특별한 사상이 아니다. 바이킹보다 다윈의 끈끈이주걱이 더 감동적인 것임을 발견하고자 한다면 누구나 과학 사상의 핵심을 파악할 수 있다. 이러한 사상을 두려워하지 말고 마음을 열어 받아들여야 한다. 우리는 위대한 과학의 시대를 출발해 이미 그 경계를 넘어섰다.

미래를 우리 것으로 만드는 것이 우리가 해야 할 일이다.

창조의 과정

과학자가 이룩한 가장 뛰어난 발견은 과학 그 자체다. 이 발견은 동굴 벽화나 문자의 발명만큼이나 중요하다. 과학은 인류 초기의 창조물처럼, 환경 속에 들어가 그것을 이해함으로써 환경을 지배하려고 한다. 또 이들 창조물처럼, 과학은 인류 발전에 되돌릴 수 없는 중대한 진전을 이뤘다. 과학이 없는 미래는 상상조차 할 수 없다.

　나는 이 광범위한 변화를 설명하기 위해 발견, 발명, 창조라는 세 가지 용어를 썼다. 문맥에 따라 그 가운데 하나가 다른 용어들보다 더 적절하게 사용될 것이다. 콜럼버스Christopher Columbus는 서인도 제도를 발견했고, 벨Alexander Graham Bell은 전화를 발명했다. 그러나 그들의 업적은 개인적이라 하기에는 충분치 못하므로 창조라고 부르지는 않는다. 서인도 제도는 항상 존재했으며, 전화의 경우도 어쩐지 벨의 영리한 착상이 중요한 것은 아니었다는 느낌이 든다. 기본 원리는 이미 마련되어 있었기 때문에 벨이 아니었더라도 서인도 제도의 경우처럼, 다른 누군가가 우연히 전화를 착상하여 발명했을 것이다.

이와는 대조적으로 〈오셀로Othello〉는 누구나 의심할 바 없는 창조물이라 생각한다. 〈오셀로〉가 어느 날 하늘에서 뚝 떨어진 것처럼 나왔기 때문에 그런 것이 아니다. 셰익스피어 이전에도 엘리자베스 시대의 희곡 작가들이 있었고, 그들의 영향이 없었다면 셰익스피어는 그토록 뛰어난 작품을 쓸 수 없었을 것이다. 그러나 그러한 전통 아래에서도 〈오셀로〉는 아주 개인적인 것으로 남았다. 비록 이 희곡의 모든 요소는 다른 시인들의 테마가 되어왔지만, 이 요소가 합쳐 이루어진 희곡은 진정한 영혼이 느껴지는 셰익스피어의 것임이 분명하다. 그가 없었더라도 엘리자베스 시대 희곡은 계속 이어졌을 테지만 누구도 〈오셀로〉를 쓸 수는 없었을 것이다.

과학에서는 콜럼버스의 발견처럼 항상 존재하고 있는 어떤 것을 발견하는 일이 벌어진다. 식물의 성性을 발견한 것이 그 예다. 그리고 벨의 발명처럼 일련의 알려진 원리를 결합해 만족할 만한 것을 발명하기도 한다. 예를 들면 전자 빔을 이용한 현미경의 발명 같은 것이다.

이제 우리는 다음과 같은 질문을 제기할 수밖에 없게 되었다. 더이상 무엇이 있는가? 아무리 심오한 과학 이론일지라도 〈오셀로〉에서 보여준 것처럼 그렇듯 완벽하게 개성을 표현할 수 있겠는가?

사실은 발견되고, 이론은 발명된다. 진실로 창조라 불릴 만큼 심오한 이론이 과연 있을까? 대부분의 비과학자들은 그렇지 않다고 대답할 것이다. 과학은 정신의 일부분인 이성적 지성만을 사용하지만 창조에는 모든 정신이 사용되어야 하며, 예술 작품에 충만한 감성의 분출이나 개성의 풍부한 원천 등이 과학에는 요구되지 않는다고 말할 것이다.

과학자의 일하는 방법에 대한 비과학자들의 이러한 견해는 물론 잘못된 것이다. 아무리 유능한 사람도 자신의 일에 정열을 갖지 않고 자신의 감성을 사용하지 않는다면 박테리아나 방정식을 다룰 수 없다. 그의 감성이 미숙할 수도 있으나, 마찬가지로 많은 시인의 지성도 미숙하다.

일곱 살 때부터 시를 발표해온 윌콕스Ella Wheeler Wilcox가 죽자 런던의 〈더 타임스〉는 "셰익스피어를 펼쳐본 적도 없는 많은 이들에 의해 읽힌, 남녀노소를 불문하고 가장 인기 있는 시인"이었다고 그녀를 평했다. 감성적으로 미숙한 과학자는 지성이 뒤떨어진 시인과 같다. 그들은 자신과 비슷한 이들이 흥미를 느낄 만한 작품을 만들어내지만 그 작품은 이류다.

화학자든 건축가든 나는 이류의 작품을 논하는 것이 아니며 우리 생활의 대부분을 채우는, 유용하지만 평범한 작품을 논하는 것도 아니다. 영국 석탄국British National Coal Board의 내 연구실에는 충분한 월급을 받는, 유쾌하고 총명하고 활기 있는 약 200명의 산업 과학자들이 있다. 그들이 〈오셀로〉와 비견될 만한 작업을 하는 창조자인지를 묻는 것은 우스운 일이다. 그들은 여느 대학 졸업자들과 똑같은 야망을 가졌으며, 그들의 일은 대학의 그리스 문학부나 영문학부의 일과 매우 흡사하다. 그리스 문학부에서 소포클레스 같은 사람을 배출하거나 영문학부에서 셰익스피어 같은 사람을 배출한다면, 나는 나의 연구실에서 뉴턴 같은 사람을 찾으려 해보겠다.

문학은 셰익스피어에서 윌콕스까지, 과학은 상대성 이론에서 시장 조사까지 펼쳐져 있다. 비교를 하려면 최상의 것들을 놓고 대조해보아야 한다. 우리는 심오한 과학 이론에서 무엇이 창조되었는가를 살펴보아야 한다. 코페르니쿠스와 다윈에서, 영Thomas Young의 빛 이론과 해밀턴William Rowan Hamilton의 방정식에서, 프로이트Sigmund Freud, 보어Niels Bohr, 파블로프Ivan Petrovich Pavlov의 선구적 개념에서······.

이미 말했듯이 과학자가 이룩한 가장 뛰어난 발견은 과학 그 자체다. 따라서 한꺼번에 이루어지지 않고 두 시대에 걸쳐 이룩된 이 발견의 역사를 고찰할 필요가 있다. 제1기는 그리스 시대인 기원전 600년부터 기원전 300년까지가 해당된다. 제2기는 르네상스와 대체로 비슷하게 시작하고, 여러 면에서 그리스 수학과 철학의 재발견에 자극을 받았다.

역사적으로 이 두 시대를 살펴보면 특별히 과학적이지 않았다는 점이 두드러진다. 반대로 대부분의 학자들 견해에 따르면, 피타고라스부터 아리스토텔레스까지의 그리스는 여전히 고전적 원전들이 찬란하게 쏟아져 나온 시대였다. 르네상스는 여전히 예술의 부흥 시대로 여기고 있으며 전문가들만이 과학 혁명(마지못해 붙여준)과 르네상스를 조야하게 연결시킬 뿐이다. 그리스와 르네상스는 위대한 문학과 예술의 창조기임을 인정받고 있다. 이 두 시대에 과학이 태어났다는 것을 안 이상, 이제 이 결합이 우연이었는지를 분명히 검토해봐야 한다. 소크라테스 시대에 피디아스와 그리스 희곡 작가들이 살았다는 것이 우연의 일치일까? 갈릴레오가 조각가,

화가와 함께 베네치아 공화국의 후원을 받은 것이 우연일까? 갈릴레오의 지적 활동이 절정에 달했을 때, 영국에서는 12년간에 걸쳐 《킹 제임스 성경》, 최초의 대수표, 셰익스피어의 첫 2절판 책자 등이 출판된 것도 우연의 일치일까?

과학과 예술은 함께 번창했다. 또한 이 둘은 시간적·공간적으로도 빈틈없이 서로 밀착하고 있었다. 무슨 이유에서인지 과학과 예술은 같은 문명, 즉 행동으로 자기를 표현한 지중해 문명을 원천으로 한다. 물론 다른 견해를 지닌 문명들도 있다. 그들 문명은 명상에서 자신을 표현하므로 과학과 예술 어떤 것도 그 자체로 이루어지지는 않는다. 왜냐하면 명상에서 자신을 표현하는 문명은 창조적 행위를 중시하지 않기 때문이다. 그러한 문명은 자연에의 신비한 몰입, 즉 이미 존재하는 것과의 융합을 중시한다.

우리가 가장 잘 아는 명상적 문명은 중세의 문명이다. 중세 문명은 바이외Bayeux의 태피스트리, 대성당 등 익명성을 특징으로 하는 특유의 유적들을 남겼다. 중세는 대성당 건물을 중시한 것이 아니라, 그곳에서 행한 예배 행위만을 중시했다. 만일 내가 그 작품들을 제대로 이해했다면, 소아시아와 인도의 작품들도 똑같은 명상의 익명적 특징을 지녔고 대성당의 경우처럼 예술가라기보다는 장인에 의해 만들어진 것으로 보인다. 왜냐하면 창조자로서의 예술가는 폭력에 의하지 않고서는 자신의 작품에서 손을 떼고, 다른 사람에게 맡길 수 없기 때문이다. 마찬가지로 과학자도 개인적인 약속engagement 아래 일한다고 주장하는 것이 이상하게 보일지 모르지만, 예술가와 장인이 다른 만큼 과학자와 기술자도 차이가 있다.

어쨌든 중세의 장인 시대와 같은 익명의 시대나, 동양의 장인적인 나라와 같은 익명적인 곳에서 과학이 번창하지 못했다는 것은 주목할 만하다.

르네상스와 과학 혁명의 오랜 변천 과정 동안 명상적 관점으로부터 행동적 관점으로의 변화가 눈에 띄게 일어났다. 새로운 인류는 성직자조차 중세의 금욕적이고 내향적인 이상과 반대되는 이상을 지녔다. 예술가든 인문주의자든 과학자든 그들의 사고방식은 적극적이다. 새로운 유형의 인간은 그 업적이 결코 제대로 이해된 적 없는 레오나르도 다빈치Leonardo da Vinci로 대표된다. 그의 그림과 선배들의 그림 사이에는 명백한 차이가 있다. 그가 그린 천사와 베로키오Andrea del Verrocchio가 그린 천사 사이에서 드러나는 차이가 그 예다. 보통 레오나르도의 천사는 더 인간적이며, 더 상냥하다고 말한다. 이 말이 맞기는 하지만 중요한 점을 빠뜨리고 있다. 레오나르도가 그린 여인과 어린이는 인간적이고 상냥하지만, 그가 여인과 어린이를 좋아하지 않았다는 확실한 증거가 있다. 그렇다면 어째서 그는 마치 자신이 그들의 생활 속에 들어간 것처럼 그들을 그렸을까? 이것은 그가 그들을 사람으로 보지 않고 자연 표현의 일부로 보았기 때문이다. 레오나르도가 그린 얼굴이나 손에 머물러 있는 뚜렷하고 명백한 열정을 이해하려면, 같은 그림에 있는 잔디와 꽃을 그릴 때 기울인 똑같은 열정을 살펴봐야만 한다.

레오나르도를 인간적 혹은 자연주의적 화가라고 부르는 것은 그의 정신의 핵심에 접근하는 것이 못 된다. 그는 자연의 사소한 얘기를 크게 듣는 화가다. 즉 그에게 있어 자연은 사소한 것에서 스스로를 드러내는 것이다. 다른 르네상스 시대 예술가들도 이러한 관점을 지녔다. 원근 화법과 육감적 색조가 자연의 메시지를 전달한다고 여겼으므로(바이외 태피스트리를 만드는 사람들은 그렇게 여기지 않았지만), 그들은 그것에 관심을 아끼지 않았다. 그런데 레오나르도는 더 나아가 이러한 예술가의 통찰력을 과학에까지 도입했다. 그는 그림과 마찬가지로 과학의 의도도 자연의 세부적인 것에서 찾아내야 한다고 생각했다.

레오나르도가 태어난 1452년, 과학은 여전히 아리스토텔레스의 질서 정연한 이론 체계에 머물러 있었고, 파리와 파도바에서 이루어졌던 그에 대한 비판 역시 과장된 것이었다. 레오나르도는 모든 거창한 이론을 의심했는데, 바로 이 점이 그의 실험과 기계가 잊혀왔던 이유의 하나다. 하지만 그는 과학이 가장 필요로 하는 예술가적 감각, 즉 자연의 세부적인 것이 중요하다는 감각을 과학에 도입했다. 과학이 이런 감각에 눈뜨기 전에는 질량이 다른 물체들은 어떤 속도로 낙하하는지의 문제나, 행성의 궤도가 정확히 원형인지 타원형인지의 문제에 아무도 관심을 가질 수 없었으며 또 그러한 것이 중요하다고 생각할 수도 없었다.

이러한 과학적 방법이 개발해낸 능력은 그리스인이 발견하지 못했던 절차에서 생겨나는데, 그 절차에 나는 귀납법이라는 오래된 명칭을 사용하려고 한다. 이 절차는 자연의 세부적인 것 속에서 진행될 때만 유용하다. 그러므로 그 절차는 레오나르도의 관점에서 발견되었다.

베이컨Francis Bacon은 1620년에, 하위헌스Christiaan Huygens(표기법 제정 이
전에는 '호이겐스'로 표기)는 1690년에 귀납법의 지적인 기초를 확립했다.
그들은 연역적인 절차로는 자연에서 발생하는 일을 해석할 수 없
다고 여겼다. 모든 해석은 우리의 경험을 넘어서며 따라서 추측이
되어버린다. 하위헌스는 해석을 개연적인 것이라고 말했는데, 철
학자들은 순순히 그의 견해를 따랐다. 그 말은 어떤 귀납도 유일하
지는 않으며, 그중에서 우리가 선택해야만 하는 무한정한 일련의
대안으로서의 가설적 이론들이 항상 존재한다는 것을 의미한다.

한 이론을 제안하는 사람은 사실을 뛰어넘는 사변적인 선택을
하는 셈이다. 과학의 창조 행위는 가설적 이론의 수립으로 이해되
는 귀납 과정에서 이루어진다. 왜냐하면 귀납은 근거 있는 가정으
로 추측하며 실제로는 결코 검증될 수 없는 연관을 만들어내기 때
문이다. 모든 귀납은 추측이며, 사실들이 나타나기는 하나 완전히
내보이지 않는 일관성을 추측한다. 가장 흥미로운 예가 멘델레예
프Dmitry Ivanovich Mendeleev의 주기율표와 궁극적으로 주기율을 설명
하기 위해 만들어진 원자 구조에 대한 모든 이론이다.

좀 더 형식적으로 말하자면, 과학 이론은 기계를 만드는 것처럼
미리 세울 수 있는 어떤 절차에 따라 사실로부터 구성될 수 없다.
이론을 만든 사람에게는 그 이론이, 〈오셀로〉의 결말이 셰익스피어
에게 필연적이었던 것만큼 필연적으로 보일지 모른다. 그러나 그
이론은 그에게만 필연적인 것이다. 그것은 누구에게나 개방되어
있는 여러 대안적인 이론 중에서 그가 한 지성으로서, 한 개인으로
서 선택한 것이다.

대안적인 이론들 중에서 자유로이 선택한다는 나의 말을 부정하는 과학자들도 있다. 대안적인 이론들이 있다는 점은 그들도 인정하나, 그 이론 중에서의 선택은 기계적으로 이루어진다는 것이 그들의 주장이다. 그들의 견해에 따르면 선택은 오컴의 면도날Occam's razor(스콜라 철학자인 오컴William of Occam이 주장한 "실체가 필요 이상으로 늘어나서는 안 된다"는 원리로 사고의 경제 법칙, 절약 법칙이라고도 한다—옮긴이) 같은 원칙에 의해 이루어지는데, 그것은 현재 우리가 알고 있는 사실과 부합하는 이론들 가운데 가장 단순한 것을 택한다는 것이다. 이 견해에 따르면 뉴턴의 법칙은 인력의 존재가 알려진 그 당시에 그 사실을 포함한 가장 단순한 이론이었고, 또 일반 상대성 이론은 새로운 생각이 아니라 추가적인 사실들에 들어맞는 가장 단순한 이론이었다는 말이 된다.

이 견해가 의미를 갖고 성립할 수만 있다면 그럴듯한 견해가 된다. 그러나 유감스럽게도 단순함이 무엇인지 정의할 수 없기 때문에 이 견해는 말장난에 불과하다. 두 귀납 중에서 더 단순하다는 것이 무엇을 의미하는지조차 우리는 말할 수 없다. 제시된 판단의 기준은 지나치게 인위적이며, 그것으로는 예를 들어 동일한 유형의 부등식으로 나타낼 수 있는 이론들만을 비교할 수 있다. 단순성 그 자체가 기계적으로 적용될 수 없는 선택 원칙임이 드러났다.

물론 모든 혁신가는 사실을 정리하는 자신의 방법이 특히 단순하다고 생각해왔으나 그것은 착각에 지나지 않다. 코페르니쿠스의 이론은 그 당시 다른 사람들에게는 단순하지 않았다. 그의 이론은 태양의 한 가지 회전 대신 지구의 두 가지 회전, 즉 자전과 공전을 필요로 했기 때문이다.

코페르니쿠스에게 자신의 이론이 단순하다고 느껴지게끔 만든 것은 다른 무엇, 즉 조화의 미적 감각이었다. 태양 주위의 모든 행성 운동은 신의 통일된 계획을 표현하기 때문에 그에겐 단순하고도 아름답게 느껴졌다. 자연은 조화를 지니고 있으며 이 조화가 자연의 법칙을 단순성에 있어 아름답게 보이도록 한다는 동일한 생각이 그 이래로 과학자들을 감동시켜왔다.

자연이 원칙적이어야 한다는 과학자의 요구는 통일성에 대한 요구다. 그가 새로운 법칙을 형성할 때, 예를 들면 일반 상대성 이론에서 빛과 중력을 연결시킬 때 그는 본질적으로 다른 것이라고 생각되어온 현상을 연결시키고 체계화하는 것이다. 그러한 법칙 속에서 우리는 자연의 무질서가 유형을 나타내도록 만들어졌으며, 외관상의 혼돈 아래에는 더 심오한 질서가 지배한다는 느낌을 갖게 된다.

예술가든 과학자든 자연의 다양함 속에서 새로운 통일성을 찾아낼 때 그는 창조자가 된다. 전에는 유사하다고 생각하지 않았던 것에서 유사성을 찾아냄으로써 창조자가 되고, 동시에 이 일은 그에게 풍요로움과 분별력을 준다.

분명히 로제타석을 판독한 영의 재기 넘치는 정신과 그가 빛의 파동설을 부활한 일을 분리시켜 생각하거나, 톰슨J. J. Thomson이 보여준 실험의 대담성과 그가 전자를 발견한 일을 분리시켜 생각할 수는 없다. 여느 술주정뱅이 젊은 시인들처럼 과음으로 죽은 해밀턴에게 주벽은 자유분방한 작업 중 하나였고, 아인슈타인Albert Einstein의 어린아이 같은 상상력은 시인의 순진함을 지녔다.

열의 복사가 불연속적이라는 플랑크Max Planck의 주장은 분명 실험의 사실들로부터 도출된 것처럼 보이지만, 이는 우리가 잘못 생각한 것이며, 사실들은 그의 주장을 입증하지 않는다. 사실들은 열의 복사가 연속적이지 않다는 것을 보여줄 뿐, 플랑크의 양자 개념이 유일한 설명 수단이라는 것을 보여주지는 않는다. 플랑크의 생각은 상상력과 경험이 그의 정신에 불어넣은 추측이다. 그러므로 양자 물리학에서 나중에 벌어지는 물체의 운동이 파동이냐 입자냐 하는 논쟁은 유추 사이의 논쟁, 시적인 비유 사이의 논쟁이며, 각각의 은유적 해석은 세계에 대한 이해를 완성시키는 일 없이 이해의 폭을 넓혀나간다.

블레이크William Blake는 〈순수를 꿈꾸며Auguries of Innocence〉에서 다음과 같이 썼다.

주인의 문 앞에서 굶어 죽은 개
국가의 멸망을 예고하는도다.

플랑크가 지녔던 풍부한 상상력과 통찰력, 은유 속에 담긴 분별력을 이 시에서도 똑같이 느낄 수 있다. 또 그 형상은 플랑크가 기초로 했던 형상만큼 사실적이며, 정확한 관찰을 바탕으로 이루어졌다. '개', '주인', '국가'라는 단어가 부적절한 다른 단어로 표현되었다면 시의 효과는 반감되었을 것이다. 블레이크는 왜 고양이가 아닌 개로 썼을까? 또 그는 왜 여주인이 아니라 주인이라고 썼을까? 그것은 그가 개와 주인의 관계에 대한 실제적인 이해에 기초해 형상을 창조해냈기 때문이다. 블레이크는 주인에게서 자신의 개를 돌봐야 한다는 양심마저 사라져버렸을 때, 사회 전체가 타락하고 있는 중이라는 것을 말한 것이다. 이 심오한 생각은 몇 번이나 블레이크에게 떠올랐다.

즉 그것은 그가 '사소하지만 특별한 일Minute Particulars'이라고 부른 도덕성에서 드러나는 것인데, 다시 말하면 사소한 일의 도덕성이 한 사회에서 중요한 의미를 갖는다는 것이다. 내 생각에 블레이크의 대구對句가 지닌 정서적 감동은 은유와 은유된 것(문 앞의 개와 멸망한 국가) 사이의 규모의 변화에서 생긴다. 이것이 플랑크가 양자 개념을 발견했을 때, 아니 창조했을 때 느낀 흥분을, 블레이크도 시를 쓰면서 느꼈을 것이라고 생각하는 이유다.

과학이 자연스럽게 만든 가치 중 하나가 독창성이다. 앞에서 말했듯이, 과학은 겉보기와는 달리 익명적이지 않다. 급기야는 이런 과학의 전통이 예술 작품의 평가에까지 영향을 끼쳐 우리는 이들이 똑같이 독창적일 것을 기대한다. 우리는 과학자뿐만 아니라 예술가에게도 적극적이며 기존의 것을 거스르고, 현재적인 것이 아니라 미래적인 것을 창조하기를 기대한다. 이렇게 독창성을 중시한 결과, 지금의 예술가는 과학자만큼이나 인기가 없다. 즉 대중은 이들이 세상을 보는 방식을 두려워하고 싫어한다.

더 중요한 결과는 예술가들이 과학자가 세상을 보는 방식에 접근하게 되었다는 것이다. 예를 들면 내가 쓴 글에서 과학은 사실보다 관계에, 숫자보다 배열에 몰두하는 것으로 묘사되었는데, 이렇게 구조를 추구하는 새로운 관점은 현대 예술에서도 현저하게 나타난다.

이 공통된 관점이 우리 시대의 특징으로 역사에 기록될 것이라 믿으므로, 나는 이 관점을 강조한다. 100년 전까지만 해도 물리학과 화학을 발전시키기 위해선 더욱더 정밀하게 측정해야 한다고 생각했던 것 같다. 그 당시 과학은 양적인 문제를 다루는 일이었으며, 숫자에 몰두하는 이 19세기적 과학자상(베른Jules Verne의 《80일간의 세계 일주》 처음 부분에 등장하는 포그Phineas Fogg의 인상)은 아직도 대중의 마음속에 커다랗게 자리 잡고 있다.

그러나 우리 시대의 과학적 관심은 달라져서 사실상 관계, 구조, 형태로 기울어진다. 오늘날 우리는 우주가 얼마나 큰가를 거의 문제 삼지 않으며, 그 자체로 열린 공간인가 닫힌 공간인가를 문제 삼는다. 고무는 원자의 배열이 사슬 형태이기 때문에 늘어나고, 다이아몬드는 고리의 닫힌 형태로 원자가 맞물려 고정되어 있어 늘어나지 못한다고 우리는 말한다. 왜 박테리아는 번식시킬 수도 없는 감기약을 흡수하는가라는 질문에는, 약이 박테리아를 속이기 때문이라는, 즉 약은 박테리아가 필요로 하는 화학적 물체와 같은 형태의 분자를 가졌기 때문이라는 대답이 주어진다. 그리고 1950년대의 가장 인상적인 발견은 세포가 분열할 때 살아 있는 세포의 핵산이 스스로를 복제하는, 기하학적 배열 방법에 대한 해명이다.

과학이 형태와 배열에 관심을 기울이게 된 것은 우리 시대가 처음은 아니다. 그리스 사상도 같은 방식으로 그 문제에 관심을 기울였기 때문에 플루타르코스는 "신은 기하학자다"라는 플라톤의 말을 인용했던 것이다. 그리고 그리스 사상이 예술과 수학 두 분야에서 사물의 형태를 추구한 것과 똑같이, 우리 시대에서도 과학과 예술의 현상 아래 감추어진 윤곽을 구체화하는 것이다. 우리에겐 논리적인 구조를 표현하는 형식만 의미 있을 뿐이다. 따라서 빌딩이나 비행기와 같은 일상적인 물건들에 있어서도 이제 그 기능에 의해 요구되는 간략하고 직접적인 형태를 아름답다고 생각한다. 물론 예술 활동에 있어 최고의 화가와 조각가를 이끌어가는 것은 자연의 근본 체계에 대한 탐색이다. 인상주의자와 달리 현대 화가는 외관 아래의 질서, 예를 들면 살가죽 밑의 두개골을 살핀다. 그리고 추상 조각은 때로 위상 수학位相數學(길이·크기 따위의 양적 관계를 무시하고 도형 상호의 위치·연결법 등 연속적 변형으로 불변인 성질을 주로 연구하는 현대 수학-옮긴이)의 연습처럼 보이기도 하는데, 이는 분명 조각가가 위상 수학자의 관점을 공유하기 때문이다.

예술과 과학

생물은 창조하려는 생리적인 욕구를 갖고 있다. 자연은 언제나 변화하고 있으며, 사물은 항상 무질서하고 살아 있는 것은 끊임없이 이에 맞서는 것이 자연의 법칙이다. 살아 있는 것들은 끊임없이 질서를 창조하려 한다. '창조'라는 말은 '질서의 창조', 즉 자연에서의 연계, 유사성 그리고 살아 있는 것들, 즉 식물, 동물, 인간의 정신이 찾아내 배열한 숨어 있는 양식을 발견하는 것을 뜻한다.

창조 활동을 특별한 일로 생각하는 것은 잘못이다. 창조 활동은 모든 생물에게 주어진 보통의 일이라고 생각된다. 창조란 무질서 속에서 질서를 발견하는 일이며, 인간에게서 가장 특징적으로 드러나는 활동이다.

그러므로 한 가지 이상의 분야에서 창조적으로 작업할 수 있게 된 것은 몇몇 사람들이 여러 분야에서 필요로 하는 기술을 자기 환경의 특성에 맞추어 우연히 체득한 결과로 나타난 역사적 산물에 불과할 뿐, 그 이상의 것은 아니다.

어느 정도 확신을 갖고 내 경우가 그렇다고 말할 수 있겠는데, 이에 대해 간단한 얘기를 들려주겠다. 제2차 세계 대전 직후, 나는 내가 알고 있는 많은 사람들의 사회적 활동과 개인적 활동 사이의 갈등에 흥미를 느끼게 되었다. 그 당시 나는 사회에 다소 반항적이며, 사회가 자신이 원하는 것을 못하게 했다고 불평하는 사람들과 일했다. 그래서 나는 저항적인protesting 성격의 사람, 즉 사회가 그를 망치고 있으며 사회 바깥에서 자신을 더 잘 표현할 수 있다고 느끼는 사람에게 많은 관심을 갖게 되었다. 물론 이러한 사람도 인간은 사회 안에서만 살 수 있으며 사회 안에서만 자신을 표현할 수 있다는 사실을 너무도 잘 알고 있다. 이러한 갈등은 우리 모두가 안고 있는 것이기도 하다.

나는 저항적인 성격에 관한 많은 것을 읽기 시작했다. 인류학, 심리학 그리고 혁명사에 관련된 책을 읽었고 이 주제로 책을 쓸 작정이었다. 그러나 하룻밤 사이 갑자기 이것이 결코 나의 생각을 표현하는 방법이 될 수 없다는 것을 깨닫게 되었다. 한 사람이 전쟁 중의 포로수용소에서 겪은 일을 그린 아주 간단한 희곡을 쓰는 것이 좋은 방법이라는 생각이 들었다. 그래서 〈폭력의 얼굴The Face of Violence〉이라는 희곡을 썼다. 나는 그전에 3~4년 동안 이 주제에 대한 자료를 모아왔는데, 그것과는 전혀 관계없이 희곡을 썼다. 사실 일주일 남짓한 기간에 희곡을 썼는데, 그동안은 하루 24시간씩 일했다. 한 번도 멈추지 않았고 한 번도 고쳐 쓰지 않았다. 희곡이 완성되었을 때, 그것은 저항적인 성격에 대해 내가 말하고자 했던 모든 것을 담고 있었다.

그 희곡은 내가 말하고자 했던 것을 특별히 언급하는 일 없이 로마의 농신제Roman Saturnalia, 그리스도가 십자가에 못 박힌 일The Crucifixion, 프레이저J. G. Frazer의 《황금 가지Golden Bough》 그리고 중국에서 처형된 혁명가와 민중에 대해 논하고 있다. 아무튼 이 모두가 그 나름대로의 의미를 표현하고 있다. 그것은 어떻게 정신이 유용한 자료를 소화하면서 긴 시간을 보내는가를 보여주는 특색 있는 예처럼 보인다. 이처럼 창조 행위는 복잡한 전체를 표현하는 적절한 질서를 발견하는 행위다.

나는 똑같은 방법으로 이루어졌다고 여기는 몇 가지 과학적 발견을 했다. 물론 몇 명의 위대한 과학자와 수학자도 다음과 같이 말해왔다. 즉 물질이 그들의 마음속에서 소용돌이치고, 떼를 지어 돌고, 묵혀 있게끔 내버려두면 갑자기 그를 위해서 물질 스스로 체계를 갖추는 것처럼 보였다고. 그리고 예술에서든 과학에서든 누군가 말한 사실은, 그것이 말을 통해 나옴으로써 비로소 실재하는 것이 된다.

나는 앞서 창조는 통일의 발견이며, 유사성의 발견이며, 양식pattern의 발견이라고 말했다. 콜리지S. T. Coleridge가 아름다움beauty의 정의를 내리기 위해 훌륭하긴 하나 결론에 이르지 못한, 많은 실수를 거친 시도를 한 결과, 항상 '다양함 속의 통일성The unity in variety'이라는 똑같은 정의로 돌아갔던 일을 기억할 것이다. 내 생각으로는 다양함에서 통일성을 찾는 일이 창조의 과정이다. 자연은 무질서 상태다. 자연은 무한한 다양성으로 가득 차 있으며, 당신이 레오나르도 다빈치이든 아이작 뉴턴이든 가만히 앉아 반란을 생각하는 사람이든 간에 많은 다양한 양상들이 단일한 통일성으로 갑자기 결정체를 이루는 순간이 여러분에게도 온다. 그 순간 여러분은 열쇠를 찾은 것이며, 단서를 찾은 것이다. 즉 자료를 조직하는 방법을 찾은 것이며, 콜리지가 '다양함 속의 통일성'이라 부른 것을 찾은 것이다. 그때가 창조의 순간이다.

예술, 수학 그리고 모든 창조적 행위에 대한 감상appreciation은 재창조 행위라 생각된다. 즉 감상에 의해 예기치 않은 유사성을 보게 되고, 이 유사성의 존재를 자연스러운 것으로 느끼게 될 때, 여러분은 그것을 자신에게 맞는 방법으로 재창조하고 있는 것이다. 여러분은 상상 속에서 창조 행위를 다시 체험하는 것이므로 감상은 수동적인 것이 아니라는 게 나의 견해다. 그것은 창조와 같은 성질의 활동이다. 이 말이 맞다면 사람은 감상을 통해 훈련될 수 있다. 뿐만 아니라 여러분이 지금보다 더 훌륭한 감상자로, 어쩌면 독창적인 창조자로도 훈련될 수 있다고 생각한다. 어쨌든 여러분의 타고난 창조적인 재질을 최대한 발휘할 수 있다.

창조는 사물을 만들거나 파괴하는 다소 특별한 과정이라고 간주될 수도 있다. 그러나 창조의 반대는 파괴가 아니라 단지 무질서라고 생각하기 때문에 나는 이 견해에 동조하지 않는다. 창조된 작품과 반대되는 것은 단지 혼란한 상태chaos일 뿐이다. 그러므로 전도된 창조적 충동 때문에 무언가를 파괴하는 일이 생긴다는 견해에는 동조할 수 없다.

나는 창조 행위가 예술과 과학에서 똑같은 의미를 가진다고 확신한다. 그것은 자연적이고 인간적이며 살아 있는 행위다. 물론 시는 분명히 수학의 일반 원리와 비슷하지 않다. 어떻게 다른가? 그것은 시와 원리가 만들어지는 방식 때문이 아니라 그들이 인간의 경험과 어울리는 방식이 각각 다르기 때문에 생긴 차이다.

피타고라스의 원리를 예로 들자. 이것은 모든 아이가 재발견하는 원리다. 그들은 그 원리를 항상 같은 형식으로 재발견한다. 즉 그들은 똑같은 경험을 할 수 있다. 그러나 예술에서는 이런 일이 생길 수 없다. 많은 이들이 사람과 동물을 그리려 하지만, 아무도 레오나르도 다빈치의 〈담비와 함께 있는 숙녀The Lady with the Stoat〉와 똑같이 그리려 하지는 않는다. 많은 사람이 희곡을 쓰려 하지만 〈오이디푸스 왕Oedipus Rex〉과 똑같이 쓰려 하지는 않으며 단지 같은 주제에 대해 쓰려 한다. 예술에서는 한 사람의 경험이 청사진blueprint처럼 다른 사람의 경험과 맞아떨어질 수 없다. 누구도 이런 목적으로 예술 작품을 읽지는 않는다. 즉 그것은 재창조하는 것이지 청사진을 다시 만드는 것이 아니다. 예술 작품을 읽는 사람은 자신의 경험을 추구한다. 즉 배우고 생활하며, 그 내면의 생각을 펼치는 것이다. 이것이 예술과 과학의 차이인데, 이는 창조 과정에서 발생하는 것이 아니라, 창조된 작품과 그것을 감상하면서 재창조하는 사람이 맺는 관계의 성질에서 발생하는 것이다.

과학과 예술 모두에는 우연히 결정적 고리를 찾음으로써 이루어진 위대한 발견이 많다. 그 유명한 예가 인조염료 인디고의 실용적 제조 공법의 발견이다. 그것은 실험실 조수가 온도계로 혼합물을 젓다가 실수로 온도계를 깨뜨리는 바람에 제조 공법에 필요한 유일한 촉매가 수은이라는 것이 밝혀짐으로써 이루어졌다. 예술의 경우에도 압운押韻을 찾아내면 기뻤기 때문에 압운이 없는 시보다 압운이 있는 시를 즐겨 썼다고 드라이든John Dryden은 밝힌 바 있다. 구노Charles Gounod라고 생각되는 작곡가의 경우도 잘 알려져 있다. 그는 잉크로 곡을 쓰다가 악보 위에 어떤 약을 쏟아버리는 바람에 악절에서 아주 많은 변화가 생겼고 그로 인해 그 악절은 유명해졌다. 이런 예는 얼마든지 찾을 수 있다.

왜 기회는 이런 식으로 찾아오는 걸까? 정신은 매우 긴장된 채 적극적인 방식으로 두리번거리면서 연관connections과 감추어진 유사성likeness을 찾고 있기 때문이다. 기회가 찾아온 순간을 포착하여, 우연한 사건을 행운으로 만드는 것이 탐구적인 정신이다. 세상에는 언제나 자신이 실제로 발견을 했지만 그냥 지나가버렸을 뿐이라고 주장하는 사람이 많다.

뢴트겐Wilhelm Conrad Röntgen이 "왜 사진 원판이 흐려졌을까?"라는 의문을 실제로 품기 전에도 많은 사람들의 사진 원판은 흐렸었다. 재미있게 표현하면 의문을 품는 것, 즉 사진 원판을 치워버리지 않을 만큼 열심히 캐묻는 것이 탐구 정신의 본질이다. 원판이 흐려진 일은 바로 기회였다. 하지만 그것은 숨어 있는 유사성을 매우 적극적이고 탐구적으로 찾는 정신에만 주어지는 기회였다.

과학자든 예술가든 발견을 하는 사람은 그의 창조물이 양면성을 지녀 여러 목적으로 사용될 수 있다 하더라도 발견을 해야만 한다. 판단은 사회가 내리는 것이지, 창조자가 내리는 것이 아니다. 과학자나 예술가가 사회를 대신하여 검열관이 되어야 한다고 생각지는 않는다. 원자력의 파괴적 효과(혹은 니트로글리세린의 파괴적인 효과나 코발트와 스트론튬 동위 원소의 방사능 효과)를 발견하고도 이것을 인류에 공표하지 않은 사람이 있다면, 그는 정신 나간 사람이다. 나는 이 '정신 나간 사람'이라는 말을 매우 신중하게 생각한 뒤에 썼다. 즉 그는 자신이 발견한 이 힘이 무엇을 할 수 있는지 전혀 모르고 있기 때문에 정신 나간 사람이라는 것이다. 어떤 것이 사회에 유익한지 아닌지를 판단해야 한다면, 그것은 사회가 해야 할 일이다. 만일 어떤 과학자가 스스로 판단을 내리려 한다면, 그는 남의 일을 제멋대로 떠맡으려 하는 셈이다. 과학자에게 발견한 비밀을 간직하라고 요청하는 것은 외국 대사관에 비밀을 넘겨주는 것과 똑같이 나쁘다. 과학자에게 국가가 소유한 지식으로 무엇을 할지 결정해야 할 임무가 있는가? 이 결정은 결코 개인이 내릴 만한 성질의 일이 아니며, 개인에게는 그럴 만한 능력도 없다. 이것은 과학과 예술에 똑같이 해당된다.

앞에서 창조 활동은 특별한 것이 아니며, 과학과 예술에서 그 활동이 서로 다르게 표현되지만 그것은 두 분야 모두의 본연의 활동이라고 말했다. 따라서 오늘날 과학자가 누리는 엄청난 명성과 연결시켜, 과학자가 단지 기술자가 아니라 창조자라는 것을 어떻게 밝히느냐 하는 문제가 대두된다. 나는 과학자가 이미 가치 체계라 할 만한 것을 창조해냈다고는 생각하지 않는다. 자연 과학은 그 일을 시도하지도 않으며, 사회 과학은 아직 탐구 상태에 있다. 그러나 과학자가 훌륭한 창조자가 되려면 자신이 의거해 살아갈 일련의 가치를 스스로 세우고 매우 독자적으로 사고해야 한다. 또한 눈에 보이는 모든 것과 다른 누군가가 보는 모든 것에 대해 매우 탐구적인 태도를 취해야 한다. 또 독창성과 반박과 이의를 맹목적으로 숭배해야 한다. 이렇게 하지 않으면 결코 새로운 어떤 것도 창조할 수 없을 것이다. 당신이 그러한 세계에서 생활하려면 다른 사람들의 이의를 잘 받아들여야 한다. 다른 사람들이 이룬 업적의 미비함을 인식해야 하고, 그러면서도 그만한 업적을 이루었다는 점에서 그들에게 경의를 표할 줄 알아야 한다. 과학 활동을 수행하기 위해서는 이의를 품으면서도 포용력이 넓고 경의를 표할 줄 아는 성격을 지녀야 할 것이다. 과학자가 세상을 널리 가르칠 수 있는 원칙의 출발점은 위에서 말한 바에 있다고 생각된다.

어떤 사람들은 인간이 일반적으로 신화나 기호 같은, 가치를 초월하는 어떤 것에 지배되어 살아간다고 말할지도 모른다. 그렇다면 과학은 무슨 일을 한다고 내세울 수 있는가? 잠시 역사적으로 이 문제를 생각해보자. 창세기의 신화를 무너뜨린 것은 우리 시대의 과학자가 아니다. 다윈이 100여 년 전인 1858년과 1859년에 《종의 기원The Origin of Species》을 집필하여 발간했을 때 그 신화는 무너졌다. 이 책은 그야말로 창세기의 기술記述에 대한 믿음을 무너뜨렸다. 믿음이 무너진 자리에서 사람들은 무엇을 했을까? 그들은 엄청난 혐오감을 느꼈을 것이다. 윌버포스Samuel Wilberforce 주교는 자신의 조상이 원숭이의 자손이라고 주장하는 것이냐고 헉슬리Thomas H. Huxley에게 물었다. 즉 동물과 인간이 한 종류라는 것은 어쩐지 무시무시하다는 감정이 일반적이었던 것이다. 시간이 흐르자 생각이 바뀌었다. 우리는 동물의 무리를 넘어서서 동물에겐 없는 재능을 소유하고 사용하게 된 점에서 긍지를 가질 만하다고 생각한다. 이러한 재능 중 주된 것이 언어의 사용, 즉 개념의 사용이다. 양식의 형성making of pattern도 그에 못지않게 중요한 것인데, 동물은 습관만을 지닐 뿐 양식을 구상해내지는 못한다. 다윈 시대의 인간이 창조자가 아니었다는 의미에서 현재의 우리에게 인간은 창조자다. 실제로 일어난 일은 과학자가 창조의 신화myth of creation를 창조성의 신화myth of creativity로 대치한 것이라고 말할 수 있겠다. 창조성의 신화는 인간만이 유일한 창조자라는 느낌을 준다. 물론 나는 창조성의 신화를 신화라고는 생각하지 않는다. 그러나 믿는 사람에겐 신화라고 느껴지지 않는 것이 신화의 특성이다.

확실히 과학에 의해 우리는 인간 생활과 인류의 위치를 다소 특별한 방식으로 보게 된다. 즉 인간은 각자가 스스로를 충분히 발휘할 능력, 즉 창조적 잠재력 중 인간이 지니는 부분을 실현시킬 능력을 자기 안에 갖고 있다고 보게 된다. 만일 어떤 것을 신화라고 불러야 한다면, 나는 그것을 신화라 부르기를 자랑스럽게 여기겠다.

상상력의 세계

내 앞에 떠오른다. 한 형상이, 인간인지 유령인지,
인간이라기엔 유령이, 유령이라기엔 형상이.

— 예이츠W. B. Yeats의 〈비잔티움Byzantium〉(1930)

3000년 동안 상상력의 힘은 시인 자신을 매혹하고 감동시키고 당황시켜왔다. 간단하게 요약된 평론 속에서 나는 기껏해야 그 신비의 작은 부분만을 해명할 수 있겠지만 그 부분은 결정적인 것이다. 우리가 상상을 할 때 정신에서는 무엇이 진행되고 있는가? 매우 독특하게 느낄 나의 대답 중 하나는 상상이 작용하는 방법도 묘사될 수 있다는 것이다. 그리고 그것이 원하는 방식으로 묘사되면 상상은 특별히 '인간'에게만 있는 재능임이 명백해진다. 상상하는 것은 시인이나 과학자나 화가만의 특징적 행위가 아니라 인간의 특징적 행위다.

'인간'이라는 용어에 대한 특별한 강조는 인간 행위와 동물 행위의 명백한 차이가 인간이 상상한다는 점에 있음을 암시한다. 헌터 Walter Hunter가 1910년경 시카고에서 고안해낸, 동물과 어린이를 대상으로 한 전형적인 실험의 고찰에서 시작해보자. 그 당시는 파블로프가 개의 반사 작용을 형성하고 변화시키는 일에 성공했다는 사실로 떠들썩하던 시대였다. 이 사실은 1903년에 처음 공표되었고, 1904년에 파블로프는 노벨상을 수상했다. 하지만 오해의 소지를 없애기 위해 밝혀두는데, 노벨상은 조건 반사에 대한 연구가 아니라 소화액 분비선에 대한 연구로 받은 것이었다.

헌터는 파블로프가 했던 방식으로 개와 다른 동물들을 적절히 훈련시켰다. 우리 밖으로 통하는 세 개의 통로 중 하나에 빛이 비치면 빛을 받은 통로가 열리고, 그 통로를 따라 우리에서 빠져나올 수 있는데, 개들은 빠져나오는 대가로 음식물이 주어진다는 훈련을 받았다. 그러나 헌터는 그 조건 반사 행위를 동물에게 주입시키자마자 이 실험에 더 깊은 생각을 끌어들였다. 즉 그는 이 기계적인 실험에 시간의 차원을 도입했다. 이제 더 이상 개로 하여금 빛을 받은 통로로 즉시 가게 하지 않았다. 그 대신 빛을 없애고 잠시 기다리게 한 뒤 개를 놓아주었다. 헌터는 이런 방식으로 어떠한 동물이 빛이 있던 통로를 기억하는 시간을 쟀다.

하지만 결과는 보잘것없었는데, 지금 그 실험을 한다 해도 마찬가지다. 즉 개나 쥐는 세 개의 통로 가운데 어떤 곳에 빛이 비쳤는가를 초 단위 내에서만 기억할 수 있으며, 헌터의 실험에서는 최대치가 고작 10초였다. 만일 더 좋은 결과를 바란다면 과제를 좀 더 쉽게 해야 한다. 즉 선택해야 할 통로를 두 개로 만들어야 한다. 그렇게 실험을 했을 때 헌터가 얻을 수 있었던 가장 좋은 결과는 개한 마리가 두 개의 통로 중에서 빛이 비쳤던 통로를 5분 동안 기억한 경우였다.

앞에 인용한 시간들이 정확하고 보편적인 것은 아니다. 50여 년전에 이루어진 헌터의 실험에는 많은 세부적인 결함이 있었다. 예를 들면 대상이 된 동물 수가 너무 적고 아무런 원칙 없이 선택되었으며, 그들 모두 일관성 있게 행동하지 않았다. 시각보다는 청각에 의존하여 행동하는 개를 대상으로 '본' 것에 대해 실험한 것은 부당한 일이었다. 또 실험실 우리와 같은 부자연스러운 환경에서의 실험은 어떤 동물에게나 부당한 것이다. 그리고 헌터가 실험한 동물보다 분명히 훌륭한 기억력을 지닌 침팬지나 다른 영장류 같은 고등 동물도 있다.

그러나 이 모든 조건들이 좀 더 충족된 현대적인 실험에서도 결과는 여전히 놀랍고 특징적이다. 동물은 인간, 심지어 어린이가 과거의 신호를 기억할 수 있는 시간보다도 훨씬 짧은 시간밖에 과거의 신호를 기억하지 못한다. 헌터는 여섯 살 난 어린이들을 대상으로 동물에게 한 것과 유사한 실험을 해본 결과, 당연히 가장 뛰어난 그의 동물보다 그 아이들이 비교할 수도 없을 만큼 뛰어나다는 것을 발견했다. 인간이 과거에 보거나 경험한 일을 '상상할' 수 있는 것과 동물이 그렇게 하지 못하는 것에는 현저하고 근본적인 차이가 있다.

동물은 이 점을 다른 비상한 재능으로 보충한다. 편지를 전달하는 비둘기나 연어는 집의 방향을 알아낼 수 있지만 우리는 그렇게 하지 못한다. 말하자면 그들은 인간과는 견줄 수 없을 만큼 실용적인 기억력을 지니고 있다. 그러나 그들의 행동은 항상 어떤 형태의 습관, 즉 이미 알고 있는 일련의 반응만을 기계적으로 되풀이하는 본능이나 훈련된 습관에 의존한다. 그들의 행동은 인간의 기억 작용과는 달리 부재하는 것의 기억에 의존하지 못한다.

동물에게 결여되어 있는 것은 무엇인가? 헌터가 실험한 동물들이 기억을 유지하려고 사용한 방법에서 이 의문의 단서를 얻을 수 있다. 사냥개들이 냄새로 찾은 사냥감의 위치를 몸으로 가리키듯(이 자세에서 포인터라는 이름이 생겼다) 실험에 사용된 동물들은 빛이 사라지기 전에 빛 쪽으로 자신의 몸을 향하게 했다. 동물은 행동으로 신호를 만듦으로써 행동할 준비를 한다. 동물이 취하는 자세에는 원시적인 심상imagery이 있는 것처럼 보인다. 즉 동물은 빛을 몸에 기억시킴으로써 기억하려는 것처럼 보인다. '왼쪽'이나 '오른쪽' 같은 용어도 모르고 '하나', '둘', '셋' 같은 숫자도 모르는 개가 과연 어떻게 세 개의 통로 중 하나에 표시를 하고 이름을 붙일 수 있겠는가? 과거를 간직함으로써 미래로 인도하는, 개가 지닌 유일한 상징 장치symbolic device는 아마도 신호 방향으로 주의를 쏟고 준비하는 동작일 것이다.

나는 앞에서 '상상한다'라는 동사를 사용했는데, 이제 그 단어에 의미를 부여할 어떤 근거를 갖게 되었다. '상상한다'라는 말은 이미지를 만들어 머릿속에서 새롭게 조절하는 것을 의미한다. 과거를 회상하는 것은 이처럼 직접적이고 소박한 의미로 과거를 상상하는 것이다. 인간을 동물보다 앞서게 만드는 도구는 심상이다. 인간의 기억은 동물의 기억처럼 집중된 것이어서 대단히 오래 존속하는데, 그 이유는 인간이 기억을 이미지나 다른 상징적 대치물 속에 보존하기 때문이다. '상상한다'라는 단어로 우리는 서로 비교되는 많은 미래를 짐작하는 일을 나타낼 수 있다.

나는 '이미지'라는 말을 마음속에 그리는 시각적인 것에 국한하지 않고 보다 넓은 의미로 사용한다. 이때의 이미지라는 단어는 퍼스Charles Peirce의 '기호sign'라는 단어가 갖는 감각적인 의미를 제외하곤 기호라는 말과 같다. 퍼스는 여러 형식의 기호들을 구별했지만 여기에서는 구별할 이유가 없다. 왜냐하면 상상은 여러 형식의 이미지들에 똑같이 작용하고, 그래서 그들 모두 이미지라 불리기 때문이다.

실제로 인간이 지닌 가장 중요한 이미지는 추상적 기호인 언어다. 동물에게는 언어가 없다. 즉 인간의 뇌와는 달리 어떠한 동물의 뇌에도 언어 작용을 위한 부분이 없다. 어쨌든 이런 점에서 인간의 상상력은 지난 100만 년 내지 200만 년 동안 진화되어온 인간의 기능에 의존한다는 것을 알 수 있다. 그 기간 동안 시간의 감각을 지배하는 인간의 뇌 앞쪽 돌출 부분이 진화되어 커졌다. 그 부분이 아마도 이미지가 형성되는 자리일 것이라는 추측은 타당성이 있다(뇌의 앞쪽 돌출 부분이 손상된 영장류는 헌터의 동물처럼 되어버린다는 사실이 이 추측의 타당성에 대한 증거 중 하나다). 이 추측이 사실로 판명된다면, 왜 인간의 이마가 튀어나오고 머리가 달걀처럼 생겼는지를 알게 될 것이다. 그 자리가 아니고는 인간의 머리에 상상 기능을 위한 자리가 없기 때문이다.

이미지는 감각상 실재하지 않는 것들을 우리에게 펼쳐 보임으로써 과거를 유지하는 한편 아직 존재하지 않는 미래를 창조한다. 이와는 대조적으로 진화가 덜 이루어진 동물들은 상징적인 개념을 지니지 못하는 까닭에 과거와 미래 모두로부터 단절되어 현재에 갇혀버렸다. 인간과 동물의 모든 차이 중에서 우리를 인간이게끔 만든 특징적인 재능은 상징적인 상像을 사용하는 능력, 즉 상상의 재능이다.

이것은 실로 뛰어난 발견이다. 시드니Philip Sidney는 1580년에 시인들과 모든 비전통적인 사상가들이 거짓말쟁이라는 청교도적인 비난으로부터 그들을 옹호하면서, 창조하는 사람은 실재하지 않는 것을 상상해야만 한다고 말했다. 시드니와 우리의 중간에 위치한 블레이크는 "지금 증명된 것은 예전에는 다만 상상되던 것이었다"라고 말했다. 비슷한 시기인 1796년에 콜리지는 처음으로 수동적인 환상과 "모든 인간 지각 중 가장 중요한 기능이고 살아 있는 능력"인 능동적인 상상을 구별지었다. 지금 우리는 그들이 정확히 옳았음을 깨닫는다. 인간의 재능은 상상하는 재능이라는 말이 단지 문학적인 표현만은 아니다.

되풀이 말하지만 상상하는 재능은 단지 문학적인 재능만이 아니라 특징적으로 인간이 지니고 있는 재능이다. 우리가 하는 거의 모든 행위는 가장 먼저 마음속에서 이루어진다. 인간의 삶이 풍부한 것은 인간이 많은 삶을 가지기 때문이다. 우리는 일어나지 않은, 혹은 일어날 수 없는 사건을 일어난 사건만큼이나 생생하게 마음속으로 경험하며, 이러한 수천 개의 삶을 가진 대가로 수천 번 죽는다. 문학이 생생하게 느껴지는 이유는 거기에 표현된 이미지들을 우리가 경험하기 때문이다. 모든 정신 활동은 그렇게 살아 있으며, 체스의 경우도 마찬가지다. 체스 경기를 할 때 예측하고 머릿속에 놓아보고 지워버리는 수들도 실제로 놓는 수처럼 경기의 한 부분이다. 키츠John Keats는 들어보지 못한 멜로디가 더 감미롭다고 말했고, 모든 체스 경기자는 머릿속으로 계획했지만 실행하지 못한 수들이 최상이었다고 우울하게 회상한다. 이런 말을 하는 이유는 머릿속에서 이미지를 적절히 다루는 작업인 상상에는 문학적이고 예술적인 것뿐만 아니라, 이성적인 다룸도 포함된다는 점을 강하게 상기시키기 위해서다. 어린이가 의자나 체스의 말馬과 같이 다른 것을 대신하는 것으로 놀이를 시작할 때, 그는 이성과 상상력의 문으로 동시에 들어서게 된다. 인간의 이성은 연역에 의한 것이 아니라 정식화될 수 없는 귀납이라 불리는, 사색과 통찰력의 예상하지 못한 융합에 의해 사물 간의 새로운 연관성을 발견하기 때문이다.

블레이크나 콜리지의 경우처럼 헌터의 어린이 기억력 연구에서도 이러한 융합이 작용하고 있음을 볼 수 있다. 지칠 줄 모르는 독창적인 정신만이 헌터와 같은 의문을 제기하고 실험에 착상할 수 있을 것이다. 과학에서 그러한 정신은 파블로프의 반사호反射弧(외부의 자극이 반사 작용을 일으키는 신경 통로-옮긴이)를 낳았고 왓슨John Watson의 행동주의를 낳았다.

역사에서 눈부신 예를 한번 찾아보자. 우리가 어렸을 때 가장 유명하다고 생각했던 실험은 무엇인가? 갈릴레오가 1590년경 시드

니Philip Sidney(영국 엘리자베스 여왕 시대의 대표적 시인이자 군인-옮긴
이)의 나이에 피사의 사탑에서 했다고 전해오는, 무게가 다른 두
공을 낙하시킨 실험을 예로 들어보겠다. 이런 갈릴레오의 모습은
우리 마음에 꼭 드는 근대적인 인간상을 엿보게 한다. 즉 그는 아
리스토텔레스와 아퀴나스의 권위에 의문을 품고 그들 말대로 무거
운 공이 가벼운 공보다 먼저 땅에 떨어지는지를 자신의 눈으로 직
접 봐야 한다고 주장했다. 보는 것이 믿는 것이다.

　하지만 보는 것은 상상하는 것이기도 하다. 갈릴레오는 아리스
토텔레스의 권위에 도전하여 아리스토텔레스의 역학을 열심히 검
토해나갔다. 그러나 갈릴레오가 검토하면서 사용한 눈은 정신의
눈이었다. 그는 피사의 사탑에서 직접 공들을 떨어뜨리지는 않았
다. 만일 실제로 그 일을 했다면 그는 매우 불확실한 결과를 얻었
을 것이다.[1] 대신 그는 머릿속으로 상상에 의한 실험(독일인의 표현
을 빌리면 '사고 실험')을 했다. 그에게 금지령을 내린 교황청 몰래
써서 밀반출된 후 네덜란드에서 1638년에 출판된 《신과학 대화
Discorsi intorno a due nuove scienze》에 이 상상 실험이 기술되어 있다. 그대
로 옮겨보겠다.

　탑에서 무게가 다른 두 개의 공을 동시에 낙하시켜보자. 아리스토

---

1 그래서 레니에리Vincenzo Renieri는 대포알과 총알을 이용한 실험 결과를 1641년에 피사에서
　편지로 갈릴레오에게 알렸다. 갈릴레오는 그전에 이미 《신과학 대화》에 나오는 한 인물의 입을
　빌려 이 실험은 두 물체가 200큐빗의 높이에서 낙하되어야 잘 이루어질 수 있다고 말했다. 이
　높이는 피사의 사탑의 높이인 185피트의 두 배다(1큐빗은 60센티미터).

텔레스가 옳다면 무거운 공이 빨리 떨어지므로, 무거운 공이 가벼운 공을 점차 떼어놓고 먼저 땅에 닿는다고 가정하자. 좋다, 그러면 이제 같은 실험을 하나만 달리하여 해보자. 이번에는 두 공을 줄로 연결한다. 무거운 공은 먼저 떨어질 테지만, 이제는 가벼운 공이 무거운 공을 잡아당기며 브레이크 역할을 한다. 따라서 가벼운 공은 빨라지고 무거운 공의 속도는 늦추어질 것이다. 그들은 묶여 있으므로 함께 땅에 닿겠지만 무거운 공 혼자 떨어질 때만큼 빨리 도달하지는 못한다. 하지만 묶어놓은 줄이 두 공을 둘 중 어떤 공보다도 무거운 하나의 물체로 바꾸어놓았으므로, 아리스토텔레스의 이론대로라면 이 물체는 둘 중 어떤 공보다 빨리 움직여야만 하는 것이 아닌가?

갈릴레오의 상상에 의한 실험은 모순을 발견했던 것이다. 그는 통렬하게 다음과 같이 말했다. "무거운 물체가 가벼운 물체보다 빨리 떨어진다는 가정하에 오히려 더 무거운 물체가 더 늦게 떨어진다는 사실이 추론되었다." 모순에서 벗어나는 길은 단 하나다. 즉 무거운 공과 가벼운 공은 같은 속도로 떨어져야 하며, 그러므로 함께 묶였을 때에도 같은 속도로 떨어진다는 것이다.

이 논거는 결정적이지 않다. 왜냐하면 자연은 두 공이 연결되었을 때 갈릴레오가 고려했던 것보다 더 미묘할 수도 있기 때문이다. 그럼에도 불구하고 이 논거는 더 중요한 어떤 점을 지니고 있다. 즉 이 논거는 암시적이고 자극을 주며, 새로운 관점을 펼친다. 한마디로 상상력이 풍부하다. 이 논거는 실제의 실험 없이는 확립될 수 없는데, 상상된 것은 실제의 경험에 의해 지지받아야 비로소 지식이 될 수 있기 때문이다.

상상을 실험하는 수단은 경험이다. 그런데 이 말은 과학의 경우 못지않게 문학과 예술의 경우에도 타당하다. 과학의 경우 상상 속의 실험은 자연 과학적 경험과 맞닥뜨림으로써 시험되고, 문학에서의 상상은 인간 경험과 맞닥뜨림으로써 시험된다. 과학의 경우 피상적인 고찰은 자연을 왜곡하는 것이 드러나므로 버려지고, 천박한 예술 작품은 우리 자신의 본성에 맞지 않으므로 버려진다. 그래서 1919년 윌콕스가 죽었을 무렵 많은 사람들이 셰익스피어의 시보다 그녀의 시를 즐겨 읽었지만, 불과 몇 년 지나지 않아 그녀의 작품은 잊혀버린 것이다. 그녀의 작품은 감정이 빈약하고 사고가 진부했기 때문이다. 즉 라마르크Jean Baptiste Lamarck와 리센코Trofim Lysenko의 이론이 유전의 본성에 들어맞지 않는다는 것이 판명되었듯 그녀의 작품이 인간의 본성에 맞지 않는다는 사실이 판명된 것이다. 인간 정신을 풍부하게 하고 감동시키는 상상력의 힘은 상상력의 현실(자연 과학적 현실과 정서적 현실)과의 상호 작용에서 생기는 것이다.

이 점에서 과학과 예술 사이에 우열이 있는지는 의심스럽다. 상상력은 어느 한쪽에서 훨씬 더 자유로운 것도, 훨씬 덜 자유로운 것도 아니다. 모든 위대한 과학자는 자신의 상상력을 억제하지 않고 자유롭게 사용해왔으며, 상상력이 자신을 대담한 결론으로 몰아가게 했다. 아인슈타인은 소년 시절부터 상상에 의한 실험을 하며 놀았지만 놀랍게도 그것이 실험과 관련 있다는 사실은 몰랐다. 그의 뛰어난 논문 중 최초의 것인 미립자의 불규칙 운동에 관한 논문을 쓸 때 그 논문에서 예견한 브라운 운동이 어느 실험실에서나 발견되는 것이라는 사실을 그는 몰랐다.

10년 후인 1905년에 자신의 상대성 이론으로 분석한 역설을 그는 열여섯 살에 발견해냈는데, 그 역설은 1881년 이래 다른 모든 물리학자를 당황하게 만든 마이컬슨Albert Michelson과 몰리Edward Morley의 실험(지구와 에테르의 상대 운동에 의한 광파의 간섭 현상을 실측한 실험으로, 아인슈타인의 상대성 이론의 근거를 이룸-옮긴이)보다 그의 마음속에 훨씬 더 크게 자리 잡고 있었다. 평생토록 아인슈타인은 갈릴레오처럼 낙하 물체와 중력의 관계에 대한 곤혹스러운 문제들을 푸는 것을 즐겼으며 그 문제들이 그가 연구하고 있던 일반 상대성 이론의 핵심 문제였다.

상상력의 힘이 아니고는 그러한 일을 이룰 수 없었을 것이다. 개에게는 없지만 사람은 갖고 있는, 자연과 자기 자신에 대한 지배력은 인간이 상상을 통해 경험해볼 수 있다는 점에서 존재 이유를 찾을 수 있다. 과거를 보존하며, 가능하거나 불가능한 미래를 자유자재로 다루는 기호들은 인간만이 가지고 있다. 르네상스 시대에는 기억에 포함되어 있는 상징성을 신비한 것으로 여겼는데, 예를 들어 브루노Giordano Bruno나 플러드Robert Fludd에 의해 발명된 기억술mnemonics은 마술의 부호로 이해되었다. 상징은 인간의 능력을 형성시켜준 도구다. 이것은 상징의 이미지이든 언어이든 수학적 기호이든 중간자이든 마찬가지다. 그리고 상징은 글자 그대로의 의미나 실용적인 의미를 넘어서는 포괄적인 의미를 지닌다. 상징은 그 아래에 많은 특수성들이 하나의 명칭으로, 또 많은 예들이 하나의 일반적인 귀납으로 통합되어 있는, 뜻이 풍부한 개념이다.

어떤 사람이 '왼쪽left', '오른쪽right'이라고 말할 때, 그것은 빛이 비친 곳을 기억한다는 점에서만 개를 능가하는 것은 아니다. 그는 '솜씨 없는gauche(왼손잡이라는 뜻도 있음-옮긴이)'과 '솜씨 좋은 dexterous(오른손잡이라는 뜻도 있음-옮긴이)'과 '옳은right' 같은 의미의 변화나 뉘앙스들도 함께 느낄 수 있다. 또 누군가 '하나, 둘, 셋'을 헤아린다고 할 때 계산만 하는 것이 아니라 피타고라스나 비트루비우스Vitruvius나 케플러Johannes Kepler의 수비주의mysticism of numbers 그리고 삼위일체설과 십이궁the signs of the zodiac으로 이르는 길 위에 있는 것이다.

나는 이미지를 만들어 머릿속에 새롭게 배열하는 능력을 상상력이라고 기술해왔다. 상상력은 특별히 인간만이 지닌 재능이며, 과학과 문학이 돋아나 함께 성장하고 번성하는 공통의 뿌리다. 실제로 문학과 과학은 함께 번성하고 함께 시들었으며 과학이 번성한 시대는 모든 예술이 번성한 시대였다. 위대한 정신들은 숨 가쁘게 뒤죽박죽 서로에게서 영감을 얻으며, 상상력을 한 분야에만 제한시켜야 한다고 생각하지 않는다.

같은 해에 태어난 셰익스피어와 갈릴레오는 같은 나이에 위대한 일을 해냈다. 즉 갈릴레오가 망원경을 통해 달을 관찰할 때, 셰익스피어는 〈폭풍우The Tempest〉를 쓰고 있었다. 또한 그 무렵은 온 유럽이 흥분으로 가득 차 있던 시대로 케플러부터 루벤스Peter Paul Rubens까지, 네이피어John Napier의 최초의 대수표에서 《킹 제임스 성경》까지 이르는 시대였다.

마지막으로 300년 전과 마찬가지로 오늘날에도 살아 있는, 문학과 과학이 공유하는 영감을 생생한 예로 들어보겠다. 내가 염두에 둔 것은 달을 여행하고자 하는 인간의 영원한 꿈이다. 나는 달나라 여행을 고도의 과학 기술이라고 과시하려는 게 아니라, 오히려 달의 울퉁불퉁한 표면에서 이루어질 발견보다는 여기 지구 상에서 이루어질 더 중요한 발견들이 있다고 생각한다. 그렇지만 우리가 텔레비전 화면을 통해 우주 비행사의 움직임을 보기 한참 전부터 오랫동안 달나라 여행이 인간의 상상력에 주어왔던 매혹을 과소평가할 수는 없다.

　　플루타르코스Ploutarchos와 루키아노스Lucianos, 아리오스토Ludovico Ariosto와 존슨Ben Johnson은 베른과 웰스H. G. Wells와 공상 과학 소설의 시대에 앞서 달나라 여행에 관해 썼었다. 17세기는 달나라 여행에 관한 새로운 꿈과 이야기로 들떠 있었다. 케플러는 깊은 과학적 생각으로 꽉 차 있는 달나라 여행에 관한 책을 썼는데, 슬프게도 단지 그 이유 때문에 그의 어머니는 마녀로 고발되었다. 영국에서는 고드윈Francis Godwin이 대담하고 멋진 《달에 있는 인간The Man in the Moon》을 썼고, 천문학자인 윌킨스John Wilkins는 대담하고 학문적인 《새로운 세계의 발견The Discovery of a New World》을 썼다. 그들은 과학과 공상을 구별하지 않았는데, 예를 들면 그들 모두 여행 중 정확히 어느 곳에서 지구의 중력이 멈출 것인가를 짐작해내려 했다. 케플러만이 중력에는 한계가 없다는 것을 이해하고, 틀린 법칙이긴 하지만 그에 대한 법칙을 세웠다.[2]

　　이 모든 일은 뉴턴이 태어나기 몇 해 전에 일어났으며, 그가 스물세 살의 젊은이로 어머니의 정원에 앉아 중력의 작용 범위에 대해 생각하고 있던 1666년 당시에 이미 이러한 사실을 모두 알고 있었다. 때문에 뉴턴은 달이 지평선과 같은 속도로 내내 지구 주위를 돌 만큼 강하게 던진 공과 같다는 놀랄 만한 착상을 할 수 있었다. 이 착상은 모든 위성에 들어맞는 사실이며, 뉴턴은 우주 비행사가 지구 주위를 한 번 도는 데 얼마만큼의 시간이 걸릴지를 적절히 계산했다. 뉴턴은 90분이 걸릴 것이라고 계산해냈는데, 지금은 그 계산이 맞다는 것이 판명되었지만 그 당시 뉴턴에게는 확인할 방법이 없었다. 대신 그는 만일 실제로 달이 지구의 중력의 작용을 받는 던진 공과 같고 또 중력이 거리에 반비례한다면, 멀리 떨어진 달은 지구를 한 바퀴 도는 경우에 얼마만큼의 시간이 걸릴지를 계산해보았다. 그 결과 28일이 걸릴 것이라는 답을 얻었다.

이러한 일을 하고 있던 1666년의 그날 뉴턴이 지녔던 상상력은 자연과 일치되어 조화를 이루었다. 인간이 달에 착륙하게 되는 날, 그것은 기술의 승리가 아니라 근대 과학과 근대 예술의 발단기까지 거슬러 올라가는 상상력의 승리이므로, 그들의 조화로운 화합의 메아리가 울려 퍼질 것이다. 과학과 예술에서 상상력을 통해 이루어진 모든 위대한 행위는 이러한 자연과의 조화를 지니며, 그 행위가 현실을 더 깊은 의미의 진실로 채워주기 때문에 우리를 새롭게 깨

---

2 자연계의 모든 사물에는 신의 보편적인 사랑이 자기 몫만큼 담겨 있으므로 서로를 잡아당겨야만 한다는 신플라톤주의적 사고로부터 케플러가 보편적 중력이라는 개념을 얻었을지도 모른다. 만일 이것이 맞다면 이러한 상상력은 쿠자누스Nicolaus Cusanus를 거쳐 자신을 디오니소스 Dionysus the Areopagite라 부른 5세기의 사기꾼에게까지 거슬러 올라간다. 다음 책을 참조할 것. Pierre Duhem, *Le Systeme du Monde*, IV-58, p. 364.

우쳐준다. 우리는 '왼쪽', '오른쪽', '하나, 둘, 셋' 같은 가장 단순한 개념의 용어부터 사용하기 시작하는데, 말과 숫자는 우리가 모르는 사이에 서로 협력해서 자연과의 조화를 이룬다. 결국 우리는 정신과 물질이 하나로 통합된 양식을 말과 숫자에서 발견하게 되는 것이다.

자연의 논리

19세기 말에 방사능 및 전자의 발견과 더불어 과학 혁명이 일어났다. 그때부터 사람들은 20세기를 인류 역사에 있어 일대 창조의 시기로 만들 만큼 빠른 속도로 새로운 현상들을 밝혀내고, 그러한 현상들을 관련시켜 설명할 만한 새로운 개념들을 만들어왔다. 그러나 역사가들은 아직도 한가롭게 16~17세기의 제1차 과학 혁명에 대한 설명만 배워나가고 있을 뿐이다.

역사학자들은 버터필드Herbert Butterfield 교수가 제1차 과학 혁명에 대하여 "기독교 발생 이후의 모든 것을 무색케 하는 것이며, 문예 부흥과 종교 개혁을 단순한 일련의 삽화적인 사건에 지나지 않는 위치로 끌어내리는 것"이라고 표현했던 바대로, 제1차 과학 혁명을 그와 같은 하나의 대사건으로 인식할 수 있도록 배워나가고 있는 것이다. 그들이 이러한 것들을 배우느라 열중하고 있는 동안에도, 제2차 과학 혁명은 이미 오랫동안 진전되어가고 있으며, 제1차 과학 혁명이 그랬던 것만큼이나 힘 있게 우리 인류의 생활과 사상을 개조시켜나가고 있는 것이다.

따라서 오늘날 이러한 발명의 물결 속에 과학의 영웅적인 사명에 대한 대중의 믿음이 19세기와 20세기의 전환기보다 덜하다는 것은 이상한 일이다. 오늘날 대중이 과학자들에게 표하는 경의에는 반항적인 저의가 깔려 있다. 심지어 진보층이나 젊은이들조차 과학자들의 지도적 임무를 더 이상 당연한 것으로 받아들이지 않는다. 그리고 실제로 과학자 자신들조차 과학에 대한 다른 사람들의 불신에 물들고 있는 실정이다. 처음에는 과학자의 도덕성이, 이제는 그의 지적 능력까지 의문시되고 있다. 그리하여 일찍이 헉슬리가 이끌었던, 진리를 목적으로 하자는 개혁 운동과 모든 안일한 과학적 방법에 대한 거부가 교묘한 논리의 역전에 의해 빅토리아 시대의 낡은 편견들인 것처럼 여길 지경에 이르렀다.

과학에 대한 이러한 비난의 소리는 1945년 원자탄이 처음 투하되면서부터 더욱 거칠어지기 시작했다. 원자탄을 투하했던 군인들이 원자탄을 만든 과학자 오펜하이머Robert Oppenheimer를 이전과 같이 교묘한 방법으로 비난할 수 있는 풍토를 형성해왔다. 그러나 현대 과학의 딜레마는 원자탄이 투하되기 이전부터 존재했던 것이다. 심지어 1918년 이래 선전 포고도 없이 사병을 동원해 전쟁을 일삼는 무법자 같은 지도자들로 인해 국가의 존엄성이 서서히 침식되어가던 시기 이전부터 존재했으며, 이 때문에 마침내 폭탄의 사용을 필연적이고 자연스러운 것으로 여기게 되었다.

이러한 딜레마는 개인적 성격인 과학의 발견과 공적 성격을 띤 사용의 측면을 동시에 부각시킬 때 나타난다. 과학자들이 자신의 연구를 순수 과학 혹은 응용 과학의 어느 쪽으로 생각하든 변혁의 시기에는 가장 사소한 과학적 발견조차도 세계를 변화시킬 수 있기 때문에 모든 과학자들이 곤란을 겪게 되는 것이다.

이러한 딜레마에 대한 대중의 태도는, 지금까지 얘기해왔듯이 과학자들이 무슨 일을 하든 간에, 그들을 혐오할 뿐 아니라 불신하고 있는 것이다. 정부 또한 그들을 꼭 필요로 하면서도 믿을 수 없는 존재들로 간주하며, 그들을 전쟁의 일익을 담당하는 못된 버릇을 가지고 있으면서도 동시에 그것이 사람들이 싫어하는 짓임을 알고 있는, 뻔뻔하고 비굴한 사형 집행인 정도로 간주하고 있다. 대중은 과학자들을 비양심적이라 생각하고 있으며 그의 안전 요원조차도 그들의 양심이 이중성을 띠고 있음을 염려하고 있다.

그리고 사실상 오늘날 과학자들의 딜레마에 대한 그들 개인적인 태도는 애매한 양심에서 기인한다. 그들은 과학적 신조와 사회적 충절 사이에서 괴로워하는 것이다. 즉 그는 공개적인 발표라는 오래되고 의기양양한 과학적 전통과, 아직도 "말이 적으면 재난도 적다"라는 속담대로 살기를 바라는 사회적 풍토 사이에서 괴로워하는 것이다.

이 모든 불화는 핵심적인 견해 차이에서 나온 것이라고 생각된다. 즉 과학이 형성해온 새로운 견해와, 일상 언어와 사고에서 나온 보수적인 견해의 차이에서 오는 것이라 믿어진다. 과학적 발견의 개인적 성격과 발견된 메커니즘, 원칙, 개념의 공적 사용이라는 성격 사이에는 이러한 간격을 메울 만한 사고의 이동이 있어야만 한다. 그러나 1900년 이래 이러한 간격은 해마다 점점 벌어지기만

해서 오늘날에는 이 간격을 메울 만한 사고의 이동이란 극히 불가능한 것이 되어버렸다. 실험실의 언어와 일상적인 언어 사이에서조차 공통적인 교량 구실을 할 만한 용어가 아직 없는 실정이다.

대중은 제1차 과학 혁명의 시기에도 그러했듯이 아직까지 자연을 하나의 기관機關으로서 마음속에 그리고 있다. 더구나 이러한 대중의 심상 속에 오늘날 실험실에서 구상하고 있는 자연에 대한 대수학을 불어넣을 길이 없는 것이다. 이들 양자 간의 사고의 이동은 마치 셰익스피어의 소네트를 중국의 표의 문자로 옮기려는 것만큼 매우 부당한 일이다. 이 두 문자는 구조부터 서로 다르며 한 언어에서 다른 언어로 옮길 때 뇌리를 스치며 번뜩일 만한 심상을 형성할 수 없기 때문이다. 오늘날 과학자들이 쓰는 언어란 제 나라 일상 언어와 공유할 만한 심상조차 지니고 있지 못할뿐더러, 현대의 시인들이나 화가들의 용어만큼 사적이고 닫혀 있는 것이다. 모든 대중이 어쩔 줄 몰라 하며 모든 과학자들을 두려워한다. 과학자들에 대한 이들의 두려움은 다음과 같은 가장 강렬한 용어로 표현되고 있다. "그들은 인류를 지구 밖으로 날려버리거나 지나치게 많은 인구를, 그것도 2주일 이내에 사라지게 만들 것이다." 그러나 두려움의 배후에는 변화에 대한 지적인 두려움이 남아 있다. 사람들은 세계에 대한 그들의 지배력이 다른 사고방식을 지닌 누군가에게로 넘어갈 것을 의식하고 있는 것이다. 사람들은 자기와 다른 것, 특히 사고방식에 있어 다른 것을 좋아하지 않는다.

도대체 세인世人들은 자연의 법칙에 대해 어떻게 생각하고 있는 것일까? 그들은 자연의 법칙이 끊임없는 결과를 유발함으로써 시작에서부터 곧장 종국으로 치닫는 것으로 생각하고 있다. 17세기의 개척자였던 홉스Thomas Hobbes와 뉴턴은 자연의 법칙을 수학적인 방법, 특히 홉스가 말한 것처럼 유클리드Euclid의 기하학적인 방법에서 이끌어냈다. 유클리드의 기하학에서 모든 명제는 반드시 선행하는 논리적 필연성을 뒤따르게 되어 있다. 그러므로 물리학에 있어서도 그들은 모든 현상이 선행하는 자연적인 필연성에 뒤따르는 것임을 논증했다. 즉 일정한 원인은 반드시 이에 따르는 일정한 결과만을 낳는 것이다. 마치 자연의 법칙이 연역적 추리 법칙과 흡사한 것이 되어버린 것이다. 이 방법에 의하면 우리는 처음부터 끝까지, 최초의 원인부터 최후의 결과에 이르기까지, 유일하고도 일정하게 정해진 길만을 따라 걷게 되며, 원칙적으로는 모든 세밀한 부분까지 예측 가능케 되는 것이다.

전통적인 입장에서 볼 때 세밀한 부분까지 예측한다는 것은 중요한 문제가 된다. 사실 우리는 어느 큰 사건과 다른 사건의 관계, 천둥과 벼락이 내리치는 장소의 관계, 혹은 전쟁과 남아 출산율의 관계 사이에 정확한 법칙을 체계화시키지 못할 수도 있다. 그러나 그들의 전통적 입장에 따르면, 이러한 불확실성은 오로지 모든 세밀한 부분까지 완전히 예견하지 못한 데서 온 것으로 생각될 수밖에 없다. 어떤 현상을 좀 더 확실히 예견하기 위해서는 그 현상을 좀 더 정교하게 나누는 수밖에 없다. 즉 모든 전하電荷들을 측정하거나, 모든 군인들의 사랑 얘기를 추적하는 방법밖에 없다. 이러한 견지에서 보자면 자연은 연속적인 것이며(이것은 홉스의 감성론에 명백히 나타나 있으며 뉴턴의 미적분학에서도 함축적인 의미로 나타나고 있다) 자연을 이루는 요소와 더불어 자연의 운동 진행 과정은 무한히 나눌 수 있다. 그리고 만약 우리가 자연의 세부로 점점 더 깊이 들어간다면 결국 자연의 기계적인 구조를 알 수 있게 되는 것이다.

19세기에 걸쳐 전개되었던 이 개념은 간혹 다른 이론들의 도전을 받으면서 이러한 논리적 기초를 형성했다. 그중에서도 가장 훌륭한 것이 뉴턴의 인력에 대한 개념이었는데, 뉴턴은 그것을 원인과 결과의 작용으로 설명했다. 이는 많은 철학자들을 격분시켰는데, 거기에는 어떻게 한 점에서 다른 한 점으로 인력이 작용할 수 있는지의 역학적 구조에 대한 진술이 없었기 때문이다. 떨어져 있는 물체가 직접적인 상호 작용을 한다는 것은 생각조차 할 수 없는 일이었던 것이다. 공간이란 무한히 나눌 수 있는, 이미 만들어진 일종의 상자와 같은 것이다. 그리고 그것은 시간에 있어서도 마찬가지다. 그리고 질량과 에너지와 전기장電氣場은 상자 안에서 태엽 장치를 이루기 위해 서로 맞물려 운행하는 기어와 같은 것이다.

19세기의 이러한 자연관은 언어나 사상에 깊이 스며들었고, 또 그럴 수밖에 없었다. 왜냐하면 그러한 자연관은 천문학부터 화학, 식물의 구조부터 진화론에 이르기까지 모든 방법에 걸쳐 시종일관 큰 성공을 거두었기 때문이다. 과학의 임무는 성공하는 데 있다. 그것은 형이상학적인 것이 아닌 실험적·관찰적인 학문이기 때문이다. 과학이 제공하는 설명을 시험해보려면 그 설명이 우리 행동의 결과를 조리 있게 예측할 수 있게끔 한 사건과 다른 사건을 연결짓

느냐 하는 점을 살펴보면 된다. 과학의 고전적인 방법들은 19세기 말까지 250년간 이러한 시험에 실패 없이 성공해왔던 것이다.

그러나 고전 과학은 19세기 말에 똑같은 시험에서 실수를 저질렀는데 이에 대해서는 충분히 언급해둘 필요가 있다. 왜냐하면 아직까지도 많은 사람들이 낡은 자연관과 새로운 자연관 사이의 선택이 마치 철학적 기호嗜好의 문제였던 것처럼 말하고 있는데, 그것은 그렇지 않은 실제적 사실의 문제이기 때문이다.

1900년경 고전 과학적인 예측과 들어맞지 않는 실제적 사실들이 누적되기 시작했다. 빛의 속도가 다른 물체의 속도와는 다르게 나타났던 것이다. 수성이 자기 궤도를 도는 시간이 지켜지지 않았다. 새로 발견된 전자의 질량은 속도에 따라 변화했고 복사체에서 발생한 에너지의 흐름은 연속된 양상으로 나타나지 않았다. 생물학에 있어서조차 유전 형질이 연속되게 나타나지 않았다. 방사능의 발견은 물질이 예측할 수 없는 불안정한 분열을 하기 쉽다는 것을 보여주었던 것이다.

이러한 몇몇 예에서 보이는 고전 과학적인 방법의 잘못은 작은 것이었다. 그리고 이 점이(오늘날까지도 그렇지만) 당시 사람들로 하여금 그러한 오차는, 계산을 정확하게 한다든지 가설을 정밀하게 세우는 약간의 절충을 가함으로써 조만간 올바르게 고칠 수 있을 것이라는 희망을 품게 만들었다. 하지만 그러한 희망은 문제의 본질을 파악하지 못한 데서 연유한다. 물론 빛의 상대 속도나 수성 궤도 따위의 오차들은 미세한 것이다. 만약 그러한 오차들이 대단한 것이었다면 뉴턴의 학문 체계는 오래전에 무자비하게 내팽개쳐

졌을 것이다. 그러한 오차들은 큰 것은 아니지만 매우 결정적인 것이다. 왜냐하면 그 오차들이 이러한 새로운 발견들을 고전적인 과학의 체계와 조화를 이루지 못하게 하기 때문이다. 더구나 이 엄밀하고도 인과적인 과학 체계는 새로운 과학적 발견과 조화를 맞추는 데 있어 불확실성 내지는 관용성을 용납하지 않을 것이다. 만약 새로운 발견들이 정확하다면 뉴턴의 역학은 틀린 것이다. 물론 작은 잘못이지만 어쨌든 본질적으로 틀린 것이다.

제2차 과학 혁명은 과학적 개념에 대한 혁명이었다. 제1차 과학 혁명 때와 마찬가지로, 이러한 생각은 사실에 대한 완고성으로 인해 제2차 과학 혁명의 담당자들에게 주입되었던 것이다. 복사 에너지의 흐름에 대한 연구는 중력의 낙하 연구 못지않게 온당하면서도 실용적인 것이다. 그리고 1900년 플랑크가 복사 에너지의 흐름이 불연속적인 형태의 것임을 입증하게 되자, 그의 실험은 갈릴레오가(그의 최초의 전기 작가가 주장하는 바와 같이) 피사의 사탑에서 서로 다른 중력을 가진 두 물체를 낙하시켜 동시에 땅에 도달함을 보였던 1590년경의 경우만큼이나 결정적인 것이 되어버렸다.

19세기의 화학자들과 다른 과학자들은 그리스 사람들이 오랜 기간에 걸쳐 생각해왔던 대로, 물질은 원자로 결합되어 있다는 사실을 증명해내게 되었다. 그러나 운동의 연속성에 대한 믿음과 원자의 세계를 일치시키기에는 다소 어려운 점이 있는 것이다. 그들은 뉴턴의 법칙들을 애매모호한 것으로 만들어버렸다. 더구나 플랑크가 에너지 또한 일종의 입자임을 밝혀내면서, 그러한 어려움은 극복할 수 없는 것으로 변해버렸다. 더구나 에너지란 더 이상 나눌 수 없는 가장 작은 단위체인 것이다. 더 이상 자연이 무한한 단계를 거쳐 어떤 상태에서 다른 상태로 미끄러져 나아가는 것이라곤 생각되지 않았다. 자연의 본질적인 요소들은 서로 건너뛰는 것이며, 자연의 상태란 필름의 구조처럼 서로 분리되어 있는 것이다.

자연에 대한 이러한 설명들은 점차 낡은 과학적 개념들을 변화시켜왔다. 한 예로 자기만의 독특한 색채, 말하자면 나트륨 원자의 노란색을 방출하는 어떤 원자에 대해 생각해보기로 하자. 원자 내의 전자 하나가 정확한 양의 에너지를 흡수하면 그 전자는 원래의 자기 궤도에서 이탈하여 에너지의 양에 해당하는 다른 궤도로 옮겨가게 된다. 그런데 전자가 다른 궤도로 이탈할 경우에는 시간이 소요되지도 않을뿐더러 궤도와 궤도 사이의 공간을 뚫고 전자가 지나는 것도 아니다. 전자는 처음 궤도에서 사라지자마자 즉시 다른 궤도에 나타난다.

이와 같이 움직이는 물체를 가지고 '입자'라 부르는 것은 이치에 맞지 않는다. 더군다나 두 개의 궤도에서 나타나는 것들에 대해 '같은' 전자인지의 여부를 묻는 것도 의미 없는 일이다. 또한 한순간에 궤도 내의 주어진 한 점에 전자를 위치시킨다는 것도 생각하기 어려운 일이다. 전자가 위치할 수 있는 자리란 마치 하나의 파동과도 같이 모든 궤도의 둘레에 퍼져 있는 것이다. 간단히 말해서 전자는 다른 어떤 것도 아닌 전자 그 자체이며, 유별나기는 하지만 뚜렷한 법칙을 가지고 있는 물체인 것이다. 따라서 '입자'니 '파동'이니 하는 용어들은 은유적인 표현에 불과한 것이며, 전자 활동의 일면만을 묘사할 뿐이지 전자 활동의 모든 대수학적인 측면 이상을 기술하지는 못하는 것이다.

이번에는 스크린의 두 구멍 사이로 흘러나와 화면에 비친 나트륨등을 그려보기로 하자. 구멍으로 흘러나온 나트륨등은 파동과 같은 잔물결을 그리게 됐는데 그것은 어두운 색과 밝은 색이 서로 겹친 무늬 형태를 띠게 되는 것이다. 이러한 파동들은 단일한 광양자로 구성된 것으로, 이 광양자는 단일 전자의 궤도 이탈에서 생겨나는 것이다. 검고 어두운 무늬를 만드는 광양자는 도대체 어느 구멍을 통해 흘러나오는 것일까? 그것은 질문 자체가 무의미한 것이므로 우리가 여기에 답할 수는 없다. 다만 광양자라는 에너지 조각은 나트륨 원자에서 떨어져 나와 여행하다가 그 여행이 끝나면 출현 가능한 여러 장소 중 한 곳을 택해 나타나고 있을 뿐이다. 이것이 그 질문에 답할 수 있는 모든 것이다. 더 이상 캐묻는 것은 쓸데없는 짓이다.

우리가 하나하나의 단일 광양자를 추적해 들어갈 것을 고집한다손 치더라도 그것은 부질없는 짓거리일 뿐이다. 왜냐하면 에너지와 물질의 구성 단위는 자연의 진행 과정이 무한하게 나뉠 수 있는 것이며 무한히 예측 가능한 것이라는 고전 물리학의 신조와는 완전히 모순되어 있기 때문이다.

예측 가능한 것은 광양자의 통계적인 검출량뿐이다. 광양자는 두 개의 홀을 각각 절반씩 통과하여, 밝고 어두운 무늬들을 만들게 되는 것이다.

이러한 통계학적 사고방식은 일찍이 생물학에서 발전되어온 것이었다. 그렇게 된 원인은 다른 데 있었는데 그들 작업의 실질적인 어려움들이 생물학자들로 하여금 통계학을 발전시키지 않을 수 없게 했던 것이다.

동시에 물리학에서는 하나의 요소로써 현상들을 파악하는 실험 방법을 발전시켜왔다. 압력에 대한 기체의 변화를 알고자 할 때에는 온도를 일정하게 유지시켜야 한다. 이러한 실험들은 제한적이고, 주위 환경들로부터 분리되어 있는 것이다.

이처럼 현상적인 요인을 분리하는 방법으로는 살아 있는 생물체에 대한 연구를 제대로 할 수 없다. 키가 큰 집안에 대해서라든지 혹은 약의 효능에 대해 연구하고자 하는 실험자는 다른 요인들의 뒤섞임이나 다른 가변적인 원인들을 감수해야 한다. 실험자가 이러한 것들을 모두 제거할 수는 없으며, 반면 이러한 변화들은 실험자가 밝히고자 하는 명백한 결과들을 가리려 위협하고 있다.

때문에 생물학자들은 통계학적인 학문 방법을 쓰게 되었고 그러한 방법들에서 새로운 과학적 원리a new grammar of science(이 용어는 1900년에 피어슨Karl Pearson에 의해 사용된 것이다)를 생각해내게 되었다. 그들은 그들이 세운 과학적 원리에 기초한 증거를 가지고 과학적인 작업을 수행하는 방법을 배웠으며, 제반 변화의 배경들과 대조하면서 실험 결과를 비교하는 방법들을 배워나갔다. 그들은 더는 이상적인 실험만을 고집하지 않았고 대신 실험에 있어서 현실성을 수긍하기에 이르렀다. 그것은 곧 우리가 아무리 세심하게 실험한다손 치더라도 실험 방법에는 아직 미숙한 부분들이 남아 있기 마련이며, 제반 요인적인 변화들은 여전히 실험의 방향을 흐리기 마련이라는 것이다. 우리는 그러한 유類의 명백하면서도 틀리기 쉬운 증거들을 가지고 자연을 볼 수밖에 없는 것이다.

다시 말해 이러한 견해로는 자연에 대한 묘사가 메커니즘적인 것이 아니라 대수학적인 것이 된다. 그리고 자연의 진행 과정에 대한 예측은 제한적일 수밖에 없는데, 자연에 대한 기술 그 자체가 우리에게 관찰자적인 입장을 계속 유지할 것을 요구하기 때문이다. 그렇다고 해서 그러한 예측이 억측은 아니며 사실에 입각하여 성립된 것이다. 미래란 이미 결정된 것이 아니듯 제멋대로 되어 있는 것 또한 아니다. 우리는 미래의 갖가지 가능한 상태들을 알고 있으며, 그 각각에 대해 얼마만한 비중을 두어야 할지도 알고 있다. 미래란 우리가 계산할 수 있고 그 계산에 의해 확신을 가지고 기대할 수 있는, 불확실성의 한정된 영역을 가지고 있는 것이다.

그 밖에 생물학자들이 진척시켜왔던 통계학적인 사고는 조그만 단계의 물리학적인 새로운 사고들과 많은 공통점을 가지게 되었다. 더구나 1900년에 재발견된 멘델Gregor Mendel의 저작은 생물학적인 유전자가 비연속적인 것이며, 따라서 생물학적인 종이라는 것이 마치 물리학적인 체계에 있어서와 마찬가지로 대를 건너뛰며 나타난다는 사실을 보여주었다.

그러나 나에게는 이러한 유사성보다 통계학적인 유사성의 실마리가 더 많은 관심을 끌고 있다. 그것은 활동하는 과학이다. 그것은 세상을 주어진 대로 묘사하는 것도 아니며 과학자들을 세상 밖에 서 있는 중립적인 관찰자들로 나타내고 있는 것도 아니다.

여기서 말하는 과학이란 그가 묘사하려는 세상 내의 활동이며, 그 과학적인 활동 또한 그가 그리고자 하는 묘사의 대상에서 벗어날 수 없는 것이다. 그것은 묘사의 대상을 제한하는 동시에 그것을 구체적인 것으로 만든다. 자연의 모형은 과학자들이 관찰하는 것들로 구성된 것이 아니라 그들의 활동으로 구성되어 있다.

이러한 통계학적인 실마리들은 물리학의 다른 단계로 이어진다. 즉 상대성 이론의 커다란 단계에까지 이어지게 되는 것이다.

19세기와 20세기의 전환기에 물리학이 갖는 커다란 의문은, 어째서 우리가 빛 속에서 관계를 가지고 움직일 때조차 그 빛은 역시 똑같은 빠르기로 움직이는 것처럼 보이느냐 하는 것이었다. 젊은 과학자 아인슈타인에게 이러한 질문은 한층 더 깊은 형태로 발전하게 되었다. 빛의 속도나 다른 어떤 물체의 속도를 측정할 수 있는 근거는 무엇인가? 우리는 공간이란 이미 할당된 것이며 서로 다른 두 점에서의 시간 또한 알려져 있다는 것을 당연시하고 있다. 그러나 공간 내의 서로 다른 두 점에서의 시차時差는 어떻게 비교될 수 있는가? 우리는 이때 한 점에서 다른 한 점으로 신호를 보내게 된다. 빛의 파동이나 그와 유사한 종류의 다른 파동을 보내는 것이다. 이렇게 말하고 나자 빛의 신호라는 것은 그 속도 측정에 있어 헤어날 길 없이 복잡한 것임이 명백하게 되었다.

200여 년간 물리학은 우주 공간과 시간 사이에서 펼쳐지는 사건들의 단조로운 기록인 것처럼 보였다. 아인슈타인은 이제 추상적인 의미에서의 학술적인 주장이 아니라 실용성 여부에서 다음과 같은 견해를 물었던 것이다. 물리학자들은 단순한 사건 기록자들인가? 그들은 언제 어디에서 일어난 일이든 자유롭게 알 수 있는 자들인가? 이렇게 부드러우면서도 엄중한 질문들과 함께 이에 대한 대답은 분명해졌다. 그 대답은 다음과 같은 것들이었다. "아니요! 물리학자들의 임무란 사실의 기록에 있는 것이 아니라 관찰의 기록에 있는 것이오. 사건과 사건의 계기, 관찰은 서로 밀접하게 관련된 것이어서 하나하나를 따로 떼어 분리할 수는 없는 것이오. 우리는 사건을 추측할 수 없으며 오직 관찰 결과와 결과 사이의 관련성만을 연구할 수 있을 뿐이오." 상대성 이론이란 사건들로써가 아니라 상호 관계 속에서 세계를 이해하는 학문인 것이다.

거듭 말하지만 여기서의 과학이란 하나의 활동이며 또한 현실적인 활동인데, 그러한 활동은 곧 과학자들이 실제적으로 성취한 실험들로부터 그 개념을 정립하는 것이다. 그리고 덧붙여 말하자면 이처럼 엄밀한 사고방식은 철학적 청교도주의자들의 그것보다 한층 더 심한 것이다. 1905년에 아인슈타인은 이것을 방정식으로 푸는 동시에 빛의 일정한 속도, 시간과 결합되어 있는 공간, 에너지와 결합된 질량들에 관해 설명하기에 이르렀다. 10년 후 그가 질량에 대해 더 깊은 부분까지 이해를 넓혀가게 되었을 때 그의 과학은 수성의 불규칙적인 활동을 설명하기에 이르렀고, 태양을 향해 빛이 구부러질 것이라는 점까지도 예견하기에 이르렀다.

이와 같이 제2차 과학 혁명은 제1차 과학 혁명의 숨은 교의敎義를 버리게 되었다. 제2차 과학 혁명은 더 이상 자연의 원형을 인과적이고 연속적이며 독립적인 것으로 가정하지 않았다. 이러한 가정들은 일상적인 경험에서 이상화된 것으로, 물리학자들이 일상적인 단계에서 계속 작업하며 적응시켜온 200여 년 동안에는 옳은 것으로 판명되어 화려한 성공을 거두기까지 했다. 하지만 그러한 가정들은 작은 원자에서부터 대규모 성운에 이르기까지 잘못된 것임이 입증되었으며, 적어도 인간 삶의 연구에 있어서는 부적당한 것임이 밝혀지게 되었다.

자연에 대한 완고한 모델이 오랫동안 성공을 거두면서 그것이 일상어의 일부를 이루게 되었음은 이미 언급한 바 있다. 우리는 습관적으로 자연이란 인과적이고 연속적인, 그리고 우리가 돌 따위를 던지거나 바라볼 때에도 이에 무관하게 혼자서만 움직여 나아가는 독립적인 구조를 가진 것으로 생각한다.

과학자들만 더 이상 자연을 이렇게 묘사하지 않는다. 그러나 이것이 오늘날에는 교묘하게 전도顚倒되어 과학자들이 널리 사용하는 자연의 묘사로 받아들이게 되었다. 그것은 무지에 대한 두려움을 미끼로 하는 근본적인 전체주의적 속임수에 그 자신을 제공하고 있는 셈이다. 즉 그것은 과학 전문가에 대한 두려움과 과학자에 대해 표출되지 않은 혐오감 및 과학자의 사고방식과 그들 사고방식 사이의 갈라진 틈을 미끼로 하는 전체주의적 속임수인 것이다.

이러한 속임수는 과학자들과 다른 사람들에게 작용했으며, 처음엔 독일에서 시작하여 그 후 동양과 서양으로 퍼져나갔다. 그러한 속임수들은 현대 과학의 근원에 대한 무지와, 무지에서 유래된 비밀이 우리들의 가치를 위협하고 그것들로 인해 우리의 문명사회가 위협받는 한 계속 사용할 수 있는 것이다.

그러나 또한 과학에 대한 반격에는 보다 교활한 대변인들을 동반하고 있다. 그들이 현대 과학에 대해 고개를 가로저을 때 그것은 과학에 대한 노여움의 표현이라기보다는 연민에 호소하는 것이다. 그들은 이렇게 말한다.

> 아아! 우리는 논리적인 세계를 믿었어야만 했어. 우리는 종교적인 개입이나 액막이, 강령술 의회降靈術議會, 유기질 비료, 힘러의 세계 빙하설Welteislehre 및 생명과 땅을 단념했어야 할 바로 그 시점에 있었던 거야. 그리고 이제 우리가 합리주의의 물결 속에 모든 것이 침수되어 알몸뚱이로 서게 되었을 때, 과학은 고작 합리주의의 물결을 쓸어내는 것 외에 무엇을 했단 말인가? 과학은 이미 전자가 당구공이 아닌 것을 인정했고 따라서 우리는 교황 무류설敎皇無謬說(교황이 신앙과 도덕상의 일에 관해 선언하는 일에는 오류가 없다는 설-옮긴이)이나 점성술을 믿고, 혹은 하부 질서의 부당함을 믿던 원시 상태로 되돌아가야만 하는 거야.

과학적 방법에 대한 이런 오해가 심사숙고 끝에 나온 것이 아니라면 우스운 일이다. 왜냐하면 과학의 기초란 형이상학적인 것이 아니기 때문이다. 과학의 기초는 우리가 실제로 시험하는 것을 예측하기 위한 경험과 분석이다.

형이상학적으로는 라이프니츠Gottfried Leibniz가 이미 오래전에 공간과 시간은 서로 분리되어 있는 것이 아니라 결합되어 있는 것임을 지적했다. 흄David Hume은 우리가 인과 관계라는 것을 단순히 습관상으로만 믿고 있을 뿐 논리적으로 믿고 있는 것이 아님을 보여준 바 있다. 그러한 이론들은(아인슈타인에 의해 그 이론이 해석되기 전까지는) 어떠한 영향력도 행사할 수 없었다. 왜냐하면 그러한 이론들은 단지 만들어지기만 했지 어느 곳에도 적용시킬 만한 근거가 없었기 때문이다.

　새로운 과학적 사고방식은 새로운 사실의 발견에 기초하는 것이다. 이러한 비판적인 사실들은 자연의 법칙이 인과적이고 연속적인 것이며 우리와는 독립되어 있는 것이라고 주장하는 이론적인 구조와는 조화를 이루지 못할 것이다. 그리고 그것이 비록 사실에 부합할지라도 습성이나 형이상학을 주장하는 것은 쓸데없는 짓이다. 우리는 좀 더 정밀한 자연법칙의 개념을 배워야 한다. 한 법칙이 통계적인 것이라 해서, 그리고 그 법칙의 대수학 구조를 묘사할 수 없다고 해서 그 법칙이 더 실제적이지 않은 것은 아니다. 자연의 논리가 유클리드의 기하학이 아니라고 해서 그것이 덜 논리적인 것은 아니다. 과학이란 자연에 우리 논리를 부과하는 게 아니라 자연 자신의 논리에 대한 끈질긴 이해다.

　그리고 물론 새로운 과학은 무법칙적인 것이 아니다. 오히려 그 예측들은 히로시마와 콜더홀Calder Hall(영국에 있는 세계 최초 상업용 원자력 발전소명-옮긴이)에서 입증되었듯 매우 정확한 것이다. 그러나 이들 신新과학은 과학이 가질 수 있는 것 이상의 정확성을 공언하지 않는다. 그리고 이제 우리가 알고 있듯이 자연이란 하나하나 자세히 상술함으로써 기술될 수 있는 것이 아니다. 이런 기술은 제

한적이어서 그러한 기술로 추출하는 자연에 대한 예측 또한 제한
적일 수밖에 없다. 그렇다고 해서 이러한 예측들에 법칙이 없는 것
은 아니다. 각각의 예측들은 불확실성의 도度를 예측하고 있으며,
우리는 그 범위 내에서 자신감을 가지고 질서 있게 활동할 수 있는
것이다.

그것을 위한 방법으로 그것의 심오한 합리성을 표현하는 과학적
인 활동 방법이 있다. 새로운 과학 내에서 종교와 반계몽주의를 위
한 변명거리를 찾으려는 솜씨 좋은 토론자들은 궁지에 몰린 채 과
학적인 방법 그 자체만을 필사적으로 보수保守하려 든다. 그들은 자
연에 대해 더 이상 19세기의 논리를 부과할 수 없기 때문에 과학이
란 우리만큼이나 비합리적인 것이라고 주장한다. 그러나 과학은
논리학 교과서에 실린 연습 문제가 아니다. 과학은 합리적인 것이
다. 과학은 자연법칙에 대한 편견 없는 발견이기 때문이다.

실험의 논리

천문학 및 역학에서는 이미 오래전부터 움직이는 물체의 소재를 기술하기 위해 수학을 사용했다. 그것은 코페르니쿠스와 갈릴레오 이전에도 오랫동안 당연하게 여겼다. 그러나 수학이 모든 학문의 중심이라는 생각은 최근에 나타난 것이다. 만약 그러한 생각의 시작을 꼭 집어 말하라고 한다면 1619년 11월 10일 밤이라고 할 수 있겠다. 그날 밤 스물세 살의 청년 데카르트René Descartes는 우주의 비밀을 푸는 열쇠가 수학적인 질서에 있다는 생각을 떠올리는 신비한 경험을 했다. 그는 죽을 때까지도 경외심을 느끼며 그 순간은 발견이 아니라 계시였다고 말했다.

데카르트는 질서의 수학을 염두에 두고 있었기 때문에 일종의 기하학을 추구하고 있었다. 그는 자신이 유클리드에게서 찾아냈던 것을 이 세상에서 발견하고자 했다. 그러나 그 당시의 역학은 지금과 마찬가지로 사건의 배열보다는 숫자에 의해 기술되는 일이 많았다. 그러므로 데카르트가 기하학과 산술을 연결시키는 도표 방법을 처음 사용하게 된 것도 이상한 일은 아니다. 거대한 좌표계를 우주에 적용해보는 것은 데카르트가 생각하기에는 우주에 논리적 질서를 부여하는 데 일보 전진하는 확실한 방법이었다.

데카르트에게 그런 전망이 주어진 후 몇 년 되지 않아서 매우 비슷한 경험이 홉스의 일생을 뒤바꿔놓았다. 그러나 홉스의 경우는 데카르트보다 좀 덜 신비적이었다. 그는 후견인의 서고에서 유클리드의 첫 번째 책을 뽑아 읽고 있었다. 그때만 해도 그는 중세 사람으로서 고전 교육을 이미 받았지만, 자신의 주장을 실제로 논증하는 책을 탐독하거나 접해본 적은 별로 없었던 것 같다. 그의 친구 오브리John Aubrey의 말을 인용하면 그때의 상황은 이렇다. "이로 인해 그는 기하학과 사랑에 빠졌다."

홉스에게는 만약 그가 세계의 진행 과정에서 논리의 결과와 유사한 것을 찾아낼 수 있다면 이 세계는 유클리드처럼 합리적일 수 있으리라는 것이 명백해 보였다. 그는 이러한 유사물을 인과 원리에서 찾아냈다. 홉스는 유클리드의 공리가 '바보가 건널 수 없는 다리'(《유클리드 기하학》 제1권 제5명제, 이등변 삼각형의 두 밑각은 서로 같다는 명제를 일컫는다. 증명할 때 쓰는 보조선이 다리 모양과 비슷한 데서 연유—옮긴이)의 명제를 수반하는 것과 마찬가지로 엄격하게 원인은 결과를 수반한다고 주장했다. 사실 우리가 '따른다to follow'라는 동사를 사용할 때는 당연히 두 종류의 결과 모두를 기술하는 것이다.

뉴턴을 필두로 하는 위대한 다음 세대의 기념비적 업적은 홉스와 데카르트의 개념으로부터 전개된 것이다. 그 세대는 추론을 진전시키는 과정에서 사실로부터 자연법칙을 찾아내려는 시도를 단호히 포기했다. 대신 새로운 과학자들은 보다 가설적인 방법을 창안했다. 그들은 뉴턴의 운동 법칙 및 역제곱 법칙과 같은 일련의 원리와 공리들을 추출해냈다. 그들은 어떤 세계가 이런 원리를 좇아 움직일지를 궁리했으며 현실 세계에 대해 그들의 가상적인 세계를 점검함으로써 그런 공리들이 올바른가 그른가를 판단했다. 하위헌스는 이러한 입장을 《빛에 관한 논고Treatise on Light》에서 명확하게 밝히고 있다. 거기서 그는 "여기서의 원리들은 그로부터 추출되는 결과에 의해 검증된다"고 말하고 있다. 나는 이것이 귀납적 정신의 본질이라고 생각한다.

또한 하위헌스는 이런 귀납적 방법이 절대로 그 공리들을 확실하게 확립시킬 수는 없을 것이라고 생각했다. 왜냐하면 동일한 물리적 결과를 수반하는 일련의 다른 공리들이 있을 수 있을뿐더러 앞으로도 가능하기 때문이다. 하위헌스가 자연 과학은 기하학보다 명확하지 않다고 생각한 것은 바로 이러한 근거에서였다. 그가 보기에 기하학의 공리들은 자명하다고 여겼기 때문이다.

과학적 추론에 관한 고전적인 비판은 하위헌스가 이 글을 쓴 후 50년이 지나서야 이루어졌다. 흄이 1739년에 다음과 같이 퉁명스럽게 이야기했던 것이다.

원인과 결과에 관한 모든 추리는 경험에 근거를 두고 있으며 경험에 의한 모든 추리는 자연의 진행이 변함없고 동일하게 지속될 것이라는 가정에 기반을 두고 있다.

미래가 과거와 마찬가지로 진행될 것이라는 우리의 가정은 단지 **관습**에 의한 결정일 뿐이다. 당구공이 다른 공을 향해 움직이는 것을 볼 때 나는 습관에 의해 통상적인 결과를 생각하게 되고, 다른 공이 움직이는 것을 보리라는 기대를 한다. 이러한 대상들에게는 추상적으로 간주되고 경험과 분리되어 그런 결론으로 이끌게 할 만한 것이 전혀 없다. 내가 이런 종류의 결과를 무수히 반복해서 경험한 뒤라 하더라도 결과가 과거의 경험과 일치할 것이라는 사실을 가정하도록 해줄 만한 논증은 있지 않다.

여기서 흄은 중요한 점을 파악했다. 자연의 사건은 시간 안에서 발생하며 그것은 우리가 마음대로 탐구할 수 없는 차원이라는 것이다. 이러한 점에서 자연의 사건은 기하학의 정리theorem들과 차이점을 보여준다. 기하학에서는 생각나는 대로 이리저리 움직여볼 수 있는 공간 안에 정리들이 놓여 있는 것이다. 조금 묘한 방식으로 흄의 세대들은 시간의 놀라운 불확실성에 대해 갑자기 의식하기 시작했다. 군중이 런던 거리를 행진하면서 200년 전보다 더 많아진 것도 아닌 "우리에게 우리의 11일을 반환하라"(1752년 영국에서 기존의 율리우스력 대신 그레고리력을 사용하기로 결정하면서 7월 2일 다음에 7월 14일이 오도록 날짜를 조정하는 것에 반대하여 외친 구호-옮긴이)고 외치면서 돌아다니게 된 것은 그가 아직 살아 있을 때였다.

그러나 우리가 흄의 반론을 세밀히 읽어본다면 과학적 추론에 시간이 도입되는 두 가지 다른 방식을 혼동하고 있음을 발견하게 될 것이다. 내가 개는 늑대에서 진화되었다고 말한다면 그것은 시간에 관련된 한 종류의 정리를 말한 것이다. 그러나 우리 집 개가 다음 달에 강아지를 낳게 될 것이라고 말한다면 또 다른 종류의 시간에 관한 정리를 말하는 것이다. 두 정리에 대한 증거는 우리의 경험에 놓여 있으며 그런 것이 없다면 세계를 있는 그대로 볼 수 있다는 희망을 가질 수 없게 된다.

그러므로 내가 경험을 잘못 이해한다면 두 가지 정리는 잘못될 수 있다. 이런 경우에는 첫 번째 정리가 오류다. 왜냐하면 과거를 잘못 읽었기 때문이다. 그러나 이것은 흄의 비판과는 아무런 상관도 없다. 흄은 어떤 순간에도 미래는 과거와 단절될 수 있다고 말했다. 미래에 일어날 자연법칙의 변화는 오직 두 번째 종류의 정리들에만 영향을 미칠 수 있다. 즉 그것은 우리 집 개로 하여금 강아지를 못 갖게 할 뿐이다. 하지만 그것은 너무 뒤늦게 왔기 때문에 진화 이론을 반증할 수는 없다.

자연법칙이 어느 순간 뒤죽박죽될 수 있다는 것이 바로 흄의 주장이다. 머지않아 우리는 한밤중에 구멍 속으로 기어 들어가다 머리를 부딪힐지도 모른다. 이러한 것은 예측할 수 없기 때문에 물론 반박할 수도 없다. 유아론唯我論처럼 반박할 수도 없으며 무의미한 것이다. 왜냐하면 그것이 주장하는 것은 단지 우리의 경험 안에는 아무런 제재 규약도 존재할 수 없으며 우리 경험의 영역으로부터 경험 밖에 놓여 있는 것으로 옮겨갈 수 있다는 것이기 때문이다. 수학자들은 어린 시절에 기존 사실로부터 미래를 추정하는 것은 똑똑하지 못하다고 주의받았을 때부터 이러한 가르침을 받았던 것이다. 내 생각에 이러한 문제점은 시간뿐 아니라 공간에도 해당된다. 마찬가지로 우리는 자연법칙이 갑자기 변화하여 생긴 공간 내의 구멍에 걸려 넘어질 수 있다.

이런 맥락에서는 먼 성운으로부터 우리에게 도달하는 빛이 도플러 효과Doppler shift(소리나 빛이 발원체에서 나와 발원체와 상대적 운동을 하는 관측자에게 도달했을 때 진동수에 차이가 나는 현상. 별에서 나오는 빛의 색도 지구에 대한 그 별의 상대적인 속도에 따라 변할 수밖에 없다는 주장-옮긴이)에 의해 붉어지는 것이 아니라, 하나의 액자와 같이 우리 은하계를 가르는 물리 법칙의 불연속성을 횡단하기 때문이라고 믿을 수도 있는 것이다. 그것을 믿어라. 그리고 환영하라. 하지만 그것이 무엇에 도움이 되는가? 아무런 쓸모도 없다.

사실 과학의 목적은 우리의 경험 이상을 예측하는 데 있다. 그러나 실제로는 이러한 생각과 거리가 있다. 왜냐하면 경험을 이끌어줄 아무런 대안도 제시하지 못하기 때문이다. "과학 이론은 어떻게 만들어지는가?" 하고 물을 때 우리는 항상 경험의 사실을 배열하는 방식에 대해 생각한다. 우리는 어떤 이론이 불완전하다거나 명백하게 틀렸다는 것을 증명하기 위해 기다려야 할지도 모른다. 하지만 그런 연후에 우리가 사용하는 것은 항상 과거에 있어서의 일련의 사실들이다. 흄이 의미한 미래, 즉 그 안에 구멍이 있을지도 모르는 시간은 과학에선 존재하지 않는다. 어떤 순간에도 과학자는 단지 과거의 기록밖에 가지고 있지 않다. 그리고 기록을 활용할 때 그는 진정으로 과거를 경험한다는 것을 가정해야 한다. 그는 이제 이 경험들에 질서를 부여하도록 요청받고 있다. 이 질서란 그의 이론이다.

　과학자들이 그가 기록했던 사실이나 과정으로부터 그런 이론을
만들어내려고 얼마나 애를 쓰는가 하는 것은 이 글의 후반부에서
매우 중요하게 다루어지는 문제다. 그러나 이론의 형식은 이미 하
위헌스를 인용하여 넌지시 내보였다. 과학자들은 기록된 사건의
심층에 놓여 있는 일련의 실체들을 가정한다. 즉 원자, 양자, 세포,
유전자, 반사 능력이 그것이다. 그는 이런 실체들이 따르고 그에
대한 작동을 가능하게 하는 원칙을 공식화한다. 물론 그 원칙 중
많은 것이 명백히 진술되지는 않는다. 그러나 유클리드의 역사는
플레이페어John Playfair(1748~1819, 스코틀랜드의 수학자-옮긴이)의
시대에서 오늘날에 이르기까지 이런 것이 가장 신중한 기하학자에
게도 일어난다는 것을 보여준다. 과학자들은 이런 장치에다 그의
실체가 어떤 관련에서 관찰될 수 있는지, 그리고 이런 관찰 가능한
표상이 무엇인지 말해주는 사전을 덧붙인다. 그리고 거기서부터
그는 자신의 모델을 진행시키는 것이다.
　'모델을 진행시킨다sets his model going'라는 표현을 했는데 그 비유
는 이 체계 안에 있는 시간의 중요성을 강조하려는 의미에서였다.
왜냐하면 이에 대한 오해를 없애기 위해서다. 어떤 경우에도 우리
의 이론은 단지 과거만을 기술할 뿐이지만 이는 절대 시간을 배제
시키는 것이 아니다. 시간에 대한 모든 진술들이 미래의 시간을 언
급해야 한다고 설정하는 것은 틀림없이 혼란을 야기시킨다(이것이
내가 흄을 비판한 이유다).

과학 이론은 시간 안에서의 사물의 반응을 기술하는 것이다. 그 원칙들은 가정된 실체가 시간 안에서 어떻게 움직이고 변화하는지 반드시 말해주어야 한다. 이런 종류의 원칙이 본질적인 인과 법칙이다. 여기에서 나는 이 단어를 매우 넓은 의미로 사용한다. 규칙성이 단지 통계학적인 것도 그 맥락에 포함되는 것이다. 그리고 지질학처럼 모든 시간이 과거라 하더라도 시간 안의 사물의 반응을 고정시킬 수 있는 인과 법칙을 갖지 못한다면 과학적 이론은 존재할 수 없다.

그런 이론은 어떤 테스트로 판단되는가? 예측의 방법 없이도 해낼 수 있는가? 물론 할 수 있다. 우리는 이 단계에서 그 이론을 미래에 사용할 수 있을지에 대해서는 관심이 없으며 우리에게 주어진 자료에 질서를 부여하는 데 성공할 것인지에만 관심을 갖는다. 그러므로 우리의 검사 방법은 그 모델이 자료와 잘 맞아떨어질 수 있는지 알아보는 것이다. 바로 이러한 방법으로 1905년 상대성 이론이 뉴턴의 역학보다 더 정확한 이론이라는 것이 판명되었다. 가령 1919년의 일식과 같이 실험에 의해 자료를 확장할 경우, 보다 선명하게 부각되는 것은 예측이 아니라 결단에 의해서다. 즉 실험은 두 이론 가운데 어느 하나를 선택하기 위한 것이다.

그러나 어떤 실험도 모든 이론들 중에 결정을 내릴 수는 없다. 우리가 아무리 충분한 자료를 가지고 있다 하더라도 가능한 모든 모델 가운데에서 결정할 수는 없다. 모든 자료는 유한한 것이며, 따라서 셀 수 없이 많은 수의 모델이 그에 적합하게 될 수도 있기 때문이다. 자료는 단지 하나의 표본일 뿐이며 자료를 얻은 역사의 표본이기도 한 것이다. 그것이 단지 우주의 표본이라는 사실이 모든 실험의 본질인 것이다.

우리가 하는 모든 관찰이 자연의 표본에 지나지 않는다면 그런 관찰과 과학자들의 모델을 비교하는 방식에는 분명 빈틈이 매우 많을 것이다. 우리는 단지 여기저기에서만 사실에 모델을 연결시킬 수 있을 뿐이다. 치수를 우편으로 보내 옷을 주문한 사람은 이런 맞춤 방식으로는 실수할 여지가 많다는 점을 알고 있을 것이다. 우리는 실험에 의해, 즉 표본의 규모를 증대시킴으로써 그런 오류를 줄이려고 애쓴다.

우리가 미래에도 계속해서 실험해야 한다고 할 때 이는 흄이 제기했던 질문을 구걸하는 것처럼 보일 수 있을 것이다. 미래가 과거의 경험과 일치하리라는 걸 어떻게 알 수 있을까? 대답은 모른다는 것이다. 우리는 그것을 상정하지 않는다. 그런 태도를 취했을 때 우리는 확대된 표본의 전체를 본다. 실험자들은 모두 그 사실을 알고 있다. 우리는 공간이나 방침의 결정, 또는 다른 어떤 변수의 결과를 찾듯이, 그것이 파국적이든 체계적이든 시간의 결과를 찾는다. 시간 안에서 우리는 다른 변수들 안에서처럼 여러 관계들에 연관되어 있다. 두 날이 똑같다고 말할 때 우리는 그 단어를 날씨에 대한 것으로 사용할 수 있고, 변화 가능하다는 의미에서 똑같다고 할 수도 있을 것이다.

그러므로 실험의 목적은 이론을 검증하는 표본의 규모를 증대시키는 데 있다고 하겠다. 그러나 실험이 모두 비슷한 것은 아니다.

홀륭한 실험은 단순 관찰에서 산출된 임의의 표본보다 체계적이다. 그리고 결정적인 실험은 조사되고 있는 변수의 표본들이 매우 계층화되어 있다. 그러나 표본의 측면에서는 모델이 자연에 매우 적합하게 만들어졌다 하더라도 모든 측면에 걸쳐서 적합하게 추리한다는 것은 단지 개연적일 뿐이다. 하위헌스가 제대로 파악했듯이 귀납법이 과학적 이론의 옳음을 단지 개연적인 확실성으로만 부여한다는 것은 이러한 의미에서다. 모든 형태의 표본은 단지 그것이 추출된 모집단에 대한 개연적인 정보만 줄 뿐이다.

실험에 의해 과학적 이론을 검사할 때 우리는 표본으로부터 자연적 사건의 모집단에 대한 정보를 얻으려고 애쓴다. 우리는 우리의 모델에 의해 모든 곳에서 야기된 배열 상태가 표본의 측면과 맞아떨어진다는 것을 보여줌으로써 그것과 모집단이 잘 어울린다는 것을 스스로 납득하려고 한다. 이러한 점을 간과한 사람들은 과학에서의 개연성 문제에 대해 어리석은 말을 상당히 많이 하게 된다. 어떤 철학자들은 개연적인 이론에 대해 말하며, 어떤 이들은 마치 사실들이 개연적일 수 있다는 듯 말하기도 한다. 사실들은 그렇거나 그렇지 않거나다. 즉 관찰은 진실이거나 거짓인 반면, 이론은 옳거나 그르다. 개연적인 모든 것은 경험으로 알려진 것을 아직 알려지지 않은 것에 확대시킬 수 있다는 보증이다. 즉 알려진 표본에서 대부분은 알려지지 않은 것으로 논증을 진전시켜나갈 수 있다는 것이다.

그러나 우리의 관찰이 사건의 표본일 뿐이라고 말했을 때 나는 매우 심각한 난점이 생길 소지를 열어놓았다. 이제 우리는 우리가 연구하고 있는 자연 대상의 모든 특성들에 대한 표본을 갖고 있다고 확신할 수 없게 되었다. 우리는 이러한 대상이 우리가 관찰한 적이 없거나 관심을 기울이지 않았던 성질을 가지고 있다고 기대해야만 하는 것이다. 그리고 우리는 이런 성질들이 그에 관해 아무런 설명도 해주지 못하는 이론의 결과라고 생각할 수도 없다. 이는 통상적으로 이루어지는 것보다 더욱더 심층적인 귀납법에 대한 비판이다.

귀납적 방법의 목표는 세상 만물에 대한 기술을 일련의 한정된 원칙으로부터 뽑아낸 일단의 추론으로 환원시키는 것이다. 이 목표가 합당한 것이라면 자연적 대상의 모든 성질들은 일련의 어떤 규정된 성질에서 나와야 한다. 어떤 대상을 독특하게 만들려면 그것을 지금처럼 정확히 움직이게 해야 하는 것이다. 즉 우리 집 개의 모든 성질들은 일련의 규정된 성질로부터 나와야 한다. 그 위에서 개 전체는 정교한 동어 반복이 되는 것이다. 나는 이것이 가능한 계획이라고 보지 않는다. 그것이 우리 집 개의 경우와 마찬가지로 철鐵에도 적용될 수 있을지 매우 의심스럽다. 왜냐하면 우리는 표본 추출된 성질에 의거해 한쪽 부류를 규정해야 하기 때문이다. 이것은 그 부류를 독특하게 할 수는 있지만 그것이 그 성질 모두를 포함하고 있다고 추정할 수는 없는 것이다. 방사능 발견 후 오스트레일리아에서 검은 백조가 발견되었다는 사실은 한 부류의 모든 성질을 일반화시키는 데 신중할 것을 요구한다.

내가 덧붙여야 할 것은 수학에서의 어떠한 연역 체계라 하더라도 이런 종류의 역행을 포함하고 있다는 점이다. 괴델Kurt Gödel은 그것이 그 공리와는 갈등을 일으키지 않으나 그로부터 추출될 수 없는 정리를 포함한 것임을 보여주었다. 그런 정리들은 그 규정된 성질로부터 도출되지 않는 자연적 부류의 성질과 유사하다. 우리가 표본 절차를 거치고 나서야 실제로 알게 되는 것이기 때문에 한 부류의 성질 모두를 이야기한다는 것은 경솔하고 무모하다는 것을 이미 언급했다.

이제 괴델의 결과를 통해 이론상으로조차 그렇게 하는 것은 무모할지도 모른다는 것을 알 수 있다. '무모하다'가 아니라 '무모할지도 모른다'고 말한 이유는 괴델의 결과가 수학 체계에도 해당되기 때문이다. 그것은 대략 그 체계가 무한의 숫자를 사용하기를 요구한다. 하지만 이것이 자연 과학의 여러 원칙들 가운데 우리에게 필요한 요구인가 하는 점에도 별로 자신이 없다. 그러므로 나는 그유추를 더 이상 진전시키지 않는 것이다.

나는 이론을 만들고자 하는 과학자가, 일련의 원칙을 정하려고 했을 때의 유클리드가 했던 것만큼 용이한 과업을 갖고 있을 경우에 한해 이야기하는 것이다. 그러나 세상은 그렇게 간단하지 않다. 유클리드의 원칙들은 기하학에서 정말로 간단한 경험들이기 때문에 그토록 오랫동안 당연하게 생각되어온 것이다. 유클리드가 점과 선을 정의했을 때 그는 독자들이 그것들을 어떻게 그릴 것인가에 대해서는 어떤 회의도 갖지 않았다. 심술궂은 수학자들이 이런 단어의 의미는 유클리드가 의도했던 바와 전혀 반대되는 의미로 작용할 수 있다고 말한 것도 겨우 근대에 이르러서였다. 그러나 자연 과학자는 유클리드의 행복하고 단순한 상태에 절대 머무르지 않았다.

일찍부터 그는 자연에 대한 원칙 밑에 놓인 실체들은 절대로 감각에 직접 나타나지 않는다는 것을 알고 있었다. 도대체 어떻게 원자를 생각하게 되었으며, 또한 어떻게 유전자를 생각하게 되었을까? 어떻게 화학 구조를 생각했을까?

나는 지금까지 과학 철학자들이 이런 질문을 던지는 것을 본 적이 없다. 그러나 내가 보기에 그 질문들은 과학적 방법에 대한 근본적인 문제들이다. 여기에 있는 자연은 뒤죽박죽된 실체들의 수수께끼다. 그것들은 모두 92개의 기본적 실체들로부터 조합된 것임이 판명되고 있다. 어떻게 그 수수께끼에 대한 특별한 열쇠를 얻게 되었을까? 조각 그림 맞추기의 그 조각을 어떻게 찾게 되었을까? 그리고 그것이 조각 그림 맞추기라는 것을 어떻게 떠올리게 되었을까?

나는 이 문제들에 대한 해답이 '수수께끼'라는 단어에 있다고 생각한다. 처음부터 그리스의 수학자들과 원자론자들은 자연에는 배울 만한 것이 있다는 생각으로 접근했다. 자연은 어떤 의미를 갖고 있는 것이다. 이러한 믿음은 대부분 중세의 암흑 속에서 상실되었다. 중세에는 물질을 끊임없는 우연으로 간주했으며 은총의 새로운 행위에 의해 그때마다 나타나는 것으로 생각했다. 알베르티Leon Battista Alberti나 레오나르도 다빈치같이 새로운 의미에 굶주리고 기갈 들린 사람들이 나타나서야 비로소 자연 과학은 또다시 풍성해질 수 있었다. 그들은 그리스인들과 마찬가지로 자연이 어떤 메시지를 갖고 있다고 확신했다. 그 이후 계속해서 우리가 하고 있는 것이 그 약호code를 찾아내는 일이다.

나는 일부러 글자 그대로 '약호'라는 낱말을 쓴다. 과학으로 자연을 해명하는 것을 암호문 해독에 비유한 사람은 라이프니츠였다. 그러나 이런 유추가 얼마나 정확하고 강력한지를 그 자신이 제대로 파악했는지에 대해서는 확신할 수 없다. 내가 인용했던 실제 예 중에서 아무거나 들어보자.

17세기부터 약제사들은 소금을 황산과 같이 다루면 염산을 만들 수 있다는 사실을 알았으며 그것이 소화에 도움이 된다는 점도 알았다. 이를 밝힌 글라우버 박사Johann R. Glauber(1604~1668)에게 열광하면서 사람들은 그것을 기적의 소금sal mirabile이라고 불렀다. 그것이 이루어지는 과정을 써보면 다음과 같다.

$$2NaCl + H_2SO_4 \rightarrow Na_2SO_4 + 2HCl$$

이 진술은 황산나트륨을 만드는 것에 관한 나의 문장 및 화학 반응에 대한 수천 개의 다른 문장들을 약호의 요소들로 분해한 결과다. 우리는 그것을 약호 문자로 분해한 것이기 때문에 '원소elements'라는 단어와 '문자letters'라는 단어는 모두 정확하게 기술된 것이다.

이제 약호에 대한 물음을 계속 진행시켜 왜 이 문자들이 연결되는가에 대해 알아보도록 하자. 왜 S는 그렇게 자주 O_4와 연결되는가? 왜 H라는 문자는 이 메시지의 그토록 많은 곳에서 옮겨 다니는가? 당신은 지금 암호를 해독하는 두 번째 정거장에 서 있는 셈이다. 즉 문자 및 문자 집단의 상대적인 빈도를 계산하는 것이다. 이런 계산은 곧 원자가原子價 이론을 낳게 한다.

좀 더 진행시켜 보자. 이제 당신의 계산에 물리학자들이 실험을 기록하는 문장에 대해 행하는 과정과 비슷한 것을 첨가해보자. 이런 원자가는 하나의 구조, 즉 원자라 부르는 구조를 기술하고 있다고 해보자. 이제 당신이 도달한 이론은 각 원자에 원자핵과 이를 둘러싸고 있는 전자를 부여한다. 원자들은 S, O, H와 같은 문자들이다. 그리고 이번에는 그것들을 분류하기만 하면 된다. 새로운 약호의 알파벳은 더 이상 92개의 문자나 원소들로 이루어지지 않는다. 그것은 단 두 가지로 구성된다. 즉 하나의 획(/)과 하나의 문자 x다. 그 획은 전자이고 당신이 각 문자마다 배열한 획수는 그것의 특징을 나타낸다. 즉 그것은 그 원소의 원자 번호다. 이 단계에서의 x는 아직도 미지수이며 가변적인 구성 요소다. 그것을 솔직하게 하나의 의문 부호로 쓰는 것이 더 정당할지도 모르겠다. 그러나 사실상 지난 20년 동안 이런 단계는 이미 지나갔으며 우리는 변수 x를 메시지를 명확하게 만드는 구성 요소의 상징으로 해독할 수 있다. 이런 상징들은 양자를 대시(-)로, 중성자를 점(·)으로 나타낸다.

이러한 상징체계에서 우리는 약호 메시지의 문자들을 세 가지 구성 요소로 분해했다. H는 --/로 O는 --------/////// 등으로 해독한다. 우리가 이런 약호를 파악했을 때 우리는 완전한 표(동위원소를 포함한)로부터 원자가 이온화되어 있는 상태가 아닌 한, 대시(-)의 숫자와 획(/)의 숫자는 항상 같다는 것을 알게 된다. 그러므로 원자핵 이론이 사실 그렇듯이 획들을 중복된 것으로써 없애 버리고 점(·)과 대시(-)를 남겨둔다. 그래서 H를 ─로, O를 ──────── 등으로 표시한다.

당신은 내가 전개한 사실에 너무 익숙해 있기 때문에 하나의 약호로서 그것을 읽는다는 것이 술책으로 보일지도 모르겠다. 하나의 술책이라 하더라도 그것은 강력한 것임을 강조하고 싶다. 모스 Samuel Morse가 전신을 가능케 했던 것은 그가 그 강력한 힘을 파악했기 때문이다. 그러나 술책은 아니었다. 그것은 자연이 제시한 문제를 과학자들이 해결하려고 할 때 취하는 기초적인 접근법이다. 근대 화학은 주기율표에서 도출된 것이며, 그것은 우리가 화학 과정이라 부르는 메시지로서 자연이 그 안에 써놓은 약호를 발견하는 일인 것이다. 황산나트륨을 만드는 반응을 단지 낱말들로만 기술해놓았다면 화학은 어떤 상태가 되었을까? 데이비Humphrey Davy가 염화수소는 H와 Cl로 이루어졌다는 것을 나타냈을 때 그는 자연이 그에 관해 모든 문장으로 써놓은 약호를 분해하고 있었던 것이다. 약호가 분해될 때까지, 화학은 일관된 논리를 갖고 있지 않았다.

과학 체계를 세우는 것은 어렵고 서툰 과정이다. 하는 것보다 하지 않을 때 더 뚜렷이 나타나기 때문이다. 오늘 아침에도 나는 그렇게 소극적인 예비 작업을 하느라 시간을 할애해야 했다. 사실상 제시된 과정 중에서 적극적인 것은 오직 하나다. 그것은 자연의 과정을 메시지로 취급하는 것이고 그 메시지를 가장 의미 있고 유익한 것으로 만드는 약호를 찾아내는 것이다(이 맥락에서는 의미적인 것과 정보적인 것이 동일하다).

나의 절차는 주로 약호가 메시지들을 가능한 한 유익하게 만들어야 한다는 요구에 의해 수행된다. 보통 이런 요구는 소극적인 형태로 만들어지게끔 과학적 절차가 취급되기 때문에 거북하게 나타난다는 특징이 있다. 오컴은 우리가 해야 할 일이 아니라 하지 말아야 할 것을 말해주었다. 즉 우리는 가설들을 증대시켜서는 안 되었던 것이다. 그러나 이제 일련의 연속적인 실험을 설명해주는 두 가지 대안적인 이론을 고찰해보자. 만약 실험을 두 이론의 상징과 공리에 대한 메시지로 간주한다면 각각의 이론들은 그 형태의 정보 내용을 갖게 될 것이다.

$-\Sigma p \log p$, 라는 형태에서

p들은 거기에서 상징들이 우연히 위치하게 되는 확률이다. 따라서 우리가 그것들의 정보 내용을 극대화시키고자 하는 것은 보다 덜 제한적인 이론을 선택하라는 요구와 동일한 것이다. 즉 상징들이 그 발생이나 형태에 대한 보다 자유스러운 선택을 갖는 이론을 택하라는 요구다. 이것이 바로 오컴의 면도날이다.

요약하면 절차는 다음과 같다. 우리는 자연을 단일한 여러 대상이나 여러 사건이 아니라 여러 과정으로 구성되어 있다고 간주한다. 우리는 이러한 과정들을 기술한 문장들이 약호로 쓰여 있다고 간주한다. 과학적 절차란 그것을 구성하고 있는 상징과 그 배열 법칙으로 약호를 분해하는 것이다. 그래서 이런 작업은 본질적으로 하나의 공리 체계를 만드는 절차다. 그러나 우리는 여기에 약호는 자연을 가능한 한 의미 있게 만들어야 한다는 요청을 부가한다. 즉 과학은 형식적으로 자연의 과정을 기록한 메시지의 정보 내용을 극대화할 약호를 찾는 것이다.

관찰과 기술을 교묘하게 처리하는 데는 한계가 있으며, 이것은 해독 과정에 한계를 설정한다. 우리는 이를 메시지 밑에 기본적인 소음의 수준이 존재한다는 것에 비유할 수 있을 것이다. 우리 자신은 우리의 실험적인 오류에 의해 실제적으로 보다 엄청난 임의적 소음의 요소를 마련한다. 그러나 이런 제한을 별도로 하면 우리는 자연이 소음으로부터 자유롭게 메시지를 써놓는다고 가정한다. 즉 자연의 과정은 어느 것도 자의적이지 않다고 보는 것이다. 자연의 과정에는 무의미한 것이 아무것도 없다. 우리가 그것들을 단지 읽어낼 수 있다면 자연의 메시지들은 어디에서나 정보로 가득 차 있다.

이러한 가정은 라플라스Pierre Simon Laplace 시대 이후 논리학자들을 괴롭혀온 어려움에서 벗어나게 한다. 즉 그 개연성에다 어떤 실험도 그처럼 많이 부가하지는 않는 듯싶다. 혹은 우리의 과학적 이론을 향유할 수 있을 것이라고 확실히 이야기하고 싶다. 그와는 반대로 훌륭한 실험은 두 가지 메시지 중 하나를 선택하기 위해 자연에 도전할 수도 있다.

역사에 나타난 위대한 결정적 실험을 생각해보자. 갈릴레오가 피사의 사탑에서 행했다는 근거가 의심스러운 실험, 해왕성의 발견, 빛의 간섭, 마이컬슨과 몰리의 실험, 멘델의 업적, 흑체黑體 복사의 도표, 1919년의 일식, 원자로, 유카와 히데키湯川秀樹의 중간자 탐색을 살펴보라. 그것들은 글자 맞추기에서 발견된 정보 내용을 우리가 계산할 수 있을 만큼 결정적이다. 앞서 제시한 과학적 과정의 해석에 있어 글자 맞추기와의 유추는 정말로 근사한 것이다. 왜냐하면 거기에서도 문제를 풀 실마리가 약호 속에 쓰여 있기 때문이다. 그런데 보다 중요한 것은 물리학과 지질학, 고생물학, 고고학과 맞물린 수수께끼 과학puzzle science 사이에 아무런 차이점이 없다는 것이다(콜링우드R. G. Collingwood는 그러한 차이점이 있다고 상상한 바 있다).

그런데 당신도 이미 눈치챘겠지만 기이한 점이 하나 존재한다. 바로 하나의 약호 메시지가 그 상징들의 일직선적 배열이라는 점이다. 따라서 그것은 단지 구조의 한 차원밖에 제공하지 못한다. 그것은 고정된 구조를 기술하지 않는다. 내가 약호에서 제시한 단순한 화합물 및 그 원자들조차 이에 잘 맞아떨어지지 않는다. 우리가 단지 소금에 대한 공식이 아닌 그 결정체의 구조를 상징화하고자 할 때 어떤 약호에 대해 말한다는 것이 정말 현명한 일이겠는가?
우리는 여기서 혼란에 빠지게 된다. 우리가 약호 문장이나 메시지라고 부르는 것은 어떤 대상이나 사건을 기술하지 않는다. 즉 그것이 어떤 고정된 구조를 기술하는 것은 아니다. 그러한 대상이나 사건, 구조들은 상징 그 자체에 통합될 수 없다. 그리고 하나의 약호 상징이나 상징 집단들 속에 있는 부분들의 내적 배열은 우리가 필요한 만큼 많은 차원으로 주어질 수 있다. 약호 집단은 그들 자신의 함수 공간function space을 갖고 있는 것이다. 메시지가 보여주는 것은 언제나 하나의 과정이다. 그것은 실험을 요약하고 있는 하나의 문장이다. 또 그것은 그에 부여된 하나의 차원, 즉 시간의 차원을 가지고 있다. 황산나트륨을 만드는 공식은 당신이 처음 해야 할 것과 그다음에 발생할 것을 말해주고 있다. 이것이 바로 내가 넓은 의미에서 인과 구조causal structure라고 부른 것이다. 그리고 그것은 우리의 약호 밑에 있다. 자연의 메시지는 우리가 경험하는 시간의 방향에서 읽혀야 한다.

이것이 실험의 비판적 기능이다. 우리에게 단지 과거의 기록만 주어졌을 때 우리는 그것을 합리적인 이론으로 정리할 수 있다. 그러나 우리는 그 이론에서 그 기록만을 가지고는 시간이 어느 방향으로 움직여야 할지 알 수가 없다. 그 기록은 약호 메시지를 담은 책이 뒤에서부터 읽힐 수 있듯이 거꾸로 쓰였을지도 모른다.

우리는 그 기록이 어느 쪽으로 읽혀야 하는지를 결정해야 한다. 그 기록에 최소한 하나 이상의 실험을 부가하지 않으면 그런 결정은 이루어질 수 없다. 이 실험은 시간을 교정하는 사람처럼 자연이 생명체에게 부과한 방향을 고정시켜야 하는 것이다.

나는 실험을 하나의 메시지로 제시했다. 그리고 이론을 약호로서 시간에 의해 정리되는 것으로 보았다. 또한 그것은 실험의 기록 안에서 가장 많은 정보를 읽어야 하는 것으로 간주되었다. 이것은 가장 강력한 형태로 공리적 방법axiomatic method을 나타낸 것이다. 하지만 그렇다고 해서 그 방법이 전능한 것은 아니다. 우리는 그것이 그렇다고 여길 아무런 이유를 갖고 있지 않다.

공리적 방법의 한계는 해독 절차에서 명백하게 드러난다. 우리는 문장을 단어로 분해하고 단어는 문자로, 문자는 모스 부호로 나눈다. 우리가 택할 수 있는 한 계속 그렇게 분해해나간다. 그러나 그것은 분명하게 우리가 선택해야 한다. 우리는 언어의 단편 구조를 피할 수 없다. 언어는 정보를 전달하기 위해 만들어졌으며 정보 이론에서 신랄하게 '비트bits'라고 부르는 것 속에 그것을 전달한다. 따라서 이것은 우리가 서로 정보를 얻는 방식이다. 그러나 또한 그것은 자연을 단편화시키는 동일한 과정에 의해 자연 속에 있는 지식을 찾도록 우리를 제약한다. 왜냐하면 우리는 실험을 분석하는 것이 아니라 그것을 기록한 문장을 해독하기 때문이다.

물질의 정확한 움직임을 기술하는 데 있어 우리가 전체적인 움직임의 세계에서 빌려온 '입자' 및 '파동'과 같은 은유가 적절치 않다는 것이 오늘날에는 당연시되고 있다. 은유는 모두 아주 매력적이기 때문에 그와 함께 은유가 갖는 맥락까지 끌어들이게 되고 적합함이 상실되더라도 그 은유를 계속 밀고 나가게 된다. 그래서 '무엇의 입자냐?', '무엇 속에 있는 파동이냐?' 하는 질문을 던질 수 없게 만든다. 이런 어려움은 우리에게 아주 낯익은 것이다. 그러나 지금 내가 제기하고 있는 어려움은 보다 근본적인 것이다. 내가 묻고 있는 것은 언어 자체의 점진적이고 단편적인 구조가 자연에 적용될 수 있을 것인가다.

이 질문을 여러분에게 남겨두겠다. 나는 거기에 대한 해답을 아는 척하지 않겠다. 지금은 아무도 아는 사람이 없다. 그러나 그것은 이미 과학에 영향을 끼쳤다. 장이론field theories이 성장해가는 규모는 그 영향력을 표시하는 것이다. 또 다른 것은 휘태커Edmund Whittaker가 무능의 공준postulates of impotence이라고 부른 강력하고 거대한 법칙들을 정식화하는 것이다. 그런 것들로는 상대성 원리 및 영구 운동 불가능의 원리 등이 있다. 발생학과 생물학의 어디에서나 단편적인 모델들이 점차 사라지기 시작하고 있다. 양자 이론이 점과 대시로 쓰이지 않는 사건들을 기술하기 위해 오랫동안 노력했다는 것은 명백하다.

이러한 것들은 과학자들이 스스로의 힘으로 이룩한 변혁들이다. 한마디로 말하면 그들은 과학적 방법의 주요한 변혁을 만들어낼 수 있는 것이다. 그러나 나는 또 하나의 이유를 제시하고 끝내려 한다. 원자 모델의 방법, 약호의 탐색 방법은 과학의 위대한 성공을 달성했다. 그러나 단편들로부터 모을 수 없는 의미의 경험에 대해서는 별 도움을 주지 못했다. 음악 작품은 음표의 연속이 아니지만 과학자들은 작곡가들처럼 그렇게 보도록 훈련되어 있다. 괴테와 블레이크가 뉴턴에게 격분한 것은 바로 이러한 이유 때문이었다.

명예와 아름다움 같은 개념이 비현실적인 것은 아니다. 즉 그런 개념들은 운동량이나 다른 과학적 개념과 마찬가지로 행동의 영역에 단단한 질서를 부여한다. 하지만 그것들은 원자적인 개념이 아니어서 단편화시키고 조립할 수가 없다. 그것들은 언어에 잘 들어맞지 않는다. 그것들을 다루는 방법을 발견한 사람은 아무도 없다. 그러나 과학이 입자 모델에서 벗어난다면 그것을 발견하는 방향으로 일보 전진할 것이다.

　나의 주체는 고전적인 것이기 때문에 그에 대한 다른 많은 저술가들의 통찰을 접할 수 있었다. 그로부터 나의 사고를 더욱 진척시킬 수 있는 자극을 받았다. 그중에서 특히 윌리엄스D. Williams와 매케이D. M. MacKay 두 분께 심심한 감사를 표한다.

정신의 논리

내가 관심을 기울이고 있는 사람은 문학에의 열정을 지닌 현행 과학자다. 그는 종종 과학과 문학의 관계에 대한 글쓰기를 요청받는다. 그러나 보통은 주제의 방대함 때문에 일반적인 용어로 실험과 발명 그리고 논리와 상상력에서의 인간 정신 활동에 대해 쓰는 데 제약을 받고 있다. 하지만 나는 이 글에서 그런 제약을 느끼지 않는다. 이런 기회로 인해 나의 주제에 대해 보다 철저하고 보다 전문적으로 쓸 수 있게 되었으므로 기꺼이 그 기회를 받아들였다.

1965년 뉴욕에 있는 미국 자연사박물관에서 나는 지식 양식으로서의 과학과 문학에 대한 강의를 했는데, 그 강의는 '인간을 묻는다The Identity of Man'라는 제목의 책으로 출간되었다. 청중이 전문적인 학자들이었다면 좀 더 충분히, 자세하게 이야기하고 싶었던 부분이 책 여기저기에 몇 군데(아마도 네 군데라고 생각된다) 있다. 그 중에서 정신의 기계 장치machinery라고 부를 수 있는 것을 하나 골라 대략 설명한 다음 여기에서 보다 포괄적인 분석을 위한 케이스로 만들 것이다. 기회가 있다면 다른 세 개에 대해서도 이야기를 좀 더 진전시키게 되기를 바라 마지않는다.

정신은 쉽게 포착할 수 없는 실체이며 그 작용이 전적으로 두뇌에만 국한되는 것도 아니다. 하지만 나는 정신의 논리적 과정을 살피려 하기 때문에, 우선 이런 과정들이 기계적으로 작용하고 있는 두뇌라는 기관에 관심을 기울이는 것이 옳다고 생각한다. 정신은 하나의 메커니즘으로서 어떻게 작용하는가, 우리가 두뇌 안에서 일어난다고 상상하는 장치의 작용은 무엇인가 하는 문제는 어떤 경우든 본질적인 관심사다.

우리는 두뇌가 자연의 다른 것과 같은 재료로 만들어져 있으며 그것의 원자도 다른 원자들처럼 동일한 자연법칙에 따라야 한다는 것을 알고 있다. 그런 의미에서는 두뇌가 기계의 일종이라는 주장이 그럴듯하기도 하고 어쩌면 일리가 있기도 한 것이다. 그러나 이렇게 잡다한 의미로 '기계'라는 말을 사용한다는 것은 문제의 핵심에서 벗어나는 것이다. 인간 정신에 관한 보다 실질적인 문제는 더 깊은 곳에 놓여 있다. 즉 두뇌는 어떤 종류의 형식적 절차를 갖춘 기계인가 하는 점이다. 이에 관해 《인간을 묻는다》에서 적절한 구절을 인용해보기로 하자.

단지 톱니바퀴가 돌아가거나 전기 회로가 윙윙거리는 것만이 기계가 아니다. 이런 하드웨어의 복잡한 선들은 단계 중에서 눈에 보이는 연결 장치이자 중간 단계일 뿐이다. 그런데 나머지 두 단계도 이것 못지않게 필수적이다. 기계는 세 단계가 모두 포함되어 있는 그런 절차다. 첫 번째 단계는 지시 혹은 입력인데 기계를 작동시키는 버튼의 근대적 형태다. 그리고 그것은 가능한 여러 방법의 네트워크 중 하나의 지류로, 기계를 조작하는 테이프 위에 정확하고 조직적이며 명료한 일련의 구멍이나 표시여야 한다. 두 번째 단계는 지시를 충실히 수행하고 그것을 행위로 전환시키는 물리적 장치다. 그리고 세 번째 단계는 결과 또는 출력인데, 위와 마찬가지로 결정적이며 명백한 것이다. 그것이 컴퓨터에서는 테이프 위에 또 다른 일련의 구멍이나 표시를 내는 것이다.

위의 서술에서 가장 중요한 것은, 기계에서의 출력은 입력과 마찬가지로 정확하고 확실해야 한다는 점이다. 현대적인 기계는 인간처럼 부분적으로 스스로를 규제할 수 있어야 한다. 그리고 이러한 목적을 달성하기 위해서는 스스로 지시할 수 있어야만 한다. 또 그러한 기계나 사람은 새로운 지시로 그 출력을 자신에게 되돌릴 수 있어야 한다. 따라서 그 출력은 기계의 허용 한도 내에서 상징적 표현을 할 수 있을 만큼 정확해야 하고 입력과 마찬가지로 아주 잘 규정되고 명료해야 한다.

우리의 연구 분야는 두뇌로 들어가는 입력과 거기서 나오는 출력 사이의 불투명한 영역이다. 즉 감각에서 뇌로 보내는 정보와 그로부터 나오는 지시 또는 다른 결정들 사이에 존재하는 분야다. 이런 불투명한 영역에서 두뇌는 입력을 조절하고 그로부터 결론을 이끌어낸다. 이런 과정에서 아마도 두뇌는 외부 세계의 개념을 번역하고 약호화시키는 어떤 상징체계를 사용할 것이다. 우리는 이런 상징 언어가 무엇인지를 모르고 있다.

하지만 그것이 정말 기계적인 것(우리가 이해하는 바의 어떤 체계에 작용하는 것)이라면 그 단위들은 원자들의 배열로 이루어져야 하며, 전기 신호로 표시되는 이런 배열 내의 변형으로 구성되어야 한다. 그래서 만약 두뇌가 논리적인 기계처럼 추리하는 것이라면 두뇌가 추론을 할 때 사용하는 기호들이나 단위들은 우리가 논리적이고 수학적인 논증을 밝혀낼 때의 상징 언어와 같이 정확한 법칙을 따르는 형식적 언어 내지 일련의 언어들을 구성해야 한다. 두뇌는 그 언어가 우리 자신이 자석 테이프에 표시하는 그 어떤 것처럼 엄밀하고 인공적인 것이 아닌 한 우리가 이해하는 어떤 의미에 있어서도 기계가 될 수는 없다.

두뇌를 작동하는 데 사용하는 상징들, 그 언어(혹은 연속적인 언어들)는 물리적이고 화학적이며 전기적인 것이다. 그러나 이런 것만으로는 종이나 테이프 위에 표시하는 것과 구별되지 않는다. 만약 그런 것들이 정확하고 항상 같은 방식으로 번역될 수 있다면 그것들은 형식적 논리 언어를 구성할 것이다. 그렇게 되면 여태까지 그에 관해 이야기된 것은 물리학, 화학, 생물학에서 오는 것이 아니라 상징적 논리로부터 나오는 것이다. 수학자인 내가 물리학자, 화학자 그리고 생물학 전문가에게 그에 관해 이야기한 것은 이런 이유 때문이다.

우리는 이제 그것들이 표현해낼 수 있는 상징 언어와 논리적 절차에 관해 매우 많은 것을 알고 있다. 그것들은 내가 1930년 케임브리지 대학의 수학 졸업 시험Mathematical Tripos을 치를 때에도 알려지지 않았던 것이다.

블랙Max Black과 내가 수리 철학Mathematical Philosophy을 제안한 것은 그해 여름이었다. 놀라울 정도로 풍부한 사상을 지녔던 램지Frank Ramsey가 그때 우리의 강의를 맡고 있었다. 하지만 그는 스물일곱 살 생일을 한 달 앞둔 그해 초에 죽고 말았다. 지금은 기억이 가물거리지만 우리는 대신 그의 동료인 브레이스웨이트Richard Braithwaite에게서 시험을 치렀다. 시험 문제는 결정의 문제Entscheidungsproblem에 대해 논의하라는 것이었다.

의사 결정의 문제는 힐베르트David Hilbert가 제기했는데 아주 놀랄 만한 문제였다. 그것은 모든 수학적 주장이 반드시 진위의 어느 한 쪽으로 입증될 수 있음이 자명한 것인지 아닌지, 혹은 사실 그렇게 나타낼 수 있는 것인지 아닌지를 묻는 일이었다. 이 질문에 대해서는 오랫동안 대답이 나오지 않은 채 남아 있었고 블랙이나 나도 그날 오후에 명료하게 정리할 수 없었다. 내가 그 시험장에서 토론된 가능성을 찬성하거나 반대하여 어떤 일반적인 진술을 했는지는 더 이상 기억나지 않는다. 왜냐하면 그 후 1년도 채 안 되어 아이로니컬하게도 역사는 우리와 우리의 시험관을 놀랄 만한 방식으로 그 소용돌이 속에 잡아끌었기 때문이다.

대부분의 전문적인 과학자들은 이제 무슨 일이 벌어졌는지 알고 있다. 1931년 오스트리아의 젊은 수학자 괴델은 두 개의 훌륭한, 그러나 별로 인정받지 못한 정리를 입증했다. 첫 번째 정리는 아주 단순하지 않은 논리 체계(즉 적어도 일상적인 산술을 포함하는 체계)라 하더라도 그 공리로부터 연역될 수 없는 진실한 주장을 나타낼 수 있다는 것이다. 그리고 두 번째 정리는, 추가되는 진리가 있든 없든 그런 체계에서의 공리는 은폐된 모순으로부터 미리 벗어날 수 없다는 것이다. 간단히 말해서 어떤 풍부한 논리 체계라 할지라도 절대 완전할 수 없으며, 일관될 수 있다는 보증도 없다는 것이다.

그것이 1931년의 일이었다. 몇 년 안 되어 별로 유쾌하지 않은 다른 정리가 확립되었다. 영국의 튜링A. M. Turing과 미국의 처치Alonzo Church는 어떤 논리 체계 안에서의 모든 주장을 테스트하는 기계적 절차와, 한정된 수의 단계에서 그것의 진위를 증명할 수 있는 기계적인 절차는 절대 만들어질 수 없음을 보여주었다. 그 직접적인 형태가 힐베르트의 '결정의 문제'다. 어떤 의미에서 괴델의 결과는 이보다 심층적인 것이다. 폴란드의 타르스키Alfred Tarski는 논리의 심층적인 한계까지 입증했다. 타르스키는 보편적이고 정확한 언어는 존재할 수 없음을 보여주었다. 적어도 산술만큼이나 풍부한 모든 형식 언어는 진위로 주장될 수 없는, 의미 있는 문장을 포함한다는 것을 입증한 셈이다.

의문의 여지를 남겨놓지 않기 위해 이 특별하고 광범위한 정리의 핵심 내용을 다루어보기로 하자. 수학적 논리에는 정리들이 존재하며, 어떤 의미에서 수학은 그것에서 떨어질 수 없다. 바꾸어 말하자면 그 정리들과 관련된 어떤 논리 체계라도 기본적이고 구별되는 부분으로서의 모든 숫자들의 산술이 반드시 포함된다는 것이다. 그러나 그 정리들은 이런 단서로(이에 대해서는 나중에 좀 더 거론하게 될 것이다) 근본적 공리의 바탕을 세우려 하고, 그다음 정밀한 언어(물리학의 언어, 두뇌 내부의 화학적 언어와 같은 언어)로 표현된 그것들에서 연역함으로써 세계를 조화시키려 하므로 어떠한 사고 체계에나 그 정리들은 적용된다.

그러한 공리의 체계는 항상 모든 과학이 추구해야 하는 이상적 모델로 간주되어왔다. 사실 이론 과학이란 궁극적이고 포괄적인 일련의 공리를(수학적 법칙을 포함하여) 발견하려는 시도라고 할 수 있다. 그 공리들로부터 연역적인 단계에 의해 이 세계의 모든 현상들이 나타나는 것으로 볼 수 있다. 그러나 내가 인용한 결과, 특히 괴델과 타르스키의 정리에 의해 그런 이상은 맹랑한 것이었음이 자명해졌다. 왜냐하면 어떤 수학적인 풍부함을 지닌 공리 체계라 할지라도 심각한 한계를 가질 수밖에 없으며, 그 체계의 범위조차 예견할 수 없지만 그렇다고 회피할 수도 없음이 드러났기 때문이다.

우선 첫 번째로 그 체계의 언어에 있어 모든 분별 있는 주장들이 공리로부터 연역(혹은 반증)되었다고 할 수는 없다. 즉 어떤 일련의 공리들도 완성된 것일 수 없다. 그리고 두 번째로 공리 체계가 일관적임을 보증할 수 있는 것이 전혀 존재하지 않는다. 즉 언제 무자비하고 전혀 조화될 수 없는 반론이 그 체계를 거꾸로 뒤집어놓을지 모르는 것이다. 공리 체계는 세계와 하나씩 하나씩 완전히 대응될 수 있는 세계에 대한 기술을 만들 수 없다. 어떤 점에서는 연역에 의해 메울 수 없는 구멍이 존재하든가, 다른 점에서는 두 가지 대립되는 연역들이 서로 상충되거나 할 것이다. 하나의 모순이 생겨나면 공리 체계는 어떤 것이든 입증할 수 있게 되며, 더 이상

옳고 그른 것을 구분해내지 못한다. 즉 모순을 도입한 공리만이 완전한 체계를 만들 수 있으며 체계를 전혀 쓸모없는 것으로 만듦으로써 그러한 완전성에 도달하게 된다.

이러한 결과들이 지식 이론에 대해 갖는 함축된 의미는 오래전부터 강조되어왔다(예컨대 카르납Rudolf Camap과 포퍼Karl Popper). 그에 덧붙여 나는 전에 주장했던 것처럼(《과학의 상식The Commonsense of Science》, 1951) 그 결과가 경험 과학에 미치는 의미를 강조하고 싶다. 왜냐하면 어떤 엄밀한 과학도 그 체계 안에는 산술의 공리를 포함해야 하며 모든 전체 숫자들을 구별하도록 하는 절차의 형식을 취하기 때문이다. 예컨대 우리가 모든 과학을 물리학으로 환원시키려 한다면 입자들의 집합 통계학과 집단 이론이 필요할 것이다. 그리고 이 두 이론은 괴델의 정리에 따르는 것이다.

이와 마찬가지 방법으로 푸앵카레Henri Poincaré가 처음 그의 에르고드 이론ergodic theory에서 처음 보여주었던 물리 체계의 재현에 대한 통계상의 제한은 튜링과 처치의 정리를 다르게 표현한 것이라고 여긴다. 즉 그 정리는 공리의 결과가 어찌 되었든 모든 경우에 있어 결정을 내리는 것은 불가능하다는 것이었다. 그리고 결국 타르스키의 정리는 결론적으로 단일하고 폐쇄적이고 일관된 언어로 자연에 대해 보편적으로 기술할 수 없다는 것을 분명히 보여준 셈이다.

그러므로 논리적으로 정리는 명백하게 경험 과학의 체계화로 도달된다는 것이 나의 생각이다. 따라서 뉴턴 시대 이후 물리 과학에서 스스로 내걸었던 암묵적 목표는 획득될 수 없다고 생각된다. 자연의 법칙은 공리적이고 연역적이며, 형식적이고 완전하고 명백한 체계로 정식화될 수 없다. 만약 과학적 발견의 어떤 단계에서 자연의 법칙이 완성된 체계를 만드는 것처럼 보인다면 우리는 그것이 옳지 않으리라는 결론을 내려야 할 것이다. 자연은 논리학자들이 튜링의 기계, 즉 일련의 기본적인 공리들을 바탕으로 움직이면서 정밀한 언어로부터 형식적인 연역을 만들어가는 논리 기계라고 부르는 형태로는 나타날 수 없다. 공리 체계와 연역 체계의 형태로는 추상적일지라도 완전히 인식 가능한 진술을 만들어낼 수 없는 것이다.

물론 우리는 그럼에도 불구하고 자연은 정확하고 완전하며 일관된 자연 자체의 법칙에 복종하고 있다고 가정한다. 그러나 만약 그렇다면 그 법칙의 내적인 정식화는 지금 우리가 알고 있는 어떤 것과도 매우 다른 종류가 될 것이 틀림없다. 그리고 현재로서는 그것을 어떻게 인식하는가 하는 점에 대해 아무런 방안도 갖고 있지 않다. 우리가 현재 지니고 있는 형식 체계 안에서의 어떠한 기술도 항상 불완전하다. 자연의 냉혹함 때문이 아니라 우리가 사용하고 있는 언어의 한계 때문이다. 그리고 이러한 한계는 인간이 언어를 잘못 사용해서 나오는 것이 아니라 그 반대로 언어의 논리적인 불충분함에 기인하는 것이다.

이것이 핵심이다. 즉 우리가 찾아낸 법칙에 한계와 형식을 동시에 부여하는 것(정의와 공리의 배열을 통해 부여하는 것)은 우리가 자연을 기술하는 데 사용하는 언어다. 예를 들어 만약 물리학에서 산술을 제거해낼 수 있다면 완전하고 일관된 공리 체계를 얻을 수 있다는 주장이 가능하다. 나는 이 관점에 의견을 같이하지 않지만 논의할 수는 있다. 하지만 그런 것이 자연법칙에 대한 우리의 공식과는 관계되는 것 같지 않다. 현재 우리가 갖고 있는 증거를 가지고는(내 견해로) 인간 정신이 산술 언어로 물리 법칙을 인식하는 데에는 제약이 있다고 결론 내려야 한다. 즉 전체 숫자는 문자 그대로 그 개념적 장치의 본질적인 부분을 이루고 있는 것이다. 만약 이것이 사실이라면 인간 정신은 그 자신의 언어에서 자연법칙을 벗어나게 할 수 없다.

우리의 형식 논리는 자연의 논리와는 다르다. 그리고 우리는 라이프니츠와 그 밖의 사람들이 생각했듯이 자연의 언어와 미리 예정된 조화 속에 존재할 수 없다. 왜냐하면 크로네커Leopold Kronecker가 잠언에서 이야기했듯이 "모든 숫자는 신이 창조했다. 그 외의 나머지는 인간이 만든 것이다"라는 말은 진실이 아니기 때문이다. 그와 반대로 숫자 전체는 틀림없이 인간이 신이나 자연에 부여한 것이다. 인식의 양식으로서든 개념화의 양식으로서든 인간이 부과한 것이다(그리고 나는 다음과 같은 사항을 덧붙여야겠다. 즉 숫자 전체와 더불어 인간은 근본적인 산술 정리를 도입하는데, 이는 전체 숫자가 단 한 가지 방식으로 원래의 요소로 분해될 수 있다는 것을 나타낸다. 괴델의 이론이 이런 근본적인 정리도 따르지 않는 수의 영역에서 작동할 수 있을지는 분명하지 않다).

우리가 방금 그 구절에서 이해했듯이 모든 과학 체계는 불완전하다. 단순히 논리적인 기계로써는 자연의 모든 현상을 설명할 수 없다. 그러므로 실질적으로나 원칙적으로 그 체계는 시간이 지남에 따라 새로운 공리가 부가됨으로써 확장되어야 한다. 그러나 그 체계가 모순에서 벗어나는 것을 예견하거나 입증할 수는 없다. 그런데 어설픈 학자들이 낡은 체계에 매달려 허송세월하는 반면, 뛰어난 과학자는 어떻게 그런 결정적인 공리를 제시할 수 있게 되었을까? 멘델은 어떻게 유전학의 통계적인 공리를 갑자기 인식하게 되었을까? 아인슈타인으로 하여금 빛의 속도의 일정성을 결과가 아닌, 상대성 이론을 구축하면서 나온 공리로 만들게 한 것은 무엇이었을까?

이에 대한 분명한 대답은 다음과 같다. 즉 상상력이 신통치 않은 과학자들과 마찬가지로 위대한 과학자들은 다른 대안들을 가지고 실험을 하며, 어떤 거리를 두고 그 결과를 해명한다. 그에 근거하여, 장기 두는 사람처럼 어떤 것을 움직여야 다른 것보다 더 풍부한 가능성을 야기시킬 것인지를 추측한다. 그러나 대답은 문제를 단지 이곳에서 저곳으로 옮겨놓은 데 불과하다. 위대한 정신은 어떻게 다른 사람보다 더 나은 추측을 할 수 있을까 하는 질문은 아직도 우리에게 남아 있다. 그리고 그들의 이론이 당신이나 나의 것보다 더 심층적이고 폭넓은 것으로 판명 나게 하는 그 도약은 어떻게 이루어지는가 하는 물음도 그냥 남아 있다.

우리는 알지 못한다. 알 수 있거나 의미 있는 결정을 정식화할 수 있는 논리적 방법도 존재하지 않는다. 새로운 원리가 추가되는 단계 그 자체는 기계화될 수 없다. 그것은 정신의 자유로운 운동이며 논리 과정 외부에서의 발명품이다. 그것은 과학에서 중심적인 상상력의 행위로서 모든 면에 있어 문학에서의 상상력 행위와 유사하다. 사실 그것은 상상력의 한 가지 정의로 받아들여질 수 있다. 이러한 점에 있어 과학과 문학은 비슷하다. 그들에게 정신은 자유 선택이라는 비기계적인 행위에 의한 부가물에 의해 유지되는 것처럼 체계를 풍부하게 하기로 결정한다.

발명에 대해 좀 더 말하자면, 과학에서의 새로운 관계나 문학에서의 상상적 전망의 이동과 생성은 항상 동일하다. 그것은 다양한 의미와 함축성, 은폐된 애매모호함으로부터 비롯되며 우리가 아무리 명확하게 하려고 노력해도 항상 인간의 언어 속에 내재되어 있다. 사고의 언어는 대부분 일반적인 단어들로 이루어져 있다. 그러한 작업은 '평행선'과 같이 사실의 문제일 수도 있고, '질량'과 같이 입체적인 것일 수 있으며, '탁자'와 같이 현실적인 문제일 수도 있지만, 거기에는 항상 불확실성과 양립 병존성의 그림자가 드리워져 있다. 그래서 그런 모호함으로부터 갑자기 새로운 관계가 나타나게 되는 것이다. '평행선'이 비유클리드 기하학의 시발이 될 수도 있고, '질량'이 에너지와 같을 수도 있다. 왜냐하면 우주의 모든 만물이 절대적인 결정권을 지니고 말할 수 있게 하는 관점에서는 '탁자'조차 그것이 탁자인지 아닌지 규정될 수 없다는 보편적인 이유 때문이다. 내가 앞서 이야기했던 램지는 이런 것이 어떤 과학이라도 발전하는 데 있어 필수 불가결한 요소라는 점을 입증했다. 이러한 중요한 의미에서 그는 괴델이 암시한 것 중 몇 개를 이미 예견하고 있었다.

인간 언어가 과거의 메타포와 유추로 구성되어 있다는 것은 인간 언어의 특징이다. 그것은 애매모호함의 탐구와 은폐된 유사성의 발견을 위한 비옥한 근거를 이룬다. 여기서 문학과 모든 예술이 끊임없이 생산하는 예기치 못한 연결과 결합이 시작된다. 그리고 과학의 창조적인 관념도 여기에서 비롯된다.

과학과 문학에서 이러한 양립성ambivalence이 어떻게 전개되느냐에 대해서는《인간을 묻는다》에서 자세히 다루었다. 여기서는 그것을 단지 요약해보겠다. 과학에 있어 그 목표는 각각의 애매모호함을 제거하고 비판적인 실험에 의해 두 대안 중 하나를(자연을) 결정하도록 강요하는 것이다. 이런 방식으로 우리는 자연으로부터 얻은 정보를 두뇌의 논리 기계를 통해 효과적인 테이프 지시로 전환시킴으로써 과학에서의 진보를 이룩한다. 문학에 있어서는 애매모호함이 해소되지 않았다. 그리고 두뇌도 정보를 기계적인 지시로 바꾸지 않고 그와 더불어 작용하고 있다. 그러나 두 분야에 있어 새로운 발명은 같은 단계에 의해 이루어지며 그 단계가 이루어지는 순간, 우리는 아무런 논리 체계에도 속하지 않게 된다. 즉 체계를 떠나 다른 체계를 형성하고 막 그것에로 들어가려는 순간이며 논리 바깥의, 아무것도 없는 곳에 존재하는 것이다.

방금 끝낸 나의 주제 첫 부분의 절반은 수학적 논리의 정리들 및 그것을 과학 언어에 적용시킨 다음에 부수적으로 문학에 적용시켜 본 것이다. 거기에서 보여준 것은 문학과 과학이 유사한 상상력을 포함하고 있다는 놀랄 만한 내용이었는데 물론 서툴고 조리가 없었던 것 같다. 이는 우리가 살피고자 했던 거대한 지식의 파노라마를 보는 방식이 전혀 아니었기 때문이다. 하지만 그러한 것은 존재하며 우리는 그것을 받아들여야만 했다. 그리고 이제까지 나는 단순히 어떤 관계가 존재하는가를 사실의 문제로만 제시해왔다.

이제 주제의 두 번째 부분으로 들어가려고 한다. 같은 문제를 전혀 다른 측면에서 논의하려는 것이다. 나는 여전히 논리의 비정통적인 정리에 관심을 기울이겠지만 그 외 다른 것과도 연관시킬 생각이다. 즉 그것들의 존재와 함축성에 관한 것이라기보다는 그것들의 기원에 대한 것이다. 왜냐하면 이러한 모든 정리들이 나오는 공통된 근원이 존재하기 때문이다. 그것은 매우 흥미 있고 계시적인 것이다.

특히 괴델의 두 가지 정리, 튜링과 처치의 정리 그리고 타르스키의 정리는 전혀 다른 것을 말해주고 있다. 그런 정리들 중 각각은 완전성이거나 일관성에 있어 논리 체계에 대한 어떤 한계를 드러내고 있다. 이런 한계가 전혀 똑같은 것은 아니다. 그러나 그것들은 공통된 한계성의 가계family를 형성한다. 왜냐하면 그것들이 모두 상징적 언어에 내재한 공통된 어려움에서 비롯되었기 때문이다. 언어는 세계의 여러 부분뿐만 아니라 언어 그 자체의 여러 부분을 기술하기 위해 사용될 수 있다는 것이 난점이다. 그것들 각각에 있어 증명은 산술에 대한 명제가 산술 안에서의 명제로서 표현되는 구성물에 달려 있는 것이다.

많은 논리적 문제가 이 공통된 뿌리에서 나와 성장한다. 즉 상당히 풍부한 체계의 준거 범위는 반드시 그 자체에 대한 준거를 포함하고 있다는 공통점에서 문제가 발생한다. 이것은 끝없는 반복 과정을 창출하며 자기를 반영하는 무한한 거울의 집회장을 만든다. 그 반복의 과정은 논리의 모든 패러독스에 날카롭게 초점을 맞추게 된다. 그런데 그 패러독스는 그리스인들이 크레타인의 패러독스Cretan paradox로 알고 있던 고전적인 모순과 비슷한 종류의 것이다. 이것은 에피메니데스Epimenides가 모든 크레타인들은 거짓말쟁이라고 하는 크레타인의 이야기를 썼을 때 그 속에 담겼던 모순과 같은 것이다.

이것과 그에 연관된 패러독스의 근대적 형태들은 많이 존재한다. 그중 하나가 스스로는 그 구성원이 아닌 모든 계급의, 계급에 대한 러셀Bertrand Russell의 정의다. 다른 것은 리샤르Jules Richard의 패러독스인데, 여기에 거칠게 숫자로 치장했다. 괴델은 이 패턴에 따라 그의 정리들을 구성했다. 아마도 익살, 이런 모순들의 언어적 성질, 그것들의 기묘한 문학적 농담은 막스Groucho Marx의 언급에 가장 잘 나타나 있는 것 같다. 그는 자신을 회원으로 기꺼이 받아들이겠다는 클럽에는 자신이 속해 있다고 생각지 않는다고 말했다. 이것은 사소한 문제가 아니다. 그런 것들은 규칙과 예외, 관용과 편협, 논증에서 우리를 결합시킴과 동시에 분할시키는 모든 인간적 문제들을 대조할 때마다 우리가 마주치는 문제다.

수학적인 패러독스 및 괴델과 그 외 사람들이 그들의 정리를 위해 개발한 장치들은 모두 똑같은 특징을 갖고 있다. 그것들은 그 준거 영역이 개념 자체를 포함하는 개념 사용에 달려 있는 것이다. 간단히 말하면 그런 것들에서 나오는 모델은 모두 크레타인의 패러독스, 즉 "내가 지금 말하는 것은 진실이 아니다"라는 단순한 문장이다. 이것은 분명 자가당착이다. 그 주장이 진실일 경우 그 자체의 증거에 의해 그것은 진실이 아니다. 그리고 만약 그 주장이 허위일 경우 우리에게 말한 것은 틀림없는 진실일 것이다.

러셀은 이런 종류의 패러독스를 해결하려고 노력했으며(《수학 원리Principia Mathematica》에서 화이트헤드Alfred North Whitehead와 같이) 유형론을 구축함으로써 주장에 대해 무한히 반복되는 주장에 종지부를 찍으려고 했다. 이것은 언어가 명명한 사물을 논의하기 위해 사용하는, 우리의 언어를 논의하기 위해 똑같은 언어를 사용하는 것을 막기 위한 의도다. 그래서 분류 체계가 만들어졌는데 사물에 관한 단순한 문장에서 시작하여 그 자체가 사물에 대한 문장의 문장에 대한 문장 등등에까지 이어졌다. 모두 이런 무한정한 구조를 의심스러운 눈으로 보지 않을 수 없었다. 그래서 유형론은 별로 현명한 방법이 아님이 판명되었다. 인간으로서 언어를 사용하고자 한다면 우리는 언어의 풍부성의 부분적인 이유가 그 자체를 준거할 수 있는 능력에 있음을 받아들여야 할 것이다.

방금 말한 내용에서 나는 '인간'이라는 단어를 강조했다. 동물들도 서로에게 신호를 보내기 위해 언어를 사용한다. 하지만 그것들은 본질적으로 사실적이든 감정적이든 간에 사태를 언급하는 것이지 그 이외의 것은 아니다. 그런 언어는 자기 준거self-reference라는 문제를 전혀 갖지 않는다. 그것이 의도하는 것은 한 동물이 다른 동물에게 하나의 지시로 직접적이고 명확한 정보를 전달하는 것이다. 이런 의미에서 동물은 기계이고 인간은 기계가 아니라는 데카르트의 말은 옳았다. 우리가 우리 자신에 대해 생각한다는 바로 그 이유 때문에 인간의 언어는 더욱 풍요로운 것이다. 우리가 인간의 언어에서 자기 준거를 제거하려 한다면 반드시 언어를 진정한 정보 언어에서 기계적인 지시 언어로 바꾸지 않으면 안 되는데, 인간 언어에서는 불가능한 일이다.

특히 모든 철학과 인식론은 그 본질상 어려움이 놓여 있는 영역, 즉 자기 준거의 영역 내에서 작용하고 있다. 내가 자기 준거라고 할 때 그것이 의미하는 바는 사고나 말에서 이루어지는 문장의 구성이며, 그 적용 범위는 바로 그런 종류의 문장을 포함한다. 이런 정의에 의하면 "나는 배고프다"에는 자기 준거가 포함되어 있지 않지만 "나는 괴롭다"에는 그것이 포함되어 있다. 사고에 대한 모든 사고에는 자기 준거가 내포되어 있다.

데카르트 철학의 첫 번째 원리의 진술인 "나는 생각한다. 그러므로 나는 존재한다"는 그 자체를 언급하고 있다. 화자에게 자신이 사유하고 있다고 주장할 권리를 부여하는 것은 바로 이러한 사유이며, 또는 그것을 포함하는 부류의 사유이다. 사유에 대한 사유의 반복 과정이 없다면 철학은 불가능하다. 기계가 무엇을 생각할 수 있건 기계로 철학을 할 수 없음은 확실하다. 인간 언어에 대한 나의 견해로, 동물은 철학을 생각할 수조차 없다.

철학에서의 진술이 특성상 자기 준거로 인해 종종 괴로움을 받는다는 것은 너무 명백하다. 그러므로 하나의 학문 분야로서의 철학은 괴델과 타르스키의 정리가 확연히 드러내준 논리적인 간격에 의해 과학보다 더 심한 제약을 받고 있다. 수학과 과학 역시 이런 정리에 의해 구속받고 있음을 발견한다는 것은 놀라운 일이다. 그런 것은 그리 명확하지도 않고 실로 뜻밖이지만 수학적·과학적 진술도 자기 준거를 완전히 제거할 수 없다는 것(혹은 재차 반복되는 회귀 과정)을 알게 된다. 그러나 철학이 자기 준거로 가득 차 있다는 것은 분명하다. 그래서 만약 논리 장치의 붕괴가 자기 준거에 그 기원을 두는 것이라면 철학은 확실히 그에 따르고 있다. 과학과 수학은 새로운 단계가 이루어질 때에만 가끔 자기 준거에 따르는 반면, 철학은 심각하게 그리고 끊임없이 그에 따르고 있다. 왜냐하면 철학의 방법 자체에 자기 준거가 세워져 있기 때문이다.

이와 같은 방법으로 우리는 심리학과 정신 분석학이 과학으로 간주되고 있음에도 논리적 한계성의 정리에 왜 그토록 심각한 영향을 받고 있는지 단번에 파악할 수 있다. 철학과 심리학 사이에 경계가 전혀 존재하지 않던 시기가 있었다. 홉스, 로크John Locke, 흄은 모두 철학자였으나 그들 책의 대부분은 정신에 관한 연구였다. 그래서 그 시대에 심리학을 형성했다. 지금은 심리학이 정신의 무의식 분야로 들어섰기 때문에 자기 준거에 의해 창출된 논리적 문제는 매우 뚜렷해졌다.

많은 자연 과학자들이 심리학 및 인간의 사고와 행동에 관한 다른 연구 분야에는 진정한 과학이 지녀야 할 엄밀성이 결여되어 있다고 불평한다. 이러한 불평은 보통 그런 인간 연구 분야가 일천하며, 정보를 정확한 예측으로 전환할 적절한 형식적 장치를 아직 개발하지 못했다는 이유로 무마된다. 그러나 이제 논리적인 정리들을 살펴보면 그런 식으로 무마하는 것이 얼마나 잘못되었는가를 알게 된다. 이러한 연구 분야를 어떤 공리 체계로 만들려는 시도는 본질적인 어려움에 봉착한다. 그런 분야는 자연 과학보다 더 심하고 끊임없이 그 밑에 편재해 있는 자기 준거에 의해 제한되고 있다. 그리고 그것은 자연 과학처럼 새로운 공리를 부가한다고 해서 그런 체계로부터 벗어날 수 있는 것은 아니다. 그러한 것으로서의 공리적 방법은 이러한 연구 분야에서는 작동될 수 없다. 그리고 그에 대한 기제가 미래에 발견된다 하더라도(내가 생각하기에는) 이런 종류의 분야에 대한 것은 아니다.

이러한 점은 프로이트와 아들러Alfred Adler의 정신 분석학적 설명에 대해 어떻게 포퍼가 환멸을 느끼게 되었는지를 설명하는 데 잘 나타나 있다. 포퍼에 의하면, 자연 과학에서는 어떤 이론이 예측을 만들어내리라 기대하며 실험 결과에 대해 하나의 예측만을 설정한다. 그리고 이런 예상이 실험에서 나타나지 않으면 그 이론은 배척된다. 그러나 정신 분석학의 이론들은 전혀 다르다. 포퍼가 파악했듯이 그 이론은 끊임없이, 내 오른편에 사는 이웃은 열등 콤플렉스가 있기 때문에 공손하고, 내 왼쪽에 사는 이웃은 열등 콤플렉스를 가지고 있기 때문에 거만하다고 설명한다.

그러므로 내가 열등 콤플렉스의 개념을 사용하는 한, 나는 내 이웃이 공손하거나 거만한 이유를 모르며, 앞으로의 일을 예측하는 데도 아무런 도움을 받지 못하게 된다. 이것은 우리가 과학 이론에서 기대하는 바가 아니다. 그리고 사실 또한 그런 것이 아니다. 프로이트의 무의식에 대한 독창적인 생각에서 나오는 모든 논증은 이러한 역설적인 내용을 갖는다. 자기 준거의 사용으로 패러독스가 생기기 때문이다. 모든 크레타인은 거짓말쟁이라고 말하는 크레타인은 정신 분석학자들이 무의식 및 열등 콤플렉스와 같은 개념을 형성한 것과 똑같은 언어의 고전적 형태를 취하고 있다. 만약 그가 크레타가 아니라 빈에 살았다면 그는 모든 빈 사람은 열등 콤플렉스에 걸려 있다고 말했을 것이다.

　이러한 경계를 넘어 이제 내가 특별히 관심을 가지고 있는 문학의 기교 문제를 자세히 다루어보자. 문학 작품은 우선 하나의 기술이거나 이야기다. 워즈워스William Wordsworth의 시 〈수선화〉는 하나의 기술이고, 소포클레스의 〈오이디푸스 왕〉은 하나의 이야기다. 기술이나 이야기 모두 명백한 자기 준거를 포함할 필요는 없다. 예컨대 내 관심에 대한 기술과 나의 경력에 대한 이야기는 중립적인 설명이며 그 설명의 어떤 부분에 당신 자신을 언급함으로써 그 안에 당신을 연루시키라고 요구하지 않는다. 불행히도 그의 기술과 이야기에 대해 이야기되었을 때 〈수선화〉나 〈오이디푸스 왕〉에 대해서는 아무것도 이야기된 것이 없다. 그렇다. 그 내용이 우리를 그 속으로 끌어들이지 않는 기술과 이야기를 지니는 것은 가능하다. 그리고 우리의 정신이 그 자체 위에 반영되지 않는 기술 및 이야기를 가질 수도 있다. 하지만 그런 설명만으로는 워즈워스와 소포클레스의 힘을 갖지 못한다. 내가 걱정하는 것은 그런 어떤 설명도 그것들이 갖는 영구 불변성을 드러내지 못한다는 점이다.
　이런 간단한 예를 통해 문학은 우리의 개인적인 참여를 요구하고 명령할 때에만 문학일 수 있음이 명백해졌다. 그것은 우리의 주의를 끄는데, 왜냐하면 꽃에 대한 부드러운 기술과 근친상간 및 자살에 관한 〈경찰 관보〉의 기록은 우리의 관심을 끈다고 주장하기 때문이다. 그것들은 우리의 일부가 되고 우리는 그것들의 일부가 된다. 그것들은 우리를 인간이라는 종족과 인간 조건으로 끌어들인다. 그리고 그것들은 세계 곳곳의 침상 위에 있는 워즈워스, 침대 속에 있는 이오카스테, 역병에 걸려 고통을 당하는 테베의 인간들과 우리를 하나로 만든다.

문학에 대해 진실인 것은 모든 예술에 대해서도 진실이다. 예술 작품은 하나의 구성된 사물로, 지금 그 속에서 인간적 의미를 읽는 것처럼 자연 속에서 발견했을 때도 그랬다. 그것은 본질적으로 인간에 의해 만들어진 것이며, 의미는 그에 의해 창조된 것이다. 그것은 우리가 그것을 좋아하거나 싫어하도록 하는 것이 아니라 그 속으로 이끌리게 한다. 예술 작품은 우리로 하여금 그와 더불어 세계를 보게 하며(작품에 그렇게 이끄는 힘이 있을 경우), 그것을 통해 쓴 사람의 정신을 꿰뚫어보게 한다. 우리는 예술 작품을 그 기원으로부터 분리시킬 수 없으며, 그것은 만들어진 사물이 될 것이다. 인간이 세계 속에서 그 자신을 어떻게 파악하는지를 표현하는 사람에 의해 만들어진 예술 작품이 우리에게 관심을 갖게 하는 것은, 그것이 우리를 끌어들일 때뿐이며 동일한 세계 안에서 우리 자신을 보도록 요청할 때뿐이다. 비록 작품 속에 표현된 것은 다른 사람의 자아이지만 그 준거는 우리 자신의 것이다. 그 준거가 보편적으로 인간적인 자아에 대한 것이기 때문이다.

여기서 나의 의도를 명확히 하자. 나는 단지 그리스의 합창의 도덕적인 성찰 안에서는 혹은 그 성찰 안에는, 그리고 고독 속에 있는 워즈워스의 내적인 눈을 가득 채우고 있는 "공허하고 구슬픈 분위기 속에서는" 자기 준거가 존재한다고 말하는 것이 아니다. 이러한 것들은 데카르트의 철학적 성찰이나 꿈을 해석하는 정신 분석가들의 성찰과 같은 종류에 지나지 않는다. 그러나 문학 및 예술 일반의 자기 준거는 이런 형식적 사고보다 더욱 심층적인 것이다. 내가 말하고 싶은 것은, 문학이란 본질적으로 자기 준거로 구성되어 있으며 이중적인 긴장에서 그 활력을 얻는다는 점이다. 이중적인 긴장이란 내부에서 자신의 정신을 지켜보는 것과 외부에서 다른 사람의 정신을 바라보는 것 사이의 긴장을 말한다. 이것은 인식론에 있어 고전적 패러독스 중 하나다. 그런데 이 문제, 즉 우리는 언제 어떻게 다른 사람이 우리가 느낀 대로 느끼리라는 것을 알게 될까 하는 문제에 대해 비트겐슈타인Ludwig Wittgenstein은 내가 《인간을 묻는다》에서 논의하기 오래전에 이미 《청색 책Blue Book》에서 다루었다.

문학이 지니고 있는 힘과 의미는 우리가 다른 사람 안에서 우리를 인식하는 방식으로 다른 사람의 삶을 우리에게 제시하는 데 있다. 그래서 외부나 내부로부터 다른 사람들과 우리를 같이 살게 하는 것이다. 우리의 마음이 또한 황금 무리golden host의 입장이 될 때만 우리는 워즈워스의 시를 이해할 수 있다. 그리고 오이디푸스의 비극을 일요 신문에 게재되는 활극과 구별하려면 등장인물의 입장에서 우리 자신을 인식할 수 있어야 한다. 그래서 오이디푸스는 곧 우리 자신이며 우리도 교차로에서 만난 낯선 자를 살해하고 공포의 미궁 속에 빠져들 수 있음을 알아야 한다.

이오카스테 또한 우리임을 알아야 한다. 그녀가 잃어버린 아이를 그토록 간절히 찾아 헤매는 것은 어린아이가 두 가지 의미에서 그녀 자신의 한 부분이기 때문이다. 즉 그 아들은 그녀의 젊음의 상징이며, 그녀는 젊음을 되찾아 자기 자궁의 박동으로 그것을 다시 느끼려 하는 것이다. 그리고 우리가 그 심정을 이오카스테와 우리 자신 안에서 찾아낼 때 그것은 정신 분석학자의 설명보다 더 부드럽고, 더 가슴 아프게 그리고 보다 깊게 인간적으로 다가오는 것이다. 오이디푸스 콤플렉스에 대한 프로이트의 지적은 물론 옳았다. 그러나 프로이트보다는 소포클레스가 더 깊은 반향을 불러일으킨다. 왜냐하면 그는 우리에게 오이디푸스의 낯익은 가족적인 질투와 더불어 이오카스테 그녀 자신이자 그녀가 낳았던 자아에 대한 갈망을 똑같은 긴장감 속에서 생생하게 보여주기 때문이다.

문학과 예술은 다른 이의 행위와 재앙으로까지 우리 자신의 자아를 확장시키면서, 그것에 의해 그 속에서 살고 있다. 그럼으로써 하나의 전체로서의 인간 자아를 그려낼 수 있는 것이다. 나는 이 점에 대해《인간을 묻는다》에서 다음과 같이 언급한 바 있다.

내가 생각하기에 각각의 사람은 자아를 지니고 있으며 그의 체험에 의해 자아를 확대시켜나간다. 즉 인간은 체험을 통해 배운다. 그 자신의 체험뿐만 아니라 다른 사람의 체험으로부터도, 그리고 외적인 경험뿐만 아니라 내적인 경험으로부터도 배움을 얻는다.

그러나 인간이 남의 내적인 체험으로부터 무언가를 배우려면 그 안에 들어가지 않으면 안 되고, 그것은 단순히 그 체험의 기록을 읽는 것만으로는 이루어질 수 없다. 우리는 자신을 타인과 동일시하여 그들의 체험을 되살리고 그 갈등을 자신의 것으로 느낄 줄 알아야 한다. 그러한 갈등들이 체험의 핵심이다. 우리는 우리 자신을 타인과 동일시함으로써 우리의 자아에 관한 지식을 얻는다. 하지만 그것만으로는 충분치 않다. 그것은 섹스의 환상과 권력의 모방, 비밀 첩보원 007과 〈버터필드 8〉 따위의 어리석게 우쭐대는 백일몽만 줄 뿐이다. 타인의 갈등을 함께 나누려면 타인에게로 들어가야 한다. 또한 그들이 심각한 갈등을 지니고 있다는 것을 깨달아야만 자신의 삶에서 느끼는 것과 같은 인간적 딜레마를 그들의 삶에서도 느낄 수 있게 된다. 자아에 대한 지식은 정형화될 수 없다. 왜냐하면 자아는 일시적으로라도 결코 폐쇄된 것이 될 수 없기 때문이다. 자아는 항상 열려 있다. 인간의 딜레마 자체가 항상 해결되지 않기 때문이다.

논의의 단계들을 다시 요약해보자. 나는 내 주제를 두 부분으로 다루었다. 첫 번째 것은 과학, 두 번째 것은 문학과 관련된다. 어떤 경우든 기계로서의 두뇌는 분명 우리가 지금 이해하는 종류의 기계가 아니라는 것을 이야기했다. 두뇌는 논리적인 기계가 아니다. 왜냐하면 논리적인 기계는 자기 준거에 의해 야기되는 난점과 모순들을 헤치고 나갈 수 없기 때문이다. 정신의 논리는 자기 준거의 모순을 극복하고 실제로 그것을 이용한다는 능력에서 형식 논리와는 다르며 따라서 상상력의 도구가 되는 것이다.

논의의 전반부에서는 수학과 자연 과학에서 매우 풍부한 공리 체계와 연역 체계를 제한하는 한계점(그것들은 자기 준거에서부터 발생한다)에 대해 설명했다. 인용하고 설명한 논리적 정리들은 이것이 그럴 수밖에 없음을 보여주며, 이러한 논리적 간격이 어떻게 메워져야 하는가도 보여준다. 그리고 각 단계에서 새로운 공리들이 하나의 체계 안에 부가된 공리로서 어떻게 도입되었는가도 알려준다. 과학이든 문학이든 우리의 체계에 새로운 것을 취하겠다는 결정은 어떠한 논리적 기계와도 유사하지 않다. 그것은 우리가 이해할 수 없는 상상적인 단계다. 하지만 그 단계는 위대한 과학자나 위대한 작가의 업적에서 발견될 수 있는 것이다. 그리고 이 점은 과학과 문학에서도 마찬가지다.

주제의 후반부에서는 좀 더 진전된 논의를 펼쳤다. 여기에서는 인간의 언어가 특히 인간과 삶에 대한 성찰 및 판단과 관련되었을 때 반드시 자기 준거로 가득 차게 된다는 점을 지적했다. 이 점은 철학과 심리학에서 분명히 볼 수 있다. 그러나 문학에서는 이것이 더욱 심화된다. 문학(그리고 모든 예술)의 본질은 우리 자신을 타인들과 동일시하는 데 있기 때문이다. 우리는 그들의 행동이 마치 우리 자신의 것인 양 지켜보고 판단한다.

여기에서는 자기 준거가 본질적인 부분을 이루고 있기 때문에 수학과 과학에서 하듯 일시적으로 취했다가 필요할 때 수정하는 잠정적 체계provisional system 따위는 전혀 구축할 수 없다.

문학에서는 작품 자체를 대신할 수 있는 잠정적 기술이 전혀 존재하지 않는다. 우리는 문학을, 그 결점이 드러나고 확장될 필요가 생기기까지 작동하는 공리 체계로 대체할 수 없다(과학에서는 대체한다). 문학에서의 준거는 작가와 타인에 의해, 그리고 그것을 읽은 독자에 의해 작품 속으로 계속 스며든다. 괴델과 타르스키 그리고 그 외의 정리들을 점차적인 절차에 의해 피해나갈 방법은 존재하지 않는다. 그리고 이런 점에서 과학과 문학은 다르다.

과학이나 문학 어느 쪽도 자연이나 인생에 대해 충분한 설명을 해주지 못한다. 과학과 문학에 있어 현재의 설명에서 다음 설명으로의 진보는 우리가 이 순간에 사용하고 있는 언어 안의 애매모호함을 탐구함으로써 이루어진다. 과학에서는 이러한 애매모호함이 당분간 해소된다. 그리고 애매함이 없는 체계도 그 결점이 드러날 때까지 잠정적으로 세워지게 된다. 어떤 주어진 순간의 과학적인 결과들이 공리적이고 연역적인 기계 위에 제시될 수 있는 이유가 바로 이것이다. 그러나 전체로서의 자연은 절대로 그렇게 제시될 수 없다. 왜냐하면 그런 기계는 결코 완전할 수 없기 때문이다. 자연이 어떤 종류의 기계이든 그것은 이와는 다른 것이다.

그러나 문학에서는 잠시라도 애매모호함이 해소될 수 없다. 작가와 독자가 함께 인간적인 입장을 추구하려 할 경우에 그것을 기술하기 위해 어떤 잠정적인 공리 체계도 세울 수 없는 것이다. 여기서 두뇌는 잠시도 논리적 기계로 작용할 수 없다. 여기서 강조하고자 하는 것은, 그것은 정보를 받아들일 수 없으며 애매모호함을 제거할 수 없고 명확한 지시로 전환시킬 수도 없다는 것이다. 예술작품이 우리에게 행하는 것은 그런 것이 아니다. 그리고 우리는 그로부터 어떤 지시들을 추출할 수도 없다.

《인간을 묻는다》마지막 문단을 인용해보겠다. 내가 처음에 밝혔듯이 이 책은 이러한 문제에 대해 자세한 언급을 하고 있다.

여기에서 나는 자연의 기계적 장치를 설명할 때 제시한 것과 같은 동일한 한계점이 두뇌의 기계적인 장치에도 해당된다는 것을 이야기하고 있다.

기계를 조작하는 것과는 달리 형식적으로 똑똑히 설명할 수 없는 지식 양식이 존재한다는 것을 나는 주장하는데, 어떤 기계냐는 물음이 제기될 수 있다. 만약 이것이 현재 제기되는 질문이라면 그에 대한 대답은 가능하다. 예컨대 엄밀한 논리를 사용하는 기계는 그 자체의 지시 내용을 검토할 수 없으며 그것이 일관된 것이라고 입증할 수도 없음을 우리는 알고 있다(이는 괴델과 튜링의 업적에 의해 알게된 것이다). 그러나 그 질문이 측정할 수 없는 미래의 기계에 대한 것이라면 답변을 얻을 수 없다. 기계는 자연적인 대상이 아니라 자연에 대한 우리 자신의 이해를 증진하고 모방하는 인간의 가공품이다. 그리고 우리는 그런 이해가 근본적으로 얼마나 바뀌게 될지 예견할 수없다. 우리는 모든 기계를 예견할 수 없으며 인식할 수도 없다(이 문장에서 '모든'이라는 단어가 의미를 지니고 있다면 말이다). 우리가말할 수 있는 모든 것, 우리가 주장할 수 있는 모든 것은 지금 우리가인간 지식의 전체적 양식을 형식화할 수 있는 어떤 종류의 법칙이나기계도 인식할 수 없다는 점이다.

그러나 나의 설명이 세부적으로뿐만 아니라 실제적으로도 이런 상태로 근본적으로 넘어가고 있다는 하나의 측면이 존재한다. 그것은 과학과 문학에서 공통된 상상력의 성질을 추적하여 자기 준거의 논리로 이끄는 것이다. 이러한 공통된 성질 안에서 과학과 문학 양식 간의 차이점은 자기 준거가 그런 언어들에 들어 있는 차이점을 반영하고 있음을 보여준다.

휴머니즘과 지식의 성장

지나간 일을 거슬러 올라가 음미하면서 에세이를 쓰는 즐거움 중 하나는 오랫동안 당연하게 여겨왔던 책을 새로이 읽을 기회가 주어진다는 것이다. 그래서 나는 나온 지 30년도 더 된 《과학적 발견의 논리*The Logic of Scientific Discovery*》라는 책을 한가롭게 다시 읽었다. 그보다 더 기쁜 일은 30년 전 그 책을 처음 손에 쥐었을 때처럼 깊은 충격을 느끼면서 새롭게 읽을 수 있었다는 점이다. 적어도 철학 분야에서는 고전이면서도 부담 없는 유쾌함과 지적 긴박함으로 독자들을 일깨울 수 있는 책은 그리 많지 않다. 각주의 양과 덧붙인 부록 때문에 30년 전에 비해 단순해 보였지만 그 책이 반으로 줄기 전에는(그럼으로써 두 배나 근엄해졌다) 보다 생생하게 다가왔고 독자들에게 보다 도전적이었던 것이다.

《과학적 발견의 논리》의 내용을 논평하기 전에 그 책이 나왔던 1930년대의 상황을 환기시킬 필요가 있다. 그 당시 영국의 분위기가(나는 그때 영국에서 대학을 막 졸업한 상태였다) 아직도 생생하게 느껴진다. 철학적인 분위기와 정치적 분위기 모두. 포퍼의 주장은 분위기가 변화하고 있을 때 나왔기 때문에 당시엔 매우 시의적절한 것이었다. 왜냐하면 그때 우리는 정치뿐 아니라 철학에서도 그러한 것을 의식하고 있었다. 그러면 그 당시 분위기부터 이야기하기하자.

1930년대 케임브리지의 철학적 방법의 모델은 그때까지도 화이트헤드와 러셀이 지은《수학 원리》, 비트겐슈타인의《논리-철학 논고 _Tratatus Logico-Philosophicus_》였다. 즉 영국 철학의 주요 흐름은 늘 그랬듯이 과학의 문제에 사로잡혀 있었다.

과학의 경험적 내용은 고전적 수학의 공식으로 표현될 수 있다고 믿었으며,《수학 원리》혹은 스피노자의 체계와 같이 폐쇄적인 공리 체계 속에서 궁극적으로 배열될 수 있다고 생각했다(스피노자의《신학-정치 논고 _Tractatus Theologico-Politicus_》는 비트겐슈타인이 자기 책의 제목을 정할 때 모델로 삼았던 것이다). 과학 철학의 궁극적인 과업은 모든 자연 현상이 그로부터 추출될 수 있는 보편적 공리 체계를 세우는 것이었다.

물론 그렇게 주장할 때라 하더라도 이런 계획이 자연의 기계적 장치를 너무 경직되게 보는 것은 아닌가 하고 의심할 만한 근거는 많았다. 첫째로 수학이 화이트헤드와 러셀이 시도한 것처럼 산뜻하게 정리될 수 있는가에 대해서는 이미 의심이 일고 있었다. 브라우버르Jan Brouwer는 오래전에 그들이 수학을 이렇게 보는 것에 대해 의구심을 표명했다. 비록 그는 이단자로 몰려 위축되고 말았지만 의구심은 남아 있었다.

현재 힐베르트가 예기치 못한 어려운 문제를 몇 개 제시했는데 그중에서도 특히 결정의 문제는 그것이 매우 곤란해질지 모른다는 징후를 나타내고 있다. 그래서 처음에는 괴델이 1931년 빈에서, 나중에는 튜링이 1936년 케임브리지에서 힐베르트가 의심했던 것을 입증함으로써 매우 빠르게 판명했다. 과학이 추구한다고 가정된 종류의 폐쇄적 체계에는 산술조차 포함될 수 없다는 것이다.

두 번째로 물리학자들이 전통적 형태의 자연법칙은 자기들이 발견해낸 것과 맞지 않다는 것을 매일 발견하고 있던 바로 그때, 과학과 자연의 진행에 대한 거대한 법칙을 내놓는다는 것은 올바른 것 같지 않았다. 원자 규모를 다루는 물리학은 눈에 띄게 끊임없이 변해갔으며 모델뿐 아니라 개념도 유동적이었다. 드브로이Louis de Broglie와 보른은 전자의 입자적 성질과 파동과 같은 움직임을 조화시켜보려고 애를 쓰고 있었다. 슈뢰딩거Erwin Schrödinger와 디랙Paul Dirac은 파동 역할을 창조했다. 파울리Wolfgang Pauli는 몇몇 입자들의 배타 원리를 표명했으며 보스-아인슈타인Bose-Einstein 통계학은 다른 입자들을 설명하기 위해 제시되었다. 액체 헬륨에 대한 첫 번째의 혼란스러운 성질이 발표되었으며, 하이젠베르크Werner Heisenberg는 그 당시 불확정성 원리를 발표한 지 얼마 되지 않았다. 그렇게 정신없던 때에 자연의 법칙에 대해 심사숙고하는 것은 자연스러운 일이었다. 그러나 그에 대한 보편적 공식이 발견될 것 같지는 않았다. 1930년대의 과학자들은 대부분 철학자들이 19세기 물리학에서 헤어나지 못하고 있다고 느꼈으며 모든 지식에 대한 모델을 만들려 한다고 생각하고 있었다. 바로 그 순간에 물리학자들은 그러한 노력의 결함을 고통스럽게 발견했던 것이다(마찬가지 방식으로 오늘날의 생물학자들은 철학자들이 양자 물리학을 결국 이해하고 그것을 자연 안의 모든 과정에 대한 모델로 만들려 한다고 느끼고 있다. 철학자들이 그러고 있을 때 과학의 방법과 개념의 문제는 생물학으로 이동해가고 있는 것이다).

세 번째로 철학자들도 경험 과학의 실체가 과연 추측하는 바대로 엄격히 정식화될 수 있을지 회의를 갖게 되었다. 러셀은 2라는 숫자를 모든 쌍의 부류로 유행시켰지만 그러한 논리적이고 조직적인 구성물이 자연의 기제에 깔려 있다고 추정하는 단위를 충분히 정의할 수 있을까? 정말로 전자가 확고하고 치밀하게 모든 관찰의 부류로 취급되어 그로부터 그 특성이(따라서 그 존재도) 추론될 수 있을까? 이러한 형태의 과학적 형태주의는 사변에 가까운 것이 아닐까? 그리고 전자 개념으로의 뜻하지 않았던 확장을 미리 저지하고 있는 것은 아닐까? 나의 스승이었으며 스물일곱 살도 안 되어 1930년에 사망한 램지는 이것이 사실이라는 것을 보여주었다. 만약 추론된 어떤 과학 단위가 모두 논리적 구성물로 규정된다면 그것들을 연결시키는 체계는 그들 간의 새로운 어떤 관계도 수용하지 못하는 것이다. 분명치는 않지만 많은 청년 과학자들이 논리 실증주의가 폐쇄적인 과학 체계를 만들려 한다고 느끼고 있으며, 그들에게 과학의 매력과 모험은 그것이 영구적으로 개방되어 있다는 점이었다.

그러나 첫 번째, 두 번째 그리고 세 번째 입장 역시 1930년 이후 과학 철학자들이 계속 완강하게 따르고 있던 프로그램에는 전혀 영향을 미칠 수가 없었다. 조작주의operationalism의 선구자 브리지먼 Percy Bridgman과 빈학파Wien學派의 생존자 중 사도 바울 격인 카르납이 아직도 말할 가치가 있는 모든 것은 실증적인 사실 문제로 환원된다는 천년 왕국을 계획하고 있었다. 그들이 주장하는 보편적 과학 언어 안에서는 모든 애매모호함이 말끔히 제거되었다. 특히 카르납은 《논고Tractatus》를 쓸 무렵의 비트겐슈타인처럼 세계를 사실들의 집합으로, 과학을 이 사실들에 대한 기술로 여기는 데 전혀 의심을 품지 않았다. 또한 이상적인 기술은 모든 실제 사건의 시간과 공간에 좌표를 정할 수 있다고 생각했다. 그것은 이미 100년 전부터 라플라스로 하여금 악명을 떨치게 한 계획이기 때문에 청년 과학자들이 철학에 무관심하고 개연성에 대해 이야기함에도 불구하고, 그것을 지난 세기에 대한 집착으로 간주하는 것도 놀랄 만한 일은 아니다.

1930년과 그 뒤 몇 년 동안(내가 기술하려는 역사에 필요하다) 영국 과학자들 간의 정치적 분위기는 좌절과 초조 같은 것이었다. 바로 그때 케임브리지 철학자들이 극히 자유로운 양심 기준을 내놓아 제자들을 고무시켰다. 무어G. E. Moore는 저술과 강의를 통해, 러셀은 평화주의자로서의 확고한 행동으로 그것을 보여주었다. 하지만 그것은 또 다른 시대와 거의 또 다른 세계 속에 있었으며 10년 전에 사라진 것이었다. 이제 1930년의 세계는 세계적 공황에 깊숙이 잠겨버렸다. 영국에서는 200만 명의 실업자가 생겼고, 유럽에서는 비밀 군대들이 거리에서 사람들을 처치하고 있었다. 개인의 자유와 인간의 가치에 대해 위엄을 보여주던 모든 구절들은 매일 비현실적인 것으로 변해갔다. 그때 청년들은 정치가 더 이상 신사들이나 군중에게 맡겨져 있지 않다는 것을 직감으로 알았으며, 스스로 옳고 그름을 내세우는 사회적 규범에 따르지 않으면 안 된다는 것을 깨달았다. 요즘 철학은 그런 규범을 취급하지 않는다거나, 논리 분석은 행동이나 양심에조차 아무런 지침을 마련해주지 못한다는 것, 그에 대해 규정하는 어떠한 것도 엄격히 말해 의미 없다는 것을 주장한다고 해서 과학 철학을 위해 헌신하고 있는 과학자들을 존경하지는 않았다. 과학자들은 전통이 그들의 작품을 신성화하고 사람들에게 두려운 마음을 갖게 하는 비정함과 비인간성의 분위기에서 벗어나려고 안간힘을 쓰고 있었다. 그리고 여기에서 그들은 옛날 입장으로 돌아갔다. 왜냐하면 철학자들이 비정하고 비인간적인 것으로 되려는 열망을 강력히 드러내는 과학 체계를 구축하려 했기 때문이다.

그러나 청년들은 철학을 갈망했기 때문에 케임브리지에 있는 대부분의 과학자들은 변증법적 유물론에 심취하게 되었다. 이것은 사실, 그들의 새로운 신념을 나타내기에 너무나 거창한 명칭이지만, 오래전에 블레이크가 말한 무신념으로부터의(베이컨, 뉴턴, 로크로부터의) 도피처였다. 그들은 엄청난 사회적 재난에 직면하여 일관된 개인적 행위의 약호를 세워줄 수 있는 어떤 조리 있는 근거를 찾고 있었다. 월 스트리트의 도산, 굶주림의 행진, 만주 사변, 히틀러의 등장, 트로츠키에 대한 스탈린의 숙청 작업, 스페인 내란, 오스트리아와 독일의 합병, 수데텐란트 지역의 병합 등과 같은 사건들이 마구 터져나왔던 것이다.

특징적인 실례를 들어 이야기하는 것이 좋겠다. 그래서 당시 나를 놀라게 했던 이야기를 하려고 한다. 비트겐슈타인은 1929년 케임브리지로 되돌아왔다. 처음에는 많은 과학자들이 그의 강의를 들으러 갔으나 얼마 안 있어 그가 더 이상 《논고》에서 다룬 체계적 문제를 다루지 않는다는 것이 명백해졌다. 대신 그의 강의는 언어 게임에 대한 것으로 바뀌었다. 그런데 우리에게 그것은 형식과 방법이 더욱 결여되어 있는 것처럼 보였다. 그에게 충실하게 남아 있던 가장 유망한 철학도 가운데 하나가 콘포스Maurice Cornforth였는데 비트겐슈타인은 그를 장래 자신의 대변자와 해설자로 선택한 것처럼 보였다. 그러나 콘포스는 갑자기 비트겐슈타인과 결별하고 마르크스주의자가 되었다. 이 사건은 케임브리지의 철학적 명상 진영으로부터의 가장 극적이고 격렬한 탈주였다. 그 결별은 상징적 성격을 띠고 있었다. 그때부터 비트겐슈타인의 추종자들은 철학에 거의 관심을 기울이지 않았다. 많은 시간이 흐른 후, 콘포스는 《과학 대 관념론Science Versus Idealism》이라는 철학 책을 썼다. 그 제목은 특히 관념론의 야누스적 얼굴인 비트겐슈타인과 카르납을 겨냥한 것이었다.

물론 우리 중 누구도 철학자들이 폭정에 무관심하다거나 그로부터 위협당하고 있는 사람들의 운명에 관심을 기울이지 않는다고는 생각하지 않았다. 1939년 전쟁이 일어나자 비트겐슈타인은 케임브리지를 떠나 런던의 가이 병원Guy's Hospital에서 구내 운반원으로 일했다. 하지만 그것은 그가 철학으로부터 찾으려 했던 빛이 되지 못했다. 우리는 철학자들이 순교자가 되거나 육체노동과 세속으로부터 은둔하여 정화하는 것(아라비아의 로렌스가 그랬던 것처럼)이 아니라 현실 세계에 관여하기를 바랐다. 과학 철학에서 아무런 인간적 몸짓을 보지 못했다는 것은 우리에게 충격으로 다가왔다. 철학과 과학이 단지 인간의 합리적 지성에 그치지 않고 인간에 관해 보다 많은 것을 표현할 수 있다는 징조는 전혀 없었다.

그 대신 역사로부터 과학을 삶에 연결시켜주는 책들이 나왔다. 러시아인 헤센B. Hessen의 《뉴턴의 프린키피아가 지니는 사회·경제적 근원The Social and Economic Roots Newton's Principia》이라는 논문은 과학에 대한 새로운 관점으로 우리의 눈을 뜨게 해주었다. 그 논문은 그것이 설정한 사례를 지나치게 확대한 결점이 있었지만 젊은 과학자와 철학자들에게 미친 효과는 감전될 만한 것이었다. 그때부터 역사와 과학 철학은 하나로 묶여 거의 단일한 주제로 언급되었다. 옥스퍼드의 경제사, 석좌 교수인 클라크G. N. Clark는 1937년 《뉴턴 시대의 과학과 사회 복지Science and Social Welfare in the Age of Newton》에서 헤센에게 답하고 있다. 그러나 바로 그 제목의 형태 자체가 과학이 사회적 근원을 가지고 있음을 인정한 것이었다. 영국에서 출간된 가장 영향력 있는 책은 '과학의 사회적 기능The Social Function of Science'이란 대담한 제목을 가진 것으로, 1930년대 말에 나타났다. 그 영향력과 공적의 대부분은 저자인 버널Desmond Bernal이 활동적이고 독창적인 과학자라는 사실에서 연유되었음이 분명하다.

나는 이런 역사적인 머리말로 이야기를 시작했는데, 그래야만

포퍼가 책을 출간했을 무렵의 과학 철학이 차지하는 위치를 보여
줄 수 있기 때문이다. 그리고 그 당시 영국에서 물질에 대해 얼마
나 수수방관했는지를 기술한 이유는 결국 포퍼가 명성을 얻게 된
것은 물질에 대한 그의 생각이었기 때문이다. 《과학적 발견의 논
리》가 출간된 것은 1934년 말경이었다. 독일어로 출판되었음에도
불구하고(거의 25년 동안이나 영어로 번역되지 않았다), 그 핵심은 몇
년 안 되어 영국에 알려지기 시작했다. 1936년 빈학파의 사상을 보
급시켰던 에이어A. J. Ayer의 책 《언어, 진리 그리고 논리Language, Truth
and Logic》에는 그 문제점 중 하나가 언급되어 있다. 포퍼는 지칠 줄
모르는 저술가였다. 그는 1938년, 영문 논문을 출간하기 시작했다.
그의 견해는 전쟁이 끝날 때까지 매우 널리 퍼져 있었으며 크게 인
정받고 있었다. 세상에서 그 외에 어떤 일이 진행되고 있었는지 생
각해보면 그 기간은 상당히 짧은 것처럼 느껴진다.

　《과학적 발견의 논리》는 처음 볼 때부터 상당히 밀도 있고 가까
이하기 힘든 생각의 꾸러미로 비쳤다. 여기서 그의 몇 가지 주장을
하나씩 제시하고자 한다. 하지만 그의 주장이 우리 세대에 매력적
으로 보였던 이유 중 하나는 그것들이 분명히 단일한 퍼스낼리티
의 표현으로 보였기 때문이다. 그러나 퍼스낼리티 자체가 우리에
게 매혹적으로 다가왔던 것은 아니라고 생각한다. 오히려 그는 긴
장이 감돌고 다루기 힘든 것으로 느껴졌다. 하지만 그는 천재적인
퍼스낼리티를 갖고 있었다. 그 퍼스낼리티는 그 사상과 같이 숨 쉬
고 논의하고 투쟁했다. 그리고 두 번째 사상에서도 그다음 사상에
서도 마찬가지 노력을 기울였다. 《과학적 발견의 논리》가 한 인간

에 의해 쓰였다는 것은 의심의 여지가 없으며 그 책에서 과학을 인간들 간의 공통적 활동으로 취급한다는 것도 명백하다.

인간성에 대한 이해는 나의 에세이에서 자주 반복될 테마인데 그것은 무엇보다도 휴머니즘이 내게 의미하는 것들이다. 지식의 성장에 대한 포퍼의 개념에는 처음부터 그러한 것이 포함되어 있었다. 그는 과학을 완성된 계획으로 보지 않았으며 무의식적으로라도 완성되리라 생각할 수 있는 계획으로도 여기지 않았다. 그의 견해에 의하면, 과학은 체계적인 것이지만 영구히 개방된 체계다. 그것은 끊임없이 변화하고 확장되며 해마다 자연의 보다 많은 것을 포함하여 성장한다. 그러나 자연의 전체를 포괄할 수 있는 이상적 체계의 전망은 존재하지 않는다. 여기서 포퍼의 시각이 실증주의 철학의 관점과 근본적으로 차이를 드러낸다. 실증주의자들의 관점은 언제나 완성된 과학 체계 위에(수평선 어딘가에) 고정되어 있으며, 그들의 분석은 항상 그 체계가 완성되었을 때 발견될 수 있는 부분들 간의 이상적인 관계로 채색되어 있었다. 포퍼는 그러한 신의 관점을 갖지 않았다. 그는 과학을 단지 진행 중인 것, 성장해가는 것 그리고 모든 사람의 것으로 보았다.

지식은 성장한다. 왜냐하면 인간의 정신이 거기에 작용하고 있기 때문이다. 그리고 그것은 우리가 진척시켜야 하는 일상적인 일이다. 돌발적인 생각이 운 좋게 머리를 스쳐 지식을 얻는 것은 아니다. 잃어버린 회랑corridor처럼 이미 만들어져 우연히 찾게 되는 것이 아니기 때문이다. 또한 이미 세워진 건물처럼 부분들로부터 조합되는 것도 아니다. 이러한 비유들 중 어느 것도 과학적 지식의 실재를 기술할 수 없다. 왜냐하면 그런 비유들은 어딘가에 폐쇄적인 지식 구조가 존재한다는 것을 가정하기 때문이다. 그러나 지식은 이런 의미에서의 구조가 아니다. 그것은 건물도 아니고 건축물의 어떤 부분도 아니다. 거기에 지붕을 씌울 수도, 열쇠로 잠글 수도 없다.

포퍼는 과학적 지식에 대한 관념화된 견해를 거부하려고 애썼기 때문에 《과학적 발견의 논리》로부터 야기될 수 있는 문제점을 모두 배제시켰다. 이는 그가 과학에서 한 이론의 진리를 논하는 것을 고통스럽게 피하고 있는 데서 가장 충격적으로 나타난다. 그 책의 마지막 부분에서 이 점이 자신만만하게 지적되고 있다.

포퍼는 입증에 의한 테스트를 쓸모없는 것으로 간주하고 확증 및 확인의 대부분의 기준들을 의심스럽게 생각했기 때문에 과학적 이론은 진실되어야 한다는 형식적 요청 없이도 매우 훌륭하게 전개시킬 수 있었다. 우리는 그가 결국 이러한 자기 부정을 지탱해나가지 못했음을 나중에 알게 될 것이다. 그러나 우리는 포퍼가 왜 그토록 열심히 솔직하게 그의 첫 번째 책에서 그것을 달성하려 했는지 살펴볼 수 있다. 그 당시에는 하나의 폐쇄적 체계로써 과학을 바라보는 관점이 다른 과학 철학자들의 형식주의를 지배하고 있을 때였다.

포퍼가 빈학파의 핵심적 조항을 쓸모없는 것으로 내버렸다는 것은 잘 알려진 사실이다. 즉 철학은 적어도 원칙적으로 입증될 수 있는 진술의 논의에 국한되어야 한다는 빈학파의 주장을 거부했던 것이다. 그 대신 포퍼는 우리의 진술이 반증될 수 있어야 한다는 요청을 제시했다. 겉으로는 단지 형식적인 차이에 지나지 않는 것처럼 보이지만 그렇지 않다.

여기에는 두 가지 이유가 있다. 첫째, 포퍼의 요청은 뉴턴의 운동 법칙 같은 일반 이론에도 적용되는 것을 의미한다. 그런 일반 이론은 어떤 경우에도 입증될 수 없으나, 단 하나의 경우만 있어도 반증될 수 있는 것이다. 둘째로, 어떤 진술이 허위라는 것을 발견할 수 있어야 한다는 요구는 그것이 입증되어야만 한다는 실증주의자들의 요구와는 다른 기능을 갖는다. 입증될 수 있다는 잠재적 가능성은 논리 실증주의자들에 의해 의미를 가늠하는 기준으로 제시되었다. 그것은 의미 있는 진술과 본질적으로 의미 없는 발언을 분리시켜준다고 생각되었다. 그러나 포퍼는 의미의 기준을 가지고 있다고 주장하지 않았다. 그가 어떤 진술이 거짓임을 발견할 수 있어야 한다고 요구한 것은 하나의 경계 설정 기준에서였다. 그에 의하면, 그 기능은 과학에서 사용될 수 있는 진술인지 아닌지를 구별하는 것이다.

좁은 의미에서 경계 설정demarcation과 의미를 구분하는 것은 여기서 하나의 교묘한 솜씨와 같은 것이다. 따라서 일부러 꾸며낸 많은 논쟁이 야기되었다. 왜냐하면 어떤 진술이 입증되어야 한다든지 반증되어야 한다든지 하는 요청의 배후에는 그것이 사실적인 결과를 지녀야 한다는 요구가 있기 때문이다. 따라서 그런 요구는 어떤 사실적인 내용을 갖고 있기를 바란다는 것이다. 과학에 대한 근대적인 성격 규명에 있어서도 과학적이라 칭하는 진술을 만들기 위해 이러한 요구가 정당하다는 것은 명백하다. 하지만 그때 그것을 의미의 기준이라고 불렀던 논리 실증주의자들은 이것과 다른 어떤 것에 대해 본질적으로는 말해주지 않았다.

본질적으로 그들은 과학에서 요청하는 것이 모든 인간 담화 discourse에 적용되어야 한다고 제안하고 있었다. 논의는 그것이 과학에서의 합리적 논증 기준을 충족시킬 때만 의미를 띤다는 것이 그들의 명제였고, 그렇지 못할 때는 단지 감정적인 지껄임이나 무의미한 것에 불과하다는 것이었다. 이는 매우 거창한 주장이다. 왜냐하면 그 주장은 논리 실증주의가 모든 인간 문제의 밑에 깔려 있는 실재를 이해하는 열쇠를 가지고 있음을 함축하고 있기 때문이다.

그런데 그 주장이 전혀 설득력 없다고 판명되었기 때문에 소란스럽던 1930년대에 실증주의는 우리에 대한 영향력을 상실했다. 그러나 과학에 엄격히 적용함에 있어 '경계 설정'과 '의미'라는 단어 사이에 따로 선택할 단어가 그리 많은 것은 아니다. 포퍼의 용어가 갖는 이점은 그것이 확고하고 명확하다는 것이다. 그가 그의 기준을 '과학적' 의미의 기준이라고 불렀다면 원리상 아무런 차이도 찾아볼 수 없을 것이다.

그러므로 포퍼의 공식이 갖는 호소력과 힘은 인간에게의 적용이라는 넓은 의미 안에서 찾아야 한다. 그것은 실증주의 프로그램보다 겸손해서 의외로 매력적이다. 그것은 삶의 체계 혹은 과학의 체계라고조차 주장하지 않는다. 그것은 과학적 탐구 행위와 그 해석에 대한 실제적 법칙을 다룬 하나의 책으로 정연하게 제시된다. 탐구에 해당되는 독일어 'Forschung'이란 단어는 영어로 번역한 '과학적 발견'이라는 구절보다 훨씬 조심스럽고 겸손하다. 포퍼가 제안하는 것은 우리의 이론화를 인도하고 실험을 평가하는 데 도움을 주는 하나의 방법이다. 그 방법을 사용함으로써 진정한 지식을 얻을 수 있으리라는 것이다. 예컨대 그는 베이컨이 생각했던 것과 같은 귀납법 전략의 요점을 간과했지만(멘델레예프의 주기율표가 그 예), 그것들은 그의 끊임없는 관심, 즉 귀납법만으로는 지식의 진정한 발전을 이룰 수 없다는 것을 표현하고 있다.

《과학적 발견의 논리》는 과학적 방법에 관한 하나의 설명이다. 하나의 방법으로서, 한 진술은 반드시 반증 가능falsifiable해야 한다는 요구와 이 요구를 경계 설정의 기준으로 이용하는 것은 같은 단위에 속하는 것이다. 왜냐하면 그것들은 과학 이론이 실제로 어떻게 논쟁되는가에 대한 단일한 기술 안의 두 부분이기 때문이다. 넓은 의미에서 경계 설정은 포퍼의 방법론에서 하나의 중요한 개념이다.

철저한 자기 분석과 반성을 하고 있는 1930년대의 과학자들에 대해 이야기한 후 그들에게 포퍼의 철학이 호소력 있었다고 하는 것은 조금 이상하게 들릴지 모르겠지만 여기에는 동떨어진 두 개의 근거가 있다. 하나는 포퍼가 과학을 자신의 주제로 삼고 전문가답게 깊이 몰두하여 다루었다는 점이다. 따라서 그의 주장은 분별 있고, 폭넓은 지식을 담고 있으며, 계몽적이고, 무엇보다도 현실적인 것이어야 했다. 그것은 신념을 가져다주었다. 왜냐하면 과학자들은 그 안에서 자신들이 하고 있는 것과 결론 내리고 있는 것 모두를 확인했기 때문이다. 그러므로 그들은 포퍼가 정당하다고 인정한 결론의 추리에 대해 경청했으며 공감을 표했다. 이것이 바로 그들이 추출해낸 결론임을 알았던 것이다.

포퍼가 내 세대의 과학자들에게 존경받았던 두 번째 이유는 과학에 대해 너무 많은 것을 요구하지 않았기 때문이다. 한 진술이 오직 과학적이려면 거짓임이 증명될 수 있어야 한다는 그의 요청을 다시 한 번 고찰해보자. 포퍼는 이것이 의미의 기준이 아니라 경계 설정의 기준으로 취급되어야 한다고 강조한다. 이러한 테스트에 실패한 진술은 과학적이지 않지만, 그렇다고 그 진술이 무의미하다고 주장되는 것은 아니다.

그러므로 우리는 과학적 내용을 갖고 있지 않더라도 의미 있는 진술이 있을 수 있다고 믿을 권리를 갖게 되는 셈이다. 물론 그러한 단서에 격분하는 과학자들도 있다. 하지만 그들은 우리가 가졌던 1930년대의 철학적 경험을 해보지 못한 사람이라고 생각된다. 그때 우리는 과학 철학의 주장과 범위에 대해 회의하도록 배웠다. 포퍼에게서 우리는 과학이 훌륭한 지식의 양식이라는 것을 파악하게 되었다. 그러나 어떤 단계에서든 과학이 인간의 행동을 인도해나갈 유일하고 궁극적인 것이라는 주장은 찾아볼 수 없었다. 우리가 그에게서 가장 감동적으로 읽은 것은 과학에 대한 정열이었다. 그것은 체계로서가 아니라 활동으로서의 과학에 대한 것이었다. 즉 지식의 성장을 촉진시키는 한 방법으로서의 과학에 대한 정열이었다.

《과학적 발견의 논리》의 논조는 탐구 작업을 수행하는 사람에게 설득력 있는 것이다. 그것은 체계적이지만 형식주의적인 것이 아니며, 또한 비트겐슈타인의 후기 작품이 그러하듯 지그재그로 마음 편안한 즉흥적인 움직임을 보이지도 않는다. 그것은 사례들의 덩어리로서가 아니라 지적인 실체들로서의 과학 이론에 관심을 갖는다. 포퍼가 '귀납'이라는 낱말에 대해 공격하는 방식이 그 증거다. 그것은 훌륭한 실험가가 실험을 계획하는 것처럼 실험을 다룬다. 즉 증거의 항목으로서가 아니라 결정적인 테스트로서 취급한다. 이것이 바로 포퍼가 실험의 실제적 목표는 한 이론(정확하게 말하면 두 대안적 이론 중 하나)을 반증하는 것이어야 한다고 주장하는 이유다. 그의 충고는 매우 실질적이다. 왜냐하면 가장 훌륭한 실험이 이 목표를 달성시킨다는 이유로 과학사에서 고전이 되기 때문이다. 그것은 테스트 중인 이론이 실험의 독특한 결과를 예측하는 것이 아니라 여러 개연적인 결과 중 단지 하나만 예측할 경우, 결정적인 목표는 전적으로 충족될 수 없다는 근대 과학의 주요 난제를 회피하지 않는다. 그것은 양자 역학과 같이 아직도 혼란 상태에 있는 현대 과학 분야에 두려움 없이 뛰어든다. 그리고 그에 대해 현명하고도 어리석게 발언한다. 독창적인 이론은 상상력의 작품이며 작업대 위가 아니라 정신 속에서 형성된다는 것을, 큰 목소리는 아니지만 지속적으로 말하고 있다. 요약하면 《과학적 발견의 논리》는 그의 작업을 사랑하는 모든 전문 과학자들의 정신을(그리고 마음도) 자극하고 고무한 책이다. 그리고 그들은 과학적 방법에 대해 다른 형식적인 논문보다도 그 책에서 더 많은 것을 배웠다고 생각된다.

이제 뒤에 제시할 하나의 비판에 대해 조금 이야기를 하고 이 책에 대한 나의 평가를 마무리해야겠다. 《과학적 발견의 논리》가 지닌 강점은 그것이 과학적 방법에 대해 잘 짜인 소책자라는 점이다. 하지만 그것은 또 어쩔 수 없이 이 책의 약점이 된다. 이 책은 과학 내용을 분석하려는 논리 경험주의자들의 보다 형식적인 시도를 능가하고 있는데, 이유는 그런 시도를 하고 있지 않기 때문이다. 그것은 우리의 추리를 지도하고 실험을 생산적으로 만드는 데 충고를 주지만 결국에는 그 충고가 항상 이론의 내용에 대한 것이라기보다는 이론의 테스트에 대한 것이다. 이는 매우 시의적절하고 실제적이다. 그러나 어쨌든 그것은 우리가 왜 과학에 관심을 기울여야 하는가 하는 문제를 간과하고 있다. 그런 원칙적인 문제와 씨름하고자 했던 철학자들은 포퍼에 비해 덜 유익했다. 왜냐하면 그들은 포퍼가 한 것처럼 과학의 실제를 이해하지 못했기 때문이다. 우리가 과학의 내용을 실행practice으로부터 분리시킬 수 없다는 사실은 이제 명백하다. 그러나 그렇다고 해서 내용에 관한 문제가 부적절하다는 것은 아니다. 나는 이 글의 말미에서 그런 질문을 제기할 것이다.

1934년부터 포퍼가 다시 관심을 갖게 된 지식의 성장과 관련된 문제는 여러 개 있다. 사실, 1962년에 그의 논문 모음집 《추측과 논박Conjectures and Refutations》이라는 책의 부제는 '과학적 지식의 성장'이었다. 그 논문집 가운데서도 핵심적인 논문(중심적인 이슈)에 관심을 돌리기 전에 첫 번째 책에서 더욱 진전시킨 그의 논의 가운데 이 문제들의 가장 중요한 것을 추출해낼 것이다.

《과학적 발견의 논리》는 개연성 개념idea of probability의 사용 및 남용에 대해 길고 사려 깊은 분석을 하고 있다. 그리고 이후에도 포퍼는 그 주제에 대해 많은 관심을 기울였다. 여기서 그의 주된 견해는 내가 볼 때 명확하고 확고부동하며 전적으로 옳다. 이 견해에서 개연성이라는 것은 사건들이 전반적으로 어떤 일관된 방식으로 생기지만 독특한unique 방식으로는 일어나지 않는 물리 체계의 구체적인 성질이다. 그러한 체계에선 개연성이라는 것이 전자처럼 우리가 직접 관찰할 수 없는, 이론적으로 추론된 실체다. 그리고 동일한 의미에서 그것은 실제적인 것이다.

나는 물리적 성질로서의 이런 개연성에 대한 견해에 의견을 같이한다. 그리고 지금 대부분의 과학자들도 그러리라 생각한다. 하지만 나는 다음과 같이 그것을 표현하고 싶다. 즉 개연성은 어떤 분포distribution를 갖는 사건들에 귀속될 뿐이며 전체적으로 분포에 대한 하나의 상징으로 간주되어야 한다. 그래서 포퍼와 나의 견해에 따르면, 개연성은 정신 상태에 대한 서술도 아니며 미래의 사건이 어떻게 일어날 것인가에 대한 주관적인 기대도 아닌 것이다. 그리고 사실 여러 분포로는 이러한 개인적 경험들을 정연하게 배열할 수도 없다. 더 중요한 것은 과학적 이론의 지위나 설득력이 어떤 개연성만으로는 기술될 수 없다는 점이다. 그것이 그 자리를 정하게 되는 유일한 분포는 존재하지 않기 때문이다. 물론 한 이론의 지위는 그에 대한 증거에 따라 올라가거나 내려가기도 하지만 지정

가능한 개연성을 갖는 것과는 다르다.

그러므로 개연성이라는 개념은 확률 계산과 분리될 수 없다. 그리고 포퍼는 계속해서 이 양자에 대한 가능 형태를 가장 예리하게 제시하기 위해 작업하고 있다. 그러나 그가 지금 전개하고 있는 형식적인 개연성의 정의는 여기서의 내 목적과는 부합하지 않는다. 내 견해로는, 개연성의 내용은 그 계산에서 나온 분포 안에 놓여 있기 때문이다. 나의 목적은 두 가지 결정적인 곳에서 포퍼가 어떻게 개연성을 사용하고 있는지를 검토하는 것이다. 즉 단지 개연적일 뿐일 사건을 예측하고 있는 이론을 테스트해보는 것과 어떤 종류의 이론들이라도 평가하고 정식화시키는 것이다.

어떤 이론이 실험의 여러 가능한 결과를 예측할 경우 그 이론을 반증하기 위해 마련된 예측과 결과들에 어떤 차이가 있는지 분간하기 어렵다. 엄밀히 말하자면 그렇게 분간하는 것은 불가능하다. 일련의 실험에 대한 예측된 결과는 모두 가정된 분포에서 나온, 그 규모의 가능한 표본을 형성한다. 물론 가정된 분포에서 나오는 주어진 규모의 표본은 이번에는 이미 알려진 분포를 갖는다. 그러므로 우리는 단지 불운에 의해서만 우리의 표본을 추출했을지 모른다는 것이 얼마나 있을 법하지 않은 일인지 추측할 수 있다. 그러나 이와 같이 계속해서 반복되는 과정은 그 이론이 맞느냐 틀리느냐에 대한 절대적인 결정을 내리는 데 도움을 주지 못한다. 우리가 이 과정을 끝없이 계속한다 해도 결국은 마찬가지다. 우리가 추출한 표본은 개연성이 없을지도 모른다. 하지만 그것이 불가능한 것은 아니다. 우리가 사기를 당하고 있다고(동전에 이상이 있다는 등의) 확신할 수 있을 때까지, 던진 동전이 떨어지는 것을 도대체 얼마나 오랫동안 살펴야 할 것인가? 엄밀히 말하자면 영원히 그래야 할 것이다.

《과학적 발견의 논리》는 이러한 난점을 숨기지 않고 자의적인 한계를 결정 과정에 고정시킴으로써 해결한다. 결국 일련의 실험의 집합적인 결과가 너무 비개연적이라면 그것을 반증화falsification와 같은 것으로 취급하라고 포퍼는 제안한다. 수학은 보다 세련된 것이지만, 그것이 말하고 있는 것은 "극단적인 비개연성은 무시되어야 한다"는 것이다. 이는 실제 실험을 해석하는 데 있어 분별 있는 방식이고 사실상 과학자들이 이용하고 있는 방법이다.

그러나 원칙상으로 그것은 반증에 의한 테스트를 포퍼가 제기한 예외적인 돌출 현상으로부터 분리시키는 것이다. 첫 번째로, 그것은 테스트를 자의적인 것으로 만든다. 제로로 받아들여질 수 있는 비개연성의 영역을 고정시킴으로써 테스트를 자의적인 것으로 만드는 것이다. 두 번째로, 그것은 그런 영역에 내재된 통상적인 회귀 과정의 문제를 해결하지 못한다(그리고 어떤 개연성의 개연성에 대한 모든 평가에 있어서도 그렇다). 왜냐하면 그 영역의 종점은 그 점들 자체의 영역에 둘러싸여 있어야 하고 그런 일은 계속 되풀이되기 때문이다. 그리고 세 번째이자 중요한 점은, 반증에 의한 테스트에 부여한 특권을 입증에 의한 테스트에도 동일하게 부여한다는 것이다.

대략적인 반증의 도식을 만들고 결국 그것을 충분한 반증 원리로 높이기 위해서는 입증에도 똑같은 자유를 허락해야 한다. 물론 입증은 임시적인 것이다. 그러나 요점은 이 도시에서 반증 역시 임시적일 뿐이라는 것이다. 네이만Jerzy Neyman과 피어슨Egon Pearson이 정식화한 것처럼 수학적 통계학의 언어에서도 우리는 두 종류의 오류를 벗어날 수 없다. 즉 입증에서의 수용의 오류와 반증에서의 거부의 오류를 모두 저지르게 된다.

단지 개연적인 예측만 하는 이론은 그 이론에 대안적인 결과들을 전개시킨다고 해서 엄격하게 반증되지는 않는다. 따라서 그런 이론들(대부분의 근대 이론들)에 있어 반증에 의한 테스트는 입증에 의한 테스트와 마찬가지로 결정적이지 못하다. 입증은 확정적이지 않기 때문에 포퍼가 이를 비판한 것은 옳았다. 그러나 근대 과학의 근본적인 이론에 있어 반증은 입증보다 더 낫지도, 더 못하지도 않다. 반증과 입증은 한 이론에 찬성 또는 반대하는 증거를 제공하지만 더 이상은 나아가지 못한다.

그래서 내가 제시한 여러 난점들에 의해 반증의 독창적인 성격은 무너진다. 이론이 단지 개연적인 예측만 할 뿐이라면, 자연은 그 이론이 틀렸다는 것을 증명할 아무런 결정적 테스트도 마련해주지 않는다. 우리가 할 수 있는 것은 단지 포퍼가 하듯 그 이론을 수정함으로써 테스트를 명료하게 하는 일뿐이다. 그것은 열 번이나 계속해서 동전 앞면이 나온다는 것은 너무 운이 없는 것이기 때문에 진실일 수 없으며 게임은 정당하다고 할 수 없고, 틀림없이 동전에 속임수가 있다고 스스로 규정하는 것과 같다. 그러나 '틀림없이no doubt'라는 말이 의심을 해소시키지는 않는다. 게임이 정당하다는 가설을 거부하는 것은 계속 의문의 여지를 남기고 있는 것이다. 우리는 그것을 임시적인 것으로 취급해야 한다. 그리고 거부가 임시적인 것이라면 그 입장이 수용의 입장보다 더 나을 것은 없다. 즉 반응에 의한 테스트가 우월한 위치를 갖는 것은 단지 그것이 결정적이기 때문이다. 그러므로 그것이 결정적이어야만 그 위치가 유지되는 것이다. 그것이 실패하면 입증에 의한 테스트와 같은 위치로 되돌아가게 되며 그중에서 어느 하나를 선택할 아무런 이유도 존재하지 않게 된다.

그래서 자연과 맞부딪쳐 테스트를 수정하여 반증을 결정적인 것으로 만들려면(다른 대안이 없기 때문에) 입증에 대해서도 똑같이 행해야 한다. 만약 우리가 만든 테스트에 의해 계속해서 열 번이나 동전 앞면이 나온 것은 너무 부당한 것이어서 진실일 수 없다고 결론 내리게 되었다면, 다른 극단적인 경우(예컨대 10^n번 동전을 던져 0.5×10^n번 정확하게 동전 앞면이 나온)에는 너무 정당해서 거짓일 수 없으며 사기를 당한 것이 아니라고 결론 내릴 수 있을 것이다. 즉 게임은 정당했고 동전에는 속임수가 없었던 것이다(나는 게임이 매우 공정하고, 동전에는 어떤 술책도 없었다고 말해야겠다). 극단적인 비개연성은 무시되어야 한다는 법칙은 부정적인 주장과 마찬가지로 긍정적인 주장에서도 정확히 합당하거나 부당한 것이다.

실제로 과학자들은 이러한 방식으로 행동하며 일반적인 통계적 테스트(그리고 특수한 연속적 테스트)에서 폐기의 기준을 사용하듯, 같은 종류의 인정의 기준도 사용한다. 그들이 테스트하는 가설이 단지 개연성의 진술을 포함하기 때문에 합당한 것이라고 주장될 수도 있을 것이다. 그런데 독특한 예측을 가진 이론을 테스트할 경우, 그런 견해를 가지고는 수정된 입증 기준을 사용할 자격을 갖지 못한다. 왜냐하면 여기에서는 반증 기준이 수정될 필요가 없기 때문이다. 나는 이런 논증이 단지 모든 이론들은 개연성의 진술로부터 벗어나야 하며, 결국은 그렇게 될 것이라는 주장에 의해 뒷받침될 경우에만 존중하려 할 것이다. 그렇지 않을 경우 그런 구분은 하나의 술책이며 그 논증은 궤변적인 것이다. 필요할 때 반증 기준을 수정하는 것이 허용되는 한, 우리는(내 생각에는) 그것을 선택할 때 입증 기준을 수정하지 못하도록 막을 수 없다.

이 모든 것은 매우 인간적이고 자연스러운 것이다. 그것은 과학자들이 이론들을 거부하는 것과 마찬가지로 수용하면서 움직여가는 방식이다. 왜냐하면 달리 행동할 방법이 존재하지 않기 때문이다. 우리의 모든 행위에는 정확성에 대한 한계가 있다. 과학을 어설프게 막다른 곳으로 모는 것이 허용되지 않을 때 우리는 불확실함에 직면하여 단호해지지 않으면 안 된다. 그러나 그때 우리가 지니는 것은 더 이상 반증에만 기반을 둔 엄격하고 절대 안전한 방법은 아니다. 그것은 하나의 규범이 아니라 결정을 위한 전략이다.

따라서 포퍼는 그의 후기 저서에서 과학적 결정의 예민한 문제들로부터 점점 더 멀어져갔다. 그는 반증에 대해서는 별로 쓰지 않았으며 증거evidence에 보다 많은 관심을 기울였다. 이론이나 가설에 대한 관심은 줄어들었고, 문제problem에 대해 보다 많은 관심을 가지게 되었다. 그리고 논증과 비판에 의해 과학에서 다루는 부분을 강조했다. 그의 과학자상은 더 이상 대담한 이론을 가지고(그가 틀렸다는 것을 증명하는) 자연에 도전할 수 있는 실험을 고안하는 사람이 아니었다. 그보다는 회의적이지만 온화한 소크라테스적인 노인으로 묘사된다. 동료들과 문제를 토론하고 그들이 다른 설명보다 자신의 설명을 택하도록 합리적으로 설득될 때까지 하나씩 해명해나가는 과학자상이다. 물론 토론에서 동료들이 다른 설명을 거부하도록 하는 결정적 단계는 여전히 실험에 의존해 있다. 그러나 이제 실험적인 결과는 결정적이 아니더라도 설득력 있는 것으로 수용된다.

내가 지금까지 이야기한 것은, 반증에 의해 이론을 테스트하자는 제안은 강력하고 독창적이지만 그것이 어떤 이론에 대한 적극적인 증거를 찾으려는 필요조차 못 느끼게 하진 않는다는 것이다. 그리고 우리가 실제적이고자 하는 한, 이런 논의를 회피할 수는 없다. 과학자들은 작업을 하면서 항상 그와 같은 일을 수행하기 때문이다. 그래서 포퍼가 여러 이론의 확인 혹은 그가 제대로 부른 것처럼 이론의 확증corroboration에 대해 논의하는 것은 이상한 일이 아니다. 시간이 흐름에 따라 그는 그것에 대해 더욱 많은 관심을 기울였다. 내가 《추측과 논박》에서 뽑아낸 논문에서 그는 두 가지 예상치 못했던 규정을 하고 있다. 그중 하나는 훌륭한 이론이 처음 제출될 때 "여태까지 관찰되지 않은 현상에 대해 예측해야 하는 것이 필수적"이라는 것이다. 또 다른 하나는 그때 현상 중에서 몇 개는 관찰되어야 한다는 것이다. 개연성과 확증에 대해 쓴 명망 있는 저술가들(특히 케인스J. M. Keynes와 카르납)이 예측에 너무 많은 비중을 두고 있다고 말하지 않았다면, 작업 중인 과학자들이 현학적이고 사실 희극적이라고 놀랐을지 모르는 "여기 입증의 한 기미"를 옹호하는 각주가 있다. 포퍼는 작업 중인 과학자practicing scientist 편에서 있다. 즉 그는 이론을 기지의 사실이나 결과의 수동적인 기록으로 받아들이는 데 만족하지 않고 있다.

이론은 지적인 구성물이지 기지의 사실이나 결과의 수동적인 기록이 아니다. 여기서는 나도 포퍼처럼 과학에 관한 모든 수동적인 견해를 통렬하게 비난하고 있으므로 내가 사용하는 용어에 대해 설명해야겠다. 내 생각에는 과학이 사실들을 기술한다는 것은 잘못된 것이며 오해를 불러일으키는 영구적인 원천이 된다. 과학에서의 진술은 "눈은 희다"라는 서술의 사실적 형태를 지니지 않는다. 그런 진술은 과학이 아니라 자연사에 속하는 것이다. 또 과학에서의 진술은 "눈은 어떠어떠한 온도에서 녹는다"라는 형태를 갖는다. 이것은 다른 종류다. 서술이 아니라 하나의 능동적인 진술이며, 어떤 것이 변화하고 있음을 주장하는 것이다. 종종 그 진술은 우리 쪽의 행위로부터 변화를 이끌어낸다. 즉 "당신이 눈에 열을 가하면 이러이러한 일이 발생한다"(그러나 당신이 눈을 바라볼 때 "~은 희다"라는 서술에서 벗어나지 못하는 한, 아무 일도 일어나지 않는다. 다만 그런 것에서 벗어나 "눈은 흰빛을 반사한다"라고 말할 경우에는, 어떤 색깔의 빛을 당신이 눈 위에 비추든 간에 어떤 일이 발생하게 된다). 요약하면 과학은 속성을 다루는 것이 아니라 행위를 다루는 것이다. 고정된 용해점과 광범위한 반사대를 가지고 있다는 것은 희다는 것이 존재한다는 동일한 의미에서의 속성이나 성질은 아니다. 나의 용어를 써서 견해를 밝힌다면 과학에서의 어떤 유례 없는 진술이라 할지라도 "A는 b라는 성질을 갖는다"라는 정태적인 사실이 아니라 "u일 때 그러면 v이다"라는 역동적인 결과를 기술하는 것이다.

따라서 이론은 알려진 결과를 기록한 것이 아니라 지적으로 구성된 구성물이다. 그럼에도 불구하고 어떤 이론을 형성할 때 우리는 이미 알려진 결과를 설명한다. 그리고 조만간 그 이론으로부터 나올 새로운 결과를 기대할 것이다. 이미 알려진 결과는 이론에 대한 필수 불가결한 증거다. 그리고 이론이 예측한 새로운 결과가 확인될 경우 증거나 확증의 정도가 부가된다.

새로운 증거의 비중의 양을 보여주려는 철학자들은 종종 그것이 이론의 개연성을 증대시킨다고 주장한다. 그러나 이미 언급했듯이 포퍼는 한 이론에 개연성을 설정할 수 없다고 정당하게 주장한다. 왜냐하면 개연성이란 물리적 사건이나 그에 대한 논리적 진술에 일관되게 적용되도록 만들어질 뿐인 계산과 일치해야 하기 때문이다. 나는 이 점을 다음과 같이 말하고 싶다. 즉 개연성은 어떤 분포를 가지고 있는 사건을 요구하지만 하나의 이론 및 가능한 모든 대안들은 유일한 분포를 갖지 않는다. 하나의 이론이 매개 변수를 포함할 수 있으며, 매개 변수의 가능한 가치들이 분포를 가진다는 것은 사실이다. 그래서 매개 변수는 다른 가치 영역이라기보다 어느 하나의 가치 영역을 지니고 있다는 가설에 어떤 개연성을 설정할 수 있다. 그러나 이것이 전체로서의 이론에 대한 개연성을 계산하는 것과 같은 것은 아니다.

이것은 멋진 구분이고 근본적인 것이기 때문에 예를 들어 좀 더 명확하게 설명하겠다. 케플러Johannes Kepler는 1609년 행성의 궤도는 타원이며 그 중심은 태양이라는 이론을 내놓았다. 이 이론에는 타원의 이심률eccentricity이라는 자유 매개 수가 포함되어 있다. 그리고 그 변수는 0과 1 사이의 어떤 숫자상의 가치라도 가질 수 있다. 그러므로 우리는 특정 행성이 지닌 타원의 이심률이 무엇인지 물을 수 있게 된다. 그리고 우리는 이 목적을 위해 행성을 관찰함으로써 증거를 모을 수도 있다. 그래서 이심률은 어떠어떠한 범위의 숫자 내에 그리고 나머지 영역 밖에 놓여 있다는 하나의 개연성으로서 그 증거는 요약된 형태로 표현 가능하다. 우리가 보다 많은 관찰을 했을 경우, 증거의 늘어난 비중은 개연성의 증대로 표현될 것이다. 이런 식으로 우리는 엄청나게 높아진 개연성으로, 이심률은 1에 미치지 못하며 따라서 궤도는 원과 같은 종류의 타원이 아니라는 것을(결정적이라고 해도 좋을 만큼) 보여줄 수 있다. 우리가 각각의 행성에 대해 이러한 작업을 하고 나면 역사적으로 케플러가 관심을 기울였던 대부분의 것, 즉 행성은 원운동을 하지 않는다는 주장에 결정적인 근거를 마련해주며 그것들은 타원으로 움직인다는 주장에 대해 훌륭한 근거를 제공할 것이다.

그래서 일반적으로 어떤 이론이 자유 매개 변수를 포함하면 그 변수의 가능한 가치들은 하나의 분포를 지니게 된다. 따라서 우리는 대략적으로 어림잡은 그 변수의 가치에 개연성을 설정하기 위해 실험적인 증거를 사용할 수 있다. 이는 이론에 개연성을 부여하는 것처럼 보인다. 그리고 논리 경험주의자들의 저술에서 그렇게 나타나고 있다. 카르납과 그의 제자가 귀납 논리와 가설의 확인에 대해 쓴 책은 이런 오류로 고통받고 있다. 그 책에서는 사실, 가설에 내재된 숫자적인 매개 변수에만 적용되는 개연성을 가설에서 기인하는 것으로 돌린다. 매개 변수는 그 자체가 하나의 개연성이 될 수 있으며(이 글 앞부분에서 거론한 동전을 던질 때처럼) 이러한 점이 혼란을 가중시킨다. 그러나 케플러의 예를 살펴보면 혼란이 어디에서 연유하는지 명백하게 보여준다. 우리는 어떤 매개 변수에 개연성을 부여할 수 있다. 그래서 궤적이 원인지 다른 타원인지 결정할 수 있다. 하지만 그것이 어떤 종류의 곡선일 경우 그 곡선이 타원이라는 이론에 개연성을 부여할 수는 없다. 행성의 궤도에 적합할 수 있는 곡선과 그 매개 변수는 수없이 많이 존재한다. 그리고 다른 보다 정교한 곡선에서 타원을 추출하는 데 도움을 줄 수 있는 타당한 개연성의 부여는 존재하지 않는다.

포퍼는 조금 다르게 논증했지만 처음부터 이 점을 잘 설명하고 있다. 나는 그것을 부분적으로 케플러의 타원을 예로 들어 설명했는데, 포퍼가《과학적 발견의 논리》에서 그 예를 상용했기 때문이다. 이론들이나 가설들 그리고 그 안에 있는 매개 변수들에 대한 나의 설명이 확인에 대한 논증에서 되풀이하여 나타나는 수수께끼를 해명하는 데 도움이 되었으면 하는 바람이다. 즉 원리적으로 하나의 이론을 개연적 혹은 비개연적이라고 부를 수 없음에도 몇몇 가설들에 대한 증거의 비중이 개연성으로 표현될 수 있는 이유는 무엇인가 하는 점이다. 포퍼는 최근에 이러한 문제들을 다시 거론하고 그가 핍진성verisimilitude이라 부른 하나의 척도를 규정하고자 한다. 이 문제는 이 글의 끝 부분에서 다시 언급할 것이다.

　한 이론의 개연성을 계산할 수 있다고 생각하는 사람들은 당연히 개연성이 가장 높은 이론을 만들어 기존의 이론과 결과들을 설명하는 것이 좋다고 말한다. 포퍼는 이런 견해에 맹렬한 비판을 퍼붓는다. 그는 지니고 있을 가치가 있는 과학 이론은 어느 것을 막론하고 지극히 비개연적이라는 점을(그 단어가 어떤 의미든) 반복해서 지적한다. 대신 가장 비개연적인 이론을 고안할 것을 요구한다. 그것은 새로운 결과를 가장 많이 갖게 될 것이며, 따라서 보다 설득력 있게 테스트될 수 있기 때문이다.

　나는 이러한 태도의 교환에 약간 분노를 느끼고 있다. 그것은 포퍼보다 비개연적이고 어리석은 이론을 주장하는 자들에게 더 짜증이 나 있기 때문이다. 여기서의 요점은 양쪽 입장을 옹호하는 사람들이 자기들의 이론을 서로 다른 목적에 짜 맞추고 있다는 것이며, 따라서 다른 전략을 사용할 수밖에 없다는 점이다. 이런 방법은 과학에는 다른 전략들이 존재한다는 점밖에 이야기해줄 수 없다. 때문에 그것은 그 이론들이 결국 양립 불가능하다는 사실조차 말해주지 못한다. 혹은 '개연적', '비개연적'이라는 단어는 어느 쪽에서도 사용될 수 없다는 점(사실 그 단어는 사용될 수 없다)조차 그로부터 나올 수 없다.

　소위 개연적 이론을 주장하는 사람은 우리가 이미 알려진 결과에 상당히 근접해 있어야 한다고 주장한다. 왜냐하면 거기에서 벗어나 추측하면 할수록 틀릴 가능성이 많기 때문이다. 이것이 바로 우리가 원하는 것이라는 주장은(우리가 받아들일 수 있는 유일한 테스트는 오직 반증뿐이라는 것이 주장의 이유다) 터무니없는 것이다. 그것은 우리에게 도움을 주지 못하며 심히 그릇되게 한다. 실수가 너무 크고 조잡한 것이라면 우리는 거기서 배우지도 못한다. 우리는 아무것도 덧붙이지 못한 채 처음 시작했던 출발점으로 되돌아갈 뿐이다. 그렇다. 소유할 가치가 있는 이론은 어느 것이나 약간의 위험을 무릅써야 하고 이미 알려진 결과를 뛰어넘어야 한다. 새로운 것을 제시하지 못하는 이론은 가치가 없기 때문이다.

그리고 소위 개연적 이론을 주장하는 몇몇 사람들이(카르납도 그 중 한 사람이다) 과학을 하나의 폐쇄적 체계로 간주하는 것도 사실이다. 그들이 주장하는 것은 현실적인 과학의 실제와 아무런 연관도 갖지 못한다. 이는 근본적으로 잘못 이해된 것이다. 그러나 좀 더 신중하게 주장하면 아직은 이치에 맞는 말을 할 가능성이 있다. 여기서 신중하다는 것은 이미 알려진 결과들로부터 너무 벗어난 것이 아닌가 하는 두려움에서가 아니라, 그것들이 따른다고 보이는 이론이나 패턴보다 훨씬 앞서 있는 것이 아닌가 하는 데서 나오는 것이다. 우리가 사고를 너무 진전시킨 것이 아닌가 우물쭈물한다면 우리가 상상하는 새로운 이론을 형성하는 데 있어 나아갈 방향이 결여되어 있기 때문이다.

포퍼는 《추측과 논박》에 있는 논문 〈진리, 합리성 그리고 과학적 지식의 성장Truth, Rationality and the Growth of Scientific Knowledge〉에서 우리는 새로운 이론을 형성하는 데 있어 무력하지만은 않으며 "훌륭한 과학 이론이 어떠해야 하는지를 알고 있다"고 주장했다. 반드시 충족되어야 할 몇몇 요청들과 피해야 할 함정에 대해 알고 있다는 의미에서 그것은 확실하다. 그런 의미에서 우리는 우리에게 제시된 새로운 이론이 낡은 이론보다(그것이 활용되었다고 판명된 경우) 더 나은지 어떤지도 미리 알고 있다. 그러나 새로운 이론이 낡은 이론이 아닐 때는 도대체 어떻게 제시되는지 모르고 있다. 우리는 그로부터 다른 이론으로 나아가도록 이끌어줄 방법을 가지고 있지 않다. 포퍼가 "우리는 어떤 종류의 이론이 더 나은지 알고 있다"라고 말한 그것이 바로 우리가 모르고 있는 것이다. 그것은 질적으로 틀린 이론이며, 결과 자체가 다른 식으로 배열되는 새로운 관점이다. 또한 낡은 모델로부터 벗어난 구조이며, 앞으로 어떻게 될지 모르는 것이다.

이미 알려진 결과를 넘어서서 모험을 하지 않고 조심스러운 전략에만 머물고 있는(가령 귀납 전략에만 매달려 있는 사람들처럼) 과학자들에게는 철학적인 훈련이 아니라 상상력이 결여되어 있다. 왜냐하면 그것은 오직 낡은 것, 근본적으로 다를 필요가 있는 구조에서만 새로운 이론이 제출될 수 있는 전략이기 때문이다. 아인슈타인이 포퍼에게 보낸 편지에는 다음과 같은 구절이 있다. "이론은 관찰 결과로부터 만들어지는 것이 아니라 다만 고안될 수 있을 뿐이다."

포퍼는 어떤 이론이 확증되었다는 것을 판단하기 위한 공식을 고안해냈다(《과학적 발견의 논리》의 새로운 부록에서). 그리고 그것을 뉴턴과 아인슈타인의 중력 이론을 비교하는 데 적용했다. 그 결과, 뉴턴보다 아인슈타인의 이론이 더 높은 점수를 받았다. 왜냐하면 그가 더 많은 결과를 설명했기 때문이다. 전혀 뜻밖의 사실은 아니지만 이것은 매우 적당한 작업이다. 그러나 결과를 기록해놓은 것도 아인슈타인의 이론만큼 평가받을 수 있으며 마찬가지로 뉴턴의 이론을 능가할 수 있다는 것이 문제다. 하지만 이것은 우리(포퍼나나)를 진정으로 만족시켜줄 수 없다. 우리가 관심을 갖는 이론은 결과들의 합보다 더 많은 내용을 갖는 것이어야 한다. 그리고 더 많다는 것은 이론의 구조이며 그것이 결과를 조직하는 방법임이 명백하다. 독창적인 이론을 특징짓는 것은(가령 상대성 이론, 양자 역학 또는 멘델의 유전 분포 이론 등), 그것이 낡은 이론과 구조적으로 다르다는 것이다. 한 이론의 총체적인 내용은 그 경험적 내용보다 더 크며 그 구조를 포함한다.

이러한 점이 받아들여질 때 우리는 필연적으로 지식의 성장에 대해 새로운 관점을 갖게 된다. 포퍼는 처음 간행된 《추측과 논박》의 〈진리, 합리성 그리고 과학적 지식의 성장〉이라는 긴 논문에서 그런 견해를 밝히고 있다. 그것은 철학적인 유언과 같은 것이고 30년 동안 포퍼가 전개해왔던 사고의 흐름을 인간적으로 설명해주는, 주목할 만한 논문이다. 몇 가지 관점에서 그 논문은 《과학적 발견의 논리》가 1930년대의 편견에 대해 도전했던 것처럼 1960년대의 편견에 도전하고 있다. 그것에 관해 덧붙이고 싶지만 그 자체로 매우 흥미 있는 자료이므로 내 평가는 이것으로 끝내야겠다.

과학의 내용이 무엇이냐는 물음이 첫 페이지부터 그림자를 드리우고 있다. "내가 과학 지식의 성장을 말할 때 염두에 두고 있는 것은 관찰의 축적이 아니라 반복되는 과학 이론의 전복 및 보다 만족스러운 이론으로의 대체다." 여기서의 중심적인 문제는 포퍼가 다른 이론보다 '더 만족스럽다'고 기술한 과학 이론을 정당화시키기 위해 전개할 의미의 문제다. 그러나 우리가 그것을 논의하기 전에 그가 오래전부터 즐겨 쓰는 '과학 이론의 반복되는 전복'이라는 말에 대해 검토해봐야겠다.

과학 이론의 전복은 그 이론의 결과 중 하나가 거짓이라는 것을 실험이나 관찰로 드러낼 때 이루어진다. 그러나 이것이 있는 그대로의 모든 것이 될 수는 없다. 왜냐하면 예외적인 현상을 설명하기 위해 어떤 이론이라도 부분적인 수정이 가능하기 때문이다. 만약 그것이 전부라면 플로지스톤phlogiston 이론은 아직도 유효하다고 해야 할 것이다. 그러나 원칙적으로는 다음과 같은 것이 포퍼의 독창적인 방법이었다. 즉 이론의 경험적인 결과를 테스트함으로써 그 이론에 이의를 제기하고 결과 중 하나가 테스트에 맞지 않을 때는 그 이론을 거부하는 것이다. 지식의 성장은 잘못된 이론이나 미신의 잡동사니들을 제거함으로써 촉진되는 것이다.

이런 소극적 방법negative method은 테스트의 관념에 사로잡혀 있다는 문제점을 안고 있다. 그것이 과학 이론에 대해 요구하는 것과 이론을 판단하는 기준은 계속 테스트를 받아야 할 것들이다. 그러나 여느 인간 활동에서 테스트하는 것은 본질상 진단적인 절차일 뿐이다. 그것은 활동의 기능을 나타내지 못하며 단지 그에 대한 조건만을 정할 뿐이다. 철학에서 자동차와 코스를 다루는 것이 목적이 아닌 것처럼 과학 이론도 테스트를 통과시키려는 목적으로 만들어진 것은 아니다. 이론에 대해 무엇을 원하든 그것은 이론들을 테스트하는 것이 아니다. 따라서 이론이 우리가 원하는 바를 하고 있다는 것을 보여주는 기준이 될 수 없음은 명백하다. 어떤 이론이 설득력을 잃어갈 때 반증에 의한 테스트는 그것을 진단해주겠지만 건강한 이론은 무엇이 어떻고 어떠해야 하는지를 보여주지는 않는다.

　과학은 하나의 인간 활동이며 그 방향으로 나가는 이론들은 설명의 역할과 동시에 일반적인 계획 및 간절한 지시의 역할을 수행한다. 여타 활동에서와 마찬가지로 우리는 우리를 인도할 계획을 만든다. 우리는 그 계획이 움직여나가길 바라며, 쓰이지는 않았지만 적극적인 의미에서 우리에게 정보를 주고 관심을 느끼게 하길 바란다. 그리고 어떻게 사물들이 존재하는가를 보여주고, 어떻게 그것들이 생기는가를 추측하게 하며 우리의 견해를 체계화시켜주기를 원한다. 과학의 본질에 대한 질문을 하기 위해서는 이러한 기능적인 요구들과 씨름해야 한다. 그 문제들은 실질적이고 핵심적인 것이기 때문이다. 과학은 테스트되는 것이 아니라 작동하는 것을 의미한다. 비록 과학은 진단적이거나 수단적인 안전장치로 테스트를 받아야 하며 역기능이 존재할 경우 우리에게 경고하는 것이지만 하극상이 일어나도록 우리가 그대로 내버려두어서는 안 된다. 심지어 언어적인 문제에서조차 계속해서 모든 과학적 행위를 테스트로 기술한다면 오류를 저지르는 것이다. 기능적으로 요청되는 것은 우리가 어떻게 규정하든 과학 이론은 작동되어야 한다는 점이다. 만약 그것을 분석하고 왜곡하는 언어를 그대로 내버려둔다면, 그리고 그것을 작동시키는 모든 경우를 테스트라고 부른다면 이 개념을 상실할 것이 분명하다.

따라서 〈진리, 합리성 그리고 과학적 지식의 성장〉에 대한 논문은 과학 이론의 전복에서 그치는 것이 아니다. 지식의 성장을 촉진시키는 것은 단지 잘못된 이론의 구태의연한 성장을 제거한다는 의미보다는 훨씬 능동적인 일로 인식된다. 진정한 과업은 "보다 만족스러운 이론으로 대체시키는 것이다". 보다 나은 이론이란 단지 지금까지 시도된 테스트를 모두 통과할 수 있는 이론만을 일컫는 것은 아니다. 그래서 포퍼는 한 과학 이론을 다른 것보다 우월한 것으로 만드는 것은 무엇이냐라는 문제를 정면으로 제기한다.
한 이론을 보다 나은 혹은 보다 나쁜 것으로 만드는 원인을 알려면, 그리고 한 이론이 결과들의 기록이 아닌 이론이 되도록 만드는 것은 도대체 무엇인가를 알려면 우선 우리가 이론에서 원하는 것이 무엇인지를 밝혀내야 한다. 과학적 이론의 기능 및 목적을 밝히고자 하는 것은 우리의 관습이자 내용의 정수로, 그 안에서 읽고자 하는 것이 도대체 무엇인가를 지적하는 것이다. 즉 내용의 한 부분은 결과를 결정하는 방식에서 나타나는 자연의 조직에 대한 견해다. 그리고 이것은 이론의 구조 안에서 표현된다. 어쨌든 나는 문제점을 파악하고 있다. 포퍼가 똑같은 방식으로 문제점을 파악하지는 않았지만 〈진리, 합리성 그리고 과학적 지식의 성장〉에서 관심을 두었던 문제들은 대략 비슷한 내용을 다루고 있다.
포퍼는 행동의 지침으로서 과학의 기능과 목적을 어떻게 파악할 것인지를 노골적으로 묻지 않는다. 하지만 그가 단지 행위를 위한 법칙집法則集으로 보지 않는다는 점은 자명하다.《인간을 묻는다》에서의 표현을 빌리자면 과학 및 다른 임시적인 지식 양식들은 퉁명스럽게 우리의 행위를 지시하는 것이 아니라 정보를 알려주는 것이다. 따라서 설명과 계획으로서의 이론은 확인될 수 있는, 즉 이론이 함축하는 바대로 판명날 수 있는 결과로 우리를 인도하고자 해야 한다. 그런데 이론을 구성하는 이러한 요구, 즉 그것이 진정 결과들을 내포하는가 하는 요구를 우리는 어떻게 특징지어야 하는가?

포퍼는 논문에서 덤불 주위를 두들겨 짐승을 몰아내듯 빗대어 말할 것이 아니라 이론이 진리이기를 원한다고 단호하게 말할 것을 제안한다. 물론 우리는 그렇게 한다. 그러나 그것은 지식이 이 길을 따라 그 성장을 완성할 것이라고 가정하는 것은 아닐는지? 포퍼에 의하면, 그럴 위험은 없다고 한다. 우리는 절대로 진리에 도달할 수 없으며, 있는 모습 그대로를 알 수도 없다. 우리는 단지 진리에 더욱더 근접하려고 나아갈 뿐이다.

이것은 놀랄 만한 계획이다. 더구나 과거에는 '진리'라는 말조차 쓰지 않으려고 무진 애쓰던 철학자로부터 이런 계획이 나왔다는 것은 더욱 놀라운 일이다. 포퍼는 진리를 새롭고 명확하게 정의한 타르스키의 업적에 많은 영향을 입었노라고 설명한다. 타르스키 덕분에 어떤 진술이 진실이라고 말할 때 우리가 의미하는 것이 무엇인가를 이제 정확히 알게 되었다. 따라서 우리 모두가 느끼는 것을 이야기하면서 우리는 과학 이론이 진실되기를 바란다는 등의 완곡한 표현을 더 이상 사용할 필요가 없게 되었다.

　나는 타르스키의 저서를 찬양하는 사람으로, 특히 객관적 진리 개념에 대한 단순하고 철저한 분석을 높이 사고 있다. 그것은 그들 자신의 언어에서 과학적 진술에 대해 말할 수 없는 것과 있는 것을 분리시킨다. 그 결과, 빈학파의 계획에는 내재적인 모순이 존재한다는 것을 단번에 입증했다. 그 계획이란 세계에 관한 모든 진리의 진술을 단일한 과학 언어로 표현해내려는 것이다. 괴델과 마찬가지로, 그러나 보다 직접적으로 타르스키는 모든 것을 진리로 표현하는 형식을 진전시킬 보편적 언어나 체계가 존재하지 않는다는 것을 보여주었다. 이는 심오한 발견이다. 포퍼는 이것을 알리고 타르스키에게 찬사를 바치기 위해 지칠 줄 모르는 노력을 기울였다.

　타르스키의 업적은 하나의 진술이 사실과 대응할 경우 진리가 된다는 현실주의적 견해에 일관된 논리 기반을 명백히 하려는 시도에서 나온 것이다. 그러나 그의 분석은 사물의 본질 안에서 단지 사실의 진술에만 적용되고 있다("눈은 희다"의 경우). 그러나 '사실의 진술'이라는 구절을 너무 협소하게 해석할 필요는 없다. 내가 결과의 진술이라고 부른 것도 물론 포함될 수 있다("눈은 어떠어떠한 온도에서 녹는다"의 경우). 그리고 그것이 그런 것에 국한된다면 훨씬 더 행복할 것이다. 그러나 타르스키의 분석에는 우리가 사실과 조응하는 것으로서의 진리 개념을 이론에 적용하도록 허락해주는 것이 존재하지 않는다. 오히려 정반대다. 과학적 이론은 사실의 진술이 아니다. 더구나 결과에 대한 기술도 아니다. 그것은 설명이다. 그리고 그것이 의미하는 것은 단지 이론의 결과가 조사에 개방되어 있다는 것, 그리고 우리의 경험과 비교될 수 있다는 것이다. 그러한 것으로서의 이론, 그것이 제공하는 설명은 단지 우리가 만들어낼 수 있는 어떤 정밀한 검사에도 가까이할 수 없는 것일 뿐이다. 그래서 우리가 손가락으로 가리키며 "그래, 진술된 그 이론은 진리야. 왜냐하면 그 이론은 저것에 상응하기 때문이지"라고 말하기 위해 옆에 놓을 수 있는 것이 존재하지 않는다. 그리고 설명으로서의 이론은 포퍼가 선호하는 테스트에도 전혀 접근할 수 없다. 즉 우리가 다음과 같이 말할 수 있게 옆에 놓을 만한 것이 없다. "아니야, 진술된 그 이론은 거짓이야. 왜냐하면 그것은 저것에 상응하지 않기 때문이지." 우리는 어떤 이론의 결과를 우리가 검사할 수 있는 어떤 것과 비교함으로써 그 이론을 반증한다. 그것이 이론을 비교함으로써 이루어지는 것은 아니다. 왜냐하면 우리는 원칙상 비교 가능한 것을 검사할 수 있는 아무것도 갖고 있지 않기 때문이다.

포퍼는 이 문제에 대해 많은 신경을 썼음이 분명하다. 《추측과 논박》여기저기에서 그것을 변형시켜 논의하고 있으며 〈인간 지식에 관한 세 가지 견해Three Views Concerning Human Knowledge〉라는 논문에서 중점적으로 다루고 있다. 그럼에도 불구하고 내 앞에서 말한 논증이 결론으로 나타나는 것 같다. 내 생각에 진정한 이론 및 궁극적 이론은 우리가 만드는 어떤 이론과도 다르며 모든 검사에 개방된 것이라고 가정할 경우에만 그 결론을 피할 수 있을 것이다(동전에 앞면이 두 개라는 것을 입증하기 위해서는 잘못된 동전을 봐야 한다).

그런 이론은 모든 결과를 동시에 포괄해야 하며 더 이상 우리가 이해하는 것과 같은 설명이 아닐 것이다. 대신 모두에 대한 거대한 기록이나 기술이 되고 말 것이다. 의심할 바 없이 자연을 우주적 컴퓨터의 기억 저장소와 같은 식으로 묘사하고 있는 과학 철학자들이 존재할 것이다. 그러나 포퍼나 타르스키 또한 이것을 과학 이론의 필수적인 투영도라든지 모델로 받아들이지는 않을 것이다.

그러나 매우 이상하게 들릴지 모르겠지만, 자연이 폐쇄적인 메커니즘이라는 것을 믿느냐 믿지 않느냐는 여기서 문제가 되지 않는다. 과학 이론을 진리에 대한 상응적 견해로 확장시키는 데 반대하여 내가 제시한 논증은 우리가 그렇게 믿지 않을 경우에 효과적이다. 그러나 그것이 제기될 수 있는 반론 중에서 가장 강력한 것은 아니다. 왜냐하면 어떤 경우든 보다 실제적인 반대가 존재하기 때문이다. 결정적인 반론은 어느 것도 궁극적인 진리를 주장하지 않는 두 가지 이론을 비교하고자 할 때 나타난다. 어느 쪽 이론이 더 나은 주장을 하고 있다고 보이는가? 진리에 좀 더 가까운 이론에 대해 포퍼는 이렇게 말했다. 이론들은 보다 덜 진실된 것에서 보다 더 진실된 것으로 진행되어가는 것이다. 그리고 지식의 성장은 진리를 향한 점근선적漸近線的인 접근이다. 포퍼는 어떤 이론이 진리인지 알 수 없으며 진리에 도달하기를 기대할 수도 없음을 인정한다. 그럼에도 불구하고 그는 두 이론 중 어느 쪽이 더 많은 진리를 포함하고 있는지는 측정할 수 있다고 주장한다.

그러나 나는 진리에 대한 두 이론의 부분적인 상응을 이론으로써 측정할 방법이 있다고는 생각지 않는다. 만약 우리가 무엇이 진실한 이론인지 모른다면 하나의 이론으로 그것에 접근해가고 있다는 것을 평가할 아무런 방법이 없다. 우리가 진실된 설명을 모르면서 어떤 설명이 진리에 접근하고 있다고 말하는 것은 무의미하다. 따라서 그것이 상이하며 둘 다 예측할 수 없는 형태를 띠고 있다는 것을 예견해야 한다. 뉴턴의 이론보다 더 나은 이론이 상대성의 형식을 가질 것이라고 어떻게 기대할 수 있었겠는가? 설명으로서의 이론들을 비교하고 있는 한, 진리 상응론은 어떤 이론이 먼저 미지의 진리에 근접할지 측정할 기준을 마련해줄 수 없다.

포퍼는 이런 반론을 미리 예상하고 그에 대해 대답한다. "어쨌든 한 이론이 다른 것보다 사실에 더 잘 대응한다고 말해서는 안 될 이유란 존재하지 않는다." 그러나 이것은 타르스키의 도식에서 '대응한다'라는 단어를 이치에 맞게 사용한 것이 아니다. 어떤 사실의 진술은 그것이 사실과 대응할 경우 진리다. 어떤 이론은 그것이 주장하는 바와 대응할 경우 진리다. 그리고 이론은 그것이 주장하는 바와 대응할 경우 진리다. 그리고 이론이 주장하는 것은 사실의 나열이 아니라 그에 대한 설명이다. 타르스키의 저서에는 이론에서 추출 가능한 진위의 진술을 계산함으로써, 이론의 진리 측정을 정당화시키는 것이 아무것도 없다.

물론 어떤 이론이 보다 많은 사실이나 결과를 설명할 경우 다른 이론보다 더 낫다고 말하는 것은 의미 있다(그보다는 본질적이라)는 데 대해 우리 모두는 동의한다. 여기에는 이론과 이론을 비교하여 측정하는 척도가 존재한다. 하지만 그것은 이론으로서의, 즉 설명으로서의 진리성을 측정하지는 못한다. 그리고 어떤 이론이 다른 것보다 진리에 더 근접해간다고 말할 근거를 제공하지 않는다. 진실한 설명으로부터 얼마나 거리가 떨어졌는가 하는 것을 가늠할 기준은 어떠한 진리 대응설로부터도 나올 수가 없다.

그래서 포퍼가 같은 논문에서 사실이나 결과에 대한 진위 주장의 계산을 전개할 때 그는 이전의 기준으로 되돌아가고 있는 것이다. 그것은 낯익은 노선을 취하는 어떤 이론의 확인을 위한 공식이다. 그는 이제 그 공식을 '핍진성'이라 부르고 이론 속에 있는 진리 내용의 척도로서의 역할을 부여한다. 그러나 물론 그것이 측정하는 것은 사실들이나 결과들의 내용이다(아마도 진실한 이론이라면 제한받지 않는 일련의 필연적인 결과를 내포할 것이다). 핍진성의 기준은 보다 방대한 이론과 그렇지 않은 것을 구별할 뿐이다. 그리고 이것이 한 이론을 다른 이론보다 더 낫다고 여기는 유일한 근거가 된다. 그래서 동일한 결과의 배열을 갖는 이론은 모두 마찬가지로 진리이고 동일하게 훌륭하다고 간주될 것이다. 비록 그것이 전혀 설명 같지 않아 보일지라도 말이다.

과학의 실제를 살펴보면 설명을 추구하는 과학자들이 다른 종류의 이론보다 어떤 종류의 이론을 공공연히 선호하고 있음을 알게 된다. 포퍼는 이 점을 간과하지 않는다. 진실된 이론의 추구를 과학이라고 기술한 후 그는 계속해서 다음과 같이 말한다. "그러나 우리는 진리가 과학의 유일한 목적이 아니라는 점을 또한 강조한다." 우리는 단순한 진리 이상의 것을 원한다. 우리가 추구하는 것은 "흥미 있는 진리interesting truth"다. 그는 '흥미 있는'이라는 단어에 여러 개의 주석을 달고 있다. 그러나 나는 곧 두 이론이 모두 방대할 경우 어느 하나가 낫다고 생각하게 하는 실제적 기준에 대해 거론할 것이다. 보다 방대한 이론을 그렇지 않은 이론보다 반복해서 (그리고 정당하게) 선호하는 목록의 끝에서 그는 종류가 다른 이론을 선호하게 된다. 즉 "여태까지 관련이 없던 다양한 제 문제들을 통합하거나 연결하는" 이론에 대한 선호다.

그것이 처음 나타난 목록에서는 통합의 기준이 제자리에 놓여 있지 않았다(그것이 핍진성을 증대시키지 않았으므로). 그러나 전체적으로 보아 그 논문에서 그 기준이 차지하는 위치는 중요하다. 그것은 포퍼가 그 논문에서 제시한 지식 성장을 위한 세 가지 요청 중 가장 최초로 가장 철저한 것이었다고 생각된다. 나머지 두 개는 아직도 결과의 실체적인 내용에 연관되어 있으며 사실을 논의할 여지가 없는 것이다(내가 그에 대한 우스꽝스러운 각주를 인용했지만). 그러나 통합의 요청에는 이론의 내용 속에 서로 다른 구성 요소가 포함되어 있다. 즉 "그 새로운 이론은 여태까지 연관되지 않았던 사물들(행성이나 사과와 같은), 사실들(관성의 질량 또는 중력의 질량과 같은), 혹은 새로운 '이론적 실체들'(장 혹은 입자와 같은) 간의 어떤 연관성이나 관계(중력의 인력과 같은)에 대한 어떤 단순하고, 새롭고, 강력하고, 통합적인 관념으로부터 진행되어야 한다". 이런 주장을 그는 멋지게 인식하고 주장한다. 그것은 인간의 지식 추구에는 사실을 제대로 이해하려는 바람보다 더한 것이 있음을 가장 실제적인 방식으로 명백하게 한다(그것이 기본적이기는 하지만 말이다). 우리는 세계가 하나의 통합체로 이해될 수 있다는 것을 느끼고 싶어 하며 합리적인 정신은 그것을 파악하는 단순하고 새롭고 강력한 방법을 발견할 수 있노라 생각하고 싶어 한다(그 방식이 세계를 통합시킨다는 바로 그 이유 때문에 단순하고 새롭고 강력한 것이다).

어떤 이론에 대한 통합의 요구는 상응의 원칙 밖에서 진행된다는 것이 또한 명백하다(그러나 이 원칙이 적용되기는 한다). 그것은 정합성에 대한 호소다. 나는 어떤 이론이든 풍요로워야 한다고 말하는 것으로 이를 표현한다. 그렇게 표현함으로써 내가 의미하고자 하는 것은 그것이 다른 여타 이론 및 그로부터 나오는 결과들과 풍부한 연관성을 포함해야 한다는 것이다. 우리가 어떤 단어를 사용하든 간에 그것은 같은 결론을 표현하고 있다. 즉 어떤 과학 이론이든 진리 대응론의 입장과 정합론의 입장이 결합되어야 한다. 어떤 이론이 진리일 것이라는 기대는 할 수 없다. 그러나 대응성(즉 사실이나 결과)과 적합성(즉 통합성이나 풍요성) 양자에 비중을 두지 않는다면 그 내용을 올바르게 평가할 수 없을 것이다.

포퍼는 통합성의 개념을 발전시키지 않았으므로 내가 상용한 풍요성의 개념에 대해 좀 더 이야기해야겠다. 그 개념은 어떤 이론의 조직이나 구조가 그 내용의 한 부분이라는 동일한 인식에서 출발한다. 그러나 포퍼는 단일한 이론에 그 자신을 국한시켰다. 반면 나는 어느 과학의 공리 체계 전체를 고려하고 있다. 포퍼는 애거시 Joseph Agassi의 견해를 좇아 공리 체계는 단지 일시적이며 "종착점이라기보다는 디딤돌로 간주되어야 한다"고 언급했다. 그리고 그는 어떤 단일 이론이 도전받을 때마다 모든 체계가 연루된다는 것에 대해 뒤앙Pierre Duhem과 콰인Williard Quine에게 이의를 제기했다. 그럼에도 불구하고 과학의 상태를 특징짓는 것은 오직 그 당시에 과학을 지배하는 공리의 방향이라는 것이 나의 생각이다. 그리고 이론의 내용은 우리가 공리 안에 그것이 포함되어 있다는 사실을 파악할 때에만 측정될 수 있는 것이다. 그러나 경험 과학에 있어 일련의 공리들은 비록 그것들이 형식적으로는 독립되어 있을 때라도 분리된 진술들의 일직선적인 배열로 되어 있지는 않다. 일련의 공리들은 위상학적인 네트워크로 되어 있어 그 매듭이나 연결점은 과학이 창조해내야만 하는 이론적이거나 추론적인 실체들이다. 그래서 과학은 하나의 통합체로 결합될 수 있는 것이다. 그 네트워크의 성격은 그것이 연결점들을 가로질러 형성한 연결 패턴에 의해 정해진다. 그것은 내가 체계의 중요성이라고 부른 것을 기술하는 위상학적인 연관 불변성topological invariants of connection이다. 새로운 이론은 공리 체계를 변화시키며 위상학을 변화시키는 연결점에 새로운 연관성을 세운다. 그리고 두 개의 과학이 하나를 형성하기 위해 연결될 때(예컨대 자기와 전기의 결합이나, 유전학과 진화론의 결합) 새로운 네트워크는 두 부분의 합보다 그 접합에서 더욱 풍요로워진다.

그러나 이것은 확대된 통합 개념을 내 나름대로 간략히 서술한 데 불과하다. 그런데 그 개념은 과학 체계 안에서의 이론적이거나 추론된 실체들에 의해 만들어진 제 연관의 결정적인 위치를 정확히 지적할 것이다. 나는 과학 이론의 구조를 탐구하는 일이 아직도 미개척의 영역이라는 것을 다시 한 번 환기시키면서 이 글을 끝내려 한다. 즉 우리는 통합을 이야기할 때 그 의미가 무엇인지를 대략 알고 있다. 하지만 그것이 어떻게 작동하는지를 아는 것은 아니다. 〈진리, 합리성 그리고 과학적 지식의 성장〉이라는 논문은 그것의 탐구를 향한 앞으로의 원대한 시야를 가리키고 있다.

영국의 합리주의적이고 경험론적인 전통이 갖는 긍지는 지적인 힘과 정신의 관대함liberality을 갖춘 철학자들이 배출되었다는 것이다. 러셀은 우리의 생애에서 하나의 전형적인 예였으며, 포퍼는 그 전통에 활력을 불어넣는 사람으로 미리 예정되어 있었다. 1930년 대에 젊은 과학자 세대가 철학에 대해 절망하게 된 시기가 오자, 그는 권위주의에 맞서 철학의 명예와 그 적합성을 다시 확립시키는 데 힘썼다. 그는 생활뿐만 아니라 철학과 과학에서조차 지식에 대한 궁극적인 권위와 강제력은 결코 존재하지 않음을 강력하게 주장했다. 그에 의하면 지식은 단지 자유롭게 변화하고 성장할 뿐이며, 그 성장의 조건은 독자적인 정신에 의해 도전받는 것이다. 《추측과 논박》 서문에서 말한 비정형적인 정의에서 그 점은 명백히 나타난다. "나는 자유주의자liberal라는 말을 어느 한 정당에 동조한다는 의미로 쓰지 않는다. 그것은 단지 개인적인 자유를 높이 평가하고 모든 형태의 권력과 권위에 내재된 위험성에 민감한 사람을 일컬을 뿐이다."
이것은 철학에서 행동까지 미치는 휴머니즘적인 견해다. 그것은 인간의 존엄성에 대한 의식에서 각 개인의 사회적 책임성을 끌어내기 때문이다. 이런 견해에 의하면, 지식의 성장은 사실 유기적인 성장이다. 생물 종의 진화처럼 신의 정신에는 지식이 움직여나가는 방향에 대해 아무런 모델도 존재하지 않는다. 하지만 그것은 오류를 제거하는 선택 과정에 의해 보다 낮은 형태에서 고급의 형태로 움직여나간다. 그리고 한 단계 한 단계씩 세계에 적합한 변환의 수준을 끌어올리는 것이다.

인간의 언어와 동물의 언어

많은 학자들이 인간의 언어와 동물의 의사소통communication이 다르다는 것을 논의해왔다. 사실상 논의의 주요 노선들은 지난 19세기에 형성된 것이었다. 그 이후 동물의 행동에 대해 많은 것이 알려졌고, 이 문제에 대해서도 새롭고 실질적인 관심이 모였다. 하지만 화석의 발견으로 인간의 두뇌와 생득적 성질의 진화에 관한 전통적 관념이 바뀌게 되었다.

이러한 발견과 이에 대한 신중한 사고로 인해 인간과 동물의 본성에 관한 논의는 새로운 철학적 깊이를 지니게 되었다. 내가 아마추어(전문적으로 훈련받지 않은 애호가)로서 그 문제를 논하는 것을 양해해주기 바란다. 나는 이 문제에 대해 언급함으로써 나의 전문적 관심사인 과학의 언어와 시의 언어라는 주제에 어떤 시사를 던져주리라 기대한다.

인간의 언어와 동물이 갖고 있는 온갖 종류의 의사소통이라는 두 개의 구분되는 범주가 과연 존재하는지의 질문으로 시작하는 것도 괜찮을 것이다. 여기 매우 합당한 증거가 있다. 야콥슨Roman Jakobson은 일련의 연구를 통해(1962년의 모임), 수천 가지 인간의 언어가 모두 공통적인 성격을 갖고 있으며 그 공통된 특성은 보다 단순한 단위에서부터 층층이 쌓이면서 구축되는 언어 구조의 형성 방식에서 추적해낼 수 있음을 알아냈다. 반면 동물이 사용하는 의사소통 수단에는 이런 중층적인 구조layered structure가 없으며 그보다는 개별적인 신호들로 이루어진 어휘로 구성되어 있다고 한다. 그러나 이러한 구분은 일반적일 뿐이고, 구분이 어려운 애매모호한 예외들도 분명 존재한다. 예컨대 인간들도 동물처럼 몸짓을 하거나 외쳐대기도 하는 것이다. 그러므로 동물의 행동에서 유래하는 것과 인간의 언어 사이에 진화상의 어떤 단절이 존재한다고 말할 수는 없다. 그러나 이처럼 조심스럽게 말한다 해도 일종의 구조적 체계인 인간의 언어와 동물이 사용하는 신호의 암호집은 역시 분명히 구분된다. 따라서 이들을 구분될 수 있는 두 개의 범주로 취급해도 잘못은 아닐 것이다.

여기서의 이러한 구분을 다른 말로 표현하면 인간 행동과 동물 행동 간의 구분이라 할 수 있다. 인간의 언어와 동물의 의사소통 수단 사이의 구분은 인간 행동과 동물 행동 간의 구분이라는 보다 일반적인 대조의 한 표현이기 때문이다. 거의 모든 경우 동물의 반응은 인간의 반응보다 고정적이며 일정한 틀에 맞춰져 있다. 때문에 동물의 반응은 상투화된 신호로 고착화되고 동시에 그것의 도움을 받는다. 그리고 그 상투화된 신호는 송신자나 수신자 모두 고정된 의미로 주고받는 것이다. 사실상 근대 동물 행동학자ethologist

들의 연구에 의하면, 동물들은 대개 어떤 상황에서 단 하나의 양상만을 추출해내며 그것이 그들의 반응을 유발시키는 직접적인 신호로 작용한다(그것은 하나의 초자극superstimulus이 될 수 있다)는 것을 알 수 있다. 예컨대 울새robin는 상대 수컷을 대할 때 빨간 가슴만 보고 다른 것은 아무것도 보지 않는다.(Lack, 1939) 그 밖의 새들의 경우에도 자신의 알과는 비교도 안 될 만큼 크고 심지어 자기 몸보다 더 큰 알을 품는 우스꽝스러운 모습을 볼 수 있는데, 이는 그 새들이 자신을 사로잡는 단 하나의 신호에만 반응하기 때문이다.(Tinbergen, 1951)

반면 인간의 언어는 중층 구조로 되어 있어 다양하고 융통성 있는 반응 표현의 수단이 되는 동시에 그 한 단면이 되기도 한다. 언어학자들이 인간 언어의 생산성이라고 부르는 것, 즉 한정된 수의 단어를 가지고 무한히 많은 문장들을 조립하고 또 알아듣게 하는 기능은 우연히 이루어진 것이 아니다. 우연이라기보다는 오히려 인간 신경계의 한정된 출력을 바탕으로 인간이 구축하는 반응들의 유연성을 그것이 반영하는 것으로 보아야 한다. 그러므로 간단하게 구분하자면, 동물들이 만드는 신호들은, 동물이 보여주는 대부분의 반응이 그렇듯, 너무 직접적이고 전체적이고 즉각적이어서 인간의 언어와 사고에서 특징적으로 볼 수 있는 구성적인 조립 constructive assembly을 할 수 없게 된다.

이제는 이러한 일반적인 구분이 예전보다 더 분명하고 확실한 근거에 서 있게 된 것은 사실이다. 그러나 그 원칙이 1872년에 밀러Max Müller가 파악했던 것과 다르다고는 할 수 없다. 촘스키도 환기시켰듯이 어떤 의미에서는 1637년에 데카르트도 이미 이렇게 구분하고 있었다고 할 수 있다. 그는 동물의 생활이 기계적이고 반복적인 절차로 이루어진다고 여겨 이런 것은 인간 행위의 창조성과 그 종류가 다르다고 했다. 역사적인 선입견에 의해서든 근대적인 증거에 의해서든 인간 언어의 독특함을 입증하기 위해 일반적인 용어로 나타내려는 시도는 얼마든지 있다.

그러나 그런 일반적인 관점을 특정적이고 특징적인 세부적 사례에 적용하려 할 때 난관에 부딪히기 시작한다. 호케트Charles F. Hockette는 이러한 작업을 매우 철저하게 해냈다. 그는 대부분 동물의 의사소통이 인간 언어와 다른 것으로 나타나는 언어 항목들의 목록을 여러 개 작성했다.(1959, 1960, 1963) 그중 가장 짧은 것은 일곱 개 항목으로 정리된 것인데, 이에 따르면 인간의 언어에는 모든 동물의 언어에 없는 특징적 양상이 적어도 일곱 가지는 있다는 것이다.(1959) 하지만 그렇지는 않다. 그 일곱 가지 형태는 한 조組의 테스트로 한데 합쳐 인간의 언어를 특징짓는 것이지만 그중 여섯 가지는 동물의 언어에서도 볼 수 있는 것들이다. 그러므로 호케트의 견해로는 단 하나의 특징만이 동물의 언어에 없는 듯하다는 것이다. 그리고 이 점에 대해서도 몇몇 동물 행동학자들은 견해를 달리하고 있다.(Alexander, 1960)

무엇이 어려운 점인가 설명하기 위해 호케트의 목록 중 한 항목을 골라 논의해보기로 하겠다. 그것은 그가 '자의성arbitrariness'이라고 부른 인간 언어의 특징이다. 사람들은 대부분 그것을 '상징체계

symbolism'로 인식하고 있다. 이것을 선택한 이유는 상징을 조작하고 구사하는 능력이 인간 정신의 독특한 재능이고, 그로 인해 인간이 모든 동물들과 구별된다는 견해가 널리 퍼져 있으며 또 그 견해가 옳다고 인정되기 때문이다. 상징화 과정은 처음에 극히 직접적이고 현실적인 이미지들(퍼스는 이를 지표 및 도상이라고 부른다)로부터 시작된다. 그러나 나중의 진정한 상징은 매우 자의적인 것이다. 즉 받아들이는 사람이 동의할 때에만 그 외의 어떤 것을 나타낼 수 있을 뿐이다.

오직 인간만이 자의적인 상징을 가지고 사유할 수 있기 때문에 상징을 가지고 말하는 것도 인간뿐이라고 생각될 수 있겠다. 그러나 이것 또한 그렇지 않다. 동물의 울부짖음 역시 그것을 유발케 한 동기를 지적하지도 묘사하지도 않는다는 점에서 대부분 자의적이라는 호케트의 언급이 옳다고 생각한다. 도움을 청하는 동물의 울부짖음도 인간의 구조 요청 신호인 SOS가 그렇지 않은 것처럼, 그것이 상징화하는 욕구와 전혀 비슷하지 않다. 이전에 아무런 동의가 이루어진 바 없어도 동물의 동료가 그 울부짖음이 갖는 욕구의 의미를 깨닫는다는 것이라거나, 이런 감정 이입의 행위는(그것이 선천적이든 후천적이든) 상징에 어떤 이미지를 암시하는 성질이 있음을 보여주는 것이라거나 하는 견해에는 찬성할 수 없다. 그러나 일단 이러한 분류를 인정한다면 '합의agreement'라는 말은 사실 인간의 언어를 사용해서만 도달할 수 있는 이해의 형태에 국한된 것이다. 그런 경우 우리는 정의의 문제를 가지고 장난을 침으로써 존재하지도 않는 동물의 상징체계를 논의하고 있는 셈이다.

동물도 인간과 마찬가지로 고통이나 경고의 울부짖음을 직접 알아든는다. 이런 능력은 자연 선택의 메커니즘에 의해 그 동물에 부여된 것이라고 생각할 수밖에 없다. 이런 메커니즘은 아마도 그 울부짖음을 알아든는 개체들과 그렇게 울부짖을 수 있고 알아들을 수도 있는 종들을 생존해나가게 한다. 따라서 이것은 진화에 의한 공동 동의의 절차이며 예비 행위의 형식적 절차가 필요한 것처럼 타당한 정의다. 동물들은 생득적으로 동일하게 얻은 합의에 의해 서로의 의도적인 움직임을 이해하는 것이다.

꿀벌의 춤이 흔히 좋은 예로 인용되는데 여기에서 다시 한 번 거론해보자. 꿀벌의 춤은 대단히 신중하게 해석되어야 할 것이다. 에쉬Harald E. Esch와 베너Adrian M. Wenner가 각각 1961년과 1962년에 밝혀낸 바에 의하면 꿀벌의 의사소통 수단에는 몸짓뿐만 아니라 소리도 포함되어 있어, 1950년 프리쉬Karl von Frisch가 생각했던 것보다 훨씬 복잡하게 작용하고 있기 때문이다(베너는 1965년에 거기에 학습의 요소까지 있다고 주장했다). 그러나 여기서도 앞서 했던 설명이 그대로 적용될 수 있다. 꿀벌들이 서로에게 꿀이 있는 것을 가르쳐주는 춤을 출 때 그들의 상징적인 제의는 전체적으로 혹은 부분적으로 어떤 합의에 근거를 둔 것이다. 그리고 그런 합의는 진화에 의해 도달된 것이며 꿀벌의 유전 구성 요소로 확고하게 굳어진 것이다.

린다우어Martin Lindauer가 1961년에 이러한 진화의 몇몇 단계들을 추적했고, 에쉬는 1965년에 그것을 좀 더 진전시켰다. 그들의 연구에 의하면, 수평으로만 춤을 추는 원시적인 난쟁이벌에게는 상하좌우의 춤을 추다가 똑바로 달리는 것이 하나의 방향 지침(일직선으로 가라는)이 된다. 벌집 위에서도 춤추는 종류의 벌들에게는 방향 지시가 수직으로 움직인다. 따라서 수직적인 차원으로 대체된 방향 지시는 어떤 지표index로부터 진화된 하나의 상징이라고 볼 수 있다.

벌들의 방향 지시를 위한 춤을 예로 보더라도 퍼스가 설정한 기호의 세 가지 범주에 분명한 의미를 부여한다는 것이 얼마나 어려운 일인지 알 수 있다. 꿀을 얻으러 나간 벌은 태양에 의해 방향을 찾는다고 처음 생각했을 때, 태양의 방향 대신 벌집 위에서 수직으로 춤을 추는 것으로 대체된 것은 매우 추상적인 상징체계인 듯 여겼다. 크뢰버Alfred L. Kroeber 등이 바로 그런 식으로 이해한 사람이다.(1952) 그러나 벌은 태양을 하나의 대상으로 감지하고 그로부터 어떤 방위 지침을 얻는 것이 아니라, 여타의 곤충들과 마찬가지로 산란된 태양광의 편광성polarization을 감지한다는 것이 밝혀졌다.(Carthy, 1961; Waterman, 1966) 그래서 태양은 방위의 장場 또는 굴동성屈動性으로서 벌에 전반적인 영향을 미치며 따라서 중력장重力場과 분명한 유사성이 존재한다. 그리고 벌들은 그 중력장을 벌집 위에서의 춤으로 번역해낸다. 에슈는 벌이 춤출 때 내는 소리의 지속 시간에 대해 이와 비슷한 해석을 내렸다.(1961) 즉 그 시간은 꿀의 원천으로부터 비행해온 지속 시간(그리고 아마도 그에 필요한 노고)의 척도라는 것이다. 만약 이와 같다고 할 경우 춤을 추며 이리저리 치닫는 동작은 하나의 의도적인 움직임일 뿐이다.

요컨대 자의적인 상징과 그 의미에 대한 암시를 담은 기호 사이에 분명한 선을 그을 수 있다고는 생각지 않는다. 만약 의미의 암시들을 충분히 깊게 읽어낼 수만 있다면 어떤 상징도 진정으로 자의적이지는 않을 것이다(1961년 마를러Peter Marler도 이러한 딜레마를 언급한 바 있다). 인간의 사고는 이미지들에서 시작되며, 항상 그것을 상징으로 투사하고 그 상징을 통해 사고를 작동시키는 법을 배운다. 인간의 언어가 주로 상징적인 반면, 동물의 의사소통은 그렇지 않다는 것은 확실히 진실이다. 하지만 그것은 일반적인 구분일 뿐, 특징적인 구분은 되지 못한다. 인간의 언어가 전적으로 자의적인 상징으로 이루어진 것은 아니다. 그러나 더욱 중요한 것은 동물의 언어에도 자의적 상징이 전혀 결여되어 있는 것은 아니라는 점이다.

상징의 사용에 관한 진실은 마찬가지로 인간의 언어와 동물의 언어를 구분하기 위해 제시된 다른 테스트에서도 진실이라고 생각된다. 그것들은 원칙적으로 건전하고 적용에 있어서도 강력한 힘을 발휘하지만 그것들 중 어느 것도 결정적인 증거가 될 수는 없다. 그렇다고 해서 인간의 언어와 동물 언어의 차이점이 사소한 것이라는 의미는 아니다. 오히려 현저히 다르지만 그 차이가 인간이 이런저런 언어 장치를 독점하는 데에서 나오는 것은 아니다.

예를 들어 호케트 이외의 학자들이 제시한 주장들을 살펴보기로 하자. 동물들은 단지 어느 하나의 지시 내용만을 신호로 약호화시킨다는 주장이 제시되었다. 그러나 동물들이 항상 그런 것도 아니고 반드시 그런 것도 아니다. 벌이 추는 상하좌우의 춤은 빙빙 도는 원무와는 다르다. 그 춤은 하나의 위치에 두 개의 동등한 내용을 부여하기 때문이다. 그리고 뻐꾸기가 짝을 찾는 울음은 그가 자기 영역을 확보했다는 선언도 겸하는 것이며, 다른 수컷들이 그 울음소리에서 읽어내는 것은 바로 이 메시지다.(Kainz, 1961)

이와 같은 맥락에서 동물은 하나의 신호에 단지 두 가지 반응만할 수 있다는 주장도 나와 있다. 즉 전적으로 반응하거나 전혀 하지 않는다는 것이다. 그러나 이것은 동물의 행위가 경직되어 있고정형화되어 있음을 너무 과장하여 말한 것이다. 관례화ritualization가메시지를 분명히 하여 개별적인 약호code로 만드는 효과를 가지며,이로써 반응이 계속되지 않는 경향이 있는 것도 사실이다. 예컨대짝을 찾는 울음은 보통 받아들여지거나 아니면 무시되는 것이 사실이다. 그러나 동물의 행위에도 망설임이 있고, 시작되었다가 깨어지는 구애도 있다. 특히 영장류들은 한 가지 이상의 신호를 필요로 하며 그들의 사회적 행동은 많은 경우 그런 것을 계속 재확인하는 형태다.

한마디로 동물의 반응에서 볼 수 있는 정형적인 경직성을 너무과장되게 생각하여 그것이 절대 변하지 않는 것처럼 여겨서는 안된다. 모든 반응은 직접적인 자극보다는 좀 더 큰 맥락 안에서 일어난다. 그리고 그 맥락에 의해 동물의 자동적인 반응이 수정되어나타나는 경우도 분명히 있다. 한 마리 동물만 놓고 보면 대략 처음 추측한 대로 데카르트 식의 자동성만 있는 듯 생각될지도 모른다. 그러나 자동으로 움직이는 인형을 모아놓으면 단지 좀 더 큰자동인형이 될 뿐인 반면, 동물의 집단에서는 그렇지 않다. 동물의 집단에서는 어느 한 마리의 반응에서 일어난 작은 파동이 축적되고 서로서로 강화되어간다. 그리하여 그 집단은 긴장과 불확정성이라는 특징을 지닌 하나의 사회가 되는 것이다. 예컨대 헉슬리는 조류의 구애에서 나타나는 직접적인 성 충동조차 서로 간의 공격 및 후퇴의 몸짓에 의해 수정된다는 것이 동물 행동학의 연구를 통해 밝혀졌다고 지적한 바 있다.(1963) 신호와 반응이 이처럼 사회적으로 수정되는 일이 곤충 무리에선 일어날 수 없는 일인지도 모른다. 그러나 갑각류와 조류에서는 분명히 있는 일이고, 또한 고등 포유류로 갈수록 점점 더 중요한 요소가 된다.

그러므로 인간의 말에서 늘 볼 수 있는 맥락에 의해 여러 가지 수정이 이루어지는 것을 동물의 의사소통에서도 볼 수 있다는 것은 필연적이고 당연한 것이다. 동물이라고 해서 맥락을 전혀 모르는 것은 아니며 또한 인간이 전적으로 맥락을 아는 것도 아니다. 다만 인간은 동물보다 훨씬 더 크고 복잡한 맥락에 의해 영향받으며 그 안에서 살고 있다. 그 결과, 인간의 언표는 끊임없이 수정되어간다. 이에 비해 동물의 언표가 수정되는 일은 극히 드물다. 그러나 원칙적으로는 동물의 언어에도 인간의 언어와 마찬가지로 수정되는 것이 존재한다. 그리고 그런 변화는 화자話者가 변화된 맥락을 인식할 때 일어난다. 따라서 인간의 의식과 동물의 의식 간에 존재하는 사실상의 범위의 차이를 언어의 원칙으로 간주하는 것은 잘못이다.

예컨대 동물들은 다른 개체보다는 어느 한 개체에게 의사를 전달하기 위해 신호를 수정하는 일이 없으며, 이런 의미에서 동물은 어느 개체도 특정하게 대하는 것이 아니라는 견해가 나와 있다. 그러나 짝을 찾는 조류의 울음 교환이나 또는(보다 정교한 관계를 보여주는 예로써) 아프리카의 허니 가이드honey guide(두견새 비슷한 새인데, 동작과 울음소리로 꿀이 있는 곳을 알림-옮긴이)와 그 새를 따라다니는 허니 배저honey badger 간의 울음 교환을 보면 결코 그렇지 않음을 알 수 있다. 그리고 곤충의 무리와 사냥하는 동물 떼에서처럼 그런 견해가 적용될 수 있는 경우에도 그것은 사회 조직의 특성 때문이지 언어의 특성 때문은 아니다. 동물이 어느 한 개체에만 특별히 의사를 전달하지 않는 것은 무리 내의 모든 동물에게 그것을 전하기 때문이다. 동물들이 어떻게 의사를 전달해야 할지 모르는 것은 자기 자신뿐이다. 그러므로 동물에게 결여되어 있는 것은 독백을 대화로 전환시키지 못한다는 데 있는 것이 아니라 독백을 방백soliloquy으로 전환시키지 못한다는 데 있다. 거의 비어 있는 벌통에서 춤추는 벌은 그 맥락을 읽지 못한 셈이지만 그 춤은 여전히 사적인 행동이 아니라 하나의 신호인 것이다. 왜냐하면 그 춤은 어떤 자연 선택 과정에 의해 진화된 것이며 그 과정의 결과가 지니는 사회적인 효과는 계속해서 증진되기 때문이다. 그와 동일한 선택의 압력이 모든 동물들의 울음과 몸짓을 성형시켜 일반적으로 신호가 되게 하였고 그 신호들은 전체 공동체를 지시하게 되는 것이다.

동물의 의사소통을 특징짓는 것이자 인간 언어와 구별되는 점이라고 여겨온 특징들 중 많은 것이 그 성질로든 차이점으로든 별로 뚜렷한 점이 없다는 것이 명백해졌다. 그것들은 오히려 동물들의 조직 및 사회 심리적인 것의 부산물이며 그들 공동체의 형성에 일반적인 결정 요인을 반영하는 것이다. 이런 특징들이 동물의 언표나 인간의 언표에서 각각 다르다고 할 때 그 차이점은 사회의 응집력과 조직의 정도에 따른 차이에 기반을 둔 것일 뿐이다. 그러므로 이런 특징들이 특정 사례에서는 해당되지 않을 수 있음이 밝혀지는 것도 당연한 일이며 또한 우리가 막연히 동물과 인간의 언어 사이에 존재한다고 느끼는 근본적인 차이를 결정적인 증거를 들어 지적하지 못하는 것도 놀랄 만한 일은 아니다.

그런데 이와 같은 잘못된 관념이 매우 일반화되어 있다. 앞에서 논의한 사례들을 보면 그런 것이 어떻게 발생했는지 알 수 있다. 그중 가장 중요한 것 하나를 다시 살펴보자. 즉 인간과 동물의 메시지가 약호화된 상징에서 추상성이나 자의성의 비판적 표준을 내세우려는 시도에 대한 것이다. 퍼스가 제시했듯이, 기호에는 상이한 여러 차원이 존재한다는 개념은 인간의 사고가 표현되는 바를 기술하는 데 매우 적합한 것이다.

인간의 정신에 있어 지적하는 기호, 묘사하는 기호, 추상적인 기호 사이에 일반적인 차이가 있다는 것을 우리는 모두 이해하고 있다. 그리고 그 경계선상의 모호한 사례들을 가지고 골머리 썩일 필요도 느끼지 않는다. 하지만 그 개념(기호의 상이한 차원의 개념)을 동물의 행동에 적용하려 할 때 그것이 극히 인간 중심적인 개념임이 드러나게 된다. 우리는 동물들이 어떻게 가리키고 지표로 삼는지 거의 알지 못하며 동물들의 심상 또는 도상이 무엇으로 구성되는지 더더욱 모른다. 이제는 대단히 중요한 것으로 알려진 동물의 관례화된 몸짓의 자의성은 어떤 인간 중심적인 척도로도 측정할 수 없다.(Blest, 1961) 여타 동물들보다 조류의 관습이 잘 이해되고 매력을 끄는 것은, 그것들이 우리와 마찬가지로 시각에 의해 세계를 지적하고 또한 소리를 통해 그것에 응답하기 때문이다.

한마디로 말해 동물에 대한 우리의 해석은 인간 사고에 대한 분석에서 비롯된 것이다. 따라서 그런 해석이 동물의 행동에 합당하게 적용될 수는 없다. 그러므로 퍼스 식의 기호 개념은 모두 전혀 쓸모없는 것이다. 거기에는 대부분의 동물에게서 찾아볼 수 없는 순수 인지의 활동이 전제되어 있기 때문이다. 근본적으로 동물은 인간에게 해당되는 의미에서 어떤 기호도 사용하지 않기 때문에 동물이 인간적인 의미에서의 상징을 사용하는지 어떤지를 묻는 것은 핵심을 벗어난 것이다. 왜냐하면 동물은 앞으로의 행동을 알려주는 몸짓을 거의 하지 않기 때문이다(헌터는 1913년에 극히 드물지만 예외의 경우도 있음을 보고했다. 쥐나 개는 불빛을 실제로 보지 않았어도 주의를 한다는 것이다. 그리고 1949년의 쾰러Wolfgang Köhler의 발표에 의하면, 새들은 자기가 먹는 낟알이 몇 개가 되는지 셈하려는 경우가 있다고 한다). 결정적인 테스트는 동물이 자기 자신에게 알리고자 어떤 메시지를 제의화하는 경우가 있는지 하는 것이다. 그런데 동물들이 기호를 형성시킨다고 말할 수는 없다. 동물의 언어는 단지 신호로 구성되며 그 신호는 사회적 의사소통 수단으로서 엄밀하게 작용한다.

더구나 동물의 언어는 반성을 위한 것이 아니라 행동을 위한 의

사소통 수단이다. 화자가 "늑대다!"라고 소리치면 청자는 뛰어 달 아난다. 하지만 동물들은 그런 외침 소리를 너무 자주 들어왔는지 어떤지를 스스로 묻는 법이 없다. 즉 동물의 신호는 정보 능력보다 는 지시의 힘을 갖는다. 거기에는 일반적인 지시와 특수한 지시 모 두가 담겨 전달된다. 예컨대 조류에게는 일반적인 경고의 외침도 있지만 위험이 날아다니는 적인지 아니면 지상의 적인지를 구분하 는 외침도 있다. 그런 소리 중에는 전혀 다른 종류의 새들에게도 공유되고 인식됨으로써 그들의 공통된 경고로 받아들여지는 것들 도 있다.(Thorpe, 1961) 그리고 이러한 복합적인 이해를 진화시킨 선택의 목적론teleonomy of selection이 도상과 더불어 작용했는지 아니 면 상징과 함께 작용했는지를 문제 삼는 것은 매우 현명치 못한(그 리고 오도된) 태도일 것이다.

그 밖에 진정으로 언어의 본질과 관계된 두 가지 문제를 여기서 제기해야겠다. 그 문제들을 우선 인간의 관점에서만 고찰해보기로 하자. 이 경우 첫 번째 문제는 동물의 언어 중에 말speech의 형태를 가진 것이 있느냐 하는 것이고, 두 번째 문제는 동물의 언어에 문 법이나 다른 구조가 있느냐 하는 것이다.

좀 더 형식적인 용어를 빌리자면, 첫 번째 문제는 동물이 같은 몸짓으로 두 가지 다른 의미를 나타내는 경우가 있는가다. 이것은 매우 흥미로운 문제다. 그에 대한 해답은 우리 인간의 언어에서 여 러 가지 의미들이 어떻게 조합되느냐 하는 문제에 관해 직접적이 지는 않지만 일말의 빛을 던져주기 때문이다. 동물이 어떤 상징적인 신호를 새롭고 본질적으로 다른 상황에 옮겨 적용하는 경우가 종종 눈에 띈다. 예컨대 빽빽한 바위 위에 둥지를 짓는 검은머리갈매기들은 날아오르기 전에 어떤 상징적인 신호를 한다. 공식적이고 의도적으로 날아오를 동작을 취함으로써 그 새들은 날아다닐 때 불가피하게 영역 침해를 당하게 되는 이웃으로부터의 공격을 예방하는 것이다. 그래서 어떤 갈매기가 굴러가는 알을 잡으려고 어쩔 수 없이 남의 영역을 침범하게 될 때 똑같은 비상 동작을 의도적으로 행한다.(Tinbergen과 Cullen, 1965) 어떻게 보면 똑같은 의미라 할 수 있다. 그 신호는 남의 영역을 점령하려는 의도가 없음을 말하려는 것이다. 그러나 좀 더 깊이 고찰해보면 그 의미가 달라진다. 후자의 경우 갈매기는 날아오를 의도가 없지만 자기 의사를 전달하기 위해 그의 빈약한 어휘를 늘리는 것이다. 왜냐하면 그것만이 자기가 아는 재확인된 단어이기 때문이다(초등학생이 '평화Pax!'라고 하면서 자기 손가락을 꼬는 것처럼).

두 번째 문제를 형식적인 용어로 바꾼다면, 그 자체로는 특별한 의미가 없는 단위의 배열을 변화시킴으로써 복합적인 메시지를 구축하는 능력이 동물에게 있느냐 하는 것이다. 이는 어려운 문제다. 호케트는 이런 구성 형태를 '패턴화의 이중성dualitiy of patterning'이라고 부른다. 그리고 그것이 인간 언어를 동물 언어와 구별되게 하는 하나의 요소라고 제안하지만(1959), 강조하지는 않는다(1960). 새(Lanyon, 1960)와 곤충(Alexander, 1960)의 노랫소리에 원자와 같은 성격을 가진 단위들이 있다고 주장하는 학자들도 있다. 마를러는 단어들로 문장을 구성하듯 몇몇 메시지들을 취합하는 능력이 조류에게도 있을 수 있다는 가능성에 대해 논의했고(1961) 카인츠 Friedrich Kainz는 쾨니히König(1951)로부터 이에 대한 증거를 인용하고 있다(1961). 그러나 이 증거들 중 어느 것도 확실하지는 않다. 동물도 합성된 신호composite signal를 갖고 있음에는 틀림없지만(예를 들어 검은머리갈매기의 경우), 그것들은 한 줄로 된 문장처럼 부가적인 성격을 지닐 뿐이라고 여기기 때문이다. 인간의 언어는 이보다 훨씬 더 통합된 구조를 가지고 있다. 이와 동시에 동물의 예들은 인간 언어의 중층 구조를 단순히 단위들이 취합되어 복합적인 메시지가 이루어진 것으로만 간주해서는 충분치 못함을 상기시켜준다. 진정한 재구성을 위해서는 종합하는 것도 중요하지만 지적인 분석이 바탕이 되어야 한다.

인간 언어는 매우 독특하고 뛰어나다. 왜냐하면 그것은 단지 의사소통 수단일 뿐만 아니라 반성의 수단으로 작용하기 때문이다. 성찰이 이루어질 동안 여러 갈래의 행위가 테스트되며 끝까지 수행된다. 이러한 것은 자극의 도착과 그것이 야기하는 메시지를 말하게 하는 것과 자극을 받는 것 사이에 지연이 있을 경우에만 발생할 수 있다. 나는 인간 언어의 진화에 있어 들어오는 신호의 수용과 그것을 밖으로 송신하는 것 사이의 지체를 중심적이고 형성적인 특징으로 간주해야 한다고 제안한다.

인간의 두뇌에는 이것을 산출하는 어떤 생물학적 메커니즘이 있음이 분명하다. 나중에 그에 대해 자세히 살펴보기로 하자. 다른 영장류의 두뇌에서도 이런 메커니즘 중 몇 개는 작동하고 있을 것이다. 거기에서 그 지연이 인간보다 더 짧기는 하지만 지연된 반응이 존재한다는 증거가 있다. 그러나 우선 나는 입력과 출력 간의 두뇌 회로에서 지연으로부터 나오는 결과를 논의하고자 한다. 이 결과에는 네 가지 종류가 있는데 나는 그것을 각각 정서의 분리, 연장, 내면화 그리고 재구성이라고 부를 것이다.

정서의 분리는 부수적인 현상이다. 하지만 그것은 인간과 동물들이 그들의 메시지를 가장 효과적으로 송출하는 조건에 대한 놀랄 만한 차이를 드러내준다. 동물들은 메시지를 둘러싸고 있는 정서적인 것과 그 지시 내용을 구분하지 못한다. 풍부한 꿀의 근원지를 찾아낸 벌은 격렬하게 춤을 추기 때문에 단지 벌통 속에 남아 있는 벌에게 그 전반적인 흥분을 전달하고 있는 것이라고 종종 간주되어왔다. 그러나 그 벌은 꿀을 조금 가져온 후에도 정확하게 그런 경향을 보여준다. 얼룩다람쥐는 위험이 멀리 있을 때와 마찬가지로 자기 가까이에 있을 때에도 경고 신호를 정확히 세 번 보낸다.

특히 하등 동물에 있어서의 이러한 일관된 반응은 당연히 받아야 할 만큼의 관심을 받지 못하고 있다. 양쪽 반응이 주로 반사적으로 일어나거나, 하나의 무의식적인 반응에 대해 두 가지 측면으로 나타날 경우에만 주의를 끌 뿐이다. 요점은 동물의 메시지에 있어 본질적으로 중요한 부분은 정서라는 것이다. 그리고 정서를 지시와 분리할 수 있는 것으로 생각할 때 다시 한 번 그것에 본질적으로 인간적인 분석을 시도해볼 수 있게 되는 것이다.

동물의 신호를 단일 단위라고 하는 이유는 물론 그 진화에서 추출된 것이다. 그 신호는 동물이 약탈자를 볼 때, 허기를 느낄 때,

날아오를 준비를 할 때 등과 같은 경우에 어느 한 개체에 의한 자동적인 반응으로 시작된다. 이러한 개별적이고 사적인 반응은 자연 선택 과정에 의해 하나의 사회적인 신호로 작동하게 된다. 그 과정은 그것을 조심하는 개체의 생존을 유지시켜주고 개체들은 자연적으로 그것을 하나의 단위로서 조심하게 된다. 하지만 그것들은 신호를 해석하거나 분석하지 않는다. 그래서 똑같은 상황이 일어나면 똑같은 반응이 나타날 것임을 알려준다. 그리고 그 반응은 전체적인 것이다.

이러한 점은 밸리Gustav Bally가 동물들을 묶어놓고 행한 실험에서 분명히 입증되었다.(1945) 암탉이 병아리들에게 가기 위해 사소한 장애물도 우회하여 가지 못한다는 것은 잘 알려진 사실이다. 암탉은 장애물이 있는데도 불구하고 계속해서 앞으로 나아간다. 똑같은 방식으로 맹견을 묶어두고 개집의 말뚝 가까이 음식을 놓으면 그 개는 음식 때문에 꼼짝하지 않는다. 쾰러는 침팬지들로 하여금 우리 바깥에 있는 음식을 잡기 위한 장치를 발명하도록 실험했다.(1921) 이런 실험은 하등 동물에게는 시도될 수조차 없을 것이다. 왜냐하면 하등 동물들은 음식의 위치에 대한 평가와 그에 대한 감정을 구별할 근본적인 능력이 없기 때문이다.

이러한 구별은 인간 언어에서 결정적인 것이다. 우리는 메시지의 내용을 그것의 감정적인 의미나 정서와는 분리된 어떤 것으로 생각한다. 문학에서 내용과 형식을 나누는 고전적인 구분의 근거가 바로 이것이다. 그리고 우리는 형식을 변화시킴으로써 어떻게 정서를 통제하는지도 알고 있다. 만약 들어온 자극과 나가는 메시지 사이에 지연된 시간이 끼어들지 않는다면 우리는 스타일을 감상하고 다른 약호화 형태 및 표현 형식을 전혀 고려할 수 없게 될 것이다.

동물의 신호는 대부분 전체적total이며 틀림없이 그럴 것이다. 왜냐하면 즉흥적이기 때문이다. 이와는 대조적으로 우리는 대답의 틀을 짜기 위해, 특히 감정적으로 자극적인 질문에 대답하기 위해 걸리는 시간을 의식하고 있다. 우리 중 대부분은 어린 시절에 정서적인 스트레스를 받아 함부로 말하기 전에 참고 생각하며 뜸을 들이라고 충고받은 것을 기억할 것이다. 즉 20까지 세거나 주기도문을 외우라는 충고를 받았다. 인간 언어에서 지시 내용과 정서를 분리시키는 것은 이러한 두뇌 지연 작용에 의존하고 있다. 그러한 지연 작용이 없다면 화가 날 때 침묵하거나 과학적인 산문을 쓴다거나 하는 중립적인 진술은 불가능하다. 사실, 그것이 없다면 순수한 인지적 진술은 전혀 불가능하다.

때때로 동물들이 특별한 의미를 품고 침묵의 반응을 보인다는 것은 언급할 만한 가치가 있다. 이는 몇몇 조류와 곤충들(예를 들면 메뚜기. Faber, 1953) 사이에서 찾아볼 수 있다. 그들의 발달된 소리 신호는 보통 떠날 의도를 알리고 있다. 만약 이러한 신호 없이 어디를 향해 출발한다면 그 무리의 다른 구성원들은 그 침묵을 의미 있게 생각하고 서로를 경계한다. 이것은 흥미롭고 효과적인economical 절차다. 도일Arthur Conan Doyle의 《실버 블레이즈의 모험The Adventure of Silver Blaze》에 나오는 다음과 같은 대화를 잠깐 생각해보자.

"뭐 좀 짚이는 점이라도 있습니까?"

"간밤의 개, 바로 그 개가 이상합니다."

"그 개는 밤중에 움직이지도 않았습니다."

"바로 그 점이 이상하다는 말입니다."

셜록 홈스가 말했다.

때때로 인간들은 그 절차를 모방한다. 오래전 영국의 자동차협회에서는 제복 입은 경찰이 한 명이라도 경례하지 않으면 그 자리에서 차를 멈추라고 회원들에게 지시했다. 그렇게 함으로써 경찰이 속도 검사를 핑계 삼아 수탈적인 행동을 하는 것을 없앨 수 있었다. 그러나 다시 한 번 생각해볼 때 침묵을 사용하는 동물의 방법은 정상적인 인간의 방법과 전혀 다르다는 것을 알 수 있다. 즉 동물의 침묵은 즉각적으로 나타내는 경계 신호이지, 잠시 지체해서 만들어낸 반응은 아닌 것이다.

물론 그렇다고 해서 반응의 지연이 저절로 언어 기능의 분리를 야기시킬 것이라는 주장은 아니다. 분리가 이루어지기 위해서는 들어온 자극을 두뇌나 신경계의 중심부에 보내도록 그 지체 기간을 이용해야 한다. 메시지가 송출되기 전에 약호화된 메커니즘에서 내적인 고리가 만들어지게끔 지연 기간을 이용해야 한다. 지연으로 말미암아 내적인 고리internal loop가 표면화될 뿐이며 지연은 그 고리의 부산물로 간주되어야 한다는 주장은 합당할지도 모른다. 이러한 관점은 나중에 뇌에서 일어나는 다수의 관련 중추를 논의할 때 다시 거론할 것이다. 왜냐하면 평행적으로(계열이라기보다는)

되어 있는 이러한 복잡함은 대뇌의 가장 중요한 성질이기 때문이다. 반면 반응에 대한 지연이 없으면 연관의 다수성 및 내적 고리의 구성은 불가능하다고 충분히 주장할 수 있다. 그렇다면 어느 쪽이든 간에 우선적인 것으로 간주될 수 있을 것이다.

인간의 언어적인 반응에 있어 지연은 내가 연장延長이라고 부르는 두 번째 효과 내지 부수물을 나타낸다. 이것은 시간의 전후에 관해 언급하고 연관 짓는 능력이며 앞으로 행동을 취하도록 하는 메시지들을 서로 교환하는 능력이다. 인간은 미래에 대한 분별력을 가지고 있기 때문에 이런 메시지를 해석해낼 수 있다. 즉 인간들은 과거를 회상할 수 있으며 회상의 이미지를 조작하여 가설적인 상황을 만들 수도 있다. 한쪽을 보면 이런 것은 상상력의 천부적인 재능에 의한 것이며, 다른 한쪽을 보면 시간의 개념을 형성하는 것이다. 그런데 양쪽 모두 동물에게는 결여되어 있다. 지연을 언어에 적용시킨 경우(Hebb과 Thompson, 1954) 그것은 연결의 연장 및 지시의 연기를 가능케 한다. 그것이 바로 우리가 인간의 많은 메시지에서 특징적인 것으로 인식하고 있는 것이다.

대부분의 동물들이 과거의 신호와 미래의 행위를 연결시키는 것은 단지 반사 작용이나 습관에 의한 것임을 보여주는 고전적인 실험이 있다. 예컨대 헌터는 개와 쥐는 신호를 보낸 후 몇 초 동안만 그것을 보유할 수 있을 뿐임을 보여주었다.(1913) 아마도 여기에서는 1921년의 보이텐데이크Fredrik Buytendijk의 작업이 가장 직접적이고 적합할 것이다. 그는 여러 조각의 음식을 개가 잘 볼 수 있는 곳에 흩어놓았다. 개는 첫 번째 본 음식 조각을 먹고 난 후에 다음 것을 먹기 위해 주위를 살펴보았다. 그 개는 음식 조각들의 위치를 기억해내지 못했던 것이다. 그러나 그리 크지 않은 영장류의 유인원조차 이와는 매우 다르게 반응한다. 그것은 여러 음식 조각이 어디에 있는지 기억할 것이고, 이리저리 헤매지 않고 자신 있게 하나하나 집어 먹을 것이다. 또한 쾰러는 침팬지가 몇 시간 동안이나 이런 기억을 잊어버리지 않고 있다는 것을 보여주었다.(1921)

그런 생각은 이제 우리에겐 익숙해 있다. 즉 우리는 전에 보았던 것과 똑같은 메커니즘을 여기에서도 볼 수 있다. 개는 반응을 지연시킬 수 없으며, 그 결과 상황을 기억해낼 수 있는 특징들을 머릿속에 간직할 수도 없다. 따라서 그 개는 신호들을 보유할 수 없고 그것들을 미래에 재생시킬 수 없다(이러한 이유 때문에 개는 곳곳에 냄새와 오줌으로써 자기 영역을 표시한다). 진화론적인 분류 체계 evolutionary hierarchy에서 인간을 파악할 때에만 우리는 인간 언어를 이해하고 사용하기 위해 요구되는 감각 속에서 기억의 기반을 발견할 수 있다.

이런 감각이 어떤 상징적 형태 안에 신호들을 저장해놓는 것이 바로 기억이다. 그럼으로써 그 기호들은 장차 우리의 반응을 다시 일깨우는 데 사용될 수 있는 것이다. 이것은 처음의 반응이 전체적이 아닐 경우에만 가능하다. 그러나 이것은 어떤 추상적인 표식을 분리시키고 그것을 두뇌에 저장시키기에 충분하도록 지연된다. 이것은 근본적으로 언어학적 메커니즘을 보여준다. 그 메커니즘 속에서 지연의 고리는 어떤 어휘를 만들어내는 데 필수적인 요소다.

사실 헌터는 동물과 어린아이들에게서 일어나는 '지연 반응'에 관한 연구라고 자신의 실험을 명명했다. 하지만 그는 내가 사용하는 '연장prolongation'이라는 단어보다는 '지연delay'이라는 단어를 사용했다(시간의 규모가 장기간이다). 그의 표제가 인간 반응에서의 내재적인 지연에 관한 나의 논의와 혼동되어서는 안 될 것이다.

인간의 언어에서 자극과 메시지 간의 지연은 자극이 두뇌와 신경계에 있는 하나 이상의 중추에 연결되도록 시간을 제공한다. 때문에 그런 지연 기간은 송출되는 메시지가 형성되기 전에 대안에 대한 내적인 논의를 산출할 수 있게 하는 효과를 갖는다. 이것이 바로 언어의 내면화다. 그리고 그것은 인간이 언어를 사용하는 방법과 동물이 언어를 사용하는 방법 사이에 가장 궁극적이고 결과론적인 차이점을 드러내준다. 그것은 인간의 사고와 언어 양쪽에 특별한 성질을 부여한다. 이에 대해서는 비고츠키Lev Vygotsky가 훌륭하게 기술한 것이 있지만 아직 간과된 채로 남아 있다.(1962)

내재화된 언어는 단지 사회적 의사소통 수단에 불과한 것이 아니다. 그래서 인간의 언어는 동물 언어군에서 떨어져 나오게 된다. 이제 그것은 반성과 탐구의 수단이 된다. 그런 도구를 가지고 화자는 발언할 메시지를 선택하기 전에 가설적인 메시지를 구성한다. 시간이 지남에 따라 그가 만든 문장들은 메시지의 성격을 상실하고 과거 경험의 이미지들을 실험적으로 배열하여 테스트받지 않은 새로운 투사가 되게 한다. 낡은 환상으로 되돌아갈 때조차 우리는 낡은 문장을 반복하지 않고 새로운 문장을 만드는 것이다. 우리가 다른 사람이 만든 뜻밖의 문장을 이해하는 이유는 문장을 만드는 방법과 우리 자신의 실제적인 작업을 인식하고 있기 때문이다(그래서 자신의 문법을 잊어버린 실어증 환자는 또한 그의 내적인 언어마저 상실한다. Jakobson, 1964). 어떤 사람이 생각지 못한 방식으로 우리를 놀라게 하는 문장을 새로운 과학적 형태라든지 시적인 형태로 만들어냈다 하더라도 우리는 그 문장이 우리의 생활에 적합하다는 것을 인식한다. 과학이나 시에 대해 생각해본 적이 없는 사람은 그런 것들에 담겨 있는 새로운 문장을 이해하지 못한다. 비록 그 문장이 그가 아는 용어나 단어들로 이루어졌다 해도 말이다. 이런 점에서 그 사람은 형식적인 신호가 계속되지 않아 당황하는 동물과 같다. 다시 말해 그는 언어를 내면화함으로써 스스로 준비를 하지 않은 것이다.

그러므로 인간은 내적인 언어와 외적인 언어라는 두 가지 언어를 가지고 살고 있다. 인간들은 내적인 언어로 끊임없이 실험한다. 그리고 외적인 언어에서 표준이 되었던 것보다 더 효과적인 배열을 발견한다. 내적인 언어에 있어 이러한 배열은 정보, 즉 인지적인 주장들이다. 그다음에 그것들은 실용적인 지시의 형태 속에서 외적인 언어로 전이된다. 우리들 각각의 내적인 언어는 그 언어의 단어들이 모호하게 정의되었다는 의미에서 개방되어 있다. 우리 모두가 공유하고 있는 외적인 언어는 폐쇄되어 있는 것이지만 동물의 언어와는 다르게 단지 일시적으로만 폐쇄되어 있다. 우리는 내적인 언어에서 발견된 새로운 구별을 끌어들임으로써 그것을 끊임없이 확장한다.

사물의 본질상 어떤 언어에서든 대부분의 단어들은 개념을 나타
내며 각각의 사물에 명칭을 붙이는 것이 아니라 대상이나 성질 혹
은 행위를 분류하여 이름을 붙인다. 따라서 그 단어들은 거의 일반
적인 개념의 윤곽을 흐리게 하는 애매모호함을 나타낸다. 내적 언
어에 있어서의 실험 과정은 실제로 이러한 모호함을 테스트하는
것에 해당된다. 그리고 우리의 모든 인식적인 발견은(예컨대 과학에
서와 같이) 모호함을 점진적으로 제거해나가는 것으로 볼 수 있다.
말하자면 우리는 언제나 내적인 언어에 감추어져 있는 보다 엄밀
한 의미를 발견하여 외적인 언어에 전이하고 있다. 이와 같은 방식
으로 우리는 외적인 언어를 실제에 관한 형식적 기술로 전환시키
려 하고 있다. 그런 기술로 우리는 애매모호하지 않은, 확실한 의사
소통을 할 수 있는 것이다. 만일 우리가 이런 작업을 성공리에 수행
한다면 외적인 언어는 결국 폐쇄되고, 내적 언어는 혼란만 야기시
킬 뿐 외적 언어에 아무것도 기여하지 못할 것이다.

우리는 이러한 작업이 원칙적으로 도달할 수 없는 목표라는 것
을 알고 있다.(Bronowski, 1966) 왜냐하면 내적인 언어는 자연에
대한 것뿐만 아니라 언어에 대한 주장도 포함하고 있기 때문이다.
즉 이러한 사실은 내적인 언어로부터 폐쇄된 언어를 구성하는 것
이 불가능함을 보여주고 있다.(Tarski, 1944) 내적인 언어가 내적인
언어 자체에 조화할 수 있다는 사실은 인간 사고의 기본적인 특징
이다. 그리고 그것이 그 자신의 메타언어meta language를 포함하고 있
다는 것은 인간 언어의 핵심적 특징이다. 어떤 의미에 있어 이것은
내재화의 핵심이다. 즉 우리는 (언어에서의) 각기 다른 문장들 사이

에서 선택할 수 있을 뿐 아니라, 우리의 (메타언어에서의) 선택에 대한 이유를 제시할 수 있다. 우리에게 논리적인 규칙의 일치conformity는 바깥 세계에 대한 질서 정연한 기술이 그렇듯이 지식의 한 부분인 것이다.

인간 언어의 내면화는 언어에 특별한 구조를 각인하며, 내가 재구성이라고 명명한 두 개의 절차로 표현된다. 그중 하나가 분석의 절차다. 그 절차는 메시지를 훼손되지 않은 전체로 취급하는 것이 아니라 좀 더 작은 부분으로 분할한다. 다른 것은 종합의 절차다. 그것에 의해 부분들은 다른 메시지를 형성하기 위해 재배열된다.
언어학자들은 이러한 절차 가운데 두 번째 절차를 강조한다. 그리고 그들은 구조의 각기 다른 충돌에 대해 논의한다. 그 구조 안에서 의미를 갖지 않은 음소는(그것 자체는 1962년 야콥슨이 명명한 변별적 특징으로 분해될 수 있다) 의미를 갖는 형태소를 만들며, 형태소들은 단어를 구성하고, 단어들은 문장을 이룬다. 그리고 이것이야말로 인간 언어에 있어 가장 표현적인, 또한 가장 인상적인 질서다. 그래서 그 질서를 해명하는 것은 자연법칙을 발견하는 것만큼이나 흥미로운 일이다. 어떤 동물들은 때때로 가동할 수 있는 부분들로부터, 그리고 의미 없는 부분들로부터도 어떤 메시지에서 몇 가지 대안을 만들어낼 수 있다는 것을 조만간 보게 될 것이다. 그러나 그렇게 된다 하더라도, 우리는 단순한 수단으로부터 인간 언어가 전개시키는 그 풍부함을 해명하기 위해 심층적인 설명을 할수 있다.

이것은 옳으며 당연히 주목할 만하다. 하지만 그것으로 할 말이 다 끝난 것도 아닐뿐더러 그것이 말해주는 만큼 간과한 것도 치명적이다. 왜냐하면 우리가 보다 커다란 메시지를 만들기 위해 사용하는 원자적인 단위를, 자연이 기성旣成의 것으로 제시하지 않는다는 놀랄 만한 진리를 간과한 채 남겨두기 때문이다. 인간은 그 자신의 메시지를 분석함으로써 스스로 단위들을 창조했던 것이다.

동물의 의사소통에 있어 통상적인 단위는 영장류에서조차 명백하게 완결된 메시지whole message다. 그러므로 우리가 진화에서의 비약적인 발전을 염두에 두지 않는다면 인간의 의사소통 역시 완결된 메시지에서 비롯되는 것이라고 가정해야 한다. 이런 것들은 지시하는 메시지다. 때문에 그런 메시지들은 단어가 아니라 문장의 성격을 띤다. "태초에 말(단어)이 있었다"라는 것은 문자 그대로 따져보면 사실이 아니다. 오히려 "태초에 문장이 있었다"라고 해야 한다. 단일한 대상이나 행위에 대한 하나의 상징으로서의 단어는 단순화와 분석의 어려운 절차에 의해 문장으로부터 힘들게 추출되는 것이다.(Zhinkin, 1963)

물론 우리는 누구도 화학 합성물을 분석하듯이 하나의 메시지를 그 요소들로 분석하기 위해 본격적으로 시작한다고 생각할 수는 없다. 그러나 어쨌든 실재는 행위뿐 아니라 대상으로도 분석될 수 있다는 점이 이해되었으며, 대상을 행위와 분리시켜 명명할 수 있음을 알게 되었다. 그것은 마치 하늘과 땅으로부터의 두 가지 위험에 대한 조류의 경고가 '매'와 '흰담비'의 이름으로 전환되는 것과 같다. 그럼으로써 그것은 몸을 숨기라는 지시 내용으로부터 분리되는 것처럼 된다. 행위에 대한 개념은 보다 일반적인 반면, 대상의 개념은 보다 특수하다. 이렇게 확대되는 양극화의 결과는 분석의 영향에 의한 것이다. 그러한 분석을 통하여 세상은 분리될 수 있는 부분을 지닌 것처럼 묘사된다. 우리가 처음에 그런 묘사를 만들지 않았다면 화학 합성물을 분석하려는 생각도 안 했을 것이다.

그러므로 인간 언어의 계층화 혹은 중층화된 구조를 상정하는 것은 종합뿐만 아니라 분석할 수 있는 능력을 미리 전제하는 것이다. 즉 그것은 미리 만들어져 존재하는 것이 아닌 부분들로부터 재구성된 것이다. 나는 분석의 절차를 단순히 부분으로 분할하는 것으로 생각하지 말아야 한다고 설명해왔다. 언어 분석의 절차는 메시지를 점진적으로 재분배하는 것이다. 때문에 그것의 인식적 내용은 더욱더 특수화되며 권고적인hortative 내용은 더욱더 일반화된다. 화자는 그가 특수한 대상을 명명하고 일반적인 행위를 요청하고 있음을 점차 의식한다. 그런데 일반적인 행위는 청자의 마음속에서 그것을 그 대상에 적합하게 만들려는 욕구로 특정화된다. 그 영향은 점차 동물이 지니고 있는 실제의 상과는 다른 상을 인간에게 형성시킨다. 물리적 세계는 언어에 있는 단위와 대응될 수 있는 단위로 조합된 것으로 간주된다. 그래서 인간 언어 그 자체는 어휘를 명령적인 것에서 기술이나 예측적인 것으로 이동시킨다.

왜냐하면 우리가 단어를 문장 속에 배열시키는 것이 바깥 세계의 내재적이고 필수적인 구조를 반영하는 것으로 간주되어서는 안 되기 때문이다. 그렇다면 우리는 단어가 없더라도 그 세계를 밝혀내게 될 것이다. 그것이 여러 대상, 성질, 행위 등으로 이루어져 있다는 것, 그리고 그런 방식으로 인식되어야 한다는 것은 자연에 암암리에 내포되어 있는 것이 아니다. 우리가 그렇게 인식하게 되는 것은 말을 사용하여 그에 대한 우리의 행동을 명령하고자 하는 과정에서 나타난다. 예컨대 실재를 서술하는 문장에 의해 실재가 기술된다고 생각하는 것이 바로 그런 방식이다. 그것은 우리 자신의 메시지를 분석하는 복잡한 과정인데 그 메시지는 언어의 문법과 세계를 나란히 함께 어울리게 하는 것이다. 인간 행위에 대한 반응을 반영하는 문법적인 장치처럼 우리는 실재를 부분들로 분리시키고 그것들의 기능으로 부분들을 기술한다.

예컨대 인간이 언어에 부여한 중층 구조가 인간의 자연에 대한 분석에 끊임없이 나타난다는 것은 놀랄 만한 일이다. 인간은 물리적 세계 역시 분류 체계로 인식한다. 이는 원재료로 벽돌을 만들고 벽돌로 집을, 집들은 구역을 형성하고, 구역은 도시를 이루는 것과 같은 구조를 갖는다. 각각의 수준과 층에서는 밑의 층에서 형성된 부품(기술자들은 조립 부분품이라고 부른다)들로 견고한 조립품을 만든다. 이것들은 견고하기 때문에 다음 상층에서 보다 복합적이고 견고한 조립품을 만들 때 그 단위로 이용될 수 있다.

그런 식으로 핵nuclei은 별들을 만들고 별들은 성단을 이루며 성단은 은하계를 형성한다. 이런 극대의 세계와는 다른 극소의 세계에서도 기본 입자들은 원자를 만들고 원자는 네 가지 근본적인 생물 분자를 이루며 그 분자들은 20개의 아미노산을 형성하고 아미노산은 단백질을 만들어내며 단백질은 세포 조직을 구성하는 새로운 위계질서의 단위가 된다. 그리고 또한 그 세포 조직은 식물과 육체를 형성하는 위계질서의 근본 단위가 된다.

어떤 위계 구조는 사실 자연에 내재되어 있을 수도 있다(그것은 진화 과정으로 인식된다). 그러나 또한 우리가 그런 구조를 찾아내는 방법인 분석과 종합의 조합, 즉 내가 재구성이라고 부르는 이중적인 절차는 근본적으로 언어에서 비롯되는 인간의 발명품이라는 것도 명백하다. 이후 그것은 알파벳, 가동 인쇄 활자, 자동차 조립과 같은 발명품, 심지어 대의 정치 제도representative government와 같은 것으로 끊임없이 반복, 형성되고 있다.

어떤 동물의 어휘도(가령 붉은털원숭이) 소리와 몸짓을 다 합쳐 100개 미만의 기본적 신호들로 이루어져 있다는 연구 결과도 있다(아마 50개 이하일 것이다). 붉은털원숭이는 내부적인 갈등이나 우물쭈물함을 나타내는 변형된 신호로서(Hinde와 Rowell, 1962; Altmann, 1962; Andrew, 1963) 몇 개의 신호를 쌍으로 사용한다(예컨대 안면 표정과 꼬리의 위치처럼). 어떤 언어학자들은 이것을 원시적인 종합으로, 즉 그들이 생산성이라 부르는 창조적인 구성의 근본적 형태로 해석할 것이다. 그러나 그것은 인간의 형태와 분리된다. 왜냐하면 동물의 형태에는 어떤 심층적인 분석도 결여되어 있기 때문이다. 어떤 진술이 진정한 생산이나 창조가 되려면 반드시 인식적인 내용을 담고 있으며, 분석에 의해 고립될 수 있는 개념적 단위를 포함해야만 한다. 진킨은 비비baboon들의 신호를 연구하면서 그 신호 중에 형식적인 대체의 계산이 있음을 밝힘으로써 이러한 점을 설득력 있게 논의했다.(1963)

그것은 종합뿐 아니라 분석이라는, 전체로 이루어지는 재구성의 절차다. 그리고 그것은 인간 언어에 있어 독창적인 생산성의 잠재력을 창조해낸다. 이러한 수단을 통해 인간은 개별적으로 붉은털원숭이보다 100배도 넘는 어휘를 만들어내며 집단적으로도 수백배가 넘는 어휘를 생성한다. 그렇게 많은 단어들의 결합을 위한 문법 규칙들은(서술의 규칙뿐만 아니라 시제와 수의 규칙들도 포함된다) 그 자체가 우리가 행위하고 묘사하는 세계에 대한 개념적인 기술이다. 그리고 우리가 한번에 규칙의 올바른 용법을 알게끔 하는 것은 바로 이 때문이다. 우리는 이러한 단위를 가지고 내적 언어를 실험하며, 재구성의 총체적인 절차에 의해 외적 언어에 독창적인 언어를 형성하는 것이다.

내가 지금까지 기술해온 문제점은 다음과 같은 것이다. 인간 언어와 동물의 의사소통 사이에는 상당한 차이가 있다. 그리고 그 두 언어가 뚜렷하게 구별되는 특징을 지닌 두 집단으로 나뉜다는 것을 전반적으로 파악하기는 쉽다. 그러나 호케트의 고찰처럼 둘 사이의 차이점을 하나씩 분리시켜보면 인간의 언어에는 특징적인 성질이 몇 가지 있다는 사실을 파악하게 된다. 하지만 그 성질 중 어느 것도 전적으로 인간에게만 해당된다는 의미에서 그 자체가 인간의 특징적인 성격은 아님을 알게 되었다. 그런 것들이 갖는 유사성이란 경우에 따른 것이고 주변적인 것이다. 하지만 그런 것이 거기에 존재하기는 한다. 그리고 근대 동물 행동학ethology은 그보다 많은 특징들을 알려줄 것이 틀림없다. 인간 언어의 독특함은 그 통일적 성격 중 어느 하나에 의한 것이 아니라 그 전체성에 의한 것이다.

이러한 문제점은 다음과 같이 설명될 수 있을 것이다. 인간 언어는 사실 동물의 의사소통에서부터 진화해왔다(버틀러가 1890년에 주장했듯이). 그러나 여기서의 진화 과정은 두 가지 구별되는 요소를 지니고 있다고 생각된다. 그중 첫 번째 구성 요소는 두뇌의 회로를 대신해 보다 복잡한 반응을 나타내고 지연되는 생리학적 진화다. 그리고 이것은 인간뿐만 아니라 다른 영장류에서도 나타난다. 그 영향의 결과, 하등 동물의 신호에서는 분리되지 않는 의사소통의 요소들이 분리되게 된다. 두 번째 구성 요소는 지나간 일에 대한 반성과 다가올 일에 대한 선견 능력이 있는 개체들을 생존시키는 문화적인 선택이다. 이것의 영향은 상징체계를 내면화시키고, 따라서 지시 내용으로 하여금 의사소통 수단에서 인지적 정보를 표현할 수 있는 진정한 언어로 전환시키게 하는 것이다. 두 번째 구성 요소는 첫 번째 구성 요소보다 시간적으로 나중에 시작되며, 그것의 선택적인 영향력은 강력하고 신속하게 진행된다. 이런 점은 인간 두뇌에서 언어 중추의 진화가 보여주는 바와 같다.

이러한 이중적인 진화 속에서 무엇이 첫 번째 요소를 가동시켰는지는 분명하지 않다. 영장류의 단계 근처 어딘가에서 하등 동물들의 수많은 직접 반응 통로들은 새로운 두뇌를 통해 바뀌어 그 회로가 연장되었다. 아마도 가장 예측하지 못한 것이 성적인 반응일 것이다. 그 결과는 반응을 지연시키고 동시에 분할하는 것이었다. 그리고 이 양자 모두는 중요한 것이다. 이 에세이는 언어에 대한 것이기 때문에 나는 지연을 일차적으로 중요한 현상으로 다루어왔다. 왜냐하면 우리는 그것을 언어학적인 반응에서 직접 관찰할 수 있으며, 그것이 얼마나 중요한지 알고 있기 때문이다.

또한 지연은 생물학적인 의미에서 나타날 수 있다. 어쨌든 고등 영장류들과 인간에게는 지연을 산출할 수 있는 생화학적인 특이성이 존재하는 것이다. 다른 모든 포유동물들은 요산을 산화시키는 효소인 우리카아제uricase를 만들어 세포들로부터 직접 그것을 제거해버린다. 반면에 고등 영장류들과 인간은 우리카아제 만드는 능력을 상실하고 요산을 배설해버릴 뿐이다. 그들은 핵단백질 nucleoproteins을 먹음으로써 요산을 만든다. 그러므로 그들의 세포 내에는 항상 요산의 잔여물이 남아 있다. 이것은 1955년에 오로완 Orowan이 추측했듯이 세포의 기능에 영향을 미쳤다. 이런 영향은 특히 두뇌의 세포에서 뚜렷이 나타난다. 요산은 퓨린purine(C$_5$H$_4$N$_4$. 요산 화합물의 주성분-옮긴이)이기 때문에 부분적으로 흥분제 역할을 하는데 오로완이 관찰한 방법이 바로 그것이다. 그러나 보다 지속적인 요산의 영향력은 어떤 세포들 속에 파손된 물질을 축적시킬 수 있다는 점이다. 그렇다면 결국 그런 영향은 반응을 늦추게 할 것이며, 이는 특히 강력하게 영향받은 개별적인 세포에 도달하는 통로를 방해하고 우회하게 만들기 때문에 이루어진다.

이 모든 생각은 단일한 신진대사를 상정하여 그것에 기반을 두고 진행된 사변적인 것이다. 그러나 중요한 것은 고등 영장류들의 일반적인 호기심과 세부적인 데 관심을 기울이는 능력을 위해 생화학적 기원을 탐구하는 것이 희망적이라는 것이다. 그것들은 그들 환경의 단일한 특징(예컨대 초자극)에 사로잡혀 있지 않다. 그리고 이것은 반응을 지연시키고 근본적으로 판단을 중지할 수 있는 능력의 일부분이다. 이런 능력은 인간에게서 보다 완전하게 발전한다. 침팬지를 대상으로 한 쾰러의 작업은 그것들이 감정적인 것에 지배되지 않고도 원시적인 방식으로 신호를 읽어낼 수 있음을 보여준다. 이것이 내가 정서의 분리라고 부른 기본 성질이다.

언어 사용자로서 인간의 진화에 있어 두 번째 구성 요소는 과거를 반성하고 미래를 예견하는 능력을 위한 선택이다. 이러한 능력들은 어떤 동물에게나 유익하기 때문에 모든 종들에 있어 그런 방향으로 선택이 일어나리라고 생각될 수 있다. 그리고 그런 능력들은 어떤 종의 개체들이 메시지의 내용을 그것에 포함된 정서와 분리시킬 수 있을 때에야 비로소 합리적인 과정으로 존재할 수 있다. 이런 선험적이고 전 문화적前文化的인 조건에 의해 과거에 대한 반성과 미래에 대한 예견, 즉 기억과 상상력을 향한 선택은 영장류와 인간에게 국한되었다.

우리가 알고 있는 예견에 대한 최초의 사례는 아마도 오스트랄로피테쿠스의 석회암 동굴에서 발견된 조약돌과 가공된 돌일 것이다.(Dart, 1955 ; Robinson과 Mason, 1957 ; Leakey, 1959, 1961) 이 조약돌들은 대부분 모양이 없었지만 그것들은 진정한 개혁인 셈이며 정신의 새로운 질서를 드러내준다. 왜냐하면 그것들은 침팬지들이 개미집을 허물어뜨릴 때 나무로 만들어 쓰는 도구처럼 즉흥적으로 만든 것이 아니기 때문이다.(Goodall, 1963) 그 조약돌은 오스트랄로피테쿠스들이 강가에서 집어와 몇 킬로미터를 운반한 끝에 그 동굴에 놓인 것으로서 미래에 그것을 도구로 사용하겠다는 명백한 의도를 지니고 있는 것이다. 이러한 선견지명은 오클리 Oakley(1957), 워시번washburn(1959, 1960) 및 기타 학자들에 의해 지능의 진화에 있어 결정적인 단계라고 정당하게 주장되었다.

오스트랄로피테쿠스는 의외로 몇몇 인간적인 신체 특징을 가지고 있다. 내가 그것과 여기서의 내 주제에 처음 관심을 갖게 된 것은 바로 이러한 점 때문이었다.(Bronowski와 Long, 1952, 1953) 하지만 그의 두뇌는 확실히 인간과는 다르다. 침팬지의 두뇌와 거의 비슷하기 때문이다. 그러므로 우리는 예견하는 행위와 조약돌을 도구로 사용하는 행위에 따라 인간 두뇌의 진화가 이루어지는 것이지, 다른 길을 따르는 것은 아니라는 점을 알게 되었다.

오스트랄로피테쿠스가 진화하여 곧바로 근대인이 되었다고 추측할 수는 없다. 그는 200만 년 전부터 약 50만 년 전까지 살았다. 그 기간 동안 그의 몸은 현저하게 성장했다. 50만 년 전에 인간이라는 종Homo이 성립되어 호모 사피엔스로 연결된 것이 확실하다. 비록 근대인은 5만 년 전까지 거슬러 올라가지 않고서는 완전히 도달되지 않지만.(Campbell, 1963) 그래서 50만 년 전에 대해서는 결정적으로 중요한 점이 존재하는 것이다. 몇몇 인류학자들은 오스트랄로피테쿠스가 지금의 인간으로 진화되었다고 생각한다. 반면 다른 학자들은 지금의 인간은 오스트랄로피테쿠스를 대치한 사촌이었다고 주장한다. 로빈슨J. T. Robinson의 주장을 예로 들면(1962), 오스트랄로피테쿠스는 단지 도구 사용자에 불과했으며 그런 도구를 만드는 기술은 지금의 인간에 와서야 이루어졌다는 것이다(오스트랄로피테쿠스와 호모의 초기 화석에 대한 새로운 발견이 계속 이루어지고 있으며 현재에도 칼륨아르곤법에 의해 새로운 증거를 얻고 있다는 점이 언급되어야겠다. 그러므로 여기서 소개된 그 관계와 연대는 수정될 가능성도 있다. 그러나 그들의 진화 및 도구의 위치에 대한 전반적인 서술은 이미 정확한 것으로 합의된 것들이다(Tobias, Leakey, Robinson 외 기타 학자들을 살펴볼 것. 1965)].

오스트랄로피테쿠스 이후 인간 두뇌의 크기는 두 배가 넘게 진화되었다. 그러나 두뇌의 성장이 균등하게 이루어진 것은 아니었다. 두뇌는 대개 세 부분으로 나뉘어 있다. 하나는 양손을, 다른 것은 말하는 것을 통제한다. 그리고 세 번째는 대부분 과거에 대한 기억과 미래에 대한 예견을 관장하고 있다. 워시번(1959, 1960), 브루너(Bruner, 1962) 등의 학자들이 했듯이 이러한 두뇌의 세 부분의 발전은 공통된 선택 원인의 결과로 이루어진 것이다.

우리는 그 연관성을 오스트랄로피테쿠스가 장차 도구로 쓰기 위해 조약돌을 집으로 가져왔다는 한 가지 사실에서 찾을 수 있다. 이런 단순한 계획으로 얻은 이익은 미래를 예견할 수 있는 자에게 유리하게 선택되도록 하며 두 개의 부수적인 효과를 얻게 한다. 미래에 일어날 일에 대해 계획을 짜고 서로 논의하는 자에게 유리하게 진행되는 선택이 한 가지 효과다(예: 공동 사냥). 이를 통해 우리는 오스트랄로피테쿠스에서부터 연장이라고 부른 인간 언어의 특징이 시작되었다고 결론지을 수 있다. 또 다른 효과는 오스트랄로피테쿠스와 인간을 연결해주는 자들에게 유리한 쪽으로 진행되는 선택인데 그들은 도구를 능란하게 사용했다.

인간의 기억과 예견은 어떤 중요한 부분에서 이미지를 환기시킬 수 있다. 그리고 그와 같은 심상은 다른 사람들과의 의사소통을 마련하는 형태로 미래의 계획을 짜는 데 도움을 준다. 사실, 심상의 발전은 점진적인 언어의 내재화다. 이와 동시에 그것은 들어오는 메시지들을 연결하는 두뇌 중추의 수를 증가시킨다. 내적인 고리와 그 연관성의 수가 이처럼 증가하는 것은 그 자체가 내재화의 한 양상이다.

내재화가 이루어지지 않고서는 증거로부터, 특히 어떤 사람의 행위에 대해 기록되어 있는 증거로부터 추론해나간다는 것은 불가능한 일이다. 도구 제작자가 지니고 있는 가장 풍요로운 기록은 그 자신이 만든 공예물이며 그것이 그의 일에 대한 성공과 실패를 증명해준다. 그리고 그것은 결국 도구뿐만 아니라 청사진이 되어야 한다.

그러므로 언어의 내재화는 도구의 사용에서부터 도구를 본뜨고 만드는 계획된 작업에 이르는 변화의 표현이며 필수적인 동반물인 것이다. 로빈슨은 이것이 바로 인간의 독특한 기술이라고 주장했다.(1962) 그리고 그런 주장은 오스트랄로피테쿠스가 호모의 선조이건 아니면 호모가 사촌이라고 생각하건 관계없이 그럴듯한 것이다. 어떤 경우든 호모가 확립되었을 때부터 언어의 내면화도 확립되었다는 점은 명백하다.

이제 언어의 성장에서 마지막 단계를 살펴보는 일이 남아 있다. 그것은 인간 언어에 계층화된 혹은 중층화된 구조를 부여하는 것으로, 나는 그것을 재구성reconstitution이라고 부른다. 이 단계에 대해 두 가지 가능한 설명이 존재한다. 하나는 펌프리R. J. Pumphrey가 제안한 것으로, 그는 마지막 단계가 주로 경제 및 단순한 순서로 작업을 분할하는 쪽으로 향해 가는 것이라고 생각한다.(1953)

그러므로 펌프리는 그들의 심상을 단순화시키는 사람에게 유리한 쪽으로 선택적인 압력이 가해진다고 주장한다. 그래서 그 심상은 더 이상 전체적으로 상기시키는 것이 아니라 단지 암시적으로만 상기시킨다는 것이다. 그 결과, 내적인 심상은 보다 추상적이고 상징적인 형태로 변화될 것이며 표상보다는 본질을 파악하려고 노력할 것이다(풍자만화처럼). 이러한 내적인 변화는 언어와 도구의 전문화를 야기시킬 것이다. 그리고 그런 변화는 또한 회화와 조각에도 반영될 것이다. 즉 인간과 동물의 표상은 현실적이지 않게 될 것이고 개략적이고 형식적으로 묘사될 것이다. 그래서 펌프리는 우리가 언어를 완전히 사용하게 된 것은 상징적인 회화와 조각이 처음 나타나면서부터라고 결론 내렸다. 펌프리가 그렇게 주장했을 때는 이런 일이 50만 년 전에 일어났다고 생각되었으나, 지금은 5만 년 전도 안 된 것으로 여기고 있다.(Pumphrey, 1964) 이러한 논의에 있어 인간의 말이 완전해진 것은 근대인인 호모 사피엔스의 연대에 와서야 비로소 이루어졌다고 보고 있다.

이러한 추론이 흥미로운 것임에는 틀림없지만 내 생각에 그것은 측면적인 문제로 흐르는 듯싶다. 상징적인 추상화抽象化가 인간 언어의 가장 정교한 모습은 아니다. 즉 그런 상징적 추상화에 대응하는 것이 동물 행동에도 보인다(예컨대 초자극). 어떤 일련의 말소리가 다른 것보다 더 도식적이라고 판정하거나 그것을 회화에 연결시킬 수 있는 테스트나 규약sanction이 따로 있는 것도 아니다. 한마디로 내가 앞에서 논의한 바처럼 언어 분석에서 상징체계에 전념하는 것은 궤도를 벗어난 것이라고 여기며 그 심층 구조를 파악하지 못하게 되는 것이라고 생각된다.

때문에 나는 야콥슨이 제시한 두 번째 길을 택하려 한다.(1966) 야콥슨에 의하면, 완전하게 구조적인 언어로 나아가는 과정은 또 다른 인공물을 발명하는 것과 거의 같다. 즉 어떤 도구를 만드는 데 사용하는 도구와 같은 것이다. 이런 종류의 장인 도구 중 하나인 돌망치가 그것으로 만든 도구들에서 쪼아낸 파편과 더불어 올두바이Olduvai에서 발견되었다.(Leakey, 1961) 그러므로 도구를 만드는 도구의 사용은 오스트랄로피테쿠스에서 호모로의 전환과 함께 시작된 것이다.(Robinson, 1962) 그리고 약 30만 년 전 인간이 불을 사용하게 된 시기까지는 그런 도구가 완전히 진화되어 있었다. 불을 일으키는 도구를 만드는 것 또한 전환기의 한 과정이며 미래를 예견하는 두 번째 수준의 단계를 요구하기 때문이다.

단순한 도구로부터 장인 도구, 즉 도구를 만들기 위한 도구(이제부터 이것을 공작 기계machine tool라고 지칭하기로 한다) 단계로의 발전은 인간 언어 발전의 마지막 단계, 즉 내가 재구성이라고 부른 단계와 대응되는 것으로 여긴다. 그것은 실제 사회적 맥락에서 분류 체계에 대한 동일한 이해를 표현하는 것이며, 또한 종합을 위한 하나의 기반으로서 기능에 의한 동일한 분석을 보여준다. 재구성에 대해 내가 내린 정의에서와 같이 그 분석은 추상적 과정으로 이루어지는 것이 아니라 익숙한 도구들이나 친근한 신호들을 특정 사례에 적용함으로써 이루어지는 것이다.

펌프리의 도식에도 이러한 관념이 그 바탕을 이루고 있다. 즉 그도 인간 진화에 있어 분석 능력이 조합을 위한 기반이 되었던 시기를 지적해내려 했던 것이다. 다른 점이 있다면 펌프리는 이것이 다음과 같은 시기에 일어난다고 말한 점이다.(1953) 즉 그가 말하는 시기는 "미완성이나마 적절하고 광범위한 석기 도구들 …… 다양한 형태로 나타났고 처음에는 용도가 제한되어 있었음이 분명하지만 …… 일련의 작동으로 제대로 사용된 석기 도구들이 범용 도구general purpose tools를 대체했을 때"다. 이러한 변화에 대해 그는 "여기에서 우리는 계획되고 질서 있는 일련의 상이한 작동을 통해 어떤 목적을 달성시키는 명백한 증거를 최초로 보게 된다"라고 쓰고 있다.

내 견해로는(이 생각은 야콥슨에게서 암시된 것이다), 이 단계는 원칙적으로 장인 도구master tool가 상정되면서 동시에 도달된 것 같다. 불을 포함한, 장래에 다른 도구들을 만들기 위해 계획적으로 도구를 만든다는 것은 유사한 분석 과정(하나의 계획을 일련의 단계들로 분할하는 능력, 그 부분들의 응집력 있는 총집합으로서 전체적인 영향력을 꿰뚫어보는 능력)이 요구되기 때문이다. 구약 성서의 주석자들은 공작 기계의 신비와 통제력에 깊은 감화를 받아 그것을 하나의 특별한 창조로 간주했다. 즉 여섯째 날 해 질 무렵에 신은 최초의 부젓가락 한 쌍을 만들었고 이로써 인간은 다른 도구들을 벼려낼 수 있게 되었다는 것이다. 내가 보기에는 이 우화 역시 사고와 행동의 통일을 표현하고 있다.

내가 제시한 도식은 인간 언어의 진화에서 두 가지 구성 요소를 가정하고 있다. 하나는 생물학적인 것이고, 다른 하나는 문화적인 것이다. 생물학적인 요소는 결국 정서의 분리로 이끌게 되며, 문화적인 요소는 기억과 상상력의 방향으로 선택하게 한다. 인간 언어와 동물의 의사소통 사이에 메울 수 없는 간격이 있는 것은 문화적 구성 요소의 강력한 선택 압력으로 설명된다. 그리고 그 때문에 인간의 진화는 급속도로 이루어진다. 인간 진화의 추진력은 도구의 사용에 있으며, 선택은 그것을 사용하는 사람에게 유리한 쪽으로 진행된다. 언어란 인간의 여러 능력의 산물이자 한 부분이기도 한 것이다.

이런 의미에서 도구가 그렇듯 인간 언어도 하나의 발명품이다. 언어는 생득적인 재능이 아니다. 때문에 그 발명품은 세대마다 갱신되어야 하는 것이다. 언어는 인간에게 말하는 내용과 감정을 분리시키는 방식으로 스스로를 표현할 수 있게 한다. 그러므로 인간은 단지 지시가 아닌 정보를 전달할 수 있는 것이다. 그래서 인간은 세계를 그 자신의 바깥에 존재하는 일련의 대상 및 과정으로서 인식적이고 분석적으로 파악하고 기술할 수 있다. 인간의 언어는 동물의 것과 달라 단지 그의 행위 영역에만 국한되지 않는다. 인간의 언어는 세계를 일반적인 개념으로 기술하며 동물의 언어처럼 특수한 명령에 의해 기술하는 것이 아니다.

그런데 오직 과학의 언어만이 이런 일반적인 성격을 지닌다는 주장이 종종 제기된다. 나는 그 주장에 대해 반론을 제시하겠다. 시의 언어 역시 일반적이며 과학의 단어가 그러하듯 시의 단어도 개념을 나타낸다. 시에서의 개념이 과학에서의 개념과 본질적으로 다른 점은 없다. 즉 "미美는 진리다"라는 진술은 $E = mc^2$과 똑같은 종류다. 다른 것은 우리가 그것을 확인하려고 노력하는 준거의 양식mode of reference이다.

시의 언어는 직접 독자의 내적인 언어 속으로 전이되려고 한다. 그런데 내적인 언어는 확인될 수 없으므로 독자는 맥락이 마련해주는 확장된 영역 내에서 작가의 개념을 추적해야 한다. 미와 진리를 등식으로 놓은 것이 무슨 의미가 있는지를 고찰함으로써 키츠가 '미'와 '진리'로 의미했던 것을 이해하려고 애써야 하는 것이다. 즉 "그것은 당신이 이 세상에서 알고 있는 모든 것이다"라는 주해와 더불어, 그리고 전체 송시頌詩의 주해와 더불어 그것이 의미할 수 있는 것을 이해하려고 해야 한다.

이렇게 간접적인 양식으로 개념들이 확인되어야 할 때(개념들은 중첩되어 있기 때문에 이런 방식이 필요하다) 작가는 가능한 한 넓은 맥락이나 중첩된 것overlap을 제시해야 한다. 시인이 어떤 감정적인 함의를 띠고 있는 단어를 고르는 것은 바로 이러한 확장을 마련하기 위함이다. 그럼으로써 직접 그의 내적 경험에서 독자의 내적 경험에 도달하려는 것이다. 이러한 방식으로 인해 시는 특수한 이미지들로 일반적인 진술을 전달하는 수수께끼 같은 효과를 지닌다(그 이미지들이 고도로 함축되어 있는 경우). 시인은 감정적인 것을 파기하지는 않지만 전체적으로 재생산하지도 않는다. 시인은 그것을 통제한다. 이것이 바로 워즈워스가 한 말 "시는 고요 속에서 다시 모인 정서에 그 기원을 둔다"의 깊은 의미다.

이와는 대조적으로, $E=mc^2$은 저자와 독자가 과학 교육에 의해 함께 갖게 된 외적 언어로 쓰여 있다. 그러나 $E=mc^2$이라는 공식의 발견이 외적 언어로 된 것은 아니다. 그리고 그것으로 만들어질 수도 없다. 왜냐하면 의사소통 수단으로 유용하게 사용되려면 외적 언어가 애매모호하지 않도록 노력해야 하기 때문에 외적 언어는 적어도 그 의도에서 폐쇄되어야 한다. 그리고 과학에서는 그것이 매우 형식적으로 폐쇄되어 있다. 아인슈타인이 1905년에 논문을 썼을 때 E와 m은 둘 다 불변한다고 정의되었다. 그 둘 사이의 교환을 제안하는 어떤 방정식도 그런 폐쇄적인 체계 안에서는 발명될 수 없었다. 그러한 것은 내적 언어의 개방된 체계 안에서 성찰함으로써 이루어져야 했다. 어떤 순간에도 과학의 언어는 폐쇄되어 있지만 단지 일시적으로만 폐쇄되어 있을 뿐이다. 그 언어를 끊임없이 다시 개방하고 그것을 생산적으로 만드는 것은 내적 언어 안에서 실험을 할 수 있는 인간의 능력이다.

생물학적 구조에 있어서의 언어

지구 상에 존재하는 수천 개의 언어들은 서로 공통적인 요소들을 갖고 있으며 동물들의 의사 표시 행위와는 전혀 다르다. 이는 곧 언어가 인간이라는 특이한 종에게만 있는 현상임을 증명한다. 이러한 관점에서 볼 때 언어 구사 능력은 인간에게만 독특하게 주어진 천부적 재능의 일부로 간주할 수 있다. 하지만 너무도 자명한 이 진리(최소한 아리스토텔레스 시대까지 거슬러 올라갈 만큼 오래된)도 오늘날에는 새롭게 조명되고 이해될 필요가 있다. 왜냐하면 생물학에 관한 지식이 아리스토텔레스와 데카르트 시대보다 훨씬 더 풍부하게 밝혀졌기 때문이다.

따라서 첫 번째로 요구되는 조건은 당연히 발화發話에 있어서의 생리학적 요소(나는 여기에 신경학적 요소를 포함시키고 있다)에 관한 검토다. 그것은 이 논문의 첫 번째 부분에서 검토할 예정이다. 일단 이 작업을 마치면 언어와 관련된 특수한 구조 중 어떠한 것도 단일한 유전학적 돌연변이나 전위轉位에 의해 유발될 수 없음이 분명해진다. 바로 이 점에서 보다 세밀한 연구를 요하는 두 가지 문제점이 발생하며, 이것들은 보다 현대적인 관점에서 연구될 필요가 있다.

인간이 원시적인 형태로부터 괄목할 만한 진화를 해온 이래 언어는 영장류나 다른 동물의 초보적인 의사소통 능력에 비해 생물학적으로 얼마만큼 진보했을까? 그리고 만약 언어가 단순히 생물학적 단계의 하나가 아니라면, 어떤 방식으로 뚜렷한 인간 특성 전체에 의해 결정되며 또 그 전체를 표현하는 것일까? 이러한 문제들 중 하나는, 내가 언어에 있어 행동주의적 요소라 부른 것과 관련되고 또 하나는 논리적 요소라 칭한 것과 관련한다. 그것들은 각각 이 논문의 두 번째 그리고 세 번째 부분에서 논의할 예정이다.

인간 상호 간의 의사소통 체계가 모두 언어에 의한 것은 아니다. 그중에는 소리에 의존하는 것도 있다. 또 인간의 독특한 언어 사용 양식 중 하나인 자신과의 의사소통(예컨대 외국어로 생각하기)에는 청각적인 조음調音을 필요로 하지 않는다. 그럼에도 불구하고 언어의 정교화 작업이 매우 다양한 순서로 배열되는 풍부한 음성 기호들에 의존해왔음은 당연하다 할 수 있다.

나는 논의의 범위를 구어에만 한정하지 않을 것이다. 반대로 수화나 과학적인 의사소통 방법 등 인위적인 체계들이 언어의 논리 구조에 밝은 전망을 제시하고 있는 사실은 논의의 주제에서 중요한 부분을 차지한다. 그러나 개체와 종으로서의 인간이 발달한 과정에서 육성肉聲의 기호 언어를 조성·배열한 것은 분명히 핵심적인 부분이며 따라서 가장 먼저 다뤄야 할 논제다.

하나의 생리학적인 문제로 언어의 구조적 정밀화에는 일련의 음성들을 매끄럽게 조정하는 능력이 요구된다(예컨대 1963년의 브라이언A. L. Bryan 같은 논자들은 반드시 이 능력이 전제된다고 말하고 싶어 한다. 그러나 이러한 가정은 1963년 호케트가 지적했다시피, 진화를 진행시키는 선택적 요인들 간의 상호 작용을 오해하는 것이다). 인간의 음성을 내는 조음 구조를 갖는 동물들이 있긴 하지만 앵무새나 구관조의 예에서 확인할 수 있듯이 인간의 발성 구조와는 다르다. 리버먼Liebermann과 그의 공동 연구자들의 연구 결과를 보면, 영장류 등 오늘날의 인간과 매우 흡사한 종들은 해부학적 구조 때문에 성인 인간의 음성을 내거나 조절할 수 없다는 증거를 제시한다.(1968 a, 1969) 리버먼은 이 분석을 두 개의 방향으로 확대시켰는데 모두 상당히 흥미롭다. 그는 실험을 통해 신생아의 성대는 해부학적 구조상 아직 언어음을 낼 수 없다는 증거를 제시했다.(1968 b) 그는 거기에서 그치지 않고 두 개의 화석 두개골을 조사한 결과, 네안데르탈인은 몇 가지 신생아와 공통적인 특징을 갖고 있었음이 밝혀졌으므로 완전한 언어 행위는 불가능했을 것이라고 주장했다.(1971) 위의 두 가지 연구 결과는 개체와 종에 있어 언어 발전의 중요성을 강조하고 있다.

인간의 생리 구조에는 언어 능력을 위한 생물학적 틀을 만드는 조절 장치와 특수 구조들이 존재한다. 그중 가장 광범위하고 널리 영향을 미치는 것들은 중추 신경계, 특히 두뇌다. 두뇌의 면적 중 상당히 넓은 부분이 인간의 신경 분포와 입(목구멍과 목젖을 포함한)

의 근육 조절, 그리고 그와 관련된 안면 운동에 관계하고 있다는 사실은 주목할 만하다. 보다 더 특수한 예로는 인간이 말하는 특수 언어 또는 일반적인 언어를 기억하고 상기시키는 데 직접적인 역할을 하는 것으로 밝혀진 피질 상의 몇 가지 구조를 들 수 있다.

인간 뇌의 표면에는 이미 오래전에 언어 능력과 관련된 것으로 밝혀진 상당히 넓은 부위가 있다. 그것의 전단前端은 전엽frontal lobes, 前葉 중 하나(거의 대부분 좌엽)에 있는데 발견자 브로카Paul Broca의 이름을 따라 명명되었으며(1874), 후단은 그에 대응하는 측두엽에 있고 베르니케Carl Wernicke에 의해 발견되었다(1874). 이 양단이 서로 연결되어 사실상 단일 언어 영역speech area을 형성하는데, 이는 펜필드W. Penfield 등에 의해 전기 자극 방법으로 탐지되었다.(1959) 하지만 그에 관한 거의 대부분의 정보는 뇌에 손상을 입은 환자들을 연구해 얻은 결과다. 그중 루리아Luria(1970), 야콥슨(1964, 1966) 등의 연구에서 밝혀진 놀랄 만한 결론은 언어 영역의 두 개의 극단이 발화 과정에서 서로 다른 구성 요소들을 기억하고 기호화encode 한다는 사실이었다. 브로카 영역에 손상을 입으면 문장 구조에 중대한 장애가 일어난다. 그 까닭은 아마도 브로카 영역이, 주로 인체 구조 중에서 가장 발달했고 장기적인 관점에서 행동 조직을 지배하는 데 관계하는 전엽 속에 자리 잡고 있다는 위치상의 문제 때문인 것 같다. 그리고 베르니케 영역에 손상을 입으면 어휘 능력에 중대한 장애가 발생하는데, 이것은 뇌 속의 청각 중추auditory centers 와 위치상 가깝기 때문인 것으로 보인다. 이 점에 관해서는 이미 콘래드R. Conrad가 1963년에 우리가 임의의 단어를 읽는 과정에서 일어나는 실수는 청각의 실수로 이어진다는 결론에 의해 시사된 바 있었다. 위의 두 가지 연구 사실은 서로 결합되어 정상 언어는 문장의 구조와 어휘로 혼합 구성되며, 단지 병리학적인 상황에서만 분리된다는 사실을 명백하게 보여주고 있다.

그러나 경험을 직접 분석하려면, 전체적인 언어 영역을 뇌의 나머지 부분과 분리해서는 안 된다는 사실을 기억해둘 필요가 있다. 여기에 다음과 같은 두 가지 증거가 있다. 하나는 스페리R. W. Sperry (1964, 1965)와 마이어스R. E. Myers(1961)의 뇌의 양반구兩半球 사이의 연결 관계가 붕괴된(전신 마비로 인해) 환자들에 관한 연구 결과에서 밝혀진 사실이다. 이 환자들은 좌측 반구 속으로 들어가는 경험들, 예컨대 우측 시야에 보이는 물체 또는 오른손에 의한 접촉 등은 묘사할 수 있다. 그러나 왼쪽 시야 또는 신체의 좌측 부분에서 경험한 현상들에 관해서는 단어 또는 문장으로 설명하지 못한다. 이것이 언어 능력에 미치는 잠재적인 영향은 보다 깊이 연구할 가치가 있다. 두뇌가 두 개의 반구로 나뉘어 서로 다른 기능과 반응을 지배하는 것은 실질적으로 인간에게만 있는 현상인데, 이 중에서도 언어 영역이 독특하게 자리 잡고 있다. 언어 영역은 대부분 뇌의 왼쪽에 자리 잡고 있으며 나머지 반쪽은 다른 활동을 지배한다. 언어 영역과 대칭을 이루는 오른쪽 피질 상의 영역은 외부에서 들어온 이차원적인 시각 정보를 분석하여 삼차원적인 구조로 재구성하는 데 일익을 담당하는 것으로 보인다. 차차 언급하겠지만 이 시각 정보의 재구성과 내가 언어의 재구성이라고 칭한 활동 사이에는 상당한 유사점이 있는 것 같다.

언어 활동이 뇌 전반에 의존함을 보여주는 보다 확실한 증거가 있다. 그러나 증거는 발화 영역이 우연한 사고에 의해 기능을 수행하지 못하게 된 사례에서 밝혀졌는데, 이러한 사례는 이미 50여 년 전에 골트슈타인Kurt Goldstein에 의해 최초로 기술되었으며(1915) 보다 최근에는 게슈빈트Norman Geschwind 등에 의해 밝혀졌다(1968, 1970). 최근의 사례에서 밝혀진 바에 의하면, 언어 영역의 기능이 상실된(일산화탄소 중독으로) 환자가 9년 동안이나 생존할 수 있었다. 이 기간 동안 환자는 "명제 언어propositional speech, 命題言語를 한 문장도 발설하지 못했을 뿐 아니라" 다른 사람이 하는 말의 의미도 전혀 이해하지 못했다. 그럼에도 불구하고 그 환자는 자신에게 들려주는 말을 매우 정상적으로 복창하고 미완성의 문장(예컨대 그가 알고 있는 노래 중에 있는)을 완성하고, 발병할 당시에는 발표되지 않았던 노래 가사를 배울 수 있었다. 이 환자의 사례는 발화 영역이 말의 학습을 포함한 언어 구조를 기억·통제하는 것은 사실이지만 그러한 언어 구조에 의미를 포함시키는 것은 뇌 전반에 의존하지 않을 수 없다는 것을 분명히 드러내주는 증거다.

주로 게슈빈트에 의해 청각 언어의 발달에 핵심적인 영향을 미치는 것으로 보이는 또 다른 신경학상의 조직이 밝혀졌다. 이는 인간을 제외한 다른 거대한 영장류의 뇌 피질에서는 퇴화한 부위로 뇌의 회전각angular gyrus과 관련이 있다. 게슈빈트는 이것이 인간 뇌의 왼쪽에 있다고 주장한다. 인간 뇌의 회전각은 시각 반응 또는 청각 반응 등 형태가 다른 지각 반응을 행하는 신경 조직 사이의 상호 연관성을 알아낼 수 있게 해주는 부위다. 게슈빈트는 따라서 그것은 하나의 대상으로부터 들어온 시각 및 기타의 자극들을 하나의 독특한 청각 자극과 관련시킴으로써 언어 구성에서 중심적인 역할을 수행할 것으로 추측하고 있다.

위시번과 랭커스터J. B. Lancaster는 1968년에 이 논지를 말하는 사람으로서의 인간과 기타 다른 영장류를 갈라놓는 유일한 기본적 기능은 대상에 이름을 부여하는 기능이라는 자신들의 견해를 뒷받침하는 데 이용했다. 많은 연구자들이 각각 다른 방법으로 인간을 제외한 다른 영장류의 행동에도 교차적인 양식cross-model의 연결 관계가 존재함을 밝혀낸 오늘날, 그들의 주장이나 게슈빈트의 생각은 퍽 단순했다고 할 수 있다. 대븐포트Charles Davenport와 로저스C. M. Rogers는 직접적인 실험을 통해 그리고 가드너 부부Gardner and Gardner (1969) 및 프리맥David Premack(1970)은 적어도 침팬지 암컷들에게 연상법(비언어적 신호 또는 언어와의)에 의해 대상을 가리키도록 가르칠 수 있다는 사실을 증명했다(1970).

이렇게 연구 결과를 분석한 뒤(Bronowski와 Bellugi, 1970) 학자들의 관심은 대상, 특히 단순히 시각적 외관에 의해 분류된 대상의 일대일 명명one-to-one naming으로부터 인간 언어의 전체적인 구조로 옮겨가게 되었다. 그렇다고 이로 인해 게슈빈트의 견해, 즉 회전각은 진화의 흔적이고 언어의 발달 과정과 밀접한 관계를 갖는 구조이며, 세계에 관한 우리의 각기 다른 지각 경험들이 집합되는 곳이라는 견해의 가치가 떨어지는 것은 아니다. 판댜D. N. Pandya와 쿠이퍼스H. G. J. M. Kuypers가 밝혔다시피(1969) 회전각의 초기 전조前兆들은 심지어 작은 영장류에서도 발견된다. 인간에게 그것의 정교화 과정은 마치 언어 자체가 그것을 전달하고 표현하듯이 인간의 피질이 전달하고 표현하는 경험 전체의 일부인 것 같다.

결국 중추 신경계에는 언어 구조에 영향을 미치는 보다 일반적인 특징들이 있음에 틀림없다. 예를 들어 신경 자극의 전달 경로와 하나의 메시지를 형성하는 발성의 연속적 순서 사이의 관계를 살펴보자. 모든 언어마다 단어는 서로 다른 순서로 배열된 음소로 구성되어 있다(상형 문자가 음절체와 완전한 자모로 발전함에 따라 연속적인 합성 과정에서 기록 언어가 나타난다). 단지 음소가 단어로 조립됨으로써 의미가 완전히 결정되는 것은 아니다. 그 정도는 아직 시작도 아니다. 그것은 의미를 결정하는 연속적인 배열 순서에서 일차원적인 구조에 지나지 않다.

대다수의 언어에 있어 하나의 문장이 통사론적 구조를 표현함으로써 그 문장의 일반적인 의미, 즉 문장 속에 내포된 제반 대상과 행동 사이의 관계 형태를 자연스럽게 표현하는 것은, 단어의 연속적인 배열 질서다. 래슐리Karl Lashley가 행동에 관한 철저한 분석을 통해 시사했듯이 뇌 속에서 이루어지는 제반 기호의 연속적인 조직이 언어의 기초를 형성하는지도 모른다.(1951) 그러나 우리는 한 문장 속의 단어의 배열 질서가 흔히 자연의 질서라고 부르는 것(예컨대 시간의 논리적 관계를 나타내는 원인과 결과의 질서)과 어떻게 조화를 이루는가를 살펴봄으로써 래슐리의 분석을 넘어설 수 있다.

벨루기는 이 점을 어린이들이 능동태 문장을 수동태로 전환시키는 데 있어 겪는 어려움을 예로 들어 설명했다.(1970) 즉 어린이들은 "소년이 고양이를 쫓는다The boy chases the cat"라는 능동태 문장은 쉽게 이해하고 응용한다. 그리고 이 문장을 행동의 정상적인 전후 관계를 반영하는 정상적인 문장 형태로 취급한다. 그러나 그들은 "고양이가 소년에 의해 쫓기고 있다The cat is chased by the boy"라는 수동태 문장을 거의 끈질기다 싶을 정도로 "고양이가 소년을 쫓는다 The cat chases the boy"라는 문장과 같은 의미로 해석한다. 그러나 위의 수동태 문장 구조는 실질적으로 고양이(첫째)와 소년(둘째)이 시야에 드러나는 순서를 서술하고 있다.(클라크의 저서 참조, 1971)

그렇다면 인간은 언어 구조를 발전시키면서 동시에 언어 속에 구축되는 수많은 개념상의 등급과 절차를 발전시켜왔다고 할 수 있다. 문장의 연속적인 순서의 기본적인 통사 구조에서 보이는 시제의 일치 및 인과 관계의 구체화는 단지 하나의 예에 불과하다. 그 외에도 여러 개의 문장들을 종합하는 방식에 영향을 미치고, 그 방식을 표현하는 구조적·계층적 개념들에는 여러 가지가 있다. 예를 들어 청유형 어법에서는 마치 그레이Thomas Gray의 시에 나오는 무지, 축복 그리고 현명함의 어리석음에 관한 대구절對句節에서처럼 종속절을 조건절로 취급한다. 1965년 촘스키가 문장의 '심층 구조'라 부른 것은 본질적으로 세계에 관한 우리의 분석에 짜 맞추기 위해, 언어의 사용법을 명백히 표현하는 개념의 범주에 따라 문장의 각 성분을 재배열하는 것을 의미한다.

그러나 이러한 연결 관계들이 특별히 언어학적인 것만은 아니다. 오히려 그것들은 개체와 종에 있어서의 총체적인 지적 발달의 일부분이다. 이 점은 인간의 언어 속에 고정된 개념적 절차 중에서 가장 광범위하고 성어적成語的인 하나의 인식적 진술로서의 서술이라는 개념에도 똑같이 해당된다. 인간의 전반적인 언어 행위, 그중에서도 특히 문화적 담화에는 오랫동안 하나의 기본 단위로서 단순히 서술적인, 다시 말해 정서적인 부담이나 행동의 요구 없이 단지 정보 전달을 목적으로 하는 문장이 존재해왔다. 미래에 사용하기 위해 인식된 정보를 기억하고 통합하는 능력은 수많은 기능 중추와 복잡한 신경 조직과 더불어 거대하고 다양한 인간의 뇌 기능 가운데 하나다. 그리고 그러한 기능은 특히 서술적이고 진술적인 형태로 이루어진다.

인간의 지식을 증대시키기 위해 선호選好되는 도구로서 인식적 문장 형태를 발전시키는 것은 대단히 중요하기 때문에, 나의 견해로 '정보'라는 단어는 이러한 종류의 문장의 내용에만 한정적으로 적용되어야 할 것 같다. 대부분의 동물의 발성 속에 내재되어 있는 반응과 행동을 요구하는 청유적 의사 표시 형태의 내용은 '청유' 또는 '지시'라는 다른 단어로 불려야 할 것이다. 이러한 의미에서 컴퓨터 기계의 한 부분에서 다른 부분으로 옮겨가는 문장들은 지시적인 내용이기 때문에 컴퓨터의 언어 절차에 관한 이론을 정보 이론이라 부르는 것은 잘못이다. 다만 컴퓨터의 출력은 대개 정보를 담는 문장이긴 하지만 그것도 컴퓨터 자체를 위한 정보는 아니다. 나는 이제부터 언어의 특성을 서술하려고 한다. 따라서 생리학에서 시작하여 인간의 언어 구조를 설명하는 것이 좋을 듯싶다.

이 논문의 첫 번째 부분에서 묘사한 인간의 특수한 구조들은 분명 어떤 단일한 유전학적 돌연변이 또는 전위의 산물로 보기에는 너무 복잡하다. 그러므로 생물학적인 연구를 통해 인간 언어의 특성을 상세히 살펴보고, 그것이 동물들의 의사 표시 행위와 어떻게 관련되는가를 고찰하는 일이 필요하다. 나의 견해에 따르면, 언어의 특성에는 행동적 요소와 논리적 요소가 있다. 행동적 요소는 동물과 다른 발화 행위 절차의 방식을 기술한다. 이러한 차이점들을 구별하는 전체적인 취지는 하나의 색다른 종류의 발화 형태, 즉 인식적 진술을 고찰하기 위함이다. 뿐만 아니라 인식적 진술은 색다른 논리를 갖기도 한다. 이 점에 관해서는 이 논문의 말미에서 살펴보겠다.

지금까지의 언급에 비추어볼 때, 논의의 전개상 생물학적 구조와 배경에 인간의 진화 과정이 포함되는 것은 당연하다. 이것은 생물학이 물리학과는 달리 독립적이고 폐쇄적인 논의 영계論議領界(어떤 개념과 그 부정에 따라 포괄하는 범위-옮긴이)를 갖지 않기 때문이다. 물리학은 우리가 시간적·공간적으로 보편적인 법칙이라고 믿는 원칙에 의해 지배받는 모든 있을 법한 조건하에 이루어지는 물질과 에너지의 제반 원자 배열 형태에 관한 기술이다.

반면 생물학은 버널(1965)과 내(1969 a)가 다른 저서에서 강조했다시피, 여러 가지 종들의 현재 상태와 그러한 종들이 기능하는 구조를 지구 상의 현재 시점에서 기술하는 역사적인 학문이다. 결정체의 구조는 오늘날이나 500만 년 전이나 같은 용어로 기술할 수 있다는 말은 타당하다. 비록 당시에는 그것을 기록한 사람이 없었다고 할지라도 마찬가지다. 하지만 인간의 모든 행위를 500만 년 전이나 오늘날이나 마찬가지로 같은 용어와 같은 조건하에서 기술할 수 있다는 것은 말이 되지 않는다. 왜냐하면 당시에는 그것을 '손수' 언어로 기록할 수 있는 인간이 존재하지 않았음을 보여주는 충분한 근거가 있기 때문이다. 진화는 자연에서 새로운 현상을 만들어내는 유일한 동인動因이다.

생물학적 개체는 진화라는 요인 때문에 처리 구조가 특이하다는 점이 물리학과 생물학의 차이다. 만일 현존하는 유기체의 존재와 기능을 가능하게 해준 우발적인 일련의 사건들을 배제한다면, 우리는 모든 탐구를 역학과 공학에 제한하는 셈이 되고 그럼으로써 유기체의 구조와 환경 사이의 상호 작용에 관한 진정한 생물학적 의문을 놓치게 된다. 그 결과 앞서 존재한 유기체를 기성품으로 간주하게 될 것이고, 그런 식으로 관점을 제한하는 사람들은 반드시 자신들이 기술하는 행위(예컨대 인간의 언어)가 기계의 구조와 구별되지 않는다는, 스스로도 놀랄 정도의 결론에 빠져들고 말 것이다. 이러한 오류는 윌크스Yorick Wilks가 언어에 관한 현대의 두 가지 이론, 즉 윌크스의 표현을 빌리면 "두 개의 양자택일적 기계론적 이론들, 스키너B. F. Skinner의 단순한 이론 그리고 촘스키의 보다 복잡한 이론" 사이의 대립이 비현실적임을 지적할 때 극명하게 드러난다.(1969)

언어 조직에 대한 역사, 즉 진보의 관련성은 다음과 같은 두 가지 차원에서 중요하다. 첫째, 개체에 있어서의 언어는 성숙 과정의 일부분으로 정교화되기 때문에 특히 유전학적 발달과 성숙을 특징짓는 경험 사이의 상호 작용에 의해 영향을 받는다. 이것은 단지 정상적인 심리적 성장과 균형을 보호하는 문제〔할로Harry Harlow에 의한 어린 원숭이의 실험에서 밝혀진 바와 같은(1962)〕만은 아니다. 왜냐하면 인간의 언어 능력은 유아의 뇌 속에 잠재되어 있는 모든 기능들과 마찬가지로, 가능한 한 빠른 시일 내에 계발啓發되고 계속적인 이용에 의해 강화되어야만 효과적으로 성장할 수 있기 때문이다. 만약 어렸을 때 일찍 언어를 습득하지 못한다면 나중에도 마찬가지일 것이다. 그러므로 레너버그Eric Lenneberg 등이 평범하게 이해하듯이 인간의 두뇌를 안일하게 언어 능력과 직결시키는 것은 너무나 단순하고 융통성 없는 생각이다. 오히려 생물학적 현상에서 언어의 학습과 유사한 예를 찾는다면 두 눈을 갖는 동물의 시각 계통의 강화 과정을 들 수 있을 것이다. 위셀Torsten Wiesel과 후벨David Hubel은 고양이의 신체 조직 간의 기능적인 연관성이 단지 형태적인 의미밖에 갖지 않는다는 사실을 밝혔다.(1965) 만약 고양이가 초기의 성장 과정 중 두 눈의 시각 자극에 정상적인 반응을 보이지 않는다면 태어날 때부터 갖고 있는, 시각 자극에 반응하는 세포가 조만간 기능을 중지해버려 한쪽 눈만 반응하게 되고 만다. 이처럼 유전적 능력도 적절한 경험과의 관련에서 키워나가지 않으면 기능을 발휘하지 못한다.

둘째, 인간은 특별히 문화적인 동물이다(어떤 이는 라마르크적 동물이라고도 한다). 유전학적 변이와 적응이라는 생물학적 역할은 인간에게 있어 오랜 성숙 과정 동안의 학습을 통해 부분적으로 인계되어왔다. 언어가 유전학적 청사진에 의해 인간에게 선천적으로 규정되어 있다는 촘스키의 말이나(1968), 완전히 문화적인 습득물이라고 하는 사피어Edward Sapir의 견해(1921) 등 극단적인 주장은 정확한 것이 아니다. 둘 다 본질적으로 진실과 부합하지 않을뿐더러 아무 의미도 없다.

인간은 분명 언어 동물이다. 그러나 언어 기계는 아니다. 언어란 고정 불변의 기계 구조가 아니라, 모든 문화에서 표현되고 있지만 문화마다 다소 다르게 표현되고 있는 인간의 복합적인 재능 중 일부다. 그리고 문화가 학습된 행동의 선호된 형태라면, 그 자체는 인간의 생물학적 진화에 선택적인 영향을 끼치기 마련이다. 오늘날까지 남자와 여자는 각자 고유한 판단 기준에 적합한 능력이 있는 짝을 찾아 헤매고 있다. 그 기준 가운데 하나로 지능 지수를 들 수 있는데, 그들은 남편과 아내의 지능 지수가 어버이와 자식보다 훨씬 비슷한 배합이 될 것을 원한다. 인간마다 각자 선호하는 기술(예컨대 도구를 제작하는 기술들)이 선택적으로 다르다는 사실은 인간이 유전학적으로 다른 동물들보다 더 빠른 속도로 진화할 수 있었던 이유를 설명해주기도 한다. 이렇게 판단할 때 인간의 대부분의 생물학적 적응은 그 자체에 문화 욕구적culture-driven 속성을 갖고 있다고 할 수 있다.

따라서 사피어가 "보행 능력은 인간의 내재적·생물학적 기능이지만 언어는 그렇지 않다"라고 말했을 때, 그는 그들 사이의 진화적 유사성을 완전히 오해하고 있음을 볼 수 있다. 사피어는 "어린이는 단지 몇 번의 시도를 통해 걷는 법을 배운다. 다시 말해 생후 몇 년쯤 지나면 어린이들은 근육 및 신경 장치를 갖게 되어, 걷는 것이 가능하다는 시범만 보여주면 이내 스스로 걸을 수 있다"고 생각했다. 그러나 사실은 그와는 반대로, 걷는 것을 보여주는 것만으로는 부족하고 실제로 걸음마를 연습시켜야만 가능하다. 언어 학습의 경우에도 마찬가지로 어린이가 체험한 세계를 표현할 수 있으려면 언어의 실제적인 구성 방법을(어린이는 언어 일반이 아니라 특수한 언어를 학습한다) 배워야 한다.

그러므로 생물학적인 구조상 걷는 것과 말하는 것 사이에는 차이점보다 공통적인 요소들이 더욱 뚜렷하다. 인간의 조상들은 처음에는 걸을 줄도, 말할 줄도 몰랐으나 둘 다 각각의 행위가 제공하는 선택적인 이점利點이라는 압력하에서 문화적(선택된) 적응으로부터 진화했다. 직립 보행은 처음으로 손을 해방시켰으며, 단계적으로 입과 머리를 자유롭게 했다. 말言語은 정확한 이해에 이르는 데 필요한 번거로운 중간적 절차로부터 인간을 해방시켰으며, 인간으로 하여금 공동 사냥, 공동 계획 그리고 가상의 선택을 예견할 수 있도록 해주었다. 사피어가 주목했던 사실은 언어가 고도의 문화적 요소를 가지고 있다는 점이었는데, 보행엔 이 점이 결여된 것으로 보았다. 그러나 사실상 직립 보행도(심지어 어린이의 경우에 있어서도) 언어 욕구와 마찬가지로 환경을 이해하고 지배하려는 문화적 압력을 표현한다.

생물학적 구조로서의 언어를 논할 때 그것이 하나의 행동 유형으로서 어떻게 진화해왔는가를 고찰하지 않을 수 없다. 행동의 진화 과정에 관한 문제는 하나의 기관器官의 진화에 관한 문제보다 확실히 어렵고, 육안으로 확인할 수 있는 근거도 빈약하다. 예컨대 행동의 과도기적 유형들은 일단 없어지고 나면 눈으로 확인할 수 있는 화석 증거를 남기지 않는다. 그럼에도 이것은 생물학에서 점차 중요해지는 연구 분야이며, 행동과 기관 사이의 상호 관계는 하나의 연구 단위로 점점 학자들의 흥미를 끌고 있다. 언어는 각종 상이한 진화의 형태를 추적함에 있어, 오늘날의 인간이 갖고 있는 기관을 경험적으로 추적하는 과정에 어떤 종류의 추론과 유추가 필요한가를 탐구할 수 있도록 해주는 가장 이상적인 행위 유형인지도 모른다. 진화론적 주장은 머지않아 몇 가지 골격 구조(예컨대 말발굽, 박쥐의 날개 등)에 있어 전형적인 여러 단계를 열거하는 추론 방식에서 다른 방향으로 옮겨갈 수밖에 없을 것으로 보인다.

오늘날 우리는 1939년 당시, 즉 베테Hans Bethe가 태양에서 헬륨의 물리학적 진화의 메커니즘을 제시함으로써, 오늘날까지도 모든 화학 성분들은 항성들 속에서 진화했다고 결론짓게 해주는 논리 구조를 도입했을 때 천체 물리학자들이 처했던 상황과 똑같은 상황에 직면해 있는지도 모른다.

진화의 순서에 관한 논의를 시작하기 위해서는 우선 몇 가지 상황을 당연한 사실로 가정하지 않을 수 없다. 그것은 바로 진화의 전 기간을 통해 고등한 포유동물들은 몇 가지 기본적인 자극과 욕구(예컨대 고통·식욕·성적 본능·놀람 등)에 대한 생득적인 음성 반응을 갖고 있었다는 점이다. 일반적으로 외치는 듯한 음성 반응들은 그것을 발성하는 동물들에게 유리하다기보다는 결점으로 작용하는 경우가 흔하다. 그러므로 이러한 외침들이 지속적으로 존재해 왔다는 사실은 바로 그것들을 발성한 종의 다른 구성원들에게 유리한 점을 제공했을 것이라는 점을 시사한다. 다시 말해 자연 선택은 이러한 음성 반응들이 개별적인 개체 속에 남아 있지 않지만, 동일한 종의 다른 구성원들에 의해 신호로 해석되어 종들의 형성과 생존에 유리하게 작용해왔다는 사실을 암시한다. 그 결과 고통의 신음 소리는 경고로, 음식을 보고 지르는 소리는 권유 의사 등으로 변형된다.

이러한 단계에는 다음과 같은 네 가지 특징이 보인다.

1. 자극과 신호 사이에는 시간적인 격차time lag가 전혀 존재하지 않는다. 오래전에 헌터가 밝혔다시피, 영장류 이하의 동물 중에는 반응을 지연시킬 능력을 갖춘 것이 거의 없다.(1913)
2. 전달된 메시지와 그것을 수용하는 정서적 반응은 분리되지 않는다. 사실상 정서적 반응은 소리를 지르는 동물뿐만 아니라 듣는 동물들에게도 원래의 의미를 갖는다.
3. 발성된 신호는 행동에의 권유 또는 최소한(몇몇 영장류에 있어) 사회적 반응의 유도 등으로 해석된다. 내 생각에, 그것은 지시이지 정보가 아니다.
4. 발성된 신호는 완전한 단위다. 즉 그것 자체만으로 하나의 문장의 역할을 수행하며 개별적인 단어로 분리될 수 없다. 진킨이 밝혔다시피, 심지어 영장류의 경우에서조차 그것에 해당하는 동의어가 존재하지 않는다.(1963)

위의 사실은 기본적인 유형에 불과하다. 그 외 각각의 종마다 신호를 보내는 상황에 따라 각각 다르게 나타내는 반응 양태에 관해서는 이미 다른 곳에서 분석한 바 있다.(1967) 한 가지 예를 들면, 몇몇 조류들과 동물들은 침입자의 종류를 구별하여 각각 다른 경고의 소리를 냄으로써, 그 소리를 듣는 동료들이 서로 다른 행동 양식으로 대응할 수 있도록 해준다. 다시 말해 공중의 적과 지상의 적에 대한 경고음이 서로 다르다. 뿐만 아니라 1961년 소프William H. Thorpe의 연구 결과에서 밝혀졌듯이, 어떤 조류들의 경고 소리는 같은 종들뿐만 아니라 다른 종의 새들도 정확히 해석하고 반응하게 한다. 비록 신호와 반응의 이 같은 조절이 섬세하고 경이로운 것이긴 하지만, 진화의 거대한 도식에서 저들이 차지하는 자리만큼 신비롭고 불연속적인 것도 다시 찾아볼 수 없을 것이다.

객관적인 의미에서 바라볼 때, 새들의 놀람의 외침과 인간의 소리 사이의 구조적·외형적 차이는, 인간은 위험의 개념과 특수한 침입자의 개념을 서로 분리시킨다는 점에 있다. 인간은 위의 두 가지 경우를 서술하는 요소를 결합하여 하나의 문장을 만든다. 가령 "조심해, 뱀이다!"라고 소리칠 때, 여기에는 위험을 알리는 소리와 특수한 대상을 칭하는 외침이 결합되어 있다. 바로 이것이 인간의 언어에서 실질적으로 중요한 부분이다. 인간의 완전한 발화는 마치 조립식 인형처럼 분석·분해될 수 있으며, 각각의 성분들이 서로 종합되어 복합적인 의미를 갖는 적절한 메시지를 형성한다. 그 과정에서 위험이라는 추상 개념은 구체적인 대상으로 전환된다. 이것이 바로 인식적 발화의 논리 구조다. 이 점에 대해서는 이 논문의 마지막 부분에서 상술할 것이다. 여기서는 먼저 어떻게 하여 이러한 논리적 차이가 도출되는지 다음과 같은 행동의 차이를 이용하여 밝히고자 한다.

인간과 다른 동물의 행동의 차이는 아래와 같은 네 가지다.

1. 인간에게는 자극과 발화 사이에 지연 기간이 존재한다. 인간의 뇌는 입력된 자극을 여러 가지 중추 및 신경 회로에 조회하고 그로부터 되돌아온 반응들을 분석·종합하기 때문에 반응 양식을 공식적으로 표출하는 데 약간의 시간이 소요되는 것으로 보인다(이러한 과정이 있기 때문에 위험을 알리려고 소리칠 때 단지 "호랑이!"라고만 말하지 않을 수 있다). 뇌의 이러한 작용은 중요한, 어떤 의미에서 볼 때 매우 기본적인 현상이다. 인간의 뇌에서 언어 영역은 뚜렷하게 다른 기능들을 담당하는 몇 군데의 피질 부분에 퍼져 있다. 그중에서 전엽에 있는 한 부위가 지연 반응에 필요한 인식적 정보를 기억하고 조직하는 핵심적인 역할을 하는 것으로 알려져 있다. 야콥슨은 오래전에 전엽에 손상을 입은 영장류는 다른 학습 능력은 그대로 유지하지만 더 이상 지연 반응을 정확히 행할 수 없음을 밝혔었다.(1939)

2. 반응된 메시지가 전달하는 내용(지시이든 정보이든)과 심리적 가동 또는 정서적 반응이 '분리된다'. 바로 여기에서 인간 행동의 데카르트적 갭Cartesian gap이 생겨난다. 이러한 분리의 결과는 매우 극단적으로 나타나기 때문에 말문이 막히는 경우(예컨대 격분 또는 냉철한 의도에 의해)도 가능하다. 이 뚜렷한 대조를 살펴보기 위해 도일의 《실버 블레이즈의 모험》에 나오

는 홈스와 왓슨의 대화를 다시 한 번 인용해보겠다.

"뭐 좀 짚이는 점이라도 있습니까?"
"간밤의 개, 바로 그 개가 이상합니다."
"그 개는 밤중에 움직이지도 않았습니다."
"바로 그 점이 이상하다는 말입니다."
셜록 홈스가 말했다.

그 개는 침입자에게 호의적이었기 때문에 잠자코 있을 수밖에 없었던 것이다.

3. 인간의 행동에는 극적인 언급의 유예가 존재한다. 인간의 언어에는 시간적으로 과거와 미래를 앞뒤로 성찰해본 다음에 미래의 행동을 내포하는 메시지의 내용을 변화시킬 수 있는 능력이 있고, 또 지금껏 그래왔다.

4. 인간의 언어에는 새로운 용도, 즉 언어의 내면화internalization가 존재한다. 이로 인해 언어는 단지 의사소통의 수단에 머무는 것이 아니라 반성과 탐구의 도구가 되기도 한다. 말하는 사람은 이러한 도구를 사용해 발설하기 전에 가정적인 메시지를 구성하여 장기적인 계획과 정책을 짤 수 있다.

개별적이든 복합적이든 이러한 차이점들은 발화 행위를 야기시키는 직접적인 배경으로부터 말하는 사람을 분리시키는 효과를 갖는다. 인간 언어의 행동적 요소가 가지는 가장 뚜렷하고 총체적인 특징은 해방disengagement이다. 이러한 특징을 보여주는 다른 동물은 전혀 존재하지 않는다. 다만 영장류만 위의 네 가지 행동 항목에 따라 극히 초보적인 모습을 보여줄 뿐이다. 이 사실은 1970년 브로노우스키와 벨루기가 침팬지 와슈Washoe 양이 신호 언어를 배워 사용하는 방법을 분석함으로써 밝혀졌다.

영장류의 행동에서 인간의 행동으로 변천하는 것을 연속적이다 혹은 불연속적이다(마치 이러한 단어들이 절대적인 척도나 되는 것처럼)라고 표현하는 것은 타당하지 않다. 영장류는 인간이 출현하게 되는 과정을 보여준다. 이 점은 호케트(1964)와 아서R. Ascher와 캠벨(1966)이 각각 다른 방법으로 행한 전반적인 분석을 통해 증명한 바와 같다. 따라서 인간과 동물 사이에 가로놓인 다리를 기계적으로 무시하는 언어의 정의定義를 그대로 받아들이는 것은 잘못이다. 예를 들면 이러한 행위는 인간의 외침 소리를 '반언어적'이라 특징지은 심프슨G. G. Simpson(1969)의 견해를 용납하는 것과 다를 바 없다.(브로노우스키의 저서를 참조할 것. 1969 b) 마찬가지로 기계적으로 모든 언어를 의사소통 행위로, 모든 의사소통 행위를 언어로 간주하는 정의 또한 잘못이다. 인간의 인식적 언어 사용법을 특징짓는 해방의 초기 모습은 영장류에서 찾아볼 수 있다. 그러나 결국 이러한 추적의 목표는 인간의 전체적인 언어 사용 능력이 실제적으로나 논리적으로 독특하다는 것을 확실히 보여주자는 데 있다.

내가 제시한 언어의 행동적 요소들은 발화 행위를 야기시키는 전체적인 상황 또는 경험에 대한 반응(인간 또는 동물의)과 관련이 있다. 그러나 인간이 명제적 또는 다른 인식적 진술을 하기 위해 상황이나 경험을 사용할 때, 그는 경험으로부터 몇 가지 특성들을 추출하여 강조하는데, 그러한 특성 속에서 그보다 앞선 경험들과의 유사성이 발견된다. 이것은 꿀벌이 춤을 춤으로써 멀리 떨어져 있는 화밀花蜜의 존재를 알린다거나, 비비가 위험에 처했을 때 경고의 표시로 짖는 행위 등 동물의 반응과는 다르다. 인간의 반응에 나타나는 상이하고 독특한 행동 양식은 각각 전체적인 상황의 부분으로의 분석적인 구별을 의미한다. 자극에 대한 정서적 반응의 분리 속에서 경험의 분석적 구별의 행동적인 전조가 되는 요소가 발견된다. 하지만 그 이후부터 결정적으로 중요한 단계는 행동이 아니라 지능이다. 왜냐하면 지능이 외부 환경의 객관적인 구분에 대응하여 경험의 주관적인 구분을 가능하게 하기 때문이다.

언어학자들은 동물의 신호 언어의 단일한 본질과 낱말들로 이루어진 인간의 발화의 '원자적' 구성을 구별하는 데는 의견의 일치를 보이고 있다(1970년, 야콥슨은 문장이 각각의 성분으로 이루어져 있다는 자기 이론의 전형으로, 물질은 원자로 구성되어 있다는 데모크리토스의 말을 인용했다). 그러나 언어학자들은 인간 언어의 특징이 그것의 구조에 있다고 할 때, 항상 언어 속의 '원자' 단위들이(낱말 자체를 의미하건 또는 그 낱말들이 표상하는 개념을 의미하건 간에) 마치 말(발화 행위)보다 먼저 완성된 형태로 존재하는 것처럼 취급한다. 예컨대 레너버그는 개념을 설명하면서 동물들이 반복을 통해 획득하는 언어와는 관계가 없는 조건 반사라고 설명했다. 그러므로 단어는 미리 형성된 개념에 부여한 명칭일 뿐이며, 발화 행위는 그러한 단어들을 한데 합침으로써 이루어진다고 본 것이다. 이러한 견해는 이미 형성된 어휘와 문법을 결합함으로써 습득하는 외국어의 경우처럼, 언어를 항상 미리 형성되어 있는 것으로 간주할 경우에는 타당한 이론이다. 그럴 경우에 문형文型은 단어에 대해 규정한 수학적 함수나 공식으로 취급되어 단어는 그 공식에 대입되는 변수의 역할밖에 하지 못할 것이다. 그러나 인간이 언어를 발명하지 않았음은 분명한 사실이고, 어린이가 그러한 공식적이고 교육적인 절차에 의해 언어를 학습하지 않는다는 것도 확실하다.

문장의 성분인 단어를 이용하여 문장이나 사상을 종합적으로 구성하려면 먼저 경험을 단어나 그 밖의 이미지 또는 상징물 속에 분석적으로 투입할 수 있어야 한다. 언어를 사용할 수 있는 능력에는 다음의 두 가지 요소가 있다. 첫째, 경험의 각 부분에 대한 분석 능력이다(이렇게 함으로써 각각의 대상에 상응하는 경험의 객관적인 지위가 결정되고 구체화된다). 다음으로, 분석된 각각의 부분은 각각 상이한 상상 구조 속에 연속적으로 조립하는 능력이다. 이것이 바로 재구성reconstitution이라고 하는 이중 작용이다. 이러한 재구성은 오늘날 모든 인간의 언어 행위에서 똑같이 발견되는 현상일 뿐만 아니라 언어의 초기 형태에서도 그러한 과정이 보임을 알 수 있다.

먼저 하나의 예로서, 과학자가 새로운 개념(예컨대 전자)을 이끌어내는 방법을 살펴보자. 그는 먼저 수많은 관찰을 한다. 이러한 관찰 행위는 문자 그대로 단지 하나의 암시 해독暗示解讀이라 표현할 수 있다. 다음으로 그는 다른 제반 현상과 설명에 비추어, 관찰 결과 나타난 암시 해독 내용을 전혀 새로운 하나의 실재, 즉 전자의 행동 양상을 표현하는 것으로 해석할 수 있다고 결론짓는다. 이 과정은 경험적으로 허용되어 사용된 전자electron라는 단어를 포함하여 문장을 형성하는 일에 비유될 수 있다. 어느 의미에서 러셀이 주장했듯이 전자란 이렇게 형성된 문장의 총계sum에 지나지 않는다고 볼 수 있다.(1918) 그러나 실제로 '전자'를 하나의 구체화된 개념으로 사용하고, 그것의 행동을 기술하는 문장들을 하나의 대상(상상적인 대상이라기보다는 오히려 인간에 의해 만들어진 지적 인공품으로서의 대상)에 관한 인식적認識的 진술로 간주하는 것이 편리하다. 이런 식으로 1897년 톰슨은 실험을 통해 전자가 입자의 속성(즉 행동)을 갖고 있다고 결론지었다. 그리고 1929년 그의 아들이 전자는 입자의 속성뿐 아니라 파동의 속성도 가지고 있음을 밝혔을 때도 그러한 절차는 결코 변하지 않았다.

대상과 그 대상을 한정하고 규정하는 문장의 상호 관계는 모든 인간의 언어 형태 중에서 인식적 진술의 특징적 형태이며, 이러한 관계는 기술된 내용이 추상적 혹은 구체적 실제들 간의 연결일 때도 마찬가지로 적용된다. 이러한 관계는 추상적인 평면 기하학의 형식상의 이중성을 갖는다. 즉 단어들은 문장 속에서 연결되고, 마치 기하학에서 선이 점에서 교차하듯 각각의 문장들도 공통적인 정의를 갖는 단어를 공유한다. 그리고 이러한 상호 의존성은 결코 제거될 수 없다. 다시 말해 단어들은 자신이 조화를 이루고 있는 문장에 의해 의미가 규정된다. 단어들이 문장 속에서 조화를 이룬다는 말은 단어들이 문법적 체계에 순응함을 의미하며, 문법적 체계는 다시 우리의 경험 속에서 대상들이 순응하고 있는 행동의 법칙을 구문 속에서 공식화하고 있음을 의미한다. 이처럼 어휘와 문법은 그 기원상 서로 분리해서 생각할 수 없으며, 특히 모든 언어의 통사론syntax, 統辭論의 기저를 이루는 특수한 언어 능력이 존재한다고는 볼 수 없다. 보편적 통사론은 인간의 경험 분석 방법이지 문장의 구성 방법은 아니다.

어린이가 의자처럼 인간에 의해 제작된 대상을 명명하는 방법을 학습하는 과정에도 같은 분석법이 적용된다. 여기에서 대상은 (전자처럼) 그것의 행동이나 사용에 의해 정의되지 외관에 의해 정의되는 것은 아니다. 브로노우스키와 벨루기도 이 점을 분석하고 눈에 보이는 외관에 집착하는 것은 일반적으로 잘못이라는 결론을 내렸다.(1970) 만약 외관을 지시하는 것이 단어 형성의 일차적인 절차라면 모든 언어에서 색채어가 풍부해질 것이다. 그러나 사실은 그와 정반대다. 벌린B. Berlin과 카이P. Kay는 단지 두 개의 색채어밖에 갖지 않은 언어에서부터 열한 개까지 갖는 언어들의 목록을 작성했다.(1969) 색채어의 수가 증가하는 것은 인위적인 색채 구별 행위의 증가와 함께 나타나는 것이지 다른 요인에 의한 것은 아니다. 19세기의 학자들이(Gladston, 1858 ; Geiger, 1880) 고대인은 색맹이었다고 주장할 만큼 색채어가 등장하지 않는 구약 성서나 그리스 문학이 그러한 원칙의 좋은 예라 할 수 있다.

어린이의 언어 습득 행위는 그들이 문장 구성법을 학습하는 방법에 있어서도 역시 시사적이다. 어린이는 언어를 습득할 때 처음부터 문법을 배우는 것이 아니라 스스로의 힘으로 문장 구성법을 발견해야 한다. 그것은 기계적인 암기법으로 되는 것이 아니고 어린이가 가까이 접할 수 있는 특수한 말들로부터 귀납적인 과정을 통해 일반화된다. 이것은 1970년 벨루기의 실험을 통해 그들이 일반적인 법칙을 불규칙적인 사례에 확대 적용할 때 실수(예컨대 'man'의 복수형을 'men' 대신 'mans'라 하거나 'go'의 과거형을 'went' 대신 'goed'라 하는 경우 등)를 범한다는 사실로 입증되었다. 언어의 역사적 발전 과정을 보면 평범한 단어들에서 불규칙한 사례가 발생함을 알 수 있다. 1971년 벨루기는 농아들이 수화를 배울 때에도 이와 유사한 일반화의 오류가 발생한다고 보고하고 있다. 그러나 이런 일반화의 오류 자체에는 예리한 지적 특성이 내재되어 있다. 왜냐하면 그것은 어린이들이 실제 세계의 추상적 구조(예컨대 복수 개념이나 과거 개념 등)를 인식하는 것을 배우기 시작하고 있음을 드러내주며, 또한 그가 듣는 수많은 문장들로부터 그 추상 구조를 기술하는 일반적인 구분 법칙을 이끌어내려는 시도를 하고 있음을 나타내주기 때문이다. 어린이의 언어에는 발달하는 단계마다 스스로의 힘으로 체득한 일관된 구분 법칙이 존재하며, 그것의 새로운 발견과 더불어 사용하는 것이 어린이의 언어 재구성 행위의 일부분이 되고 있다.

또 한 가지, 인간의 경험 분석을 표현하는 복잡한 어법을 어린이가 얼마나 빠르게 학습하는지 예를 들어보자. 그것은 같은 사람을 의미하는 'John', 'I', 'You', 'He' 등의 단어 사용이다. 이러한 언어의 다원성에는 언어학적 논리가 전혀 없으며, 실질적인 목적에 기여하는 바도 없다. 차라리 통틀어 'John'이라는 이름이면 족하고 더 분명할 것이다. 그러나 내가 《인간을 묻는다》에서 서술했다시피 경험을 내부와 외부, 즉 자신과 환경으로 분석하는 행위는 인간의 가장 초보적인 의식 형태다. 결과적으로 어린이는 하나의 지적 습관(이러한 습관은 우연히 언어학적 법칙과 맞아떨어질 뿐이다)으로써 그러한 모호한 어법을 초기에 쉽게 배우는 것이다.

또한 어린이의 언어 실천 과정에서 중요한 것은 내면세계의 창조와 그것의 외부 세계와의 비교다. 위어R. H. Weir의 보고에 기록된 바와 같이, 어린이는 혼자 있을 때 여러 가지 언어 실험을 하는데, 그때 같은 문장에 서로 다른 여러 개의 단어가 쓰일 수 있음을 깨닫고 같은 뜻을 갖는 다른 단어들로 새로운 문장의 구성을 시도함으로써 문장 구성 능력을 개발한다.(1962) 이러한 행위가 아무런 목적도 없이 그저 아무렇게나 이루어지는 것은 아니다. 어린이는 마음속으로 경험적인 외부 세계에서 어떤 것이 의미를 갖게 되는지 혹은 갖지 않는지를 계속 확인한다. 예컨대 그의 단어 치환 행위는 그가 대상, 행동, 속성 등을 나타내는 여러 개의 단어 사이의 어법상 차이점을 시험하고 있음을 보여준다.

이와 같은 어린이의 언어 활동은 두 가지 서로 관련된 목표를 달성하는 데 일익을 담당한다. 그런데 이 두 가지 목표는 모두 성인의 사고 과정에서 중요한 역할을 수행한다. 첫 번째 것은 간단히 말해 실제 세계의 여러 사실을 정확히 표현하고자 하는 목표다(여기서 간단하다고 말한 것은 물론 언어의 진화나 습득 행위 그 자체를 지칭하는 것이 아니다). 왜냐하면 객관적인 실재reality의 개념은 언어의 교환에서 그 실재를 재창조하고자 하는 추구와 함께 언어와 사고를 동시에 형성해온 인간의 가장 기본적인 발명품이기 때문이다. 타르스키가 밝힌 바와 마찬가지로, 사실에 대한 대응으로서의 진리는 언어 속에서 검증된다.(1936) 그리고 진리에 보편적 가치를 부여하는 것은 인간의 중요한 속성이다.(Bronowski, 1966)

어린이의 내면 언어 활동의 또 다른 목표는 발견, 즉 단순히 진리를 표현하기(다시 말해 암호의 실마리를 풀기) 위한 것이 아니라 그것을 확대시키고자 하는 발견이다. 어린이는 나름대로의 분석으로 찾아낸 원리들을 머릿속에서 새로운 형식과 유형으로 재배치한다. 그는 가상의 상황 속에 이러한 재배치가 어떤 의미를 갖는지 확인하기 위해 요모조모 따져본다. 결국 이러한 과정이 수없이 반복되면서 그는 세계에 관한 새로운 사실과 의미를 발견하게 된다(마치 창조적인 사고력의 소유자가 그렇듯이). 이것은 재구성 과정의 핵심적인 본질로서 언어를 보다 생산적인 것으로 만들어주는 유일한 행위다. 어릴 때부터 이미 과학에서나 예술에서나 모든 독창적인 사고의 맹아가 되는 은유적 유사성의 탐구가 시작되고 있다.(Vygotsky, 1962)

이상의 사실들은 어린이의 언어 학습 과정이 시행착오, 조건 반사 또는 강화強化 등의 과정과는 다르다는 것을 보여주고 있다. 그 차이점은 논리적인 것으로서 인식적 진술의 의도가 청유나 지시 또는 심리적·정서적 동조의 요구라기보다 정보의 전달이라는 특수성에서 기인된다. 어떤 영리한 동물(예컨대 침팬지)은 일련의 반복적인 행동 과정을 훈련시키면 사람의 말을 듣고 거의 대부분의 과업을 수행해낼 수 있을 뿐만 아니라, 아주 복잡한 말까지 알아듣고 행동에 옮기기도 한다. 그러나 단순히 자극과 반응에 의한 훈련 방법만으로는 침팬지나 어린이들에게 귀납적인 추리법을 써서 언어나 실제 세계의 법칙을 발견하고, 그것을 구문 체계 또는 자연계의 여러 현상에 적용할 수 있는 능력을 갖게 하는 것은 불가능하다.

어린이의 언어 습득 행위의 특성을 강조함에 있어 나는 어린이가 언어 진화의 과정을 개괄적으로 재현한다고는 시사하지 않는다. 나의 주장은 다만 인간의 언어는 정보를 발견하고 전달하기 위해 고안되었기 때문에 동물의 원시적인 체계와는 다른 논리 형태를 가지고 있으며, 우리는 이러한 논리적 발달을 몇 가지 필수적인 절차에 의해 어린이의 언어 습득 행위에서 볼 수 있다고 하는 것일 뿐이다. 언어는 무수한 기능을 가지고 있으며, 개체 또는 종으로서의 인간에게 언어의 논리적 발달은 이러한 기능의 발달과 함께 진행된다. 이러한 의미에서 살펴볼 때 어린이의 언어 습득 행위의 진보 과정은 인간 언어의 발달 과정을 해명해줄지도 모르는 실마리를 제공한다고 할 수 있다.

인간의 의사 표시 형태는 어느 시점에서 비언어적 신호 행위로부터 언어로 옮겨가기 시작했을까? 그러한 단계를 원시 사회의 사회적·혈연적 관계에서 찾으려는 시도에는 상당한 근거들이 있다. 하지만 나는 그것을 해명하는 핵심적인 배경은 바로 도구의 제작이라고 확신한다. 왜냐하면 도구에는 구성 양식과 사용 양식이 모두 구체화되어 있기 때문이다. 석기石器는 문장과 마찬가지로 하나의 기록이자 설계도이다. 다시 말해 거기에는 두 종류의 맥락, 즉 과거로 향하는 맥락과 미래로 향하는 맥락이 들어 있다. 이러한 두 가지 맥락에의 적응은 곧 의미, 바꿔 말해 효과적이고 유용하며 알맞은 구조를 가리기 위한 척도들이다. 이처럼 보다 깊은 의미에서 판단할 때 도구의 제작 및 사용 방법 혹은 언어학적 구조를 이해하는 데 능력과 그 능력의 수행 사이에는 별 차이가 없다. 왜냐하면 기호화와 이해, 그리고 구조와 의미는 서로 구별될 수 없기 때문이다.

지금까지는 하나의 도구를 기록이자 설계도로 기술하면서 그것이 나타내는 직접적인 시각적 이미지에 대해서는 언급하지 않은 채 논의를 진행했다. 이제 그 문제를 살펴보자. 석기의 시각적 형태는 단순히 하나의 돌멩이에 불과하다. 때로 고고학자들 사이에서도 돌멩이가 인간에 의해 모양이 다듬어져 사용되었는지의 여부에 관한 논쟁이 벌어지기도 한다. 따라서 돌을 하나의 도구로 기술하는 데는 일련의 추론 과정이 필요하다. 만약 석기가 하나의 문화에서 다른 문화로 전달된 것이 분명하다면 그 까닭은 그것의 시각적·촉각적 외형이 사람들의 마음속에 사용 방법 및 제작 방법에 관한 영감을 불러일으켰기 때문이었을 것이다. 도구는 마치 발화 행위처럼, 그것이 제공하는 의미를 나름대로의 방식으로 재구성함으로써 추론할 수 있는 자들에게만 자신의 의미를 드러낸다.(Oakley, 1957)

순간적으로 포착한 영상을 완전한 영상으로 재구성하는 인체의 시각 계통에서 이와 유사한 추론을 발견할 수 있다. 사람의 눈이

뇌로 전달하는 것은 이차원적 영상이다. 이 영상은 뇌까지 도달하는 과정에서 정교하게 분류·해석된다. 이렇게 하여 뇌에 도달한 영상은 그 속에서 하나의 추리 과정a process of inference을 통해 삼차원적 구조로 재구성된다. 그런데 종종 눈의 착각 현상이 일어난다는 사실에서도 이 추리 과정이 단순하지 않음을 알 수 있다.

1970년 그레고리R. Gregory는 이러한 삼차원적 구조로의 재구성 과정의 추리와 우리가 문장의 의미 또는 '심층 구조'를 재구성할 때 행하는 추리 사이에는 놀랄 만한 유사성이 존재한다는 사실을 지적했다. 뿐만 아니라 뇌의 오른쪽 반구에서 그러한 재구성 작용을 담당하는 부위의 위치가 언어 영역이 자리 잡고 있는 왼쪽 반구의 위치와 동일하다는 점은 주목할 만하다. 1969년 레비J. Levy는 오른쪽 반구에 위치한 영역의 재구성 작용이 언어 영역의 작용보다 훨씬 더 신속하고 완전한 판단에 의해 이루어진다고 추측했다. 그러나 지금처럼 주제가 워낙 새롭고 연구의 진척 상황도 겨우 초보적인 단계에 머무르고 있는 시점에서 그에 관한 새로운 해석을 논한다는 것은 아직 시기상조다. 다만 중요한 사실은 언어의 재구성과 기억 속의 삼차원적 구조 사이에는 생물학적일 뿐만 아니라 지적인 유사성이 존재한다는 점이다.

석기와 두 눈의 시각은 각각 인식적 언어의 기본적인 과정으로서의 재구성에 관한 유추를 가능하게 해줄지도 모른다. 하지만 그러한 유추는 둘 다 워낙 일반적인 것이어서 논리적·생물학적 구조에 관한 포괄적인 조감은 가능할지 몰라도 명확한 출발점을 제시하지는 못한다. 그렇다면 인간은 도대체 어떤 방법으로 상징체계를 개발했을까? 구약 성서에서 최초의 남자에게 아담이라는 이름을 붙인 것처럼 최초의 출발점은 대상에 명칭을 부여하는 것에서 시작되었다고 믿는 사람들이 있다. 그러나 그들의 견해는 너무 소박하고 유치하며 의심되는 부분이 수두룩하다. 도대체 어떻게 하여 인간이 하나의 행동을 또 다른 행동으로 대체하는 것, 다시 말해 하나의 행위, 대상 또는 속성을 발화 행위로 대체하는 일이 가능해졌으며, 또한 그것이 자연스럽게 받아들여지게 되었을까?

본질적으로 이에 대한 해답은 이미 설명했다시피, 동물의 신호언어signnals에 관한 분석과 특수화particularization에 있음이 분명하다. 이 점이 나의 논제에서 핵심적인 부분을 차지하고 있고, 이제는 그것과 현재 우리 어법의 관련성을 파악할 수 있다고 생각되므로 다시 한 번 기술하고자 한다. 1967년에 다른 곳에 발표한 단어에 관한 부분을 옮겨보겠다.

물론 화학 합성물을 각각의 성분으로 분석할 때처럼 메시지를 여러 가지 구성 요소로 분석해낼 수 있다고 생각할 수는 없다. 그러나 실재實在는 행동으로뿐만 아니라 대상으로써 어느 정도 해석될 수 있으며, 그 대상들을 행동과 구별하여 명명할 수 있다는 사실이 이해되게끔 되었다. 그것은 마치 새들이 공중과 지상의 위험에 대해 보내는 두 가지 경고음이 각각 '매'와 '흰담비'라는 이름으로 변형됨으로써 숨으라는 지시로부터 분리되는 것과 같다. 대상의 개념은 점점 특수화되는 반면, 행동의 개념은 점점 일반화된다. 이러한 양극화 현상이 증대됨에 따라 하나의 세계를 수많은 부분으로 분리시켜 보여주는 분석법이 등장하게 되었다. 만일 우리가 먼저 그러한 사고방식을 만들어내지 않았더라면 화학 합성물의 분석은 생각조차 못했을 것이다.

그러므로 인간 언어의 성층 구조를 이해하는 데는 종합력과 함께 분석력이 필요하다. 그것은 사전에 미리 만들어진 상태로는 존재하지 않는 부분들로부터 재구성된 것이다. 나는 그러한 분석의 절차를 단순한 부분들의 분해라고 생각해선 안 된다고 설명해왔다. 그것은 하나의 메시지가 담고 있는 인식적 내용은 보다 특수화하고, 청유적 내용은 보다 일반화하려는 메시지의 진보적 재분배redistribution 행위다. 이렇게 함으로써 화자는 특수한 대상을 지칭할 수 있게 되고 또한 일반적인 행동을 요구할 수 있게 된다. 그때 청자의 기억 속에는 화자가 지칭한 대상에 적합한 행동을 취해야 할 필요성이 보다 명확하게 새겨지는 것이다. 이러한 과정이 점진적으로 이루어져 결국 인간은 실재에 대하여 동물과는 다른 영상을 획득하게 된다. 물질계는 모두 언어로 표현될 수 있는 단위들로 구성된 세계로 비치고, 그럼으로써 인간의 언어 그 자체의 어휘는 지시·명령적인 것에서 묘사·서술적인 것으로 바뀌게 된다.

마지막으로 동물의 행동에도 상징적 의미가 전적으로 결여된 것은 아니라는 점을 언급해둘 만하다. 그러한 예로 동물의 몇 가지 습관적인 행동 형태, 그중에서도 특히 변환 행동變換行動을 들 수 있다. 변환의 경우를 보면, 동물들은 보통 처음에 의도한 행동이 이루어지지 않으면 그것을 포기하고, 처음의 행동과는 관계없는 부적절한 행동으로 대치한다. 예컨대 갈매기는 자신이 낳은 알의 위치를 찾지 못하면 거의 예외 없이 주둥이로 풀을 뜯는다는 사실이 틴베르헌Nikolaas Tinbergen에 의해 1951년과 1953년 두 차례에 걸쳐 밝혀졌다. 또 다른 예로, 어떤 동물들은 특별한 경우 평소의 행동에 비해 어색하고 부적절한 행동을 취함으로써 효과를 얻는 수도 있다. 예컨대 북양가마우지gannet는 이웃 무리들의 영역에 들어가고자 할 때 날기 전에 들어가고 싶다는 의향을 표현하는 특이한 행동을 취함으로써 다른 무리의 공격으로부터 자신을 보호한다. 이러한 변환 행동은 일반적인 신호 행위가 아니다. 그것은 하나의 행동 대신 다른 행동을 취한다는 점에서 상징적이라고 볼 수 있다.

동물의 행동에서 나타나는 변환이 전적으로 특별한 것만은 아니다. 주둥이로 풀을 뽑는다거나 날기 위한 예비 동작을 취하는 예는 여러 가지 동기에서도 일어난다. 그러나 이 사실이 그러한 변환 행동의 상징적 또는 비유적 발화 행위의 전조로서의 가능성을 완전히 배제하는 것은 아니다. 차라리 인간의 언어에서 발견되는 은유적 특성을 동물의 행동에 부여하는 것으로 보아야 한다. 바꿔 말해서 동물의 변환 행동은 특수한 사물 또는 행동이 각각 하나의 상징으로 일대일 대응하는 전형적인 대체 형태라기보다는, 동물의 전체적인 행동을 통해 임의적으로 판단할 수 있는 일종의 보편적 유사성이라 할 수 있다. 이것은 마치 높다, 단단하다, 밝다, 강하다, 넓다 등의 단어들을 비슷한 마음의 반응, 정신 상태, 자세 등을 불러일으키는 수많은 다른 행동들을 묘사할 때 사용하는 것과 흡사하다. 인간의 언어는 완벽하게 정확하지 않고 또 그렇게 되길 원하지도 않으며 자신의 능력으로는 도저히 그대로 묘사할 수 없는 유사성을 표현하기 위한 일반화된 이미지나 틀에 의존한다는 사실은 기억할 만한 가치가 있다.

시는 과학과 마찬가지로 인간이라는 종에서만 특별하게 발견된다. 그리고 비록 시의 형태가 과학적인 형태보다 오히려 은유에 가깝다 할지라도 과학과 마찬가지로 인식적 진술에 토대를 두고 있다. 언어는 완벽하게 정밀해질 수 없다. 따라서 우리가 아무리 유한하고 또한 완전한 과학적 체계를 세우려고 발버둥친다 해도 그것에서도 역시 도저히 제거할 수 없는 패러독스가 발견되고 마는 것이다.

어디로 갈 것인가[3]

우리는 분명 격렬하고 분열적이기까지 한 문화적 변혁기에 살고
있다. 온갖 사회적 습관과 인위적 발명품들과 가치들이 뒤섞인 서
구 문화의 구조는 바로 우리에 의해 갈가리 찢기고 뒤틀렸다. 우리
의 온갖 행위와 신념은 곤두박질치며 변화하고 있고, 그 변화들은
이제 우리에게 갖가지 의문을 제기하고 있다.

이러한 변화에 일관된 방향이 존재하는가? 특히 예술과 과학에
있어 미래의 문화에도 지향할 어떤 일정한 상상력의 방향이 존재
하는가? 앞으로 올 후세를 어떻게 교육시킬 것인가, 변화를 따르게
할 것인가 아니면 이끌어나가게 할 것인가? 인간의 미래는 과연 어
떻게 될 것인가? 그리고 미래의 인간 개념이 오늘날 우리의 그것과
일치할 것이라는 희망에는 무슨 근거가 있는가?

---

3 본 논문은 원래 미드의 *Continuities in Cultural Evolution*(New Haven: Yale University
  Press, 1964)과 샤르댕의 *The Future of Man*(New York: Harper & Row, 1964)의 서평으로
  출판되었다.

우리 모두가 야기시키고 또한 모두가 겪고 있는 이 전반적인 불확실성 시대에 사회 과학으로 관심이 끌리는 것은 너무도 당연하며, 오늘날 사회 과학이 그 어느 때보다 잡다한 이론들로 번창하고 있는 현상 또한 당연하다. 내가 1964년에 출간된 수많은 책들 중 두 권을 고르는 데는 몇 가지 이유가 있다.

물론 미드Margaret Mead와 샤르댕Pierre Teilhard de Chardin이 지적인 깊이에 있어서나 과학적인 통찰력에 있어 매우 탁월하다는 것이 가장 큰 이유였다. 그리고 그들 두 사람은 이론의 결론에 있어 양극을 이루고 있다. 즉 미드는 사회 변화의 최초 단계를 탐색하고 있는 반면 샤르댕은 오로지 그것의 우주론적인 방향만 탐구했다. 그들은 연구 테마로서의 상대적인 중요성을 개별적인 인간과 사회에 두었다는 점에서도 마찬가지로 양극을 이룬다.

그런데 사회 인류학자인 미드는 개인에 의해 수행되는 부분을 강조하고, 영혼의 목자라 할 수 있는 샤르댕 신부가 인간이 없는 사회를 그렸다는 사실은 아이로니컬하다. 이들 두 사람의 저서를 택한 마지막 이유는 그들 모두 하나의 이론이 과학적이 되기 위해서 반드시 갖춰야 할 체계와 일관성을 이해하고 끝까지 그 기준을 충실히 유지했다는 점 때문이다.

그들이 공유하고 있는 과학적인 개념은 바로 진화의 개념이다. 특히 미드의 《문화적 진화에 있어서의 연속성Continuities in Cultural Evolution》은 사회 과학에서 가장 오래되었으나 놀랍게도 가장 모호한 개념인 진화에 정확하고 합리적인 의미를 규정하기 위해 노력하고 있다.

근대적 의미의 진화라는 개념이 18세기에 생물학 연구에서가 아니라 인간의 사회 연구에서 출발했다는 사실은 이상하다. 다윈은 사회 과학 연구에서 발견한 어떤 것 때문에 진화론에 있어 결정적인 의미를 띠는 단계로 접어들게 되었다. 그는 비글호에서의 5년간 항해를 마치고 돌아와 그동안의 기록들과 생각들을 차분히 정리했다. 1938년 10월, 그는 다음과 같이 썼다.

어느 날 나는 우연히 재미 삼아 맬더스의 《인구론》을 읽었다. 동식물의 생태를 오랫동안 관찰한 결과, 어디서나 생존을 위한 투쟁이 진행된다는 사실을 인정할 수 있었던 까닭에, 그것을 읽고 나자 그러한 투쟁 상황에서는 오로지 유리한 변이만 보존되고 불리한 변이는 패멸되어, 결과적으로 새로운 종이 형성될 것이라는 생각이 머리를 스쳤다. 결국 나는 여기에서 하나의 이론을 획득했다.

다윈은 맬더스의 《인구론》을 재미 삼아 읽었다고 했는데, 이는 그가 사회 과학을 심각한 것으로 받아들이지 않았기 때문이다.

마찬가지로 다윈이 1859년에 《종의 기원》을 출간하자, 사회 과학 측에서는 그의 주제를 인용하여 일반적인 철학으로 변형시켰다. 스펜서Herbert Spencer는 진화 과정을 이용하여 인간의 모든 행위와 윤리를 해명하는 이론 체계의 정교화에 여생을 바쳤다. 그의 영향은 지대했다. 예컨대 그는 '적자생존survival of the fittest'이라는 말을 만들었는데, 다윈은 이 말을(월리스Russel Wallace의 제의에 따라) 《종의 기원》 후판後版에 인용했다. 이처럼 각고의 결정인 스펜서의 저서를 읽지 않거나 그의 업적을 높이 평가하지 않는 까닭은 우리가 그동안 그의 연구 결과를 너무나 자명한 것으로 받아들였기 때문일 것이다.

사회 과학에서 진화라는 개념이 거의 200여 년 동안 지속된 사상이며, 생물학에 도입된 것은 그러한 전통에서 파생된 거의 우연한 분지分枝라고 말하는 데에는 역사적인 근거가 있다. 바로 여기에서 진화라는 개념은 왜 자연 과학보다 사회 과학에서 유용한 역할을 수행하지 못했는가 하는 당연한 의문이 나온다. 다윈(그리고 월리스)은 동물 종 사이의 관계를 진화의 가계도family tree 속에 정리함으로써 그것의 이해에 혁신을 일으켰다. 극히 최근에 물리학자들은 멘델레예프의 주기율표를 진화의 가계도로 전환함으로써 화학 원소 간의 관계에 관한 우리의 이해를 혁신적으로 변화시켰다. 그러나 진화를 최초로 인식했던 분야인 사회학에서는 200년 동안이나 심오한 질서에 대해 아무것도 밝혀내지 못했었다.

이유는 간단하다. 그것은 지금까지 어느 누구도 하나의 사회 관계, 가치 체계, 문화 등의 구조가 또 다른 구조로 바뀌는 메커니즘을 해명하지 못했기 때문이다. 생물학에서는 매우 훌륭한 역할을 수행했고, 19세기 사회학자들의 총애를 받았던 생존 경쟁 이론은 문화의 진화를 설명하는 데 아무 역할도 하지 못했다. 오늘날 그것은 맬더스와 18세기의 합리주의자들에 있어서와 마찬가지로 천박하고 그릇된 척도로만 남아 있을 뿐이다.

그 이면에는 보다 깊고 근본적인 이유가 숨어 있다. 우리는 아직까지 사회 진화의 메커니즘과 함께 작용하는 기본 단위를 정확히 꼬집어낼 수 없기 때문에 사회 진화의 메커니즘을 알지 못하고 있다. 그런데 메커니즘은 그 단위를 교묘하게 재통합regroup하며, 그 결과 나타난 돌연변이mutations들은 새로운 문화 형성의 바탕이 된다. 물리학에서는 중성자와 양성자라는 두 개의 기본 단위로부터 점점 더 복잡한 원자핵들이 형성됨으로써 분자의 진화가 진행된다. 그리고 생물학에 있어 진화는 다윈이 '스포츠sports(변종 돌연변이-옮긴이)'라고 부른 안정적인 돌연변이체mutants가 나타나 새로운 진화의 단위가 된다. 그런데 훗날 멘델은 여기에서 유전자genes를 발견했다. 하지만 사회학에서는 아직까지 어떠한 분석도 일반적으로 납득이 갈 만한 사회 구조의 단위를 추출해내지 못했다.

이 점이 바로 미드가 문화 연구에서 해결하려 했던 핵심적인 문제였다. 그녀는 사회 진화의 구조에 관심을 쏟고 있다. 그리고 그녀는 그것을 사소한 문화적 변화, 즉 한 사회와 그것의 인접 사회 neighbor 사이의 작은 변화들에서 탐구할 뿐, 인류학자들이 종종 시도했던 웅대한 파노라마에선 찾지 않는다. 그녀의 표현대로 '문화의 미시 진화cultural microevolution, 微視進化'가 논제였다.

예전에는 문화 변화의 최소 단위가 도끼나 지도, 보다 정교한 것으로 사모아의 전통 가옥 등 문화의 구체적이고 상세한 내용을 결정하고 이끌어가는 인간의 발명invention이라고 생각되었다. 보다 최근에 인류학자들은 이러한 단위를 물질적인 발명이 아닌 사회적 혁신social innovation에서 찾았다. 이 점에서도 미드는 최고를 자랑한다. 예컨대 피진 영어Pidgin English(영어 단어를 교역상의 편의로 중국어 또는 멜라네시아 원주민어의 어법에 따라 쓰는 엉터리 영어-옮긴이)의 기원과 발전에 관한 미드의 설명은 단연 명쾌하고 정통하다. 지금까지의 어느 누구보다 혁신의 개념을 정확하고 구체적으로 밝혔다. 그녀는 대담하게 문화적 변천의 정수, 즉 하나의 혁신을 이룩하거나 차용借用하고, 옹호하며 결국 널리 유포시키는 인간의 수단 human means이라는 문제를 철저히 추적했다.

이러한 인간의 수단에 관한 한 미드의 결론은 명백하다. 인류의 역사에는 자신이 태어난 시대의 문화에 애착을 갖지만 낡은 관습에 집착하는 소심증은 참지 못하는 인간이 최소한 한 명은 반드시 존재한다. 그리고 그의 주위에는 일단의 추종자들이 존재하는데, 그들은 그의 심상에 애착을 갖고 그의 통찰력에 자각을 받아 그의 사상을 전파하는 데서 개인적인 만족을 느낀다. 이런 한 명의 강력한 지도자는 역사의 영웅은 아니지만, 그와 그의 추종자들은 사회의 연쇄변화 inter-locking change를 일으키는 수단들이다. 미드는 이러한 유형의 인간으로 1946년 태평양의 호전적인 세 부족을 연합시킨 한 사나이를 묘사하고 있다. 그는 부족민들을 시켜 가옥, 방파제, 학교 그리고 공동 기금을 조성하고 3년 만에 신석기 시대의 사회를 매우 유치하지만 세계적인 20세기 중반 사회의 한 변형으로 '전환시켰다'.

이러한 분석은 분명 많은 혁신가들, 예컨대 예술과 심지어 과학의 혁신가들의 경우에도 일치한다. 또한 그것은 왜 사회의 조직 일반에 있어서의 여러 변화, 즉 공식적인 제도와 절차상의 변화가 예술이나 과학의 비공식적 집단의 변화보다 훨씬 더 어렵고 느린가 하는 점을 설명해준다. 우리는 진화에 의해 이루어지는 문화적인 변화가 왜 혁명을 통한 정부의 변화처럼 급진적으로 이루어지는지를 알 수 있다.

이 모든 점에서 미드의 분석은 흥미진진하고 도발적이며 종종 단호하다. 뿐만 아니라 그녀는 이미 오래전에 다윈과 스펜서를 당혹하게 했던 역사에서의 영웅의 위치에 관한 논의에 새로운 전환점을 제시했다. 특히 인간의 유산은 오직 초인superman, 超人의 혈통에 의해서만 보존될 수 있다고 생각하는 광신자들을 힐난함에 있어 뛰어난 양식良識을 발휘한다.

그러나 사실상 미래에 관한 미드의 상상력vision은 우리를 실망시킨다. 놀랍게도 그녀가 발견한 사실들은 그녀가 미래를 예측하는 데 아무런 도움도 주지 못하고 있다. 그녀는 한 지도자를 인식하는 길은 그의 성공의 기록에 의존하는 방법밖에 없어 우리가 탐구하고자 하는 변화가 야기하는 방법을 알 수 없노라 고백하고 있다. 그녀가 분석을 멈추고 행동action을 제안함으로써 그녀의 저서는 갑자기 빛을 잃고 만다. 아무튼 나는 미드의 저서 마지막 장에 나오는 구절을 인용함으로써 지금까지의 그녀에 대한 과찬의 과오에서 면책받을 수 있기를 기대한다.

대학 건물 구내에는 일정한 시간에만 커피를 파는 조그만 공간이 널려 있다. 그런데 이곳에서는 미국인의 생활의 주된 특징들, 즉 놀랄 만큼 빠른 속도로 갖가지 계획들이 꾸며지고, 온갖 사상들에 관한 간단한 도전이 이루어지며, 실생활과는 거의 관계없는 일에 대한 언급을 주고받는다. "얼마 전에 말씀하신 것을 도저히 이해할 수가 없습니다. 몇 마디 언급해주시겠습니까?" 조금 후 그곳에는 양면에 '누구로부터 누구에게'라고 찍혀 있고, 이미 이름을 쓰느라 절반쯤 채워진 커다란 봉투가 도착한다. 그것을 받아본 사람은 자신이 커뮤니케이션에 한 일원으로 참석하고 있다는 의식을 갖게 된다.

문화에 있어 조그만 혁신들이 '누구로부터 누구에게'라고 찍힌 커다란 봉투에 의해 이룩되는지에 관해서는 의문이다.

이미 언급한 바와 같이 샤르댕의 이론은 미드의 그것과 정반대의 극을 이루고 있다. 그의 시각은 우주론적인 스케일을 가진 거시적 진화론macroevolution이다. 뿐만 아니라 그는 자신과 예수회 교단 고위 성직자들의 종교적인 입장에서의 망설임을 누그러뜨리기 위해 자신의 시각에 신화적인 입장을 풍부하게 끌어들였다. 하지만 그가 말하고자 했던 본질은 단순한데, 샤르댕의 30년 사고의 집적물인 이 책의 경우 특히 그러하다. 《인간의 미래》에는 특별히 새로운 내용이 언급되어 있는 것은 아니지만, 내가 보기에 그의 다른 어느 책보다 훨씬 더 흥미롭다.

샤르댕은 흔히 생물학자들이 고등 동물이라 부르는 동물들은 그것의 생물학적 복잡함의 규모뿐만 아니라 여타 거의 모든 가치의 규모에 있어서도 고등하다고 주장했다. 물론 그러한 기준에서 볼 때 인간은 가장 고등한 동물이다(샤르댕의 견해에 의하면). 신을 대신하여 매우 정교하게 인간을 창조했다는 진화 과정은 하나의 절대적인 기준absolute scale이다. 인간을 다른 동물들에 비해 절대적인 우위에 올려놓는 기준으로서의 복잡함은 인간의 정신의 소유에서 표현된다. 이 점에 관한 한(종교적 강요는 제외하고) 샤르댕을 비난하는 생물학자는 거의 없다.

인간은 이성을 통해 개념을 형성하고 언어를 사용하며 사회와 문화를 구축한다. 그리고 다른 무엇보다도 인간의 이성은 인간에게 타인과의 지적인 공동체에서의 활동을 가능케 해준다. 인간 집단은 늑대나 원숭이의 경우처럼 단지 무리##에 지나지 않는 것이 아니라, 지식이 형성·고정되고 전수되며 개별적 인간의 지적·정서적 생활이 타인과의 결합에 의해 지탱되는 사회다. 그것도 신의 영광을 위해서. 여기까지도(종교적 강요는 제외하고) 샤르댕을 비난하는 생물학자는 거의 없다.

샤르댕은 미래의 인간 진화의 방향, 즉 현재 상태의 인간을 초월하여 어떤 천부의 재능endowment이 인간을 위해 예정돼 있는 것처럼 관념의 폭을 그런 방향으로 확대했다. 인간 지력intellect의 사회적 이용이야말로 인간 재능의 극치이며 궁극적인 실현이 될 것이라고 그는 결론지었다.

인간이라는 동물의 출현으로 능동적인 진화의 모든 과정이 매듭된 것은 아니다. 왜냐하면 인간은 개별적인 반성 능력reflection이라는 재능을 통해 자신을 집단적으로 전체화할 수 있는 특별한 자질을 구사한다. 이로써 특정한 상황하에서 질료를 물리적으로는 그 어느 때보다 복잡하고 심리적으로는 집중된 성분으로 조직 변화를 일으키는 근원적이고 핵심적인 진화 과정이 전 지구적으로 확대된다. 이렇게 하여(사회적 현상의 유기적 본질을 항상 인정할 수 있다고 가정할 때) 지금까지 생물학에 의해 인식되거나 예견된 어떠한 개체unity도 능가하여 인류 전체가 마치 그물처럼 하나의 의식과 조직으로 서서히 압축되고 밀집되어 하나의 정신권Noosphere으로 수렴되는 것을 본다.

샤르댕은 인류 전체가 더 이상 개별적인 정신이 존재하지 않고 모든 것을 일차 종합하는 하나의 보편적 공동체, 즉 하나의 '사고 실체思考實體의 봉투' 속에 압축되고 일체화될 것으로 예견했다. 그것은 마치 전체 인류가 본능이 아니라 정신의 일체감을 통해 하나의 단일 세포군 또는 단일 곤충군서화昆蟲群棲化하는 것처럼 느껴졌다.

물론 이것은 생물학적 몽상이 아니라 문화적 이상이다. 샤르댕은 이를 "불가항력의 물리적인 진행 과정, 즉 인류의 집단화"라고 불렀다. 그는 또한 그것의 전체주의적인 암시totalitarian implications도 부정하지 않았다.

나는 우리가 아직도 최근의 전체주의의 시도를 공정하게 평가할 위치에 있지 못하다고 생각한다. …… 잘못된 것은 전체주의의 원리가 아니라 그 원리의 서툴고 불완전한 적용 방법이다.

샤르댕은 예수회 교단의 고위 성직자들에 의해 침묵을 강요당했으며 저서도 출간하지 못한 채 1955년에 사망한 것으로 추정된다. 왜냐하면 고위 성직자들은 인간이 특별한 행위에 의해 창조된 것이 아니라 다른 동물들과 똑같은 과정을 통해 진화했다는 이론을 인정하지 않으려 했기 때문이다. 고위 성직자들은 인간 정신의 주재자로서의 하느님 안에서 인간의 정체identity를 상실하게 될 샤르댕이 그린 인류의 미래상에도 역시 당혹감을 느꼈으리라 생각된다. 사실상 그들은 인간이 개별적인 은총에 의해서가 아니라 집단화에 의해 구제될 것이라고 한 샤르댕의 견해를 결코 인정할 수 없었을 것이다.

샤르댕은 신앙심을 갖고 하느님을 찬미했음에도 불구하고 인간의 운명에 대해 비관주의적인 태도를 보였다. 반면 미드는 앞서 인용한 예에서도 볼 수 있듯이 낙관주의자다. 나는 낙관적인 입장을 취하고 있지만, 미래관은 어쩔 수 없이 모호하고 추상적일 수밖에 없다는 사실을 의식하고 있다. 그리고 근본적으로 우리는 과학적 방법론의 결점 때문에 제약받을 수밖에 없음을 인식해야 한다. 문화와 사회를 분석하는 일은 매우 어려운데, 그것은 그것들이 물질이 아니라 제반 행위인 점에서 기인한다.

과학자로서 우리는 모두 물질 지향적thing-directed이다. 때문에 자연 과학(물리학·생물학 등)적 방법론은 통시적으로 존재하고 또한 다른 물질로 변화해가는 여러 물질을 다룬다. 과학의 단위로서의 물질의 탐구는 비중이 약해질지도 모르며, 다른 세대에는 현재의 우리보다 더 과정 지향적process-directed일 수도 있다(이 경우의 선구적인 예로는 다른 종들의 구애 행위 같은 동물 동작의 진화 과정에 관한 로렌츠Konrad Lorenz의 최근 연구를 들 수 있다). 만약 그렇게 된다면 사회 과학에서는 보다 과학적인 방법론을 채택할 수 있으며 자연 과학보다 앞서나갈 수 있을지도 모른다. 그러나 한편으로는 사회적 규범의 기반이 되는 행동 단위인 유동적인 행위와 제도를 다루는 개념상의 습성conceptual habit을 결여하게 된다.

이들 두 권의 탁월한 저서에서 얻어낸 또 다른 결론은 보다 포괄적이다. 문화에 관한 모든 논의, 그리고 그것의 모든 관념의 구체화 작업projection은 궁극적으로 개별적 인간 및 전체로서의 사회에 부여하는 중요성의 형량衡量이라는 문제와 필연적으로 대면하지 않으면 안 된다.

이 점은 18세기에 루소Jean Jacque Rousseau가 처음으로 사회의 진화라는 문제를 감지했을 때 분명히 드러났다. 오늘날에는 이러한 중요성 부여의 판단 기준 또는 양자 사이의 균형 관계에 따라 우리의 인간 본질에 관한 개념이 좌우된다. 한 인간을 특히 인간적으로 만들어주는 요인은 무엇인가? 인간은 다른 동물과 비교할 때 생물학상 그리고 정신적으로 어떤 점이 다른가? 석기 시대 혹은 그 이전부터 지속되어온 인간 특유의 자질들은 무엇인가? 그리고 수 세기 동안 어떻게 오늘날과 같은 재능을 획득했는가?

이런 것들은 생물학에 있어서나 문화에 있어서나 반드시 분석해 볼 만한 대담한 프로그램이다. 그리고 이러한 물음들에 대한 해답을 찾았을 때, 즉 인간의 본질적인 정체正體를 파악했을 때 비로소 그 이상의 논의를 전개시킬 권리를 획득했다고 볼 수 있다. 인간과 문화 그리고 사회에 관한 모든 논의는 인간의 재능이 남겨놓은 자취를 지향해야 하고, 결국 인간의 재능을 완성하는 데 초점을 맞추어야 할 것이다.

중요한 것은 사회가 무엇이냐가 아니라 인간을 어떻게 생각하느냐의 문제다. 문화가 갖는 유일한 의미는 매우 특수하고 천부의 재능을 부여받은 유일한 동물인 사회적 단독자social solitary로서의 인간의 완성에 있다.

생물 철학을 향하여

새로운 생물학은 대부분 제2차 세계 대전 이후 불과 몇십 년 사이에 전쟁으로 인해 학문 활동이 중단되었다가 전후에 새롭게 연구를 시작한 젊은 학자들에 의해 확립되었다. 그들 가운데 많은 사람들이 전쟁 기간 중 물리학 분야에 고용되었는데 물리학은 그들에게 막막함으로 다가왔다. 게다가 그들은 통제와 비밀 속에서 불쾌한 지시 사항을 따라야 하는 환경에 놓여 있었다. 반면 생물학은 마치 신대륙처럼 매력적인 분야로 비쳤다. 실라르드Leo Szilard는 당시 자신을 포함하여 그들의 이심전심의 신념을 다음과 같이 단순한 말로 단정적으로 표현했다. "내가 생물학에 불어넣은 것은 하나의 마음가짐, 즉 모든 불가사의는 해결될 수 있다는 확신이었다. 만약 비밀이 존재한다면 반드시 해명되지 않으면 안 된다." 이윽고 비밀과 신비가 풀리기 시작했다. 화학자 폴링Linus Pauling과 버널은 단백질의 구조에 관한 인상적인 업적을 이룩했으며, 물리학자 델브뤼크Max Delbrück는 유전 테이프genetic tape 혹은 세포 내부의 설계도를 해명해줄지도 모르는 계획을 시행했다.

연구 분야를 물리학에서 생물학으로 새롭게 바꾼 학자들은 물리학적인 사고 습관을 그대로 지니고 있었다. 예컨대 물리학에서는 어떠한 물체든 그 구조는 수많은 원자의 규칙적인 배열로 이루어져 있으며, 물체의 반응과 그 성질을 해명하려고 할 때 그러한 기초 단위에서 출발한다는 것은 상식이다. 새롭게 생물학 연구를 시작한 학자들은 당연히 물리학에서처럼 유사한 구성 단위를 찾기 시작했다. 생물체에서 그러한 구성 단위는 당연히 세포였다.

생물학에서 세포의 구조에 관련된 발견 중 가장 눈길을 끄는 것은 세포를 조절하는 내부 지시inborn instruction, 다시 말해 한 세대에서 다음 세대로 이어지고, 세포의 라이프사이클을 가능케 해주는 일련의 화학 반응을 지시하는 설계도 혹은 프로그램의 역할을 수행하는 유전 물질에 관한 것이었다. 오늘날 세포의 가장 중요한 기능은 특수한 단백질을 합성하는 것이고, 그 합성 과정을 지시하는 것은 세포핵 속에 들어 있는 보다 간단한 물질인 핵산이라는 사실은 너무나 잘 알려져 있다.

1950년, 몇몇 사람들은 세포가 둘로 분열할 때 자기 복제력을 주고 각각의 딸세포daughter cell에서도 정확하게 복제되는 핵산의 구조가 무엇인가 하는 문제를 밝혀내려 하고 있었다. 그리고 1951년에 왓슨James Watson과 크릭Francis Crick이 문제의 실마리가 되는 DNAdeoxyribonucleic acid 분자의 이중 나선 구조의 간단한 모형을 밝혀냈다.

각각의 생물마다 수많은 유전자를 가지고 있으며 각각의 유전자 속에 들어 있는 DNA의 형태도 서로 다르다. 그리고 DNA 속의 염기 배열 순서the sequence of bases도 각각 다른데, 그 염기 배열 순서가 생물체 내부에서 단백질을 합성하는 화학 반응의 특성을 결정한다. 이후 크릭과 그의 동료들은 DNA 분자 속의 염기 배열 순서에 따라 20종의 아미노산이 판독되고, 그 아미노산이 순서대로 결합하여 단백질이 형성된다는 사실을 밝혀냈다. 그것을 간단히 체계화시키면 다음과 같다. 네 개의 염기는 알파벳 네 개의 분자로 표시된다. 그중에서 세 개의 문자 조합이 기초 아미노산을 표시하는 하나의 단어를 형성하고, 20개의 단어가 순서대로 결합하여 단백질을 표시하는 문장으로 조립된다.

세포는 단순한 단위만이 아니다. 단일 세포만으로 구성된 생물이 있다는 사실은 바로 세포가 생명의 소우주microcosm임을 보여준다. 분명히 생명은 사물thing이 아니라 과정process이기 때문에 우리는 세포를 단순한 구조가 아니라 변화하는 구조로 연구하지 않으면 안 된다. 한 개체가 생겨나 다음 세대가 생길 때까지 세포 내부에서 일어나는 일련의 형태 변화 주기를 라이프사이클이라고 하는데, 보다 본질적으로 말하자면 그 주기 자체가 생명이다. 그러나 생명의 기본적인 구조와 주기는 특별한 초자연적 권위나 행동의 개입 없이 죽은 자연dead nature의 그것들에서 발생한다. 나는 이 점을 명백히 하고 특히 강조하고자 한다. 세포의 분석에는 결코 생기론生氣論(생물에는 무생물에서 볼 수 없는 힘, 물리적·화학적 법칙으로는 도저히 설명할 수 없는 초경험적인 힘이 있다 하고, 이것 없이는 생명의 근본적 설명은 불가능하다는 이론-옮긴이)이 발붙일 여지가 없다. 생명, 즉 세대에서 세대로 이어지는 형태와 과정의 영속화는 분명 특별한 현상이다. 그러나 특별하다는 범주에 원자, 분자, 염색체, 효소, 전기 방전electric discharge 그리고 실제로 육체와 두뇌를 활동하게 하는 지시instructions와 의사소통communication의 연쇄적 상호 작용 등이 모두 포함되는 것은 아니다. 이 모든 것들은 어떤 신비주의적인 원리의 개입이 없어도 물리학적인 관련에서 충분히 이해될 수 있는 것들이다.

베르그송Henri L. Bergson과 그 이전의 철학자들은 생명의 신비를 탐구함에 있어 인간이라는 동물의 불가사의 또는 유일성에 관해 특별한 신성神性을 발견하려고 시도했지만 결국 그것은 잘못된 생각이었다. 인간을 유일무이하게 만들어주는 속성은 인식 능력의 구사에 있다. 그런데 이 속성은 개별적인 세포 내부에 있는 생명의 속성이 아니다. 오히려 그것은 인간이 하나의 세포 혹은 세포 집합들과 공유하지 않는 속성이다. 세포 속에 신비가 있는 것이 아니라 오히려 세포가 우리에게 있어 더 이상 신비가 아니라는 사실, 그리고 인간이 자연을 너무 많이 이해할 수 있다는 사실이 신비다.

그렇다고 해서 하나의 과정으로서의 생명이 자연계의 다른 과정들과 다른 특성을 갖고 있다는 사실을 부정하는 것은 아니다. 생명은 매우 특별하고 우연한 현상이다. 생명의 특성(그것의 신비도 역시)은 그것이 불가사의한improbable 현상이라는 사실에서 기인한다. 나는 이것을 "생명은 독특하다. 그리고 생명의 여러 형태는 물질의 독특한 배열arrangement이다. 그 까닭은 엄밀히 말해서 생명의 여러 형태가 우연한accidental 현상이기 때문이다"라는 철학 원리로 제안하고자 한다. 또한 곧 이것의 통계학적 이유와 그것에 내포된 의미에 관해 언급할 예정이다.

만약 물질의 배열이 독특하다면 그것은 우연한 사건, 다시 말해 수많은 배열의 가능성 중에서 자의적恣意的이고 고도로 불가사의한 행동에 의해 선택된 것임에 틀림없다고 할 수 있다. 슈뢰딩거는 델브뤼크로부터 이와 유사한 관념을 취했고, 델브뤼크는 양자 물리학의 거장 보어가 쓴 〈빛과 생명Light and life〉이라는 논문에 자극받아 생물학 연구를 시작했었다.

델브뤼크는 1930년대에 물리학의 무엇이 그를 괴롭혔는가, 그리고 생물학에서 발견하고자 했던 것은 무엇이었던가에 관해 솔직하게 기록했다. 물리학은 물질의 반응을 양자 변화라는 미세한 척도 위에서 탐구하고 있었다. 델브뤼크는 미세한 양자 효과와 이를 증명하기 위해 필요한 방대한 기구apparatas 간의 불균형에는 논리적으로(그리고 미학적으로) 뭔가 잘못된 것이 있다고 느꼈다.

그는 생물 속에서 일종의 양자 공명체quantum resonator 혹은 배율기multiplier를 발견하고자 했다. 그런데 그것들은 눈에 보이는 형태로 단일 양자 현상의 영향을 가시적 형태로 드러내 보이기 때문에 새로운 물리학 법칙을 밝혀줄 것으로 기대했다.

하지만 델브뤼크의 그러한 희망은 잘못된 것으로 밝혀지고 말았다. 그럼에도 불구하고 델브뤼크와 슈뢰딩거의 핵심적인 사고는 옳다. 과학에서 흔히 있는 일처럼 잘못된 추측이라 할지라도 전혀 추측을 하지 않는 것보다 훨씬 더 훌륭하고 창조적이다. 세포는 새롭게 형성된 차세대 세포의 잠재력potential을 갑작스럽게 변화시키는 예기치 못한 우연한 사건과 자신에 대해 민감하다. 한 형태에서 다른 형태로 진행되는 생명의 발달은 물질계의 나머지 것들의 그 것과 다르다. 왜냐하면 생명의 형태 변화는 우연한 사태에 의해 야 기되고, 그 사태로 인해 각각의 새로운 형태에 독특한 속성이 발생 하기 때문이다. 생명은 결정체crystal의 형성과 같은 규칙적인 연속 현상continuum이 아니다. 생명의 본질은 다만 그것의 연속적인 진화 에 의해서만 표현된다. 진화란 생명의 연속적인 실수 및 실수의 성 과에 대한 또 다른 이름에 지나지 않다.

진화의 과정을 언급함으로써 세포 분석에 관한 논의를 끝맺으려 한다. 진화의 개념을 이루고 있는 뚜렷한 원칙으로는 다음과 같은 다섯 가지가 있다.

1. 가계 유전family descent
2. 자연 선택natural selection
3. 멘델의 유전 법칙Mendelian inheritance
4. 변화 적응성fitness for change
5. 성층 안정성stratified stability

나는 이것들을 역사적인 순서에 따라 소개할 예정이다. 왜냐하 면 진화는 단번에 설명적 개념explanatory concept으로 형성된 것이 아 니라, 개별적인 요소가 하나하나 합치면서 점차적으로 나타났기 때문이다. 개인적인 견해에 의하면, 진화의 논리는 모두 다섯 가지 요소를 필요로 한다.

첫 번째이자 중심적인 요소는, 식물과 동물의 서로 다른 종 사이의 유사성은 문자 그대로, 가계 유사성이라는 개념이다. 이 가계 유사성은 종이 공동의 족보와 가계를 갖는다는 사실에서 기원한다. 이러한 개념은 《종의 기원》보다 더 오래된 것으로 적어도 에라스뮈스의 시대까지 거슬러 올라가며, 역사적으로 볼 때 1859년 출간된 《종의 기원》에 충격적이고 결정적인 영향을 끼친 개념이다.

자연 선택은 진화론에서 두 번째로 나타난 가닥이며 수많은 관찰 결과들을 하나의 뼈대로 구성하여 이론으로 발전시킨 원리다. 선택의 메커니즘은 엄격하게 인과적causal인 구조가 아니라 통계학적이다. 따라서 진화는 우연의 작용the work of chance이라고 할 수 있다. 다윈은 "진보의 경향이라고 하는 라마르크의 주장은 전혀 사실무근이다"라는 말을 추호도 의심하지 않았다. 이 점은 그의 독자들도 마찬가지였다. 오늘날 우리는 당시 그의 독자들이 인간은 단순히 구약 성서에 기록된 것처럼 특별히 창조된 것이 아니라 원숭이나 다른 포유동물과 같은 종족으로부터 진화했을 것이라는 암시 때문에 격분했을 것이라고 생각한다. 그러나 종교적·도덕적 확신이라는 관점에서 볼 때 그들은 다윈의 진화론에서 차지하고 있는 우연의 핵심적인 지위 때문에 보다 더 크게 분노했었다.

다윈은 세대에서 세대로 이어지는 변종variant form의 연속성을 설명해줄 만한 유전 이론을 갖고 있지 않았다. 이러한 관점에서 볼 때 영속적인 종을 형성하는 하나의 동인으로서의 자연 선택에 대한 확신은 오직 식물 및 동물의 육종자breeder에 관한 알려진 경험에 의해서만 뒷받침된 하나의 신앙 행위였다.

본질적으로 이러한 난점은 《종의 기원》이 발간된 지 얼마 되지 않아 멘델에 의해 해결되었다. 그는 모든 유전 형질은 오늘날 우리가 유전자라고 부르는 한 쌍의 불연속적 단위discrete units에 의해 지배되며, 각각의 양친으로부터 나온 하나의 형질은 잠재되거나 다른 형질의 발현을 지배하지만 두 개의 형질 모두 보존되어 자손에게 이어진다는 사실을 밝혔다. 이 멘델의 유전 법칙은 진화론의 세 번째이자 본질적인 부분으로, 이론적인 뒷받침이 확실한 학설이다.

개인적인 견해에 의하면, 진화의 설명에 그것의 작용을 지배하는 두 가지 원칙을 덧붙일 필요가 있을 것 같다. 그것은 변화 적응성과 성층 안정성이다. 전자는 생물 형태의 변이성variability에, 후자는 그것의 안정성에 관련이 있다. 그리고 이 두 가지 원칙은 생물학적 진화의 방향을 설명해준다. 진화의 방향은 매우 중요한 핵심적인 현상으로 통계학적 방법 중에서도 단연 가장 큰 의미를 갖는다. 왜냐하면 통계학적 방법이 어떤 방향을 갖고 있다고 할 때 통상 그것은 평균치를 향한 운동이라 할 수 있으나 진화의 방향은 전혀 그렇지 않기 때문이다. 그러므로 여기에는 생명의 메커니즘의 정수에 해당하는 보다 심오한 어떤 것에 관한 설명이 있어야 한다. 그리고 생명의 본질에 관한 논의가 여기에 초점을 맞추는 것은 너무도 당연하다. 30여 년 전까지 거슬러 올라가는 진화의 방향을 살펴보면 거기에는 일종의 계획된 프로그램이 존재함을 알 수 있다. 그리고 만약 아무런 설계도가 없다면 어떻게 이러한 현상이 발생하는가 하는 것이 의문이다.

여기서 설계도의 의미를 명확히 밝혀둘 필요가 있다. 예컨대 생물의 진화에는 물리적·화학적 법칙으로는 도저히 설명할 수 없는 초경험적인 힘이 존재하며, 생물의 질서 정연한 계통적 진화는 그 배후에 전지전능한 마스터플랜의 존재를 전제하지 않고는 도저히 인식할 수 없다고 생각하는 생기론자는 설계도가 인간의 능력과 상상을 초월하는 창조자에 의해 고안되었다는 설명에 만족할 것이다. 그는 진화 통계학statistics of evolution에는 전지전능한 창조자가 지배하는 과학적 구조가 존재한다는 사실을, 앞으로 전개하고자 하는 변이성과 안정성의 원리가 증명해주며, 창조자는 그 구조를 이용하여 완전무결한 통찰력을 발휘함으로써 미래를 설계할 수 있었다고 주장할 것이다.

그럼에도 불구하고 우주의 설계도에 관한 이러한 통계학적 정의는 분명히 아무도 만족시키지 못하며 근본적으로 부적절하다. 왜냐하면 그것은 결국 자연의 법칙은 아무 방해도 받지 않고 예정된 진로를 향해 나아가며, 그러한 진로를 결정하는 요인은 오로지 창조의 날에 결정된 창조자의 칙령뿐이라는 논리 외에 다른 아무것도 설명해주지 못하기 때문이다. 그러므로 생명은 물리학 법칙이 성립시키는 것보다 더 큰 설계도를 따라 진행된다고 믿는 사람들은 마음속에 설계도에 관해 융통성이 결여된 영상을 갖고 있다고 가정하지 않으면 안 된다.

예를 들어 생명체는 자신의 환경에 밀접하게 결부되어 있어 개체의 생명을 보존하기 위한 뚜렷한 계획이나 목적을 갖도록 특별히 고안된 복합적 주기a complex of cycles를 갖는다는 설이 있다. 그러나 살아 있는 세포(예컨대 박테리아)가 생존을 방해하는 조건에도 불구하고 살아나가도록 조정되어 있다는 사실은, 자유 낙하하는 돌멩이가 일직선으로 떨어진다는 사실처럼 초자연적 현상이 아니다. 이 사실은 생명체의 본질이며 마치 광선의 움직임이나 우라늄 원자의 복잡한 구조에 관해서와 마찬가지로 더 이상 아무런 설명을 요하지 않는다.

그러므로 생기론자는 단순한 주기의 연속성 내지 주기의 연쇄적 배열 순서보다 더욱 세련된 인식을 갖지 않으면 안 될 것이다. 생명의 연속성은 전반적인 계획 또는 목적이 아니면 도저히 이해될 수 없다고 주장하는 폴러니Michael Polanyi는 다음과 같이 실감 나는 예를 인용하고 있다. 그는 세포의 기구machinery를 설명하는 것은 시계를 설명하는 것과 비슷하다고 말한다. 시계에 대한 이러한 설명법은 시계의 가장 중요한 사실, 즉 시간을 알려준다는 목적을 빠뜨리는 오류를 범한다고 지적한다.

시계를 만든 의도를 설명해주는 이런 예는 18세기에 이신론자들deists이 소개한 인간 속에 나타난 신의 의도를 가장 전형적으로 설명해준다. 따라서 이 예는 신선하다기보다 매우 진부하다. 오늘날 폴러니는 마치 시계를 제작하는 의도가 시계의 목적을 가리키고, 오로지 목적의 맥락에서만 이해될 수 있는 것처럼, 생명 기계의 의도 역시 목적이라는 보다 수준 높은 관점에 의해서만 해명되고 이해되어야 한다고 말함으로써 논의에 새로운 전환점을 제공하고 있다.

그러나 소小조립 부품들에서 완제품을 완성하고자 하는 시계 제작자의 계획은 그가 부품들을 조립하여 소조립 부품으로 완성하고자 하는 계획과 다르지 않다. 두 경우 모두 시계 제작이 진행되는 경로 혹은 순환 과정을 기술하고 있다는 의미에서 계획은 똑같이 폐쇄적이다. 폐쇄형 계획은 지시의 합리적인 배열 순서다. 계획 내부에 존재하는 서로 다른 조직 체계는 단순히 편의를 위한 것일 뿐, 거기에는 기계의 정상적인 작동이라는 목적을 초월하는 의도가 존재하지 않는다. 그리고 기계 자체는 단지 기계 본래의 목적에 이르는 수단을 의미할 뿐인 명백한 의도자가 시계 외부에 존재하지 않는 한 전반적인 목적overall purpose은 존재하지 않는다. 이 경우 결국 우리는 시간을 알려주길 원하는 시계 제작자의 경우처럼, 의식적인 목적을 지닌 창조자의 존재를 믿지 않으면 안 된다.

지금까지는 폐쇄형 계획이라 불리는 계획들을 강조했으나 이제 그것들을 개방형 계획과 비교·대조해보려 한다. 하나의 유기체는 역사적 창조물이며, 그것의 '계획'은 진화에 의해 설명된다고 간주함은 타당하다. 그러나 이런 의미에서의 생명의 계획은 개방형이다. 오직 개방형 계획만이 창조적일 수 있으며, 진화는 생명에 전적으로 새로운 것, 즉 시간의 동력학dynamic of time을 창조해낸 개방형 계획이다.

따라서 지금부터는 진화를 하나의 개방형 계획으로 간주하며, 오늘날 우리가 알고 있는 새로운 생명 형태가 창조되는 데 필요한 부가적 원칙들이 무엇인가를 알아보는 것은 시의적절한 일이라 생각된다. 왜냐하면 우리가 그러한 형태들을 새롭고 진정한 창조물로 인식하는 것이 본질적으로 중요하기 때문이다. 생명의 새로운 형태들은 당연히 진화의 진행 과정 안에서 그리고 그 과정으로부터 발생한다. 이것은 마치 예술품이나 장기에서의 묘수가 연속적인 단계의 진행 과정에서 그리고 그 과정으로부터 나오는 것과 같다. 하지만 예술품의 가치나 내용이 그 출발부터 미리 암시되는 것은 아니며, 아무리 장기의 명수라 하더라도 눈을 감고 있어도 처음부터 끝까지의 수순이 결정되는 것은 아니다. 예술품이나 장기의 묘수는 개방형 창조물이며 생명의 경우도 마찬가지다. 이 모든 것들은 마치 씨를 뿌려놓으면 나중에 자연히 성장 식물이 되는 것처럼 고정된 진로만 따르는 '폐쇄형' 계획의 산물이 아닌 것이다.

진화의 방향과 시간의 방향 사이에는 하나의 관계가 존재한다. 30억 년의 역사에서 진화가 뒷걸음친 적은 없었다. 왜 그럴까? 왜 진화의 방향은 시간의 흐름에 따라 불규칙적으로 진행되지 않을까? 진화를 진전시키는 추진력은 무엇이며, 최소한 그것이 뒷걸음치지 못하도록 막는 제동 장치는 무엇일까? 사전에 계획되지 않고서야 어떻게 이러한 메커니즘이 작동할 수 있을까? 진화를 시간이라는 화살에 비끄러매어 같은 방향으로 진행하도록 하는 관계는 무엇인가?

여기서 해결되어야 할 패러독스는 과학에선 고전적인 것이다. 즉 어떻게 소규모의 무질서가 대규모의 질서와 시간적 또는 공간적으로 조화될 수 있는가 하는 게 그것이다. 진화는 개별적인 우연한 사태individual chance events가 발생할 경우 대규모의 질서에 유리하게 체sieve나 선택 장치 역할을 담당하는 내재적 잠재력inherent potential이 있는 상이한 통계학적 형태를 갖지 않으면 안 된다. 우연한 사태의 선택에 있어 질서 잠재력a potential of order의 원리가 존재하는 것은 분명하지만, 그 원리가 작용하는 방법은 확실히 밝혀지지 않았다. 때문에 이 원리를 오늘날 우리가 알고 있는 자연 선택의 원리, 즉 시간에 있어서의 자연 질서라는 원리로 전환시키기 위해서는 진화의 두 가지 부가적 메커니즘이 필요하다.

진화의 토대를 이루는 두 가지 부가적 원칙 중 첫 번째는 변화 적응성fitness for change 또는 보다 형식적인 용어로는 적응을 위한 선택selection for adaptability이다. 이 중요하고도 돌연한 과정은 모든 종에 내재하는 변이성에 특별한 성질을 부여한다. 물론 우리의 눈으로 보기에는 다양한 종들이 서로 형태가 같지 않음은 확실하나, 이러한 눈에 보이는 다양성 이외에도 눈에 보이지 않는 다양한 형태들이 돌연변이체의 유전자 속에 잠재되어 있음을 우리는 알고 있다. 이러한 숨은 다양성의 풀pool에서 자연이 종을 변경시키기 위해 선택하는 변이 종들이 공급된다. 이렇게 하여 숨은 다양성이 미래의 적응을 위한 도구 역할을 하게 된다.

그러나 알아내기가 그리 쉽지는 않지만 새롭고 중요한 사실은 그 숨은 다양성이 현재의 적응성adaptability을 위한 도구라는 점이다. 하나의 종이 미래의 환경 변화에 적응하려면 현재의 변화에 대한 적응력을 유지해야만 한다. 이것이 현재에 이루어지려면 애매하고 신비한 미래의 계획에 의해서가 아니라 자연 선택(개개의 변종을 위해서가 아니라 변이성 그 자체를 위한)에 의할 수밖에 없다.

유전학적 변이성을 위해 자연 선택이 존재한다는 사실은 분명하다. 선택은 작은 변화들에 의해 이루어지고 환경은 선택에 의해 균형을 유지한다. 따라서 개방형 계획의 개념에서 핵심적인 중요성은 다음과 같은 것이다. 즉 '적자생존'의 원리는 변화하는 환경에의 적이라는 전체적인 개념의 일부로서 변화에 적응할 수 있는 개체의 선택 과정으로 이해되어야만 한다.

적응은 환경의 변화와 조화를 이루어야 하지만 적응성은 변화율과 조화를 이루어야 한다. 다시 말해 적응성은 변화의 미분 계수로서 유기체와 환경의 차이의 2차 차수the second order를 나타낸다. 물론 그것은 자연 속의 집합적 현상의 특징을 이루는 것으로, 단독 현상의 경우보다 제반 관계나 차이라는 관점에서 볼 때 고려해야 할 요소들이 더 많다.

유기체와 종의 변이성을 논함에 있어 안정성의 문제를 검토하지 않을 수 없음은 분명한 사실이다. 그러므로 우리는 안정성의 구조를 추적하지 않으면 안 될 것이다. 왜냐하면 안정성의 문제는 적응성과 함께 진화의 완전한 이해를 위해 필수 불가결한 요소이기 때문이다. 나는 진화의 분석에서 다섯 번째이자 마지막 요소인 이것을 성층 안정성stratified stability의 개념이라 부른다.

심지어 오늘날까지도 진화의 양태를 설명함에 있어 단지 자연 선택의 개념만으로도 충분하다고 말하고 있다. 그러나 유기체는 하나의 통합된 체계다. 따라서 이 말은 그 통합이 쉽사리 깨어질 수도 있음을 내포하고 있다. 이것은 돌연변이체이든 정상적이든 간에 모든 유전자에 해당된다. 물론 유전자는 유전자 복합체gene complex의 질서 있는 전체성 속으로 통합되지 않으면 안 된다. 이것은 마치 지그소 퍼즐jigsaw puzzle(조각 그림 맞추기 장난감-옮긴이)의 낱개의 조각들이 모두 하나의 구조를 이루고 있는 이치와 같다.

하지만 지그소 퍼즐에 빗댄 유추는 너무 융통성이 없어 이해를 그르칠 우려가 있다. 따라서 우리는 살아 있는 과정과 그 과정을 작동시키는 구조 속의 안정된 기하학적 모형을 필요로 한다. 그 모형은 변화에 대해 고정된 채 불변하는 것이 아니다. 뿐만 아니라 그것은 시간이 흐름에 따라 간단한 생명의 형태로부터 보다 복잡한 형태로 발생하는 경로를 나타낼 수 있는 것이어야 한다. 이것이 바로 내가 성층 안정성이라 부르는 모형이다.

자연의 진화 과정에는 선택력selective force의 개입을 요하지 않는 것들이 있다. 특징적인 예로 화학적 성분의 진화를 들 수 있는데, 이것은 처음에는 수소에서 헬륨으로, 다음엔 헬륨에서 탄소로, 다음엔 보다 무거운 성분으로 단계적으로 진행되었다. 가장 뚜렷한 예로는 헬륨에서 탄소가 생성된 경우를 들 수 있다.

두 개의 헬륨 원자핵은 서로 충돌하더라도 안정된 성분을 형성하지 않고 수백만분의 1초도 못 되어 서로 떨어져버린다. 그러나 만약 그 순간적인 찰나에 제3의 헬륨 원자핵이 두 개의 원자핵 사이에 끼어들면 그것은 둘을 결합시켜 안정된 3가價 원소triad를 만드는데 그것이 탄소 원자가 된다. 모든 생물 세포 속의 모든 유기체 분자 속에 들어 있는 모든 탄소 원자는 이렇게 불가사의한 3중 충돌에 의해 형성되었다.

그럼 어떻게 단순한 단위들이 서로 결합하여 보다 복잡한 원자 배열configurations을 형성하는가를 보여주는 물리학적 모델을 살펴보자. 이러한 안정된 고차원의 형태들이 단번에 형성되는 것은 아니다. 그러한 형태는 단계별로 서서히 형성되며, 각 단계는 새로운 변화가 생길 때마다 진화를 정지한 채 우연한 요인들과 충돌했을 때보다 복잡하고 안정된 형태를 형성할 수 있도록 내부에 원동력을 축적한다.

안정의 성층화는 생물 체계에 있어 근본적인 조건이며 시간의 흐름 속에서 일관된 방향으로 진화가 진행되는 이유를 해명해준다. 그 까닭은 조직체 내부의 안정성 구축에는 하나의 방향(예를 들면 열등한 층 위에 보다 복잡한 층이 형성되는)이 존재하며 일단 형성된 층은 역전시킬 수 없기 때문이다.

그러므로 단순한 것에서 복잡한 형태로 향하는 진화의 진보는 우연의 작품일 수 없다는 생기론자들의 주장에는 기이한 아이러니가 존재한다. 그러나 사실은 그와 반대로, 이미 살펴보았듯 진화의 진보는 우연의 소산이며 우연은 그 자체의 속성상 진보의 과정에 속박되어constraind 있다. 물질 속에 숨어 있는 안정성의 전체적인 잠재력은 서서히 단계적으로 드러나며, 각각의 보다 높은 안정층은 자신보다 하위의 층에 의존하여 형성된다. 하나의 층을 구성하는 안정 단위stable unites는 보다 안정된 통합적 배열을 산출해내는 우연한 요인(이 중 일부는 우연히 안정을 이룬다)들과의 충돌에 대비한 원동력으로 작용한다. 아직 밖으로 드러나지 않은 안정의 잠재력이 남아 있는 한, 어떤 우연한 사태도 그 안정에 기여할 수밖에 없는 것이다.

흔히 단순한 형태에서 복잡한 형태로의 진보는 열역학 제2법칙에 의해 만들어진 통계학적 법칙과는 반대로 진행된다고 말한다. 그러나 이러한 해석은 일반적인 통계학 법칙의 특징을 크게 오해하고 있는 것이다. 열역학 제2법칙은 원자 배열이 모두 동일한 체계의 통계학적 법칙을 기술하며, 우연에 의해 이러한 체계의 평균적 상태가 크게 변동하는 일은 없음을 분명히 밝히고 있다.

이러한 체계 속에는 안정 상태가 존재하지 않는다. 따라서 거기에는 체계를 안정시킬 수 있는 어떠한 층stratum도 존재하지 않는다. 그 체계는 단지 무차별의 원칙에 의해 자신의 평균 상태 주위를 맴돌 뿐이다. 왜냐하면 숫자상으로 볼 때 대부분의 원자 배열이 평균 상태 주위에 몰려 있기 때문이다.

단순한 형태에서 점점 복잡한 형태로 점차 나아가는 진화 과정의 관점에서 볼 때 시간은 단지 하나의 방향만 갖는다. 시간에 방향을 부여하는 것은 진화 과정이다. 그리고 이것은 더 이상 설명할 것이 없는 분명한 사실이기 때문에 어떤 신비적인 설명도 필요로 하지 않는다. 단순한 것에서 복잡한 것으로의 진보, 즉 성층화된 안정성의 구축은 진화의 필연적인 특성이며 이러한 특성에서 시간은 자신의 방향을 결정한다. 여기서 말하는 방향은 미래를 향한 맹목적인 발사, 다시 말해 일단 시위를 떠난 화살이라는 의미에서의 방향이 아니다. 진화는 시간이라는 화살이 역행할 수 없도록 제어하는 기계 장치 역할을 한다. 그리고 일단 이러한 기계 장치가 갖춰지게 되면 우발적인 실수의 역할도 자연히 동일한 흐름에 흡수될 수밖에 없다.

하지만 아직도 시간에 관해서는 보다 깊은 의문이 남아 있다. 그 의문은 시간에 관한 우리의 두 가지 체험과 관련 있는데, 그 하나는 유기체로서의 우리 육체의 내부 시간이고 나머지는 진화의 외부 시간이다. 그런데 어떻게 이 두 가지 종류의 시간, 즉 내부 시간과 외부 시간, 폐쇄형 시간과 개방형 시간이 같은 방향을 갖는가? 늙어서 죽는 것과 진화한다는 것은 당연히 서로 정반대의 방향을 갖는 것처럼 보이는데, 왜 이 두 가지의 방향이 같은가?

여기에 대한 답은 생명의 일반적인 메커니즘에 있다. 그것은 유기체 내부의 폐쇄형 주기closed cycle와 진화의 개방형 계획open plan을 동시에 운행시킨다. 살아 있는 유기체에 있어 늙는다는 것은 열에너지의 감소thermal decay가 아니며, 죽음은 제2법칙이 기술하고 있는 그러한 평균 상태로의 붕괴fall가 아니다. 우리가 아는 한 노쇠화 현상은, 유기체 속의 세포가 내부 복제internal copying 과정에서 우연한 실수를 범하고, 이 실수가 반복·지속적으로 발생함을 의미한다. 이것은 진화의 경우에서도 정확하게 적용되는 메커니즘이다. 세포는 복제 과정에서 발생한 실수를 돌이킬 수 없다. 왜냐하면 그러한 실수들은 폐쇄적인 유기체 속에서 더 이상 적응할 수 없기 때문이다. 그러나 진화의 열린 들판에서는 반복적이고 지속적인 실수들도 창조를 위한 원동력이 된다. 모든 유기체는 죽음으로 향하는 시간이 가까워질수록 점점 그러한 실수들을 축적하게 된다. 진화 역시 메커니즘이 동일하기 때문에 동일한 방향으로 진행된다. 그리고 우주 시간cosmic time도 진화에 의해 방향이 결정되므로 역시 동일한 방향으로 나아감을 감지할 수 있다.

진화 과정으로서의 생명은 시간 속에서 주기를 갖지 않고 항상 열려 있다. 그 개방성은 개체의 사망과 같은 우연한 사태와 실수등에서 기원한다. 여기에 바로 진화의 메커니즘이 있으며, 진화는 그러한 양자 공명체 혹은 배율기, 즉 델브뤼크가 생물학에 발을 들여놓았을 때 찾고자 했던 새롭고 독특한 형태를 창조하는 우연성의 발견인 것이다. 개체적 생명의 폐쇄적 주기 그리고 진화의 개방적 시간은 생명의 이원적 양상이며, 이들은 양자 비약quantum accident (즉 생물학적 분자의 복제 과정에서 발생하는 실수)이라고 하는 공통적인 동인에 의해 추진된다. 그리고 이 양자 비약은 생명의 보조적 부분 또는 과정으로 설명될 때만 정당하게 이해될 수 있다.

살아 있는 생명체와 그것의 진화는 생명의 특성을 보여주는 두 개의 얼굴이다. 이 중에서 진화는 창조적인 얼굴이다. 진화는 유기체의 생활 주기처럼 문제를 해결하지는 않지만 진정한 창조 행위를 한다. 즉 생물을 창조한다. 우리는 진화에 관해 하인Piet Hein이 예술 작품에 관해 언급한 날카로운 통찰력을 지닌 한 구절을 그대로 적용할 수 있을 것이다. 즉 진화는 해명될 때까지는 결코 공식적으로 밝힐 수 없는 하나의 문제를 해명해준다.

복잡한 진화에서의 새로운 개념들

생기론은 무생물의 세계에서만 통용되는 물리학의 법칙으로 생명이라는 현상을 해명하기에는 불충분하다고 주장하는, 꽤 끈질긴 설득력을 갖고 있는 전통적인 믿음이다. 물론 그런 믿음을 신봉하는 사람이든 나처럼 부정하는 사람이든, 현재 우리가 모든 물리학 법칙을 알고 있다거나 조만간 알아낼 수 있다고 말한 적은 없다. 오히려 양쪽 모두 우리가 물리학 법칙을 어느 정도 알고 있으며, 앞으로도 계속해서 물질계의 법칙을 발견할 수 있으리라고 암묵적으로 추측하고 있을 뿐이다. 이 정도의 설명만으로는 한 이론의 전제로 인용되기에 애매모호하고 불충분함에도 불구하고, 생기론자들은 이런 유기 법칙으로는 특정한 생명 현상을 해명할 수 없다고 (그리고 반대편에서는 있다고) 주장한다.

물리학으로는 접근할 수 없다고 말하는 현상에는 서로 다른 두 가지가 있다. 생기론자 중 한 파派는 개개 유기체의 복잡성을 강조하고, 또 다른 파는 물리학 법칙으로는 시간 속 진화의 방향, 즉 새로운 종을 그것이 기원한 과거의 종과 비교해볼 때 새로운 종에 있어서의 복잡성의 증가를 해명하기에는 불충분하다고 주장한다. 따라서 물리학으로는 불충분하다고 주장하는 두 이론의 근거는 매우 분명하다. 나는 그것들을 하나씩 논의할 생각이다. 우선 각각의 근거 개요를 살펴보자.

먼저, 첫 번째 근거는 개개의 유기체가(심지어 단일 세포까지도) 물리학이 설명할 수 있는 한계를 초월하는 방식으로 기능하며, 어떤 다른 종류의 법칙의 존재를 암암리에 시사하고 있다는 것이다. 물리학자 엘자서Walter Elsasser는 이를 바이토닉 법칙bitonic laws이라 부르고 있다. 그는 유기체의 발생은 유전자 속에 정보화하기에는 너무 복잡하므로, 유기체의 발생을 전체적으로 포괄할 수 있는 보다 포괄적인 생물학적 법칙이 반드시 존재할 것이라고 주장한다. 위그너Eugene Wigner는 유기체가 발생하고 생식하기 위해서는 수많은 통계학적 변이들을 겪어야 하는데 만약 그것이 보다 고차원적인 법칙에 의해 지배되지 않는다면, 유기체가 그러한 변이 속에서 살아남을 확실성이 전혀 없을 것이라고 주장하고 있다.

위의 두 가지 주장은 본질적으로 과거의 전통적인 주장과 다르지 않다. 예컨대 볼링브룩V. Bolingbroke은 이미 18세기 초에, 유기체는 최소한 시계만큼 복잡하기 때문에 시계가 우연히 생겨났다곤 도저히 상상할 수 없듯이 유기체도 우연히 발생했다고는 볼 수 없다고 주장했다. 사실상 엘자서나 위그너 중 어느 누구도 기원origins이라는 용어를 사용하고 있지 않지만, 둘 다 세포의 전체적인 구조와 일련의 기능들을 해명하는 데는 물리학 법칙보다 훨씬 고차원적이고 초월적인 통합 능력을 갖춘 존재의 필요성을 암시하고 있다. 그들은 이러한 능력이 시계의 각 부분 사이를 지배하는 단순한 기계적 법칙과는 다른 그 무엇이라고 생각한다. 볼링브룩은 이 고차원적인 종합 능력을 신의 속성으로 돌리고 있으며, 엘자서와 위그너는 이를 바이토닉 법칙이라 부르고 있다. 그러나 두 이론 간에는 단순히 명칭상의 차이밖에 존재하지 않는다.

생기론의 두 번째 유파는 물리학 법칙이 생물학적으로는 불충분하며 불완전하다는 주장의 근거를 유기체의 진화에 관한 의문점들에서 찾고 있다. 바로 폴러니Michael Polanyi가 기원, 개체의 기능, 그리고 종의 연속성 등과 같은 문제를 뭉뚱그려 이러한 의문을 제기하고 있다. 그도 여타 다른 생기론자들과 마찬가지로 위의 모든 현상들을 조종하는 하나의 전반적인 계획overall plan이 분명히 존재한다고 주장하고 있다. 나는 그가 말하는 계획 또는 목적이라는 관념에 있어서의 의미 혼란을 비판하고자 한다. 나는 두 가지 개념, 즉 폐쇄적 혹은 제한적 계획(다시 말하면 한정적 문제를 위한 전술 혹은 해결책)의 개념과, 개방적 또는 무제한적 계획(즉 일반적 전략)의 개념을 구별하려고 한다.

그러나 이러한 개념상의 문제 이외에도 폴러니에 의해 제기된(물론 그 이전에 제기된 것들도 있다) 중대한 문제가 남아 있다. 진화에는 하나의 방향이 있다. 이를 개략적으로 말하면 다음과 같다. 즉 진화의 방향은 단순한 것에서부터 점점 복잡한 것으로 향하고, 유기체의 기능과 구조, 분자의 구조도 점차 복잡해진다. 이러한 현상들은 어떻게 나타났는가? 만약 보다 복잡한 생명체의 창조를 위한 전반적인 계획이 존재하지 않는다면, 즉 최소한 복잡성을 일으키게 하는 일반적인 법칙(기계론으로서의 진화가 아닌)이 존재하지 않는다면 위에서 말한 진화의 방향을 어떻게 설명해야 하는가? 그리고 특히 어떻게 이러한 진화의 방향을(통상적인 물리학 법칙을 종속시키는 일반적 기술로서의) 복잡한 구조가 단순한 구조로 분해될 것임을 예견하는 열역학 제2법칙과 모순되지 않게 설명할 수 있을 것인가? 바로 이 점들이 내가 특히 주의를 기울여야 할 대표적인 문제들이다.

생명의 화학에 관한 논의를 전개함에 따라 우리가 발견하고자 하는 부가적인 물리학 법칙들이 자연히 그 진상을 드러낼 것이다. 본질적으로 그 물리학 법칙들은 원자들로 구성된 구조의 안정성을 지배하는 몇몇 종류의 원자들 사이의 특수 관계에 관한 법칙들이 될 것으로 기대된다. 이것들은 진실로 종합적인 현상 또는 총체적 조화의 법칙이며, 또한 고도로 특수하고 경험적인 법칙이다. 왜냐하면 그것들은 우리가 알고 있는 지구 상의 여러 조건하의 물질 간의 상이한 관련성에서 발견되는 안정성을 설명해주는 법칙이기 때문이다.

유전 형질이 유전자에 의해 전달되는 과정을 독자들도 잘 알고 있을 것이다. 유전자는 DNA의 이중 나선에 매달린 아주 미세한 네 개의 화학 염기로 구성된 분자들이다. 지구 상에는 매우 다양한 종류의 생물이 존재하고, 각각의 생물마다 수많은 유전자를 가지고 있으며, 각각의 유전자 속에 들어 있는 DNA의 형태도 수없이 많다. 그리고 각각의 DNA 속 염기 배열 순서도 다른데, 이 염기 배열 순서가 생물체 내부에서 단백질을 합성하는 화학 반응의 특성을 지시한다. DNA 분자 속의 염기 배열 순서에 따라 20종의 아미노산이 판독되고, 그 아미노산들이 순서대로 결합하여 단백질을 형성한다. 이를 간단히 체계화하면 다음과 같다. 즉 알파벳 네 개의 문자(A, T, G, C)는 네 개의 염기를 표시한다. 그중에서 세 개의 문자 조합이 기초 아미노산을 표시하는 하나의 단어를 형성하고, 20개의 단어가 순서대로 결합하여 단백질을 표시하는 하나의 문장으로 조립된다.

유전자의 형질 발현에 대해 알았다고 해서 생명의 모든 현상을 알았다고 간주할 수는 없다. 그것은 단지 아버지의 형질이 어떻게 자손에게 전달되는가, 즉 어떻게 종족의 번식이 실현되는가 하는 지시instructions를 가르쳐줄 뿐이다. 그럼에도 불구하고 그것이 내포하고 있는 의미는 심오하다. 왜냐하면 살아 있는 자손, 살아 있는 세포는 하나의 정태적인 복제품이 아니라, 하나의 행동이 특수한 형태로 다른 행동들을 야기시키는 동태적인 과정이기 때문이다. 우리는 개체의 성장 과정에서 이러한 내재적인 능력inborn ability이 어떤 방법으로 발현되는가에 대해서는 단지 희미하게 이해하고 있을 뿐이다. 그럼에도 불구하고 우리는 단백질이 생명의 본질적인 기초 단위에서 단계적이고 종합적인 연속적 과정을 통해 합성되는 법칙을 살펴봄으로써 그보다 훨씬 더 심오하고 복잡한 생명의 연구에 첫발을 내디뎠다고 할 수 있다.

엘자서는 생물(여기에는 단일 세포로 구성된 것도 있다)의 발생 과정은 너무 복잡하고 서로 밀접하고 통합되어 있어 유전이라는 기계만으로는 완전히 이해할 수 없다고 주장했다. 이 기초적이고 원시적인 주장에 대해 생물학자가 할 수 있는 대답은 오로지 그 주장을 뒷받침할 만한 증거가 절대적으로 없다는 한마디뿐이다. 한 쌍의 엽록체 속에 들어 있는 정보의 내용이나 성분에 관한 어떤 분석도 그러한 주장에 아무런 근거를 제공하지 못한다. 왜냐하면 솔직히 우리는 복합 분자의 성분들 간의 내부적 관계 및 제한 요소가 무엇인지를 모르기 때문이다. 심지어 우리는 아직도 단백질 분자가 왜 다른 형태가 아닌 유독 단백질만의 독특한 기하학적 구조로 형성되는가 하는 근본 원인을 모르고 있다. 그러나 이러한 법칙들도 언젠가 물리학에서 어떤 기초적인 소집자의 조합은 안정된 원자핵을 형성하는 반면 다른 것들은 그러한 원자핵을 형성하지 못하고 원인을 밝혀주는 법칙들처럼 신비의 탈을 벗을 것으로 기대된다.

이와 마찬가지로 유전자의 상호 작용에도 동일한 엽록체에서든 서로 다른 엽록체에서든, 그것을 지배하는 특별한 종류의 지배적인 법칙이 요구된다는 증거는 전혀 없다. 일반적으로 유전자의 상호 작용은 마치 현미경 슬라이드 위에서의 정상적인 세포의 성장이 이웃하는 세포벽 사이의 화학 성분의 규칙적인 배열에 의해 통제되는 것과 마찬가지로, 형성되어 있는 기관 속에 국부적인 관계에 의해 조절된다. 엽록체에는 주 통제부主統制部가 존재하는 장소가 있을지도 모른다. 그러나 만약 그렇다면 그 주 통제부는 단지 특수한 유전자의 특성을 갖고 있으리라 생각할 수 있을 것이다. 우리는 이미 다른 유전자들의 변이성 또는 안정성을 조절하는 주요 유전자master genes가 존재함을 알고 있다.

단세포 박테리아의 라이프사이클은 엄격한 스케줄에 의해 진행되는데, 그 각각의 연속적인 단계는 박테리아를 구성하는 분자들의 재배열이라고 할 수 있다. 따라서 세포의 기계 구조, 즉 세포의 생명을 유지하고 발현시키는 시계태엽 장치는 바로 그 세포의 분자 물질의 계속적인 형성·재형성 과정이라 할 수 있다. 이러한 생활 주기는 박테리아의 생활 환경과 밀접하게 관련되어 있어 거기에는 명백한 계획 혹은 목적이 부여되어 있다. 다시 말해 박테리아의 생활 주기는 생명을 보존하려는 의도에서 정교하게 고안되었다고 생기론자들은 주장한다. 물론 이것만으로는 생명 과정이 주기적이라는 근거가 될 수 없다. 왜냐하면 중력장 내에서의 수많은 물리적 현상들도 주기적이기 때문이다. 그러한 예로는 조수潮水의 변화로부터 계절의 변화까지 수없이 많다. 또는 그것만으로는 어떠한 주기적 현상이 그것을 방해하는 힘에 대항하여 끊임없이 발생한다는 사실에 대해 신비주의적인 해석을 내릴 근거도 될 수 없다. 왜냐하면 그것은 모든 주기적인 현상(예컨대 회전하는 팽이)에서도 나타나기 때문이다. 살아 있는 세포가 온갖 방해 요인disturbance에도 불구하고 생명을 계속 유지한다는 사실은 자유 낙하하는 돌멩이가 일직선으로 떨어질 수밖에 없다는 사실과 마찬가지로 결코 초자연적인 현상이 아니다. 그것은 생명의 본질이기 때문에 빛의 특징 또는 우라늄 원자의 복잡한 구조의 경우와 마찬가지로 더 이상의 설명을 요하지 않는다.

그러므로 생기론자들은 초월적인 계획에 대하여 단순한 주기성의 존속 혹은 일련의 상호 연결된 주기적인 현상을 그대로 받아들이는 것 이상의 보다 더 정교한 관념을 갖지 않으면 안 될 것이다. 통상 자연에는 우리가 이해할 수 있는 설명(또는 행위) 이상의 또 다른 신비가 존재한다고 그들은 말한다. 또 그들은 우리가 개개의 생명 현상의 메커니즘은 훌륭하게 설명할 수 있을지 모르지만, 이러한 설명만으로는 각각의 메커니즘의 총화로서의 전체성을 밝힐 수 없으며, 이러한 전체성, 다시 말해 생명 일반의 연속성은 초월적인 존재에 의한 전반적인 계획 또는 의도라는 관점으로밖에 이해될 수 없다고 주장한다.

계획 또는 설계의 개념에 대해서는 다음에 다시 논의할 예정이다. 여기서는 우선 생명에는 우리가 이해할 수 없는 현상들이 대단히 많을지라도, 그것이 바로 생명의 기저 초자연적인 신비가 깔려 있기 때문이라는 증거는 될 수 없다는 말만을 반복함으로써 만족하고자 한다. 살아 있는 물질이 죽은 물질과 다른 법칙을 따르기 때문은 아니다. 세포의 각 부분이 유기적으로 활동할 수 있도록 해주고 세포의 생존을 가능하게 해주는 일련의 과정을 지배하는 법칙은 기타 다른 분자 활동의 경우와 똑같은 논리에서 이해될 수 있다. 생명의 기본 구조와 일련의 연속 과정들은 다른 어떤 신비적인 힘이나 행위의 개입 없이 죽은 자연dead nature(생명이 없는 자연계-옮긴이)의 구조와 과정을 따른다. 세포 또는 세포의 단순한 집합체인 미생물micro-organism, 수족limb 또는 암세포를 분석해보아도 생기론을 입증할 증거는 전혀 없다.

색다르고 보다 심오한 의문이 위그너에 의해 제기되었다. 그는 살아 있는 세포들은 환경으로부터 영양분을 섭취하여 라이프사이클을 유지하며, 섭취한 영양분을 자신의 구조 속에 통합시키거나 딸세포의 구조 속에 전달한다고 말한다. 그는 또한 양자 효과 때문에 이러한 전달 과정 동안 세포가 정확하게 자기 복제를 하는지에 대해(또는 세포의 어떤 구체적인 형태 변화가 발생하는지에 대해) 확실히 보장할 수 없으며, 따라서 물리학 법칙은 살아 있는 유기체의 생명 연속성을 해명하기에 불충분하다고 주장한다.

위그너는 세포 내의 정확하거나 유사한 구체적인 복제품의 제조가 어느 정도로(그의 표현을 빌리면) '무한히 불가사의하게' 이루어질 수 있는가에 관해 상세하게 추측하고 있다. 우리가 그의 추측을 단지 시사적인indicative 것으로만 취급한다 할지라도(위그너가 논문 말미에서 밝혔듯이), 그것이 표시하는 바는 다음과 같은 사실, 즉 모든 종류의 특수한 분자 형태(예컨대 DNA)의 자기 복제 과정에는 예기치 못한 양자 사건quantum events의 결과, 받아들여질 수 없는 실수가 발생하기 마련이라는 사실이다. 그리고 이 사실은 위그너가 암시하고 있다시피, 생식 과정에 관한 일상적인 관찰과는 완전히 반대된다.

이 주장은 이미 오래전에 델브뤼크와 슈뢰딩거가 이용했던 것과 같은 양자 효과를 이용했음에도 불구하고 정반대의 결과에 이르렀다는 점에서 특이하다. 슈뢰딩거는 생물 형태의 독특함을 해명하는 데는 양자 효과가 필수 불가결한 요소라고 추론했다. 그런데 위그너는 이 추론을 정반대로 뒤집어서, 어떠한 생물 형태도 양자 교란에 직면하여 자신의 정체를 유지할 수 있는 것은 없다고 결론짓고 있다.

이러한 결론으로 이끌 수밖에 없는 그의 주장을 검토해보면 그 한계는 명백하다(이 점은 위그너 자신도 인정하고 있다). 위그너의 이론 전개를 살펴보면, 세포와 그것의 자양분nourishment이라는 양자 상태 벡터qunntum state vectors가 한데 묶여 두 개의 유사 세포라는 위치 벡터로 변화하고 있다(그리고 자양분 중 세포 복제에서 제외된 부분의 위치 벡터로). 만약(특별한 지식의 부족으로 위그너가 가정할 수밖에 없었듯이) 변환transformation을 표시하는 해밀턴 행렬Hamiltonian matrix이 변환의 대칭 요소는 제외하고, 임의의random 요소들로만 구성되어 있다고 가정한다면, 위그너의 이론에서는 풀어야 할 방정식의 수가 주어진 미지수의 수보다 훨씬 더 많은 것처럼 보인다.

위에서 말한 행렬만으로는 전체적인 의문을 해결할 수 없다. 왜냐하면 그것은 필연적으로 변환 행렬 내부의 모든 관계, 즉 양분의 섭취 및 세포 분열 과정의 유기체적 내부 구조를 무시하기 때문이다. 행렬의 여러 요소 간의 관계를 알지 못하는 한, 주어진 미지수와 변수의 계산은 전적으로 불가능하며, 그리고 이 이론은 잘못하면 진실을 전적으로 오도할 수도 있다.[4]

사실상 위그너의 이론은 앞서 언급한 첫 번째 비판이 암시하고 있는 것보다 훨씬 더 비현실적이다. 왜냐하면 미지수와 변수의 계

---

4 예컨대 위그너의 이론과 유사한 주장을 이용하여 모든 원뿔 곡선은 한 쌍의 직선이라는 것을 증명할 수 있다고 하는 주장은 사영 대수 기하학射影代數幾何學에선 익히 알려진 패러독스다.

산 문제가 포함된 주장들의 속성은, 어떤 논리적인 과정으로부터 도출되는 결과를 확실하게 뒷받침해줄 수 있는 하나의 정답이 있느냐 없느냐만을 문제 삼기 때문이다. 그러므로 비록 우리가 위그너의 가정을 받아들인다 할지라도 우리는 단지 하나의 결론, 즉 그가 이상화한 세포 분열 과정을 통해 제2차적인 유사 세포가 항상 생성된다는 사실을 확실하게 보장할 순 없다는 결론에 이를 수밖에 없다. 그러나 단지 생존해갈 수 있는 자손을 형성할 수 있다고 하는 하나의 개연성만을 갖는 세포 분열 과정에 대해서는(혹 그 확률이 99퍼센트에 이른다 할지라도) 섣불리 하나의 결론을 내리거나 단언할 수는 없다. 그러한 추론은 개연성을 갖는 결과에 대해서는 (그 확률이 얼마나 높든 낮든 간에) 일률적으로 적용할 수 없다.[5]

하지만 경험적으로 판단할 때 한 치의 오차도 없이_{zero tolerance} 확실하게 작용하는 생물학적 과정은 없으며, 또한 항상 자신과 유사한 자손을 99퍼센트 이상의 확률로 생성해내는 유기물은 거의 존재하지 않는다. 따라서 우리는 위그너의 주장이 생물학적 과정의 본질, 다시 말해 그것들은 엄격한 확실성을 갖고 기능하지 않는다는 사실을 간과했음을 인정하지 않을 수 없다. 만약 생물학적 과정이 그처럼 한 치의 오차도 없이 정확히 진행되었다면 세포보다 고도로 유기적인 생명 형태로의 진화는 불가능했을 것이다.

세포는 생명 활동을 유지하기 위해 동일한 설계도로부터 끊임없

---

5 예컨대 만약 위그너의 추론을 핵분열에 적용시킨다면 연쇄 반응은 불가능하다는 결론을 믿을 수밖에 없을 것이다. 왜냐하면 하나의 중성자가 지정된 원자핵에 부딪힐 때 항상 두 개의 중성자를 방출한다고 말할 수는 없기 때문이다.

이 단백질을 만들어내며 또한 둘로 분열할 때 동일한 설계도를 복제하기도 한다. 이미 알려진 자연법칙의 한계 내에서는 이러한 끊임없는 복제 작업을 한 치의 오차도 없이, 다시 말해 전혀 개별적인 실수 없이 수행할 수 있는 기계 장치는 도저히 상상할 수 없다. 우리는 이러한 실수들을 양자 효과 탓으로 돌리는데, 그것은 옳다. 어느 의미에서 양자 물리학은 어떤 자연 과정도 영寒의 오차로 이루어질 수 없고 따라서 실수로부터 면제될 수 없다고 하는, 상당히 근거 있고 널리 알려진 확신을 공식화한 것에 불과하다고 볼 수 있다. 영구 운동은 불가능하다고 하는 불가능의 법칙law of impossible으로부터 대부분의 고전적 기계 역학이 출발하듯 생명의 재생산도 영구적인 정확성을 갖고 이루어질 수 없다는 사실을 우리는 알고 있다. 따라서 우리는 양자 물리학을 그러한 지식의 구체화, 즉 그 이하에서는 효과를 발휘할 수 없는 비영 허용 한계non-zero tolerance(아인슈타인 방정식에서의 플랑크 상수―옮긴이)의 구체화라고 간주할 수 있다.

생명에는 독자적인 두 가지 요소가 있다는 사실에서 위그너의 모순은 기인된다. 그는 생명의 특성이자 죽은 물질에선 볼 수 없는 창조적인 요소를 무시하고 있다. 생명 현상은 생명이 없는 광물 결정체의 기하학적인 세공처럼 대단히 정교하게 이루어지는 정확한 복제 과정만은 아니다. 생명은 또한 본질적으로 복제 과정에서 발생하는 우발적인 실수에 의해 앞으로 나아가는 진화 과정이다. 이러한 실수는 생명의 진보를 향해 나아가는 또 다른 단계 또는 문지방을 넘어 보다 차원 높은 생명 형태 속으로 통합된다. 생명은 이와 같은 두 가지 과정, 즉 복제와 실수라는 절차의 결합이라는 사실 그리고 그 결합 방식을 이해하는 것이 중요하다.

개별적인 실수의 축적 현상은 분명히 하나의 개별 세포에 대해서는 치명적인 핸디캡이다. 그러나 실수의 두 가지 종류, 보다 정확히 말해서 두 가지 지위place를 구별해야 한다. 세포의 물질대사 과정에서, 일시적인 단계에 지나지 않는 단백질 분자의 합성 과정 중 때때로 발생하는 실수들은 중요하지 않은 것 같다. 왜냐하면 새롭게 형성된 단백질 분자는 전과 마찬가지로 정상적일 것으로 기대되기 때문이다. 그러나 거기에는 세포의 생산 활동에서 기본적인 부분을 담당하고 다른 단백질의 합성을 보조하는 지그jig 또는 기계 장치 역할을 하는 몇몇 단백질이 존재한다. 이러한 우두머리 격의 단백질이 잘못 만들어질 경우, 이것들은 다른 단백질의 복제품 합성 과정에 잘못을 불러일으키게 되며, 그 결과 실수는 연속적으로 누적된다.

오겔Leslie Orgel은 이러한 주 분자主分子에서의 실수가 세포의 사망 원인이라고 추측했는데, 이 추측은 최근의 실험에 의해 뒷받침되고 있다. 만약 오겔의 기술이 옳다면 세포 내의 주 분자에서의 실수가 축적됨에 따라 모든 세포가 필연적으로 사망하지 않으면 안 될 것이다. 아마 살아남는 세포는 하나도 없으리라. 사실 헤이플릭Leonard Hayflick은 조심스러운 실험을 통해 하나의 세포가 50회 정도 분열할 때가 되면 거기에서 형성된 세포의 클론clone은 모두 더 이상 분열하지 못한다는 사실을 밝혀냈다. 생명의 기계 구조가 개체의 죽음을 확실하게 보증하고 있는 것이다!

하지만 이러한 기계 구조는 새로운 생명 형태의 진화 역시 정확하게 보증한다. 개체를 사망시키는 실수들은 또한 새로운 종의 기원이기도 하다! 이러한 실수 없이는 진화를 상상할 수 없다. 왜냐하면 자연 선택이 작용할 수 있는 재료인 유전학적 돌연변이체가 존재할 수 없기 때문이다. 생명에는 하나의 보편적 형태밖에 존재할 수 없을 것이고, 그리고 그것이 최초로 형성된 환경에 아무리 훌륭하게 적응하고 있다 할지라도 이미 오래된 옛날 지구 상에 최초로 급격한 기후 변화가 몰아닥쳤을 때 모두 멸종되고 말았을 것이다.

위그너와 엘자서가 생물학에는 자연계의 질서의 법칙과는 다른 법칙, 즉 유기체의 복제 과정에서 전혀 아무런 실수도 일어나지 않으며, 하나의 세포로부터 나온 개체의 정확한 발생·성장의 형태를 지배하는 명령·지시의 창고가 완벽하게 제 기능을 발휘하게 하는 법칙이 분명 존재한다고 말했을 때, 그들은 단지 개체의 불멸성만 요구했을 뿐, 자신들의 이론이 종의 멸종을 확실하게 시사해준다는 뻔한 결론을 간과하고 있었다. 그들의 주장이 잘못되었음을 증명하기 위해서는 지금 당장 주위를 한번 둘러보는 것만으로도 족하다.

진화는 생물학에 관한 모든 논의에서 결코 빠뜨릴 수 없는 핵심적인 요체다. 왜냐하면 진화만이 유일하게 생물학을 물리학과는 다른 분야로 만들어주기 때문이다. 생물학의 분자에 대해 무엇이 알려져 있는가에 관한 버널의 최근 연구 조사는 〈생물학의 본질The Nature of Biology〉의 장에서 시작되고 있다. 그는 "생물학은 존재하는가?"라는 무뚝뚝한 질문으로 그 장의 첫 절을 열고 있다. 이 질문의 의도는 생물학이 다른 과학과는 성질이 다른 종류의 학문임을 상기시키는 것이다. 왜냐하면 생물학은 매우 특수한, 다시 말해 우발적인 현상을 연구하기 때문이다. 버널은 그 차이를 다음과 같이 정확하게 기술하고 있다.

나는 생물학과 소위 정밀 과학 또는 무기물을 연구하는 과학, 특히 물리학 사이에는 근본적인 차이, 근본적으로 철학적인 차이가 존재한다고 믿는다. 후자에 있어 우리는 우주 구조의 필수 성분인 기본적인 미립자를 그 기초 조건으로 하며, 그 미립자들의 운동과 변화를 통제하는 여러 법칙은 물리학의 본질상 필수 불가결한 요소이고 일반적으로 전 우주에 효력을 미친다.

하지만 생물학은 우리가 생명이라 부르는, 최근에는 보다 특수하게 지구 상의 생명terrestrial life이라 부르는 우주에서 매우 특수한 부분의 묘사와 체계화라는 문제를 다룬다. 그것은 일차적으로 특수한 혹성 위의 특수한 시간에서 특이하게 조직된 개체의 구조와 작용을 취급하는, 지리학보다 더 기술적記述的인 과학이다.

그가 생물학을 공간의 기술인 지리학과 비교한 것은 너무 편협하다 할 수 있을지도 모른다. 나는 차라리 생물학을, 공간의 전체적인 형태를 다루고 시간 속에서의 그것의 작용behavior을 추적하는 지질학에 비교하고 싶다. 하지만 본질적으로 그가 행한 물리학과의 구별은 상당한 근거가 있다. 분명 생명 현상에는 물질계의 다른 현상들보다 훨씬 더 우발적이고 국부적인 특성이 존재한다.

나는 이에 덧붙여 생명은 다른 물질계의 현상들보다 훨씬 더 개방적이고 무한한 특성을 갖고 있다고 말하고 싶다. 어느 면에서 보면 생명은 불완전한 미완성의 현상이다. 다시 말해 생물학은 진화하는 시간 속에서 모든 점에 있어 물리학과는 다른 특성을 갖고 있는 것이다. 오늘날 우리가 논의하고 있는 생물학의 영역은 300만 년 전의 그것(사실 그 당시는 논의할 만한 인간 *Homo Sapiens*이 전혀 존재하지 않았으니까)과는 다르다. 따라서 우리는 300만 년 전부터 그 이후 계속 진행된 생물학적 세계도 당시와는 또 전혀 다르리라고 예측할 수 있다.

이제 그 차이를 보다 명백히 구별해보자. 하나의 형태로부터 또 다른 형태로의 생명의 발전 과정은 나머지 물질계의 그것과 같지 않다. 왜냐하면 생명 현상은 우연한 사태에 의해 제동이 걸리고, 각각의 사태마다 새로운 생명 형태에 독특한 특성을 부여하기 때문이다. 생명은 광물질의 생성과 같은 규칙적인 연속체continuum가 아니다. 생명은 새로운 표현 형태를 창조하고, 또한 항상 새로운 형태에 대해서도 개방적이다. 이는 생명이 본질적으로 사태 지향적 accidentprone이기 때문에 어쩔 수 없이 발생할 수밖에 없는 연속적인 실수가 항상 개방성을 갖기 때문이다. 생명의 본질은 오로지 생명의 실수의 연속성(또는 성공)의 다른 이름인 진화의 연속성에서만 표현된다.

하나의 세포 또는 개체를 구성하는 수많은 분자들은 매우 다양한 상태를 갖는 물리적 체계를 형성하고 있다. 만약 우리가 분자의 모든 가능한 상태들(질서 정연한 것부터 무질서한 것까지)을 추상적인 공간 위에 점으로 도표를 그린다면, 거기에는 세포 생명 주기의 연속적인 단계를 표시하는 일련의 좁은 연속 점이나, 또는 처음과 똑같은 상태로 돌아올 때까지의 개체의 연속적인 상태가 나타날 것이다. 각 상태들의 주기는 다시 처음으로 돌아가기 때문에 연속적인 점들을 연결한 선은 폐쇄된 만곡선closed loop을 형성한다. 이처럼 세포에 있어서나 개체에 있어 생명 현상은 위상적位相的으로 폐쇄된 과정이다. 생명은 시간의 경과와 함께 반복적으로 처음과 대동소이한 곡선 위를 달린다.

그러나 생명은 열역학 제2법칙이라 불리는 에너지 정점의 일반적인 평준화에 의해 움직이는 자연계의 현상과 같은 방식으로 진행되지는 않는다. 세포나 개체의 죽음은 사후의 부패가 그러하듯 건물의 붕괴와 같은 전체적인 체계 자체의 평준화levelling out를 뜻하지 않는다. 대신 죽음은 세포나 개체의 생명 주기를 지속시키는 물질대사의 정지이며, 그 생명은 정지 속에서 정확하게 생명 주기를 반복하기 시작한다. 세포 또는 개체의 생명 주기는 불가피하며 실수의 누적으로 방해받는 것처럼 느껴진다. 왜냐하면 그것의 잠재적인 원인이야 어찌 되었든 위상적 만곡선은 가물가물하다가 결국 진행을 끝마치기 때문이다.

하지만 진화의 연속 과정으로서의 생명은 폐쇄 곡선이 아니다. 그와는 반대로 진화로서의 생명은 위상적으로 열려 있다. 그것에는 시간에 따르는 주기가 존재하지 않기 때문이다. 오히려 그것은 개체를 사망시키는 우발적인 사태 또는 실수(최소한 종류에 있어서는)로부터 개방성을 끌어낸다. 생명의 진화는 종의 생존을 위한 메커니즘이며, 진화는 우발적인 사태를 새롭고 독특한 생명 형태의 창조에 이용하는 양자 공명체 또는 배율기의 역할을 수행한다. 이 점은 델브뤼크가 생물학에 발을 들여놓으면서 해명하고자 했던 사실이었다.

지금까지의 논의를 요약하면 다음과 같다. 개체의 생명 주기의 폐쇄된 만곡선과 진화의 개방형 진로는 생명의 이중적 양상이다. 양자 비약quantum accidents이라는 공통의 동인은 개체 생명의 죽음과 진화의 원인이다. 위의 두 가지 현상은 생명의 상호 보완적 부분 또는 과정으로 판단될 때 비로소 정당하게 이해될 수 있다.

나는 폴러니에 의해 제기된 생기론을 지지하는 다른 주장을 검토함으로써 이러한 구별을 또 다른 형태로 시도해보려 한다. 먼저 세포의 수준에서 살펴보고 다음에 진화 쪽으로 넘어가겠다.

폴러니는 단순히 세포의 기계적 구조에 관한 설명은 시계의 그것에 관한 설명과 비슷하다고 말하고 있는데, 그는 가장 중요한 사실을 간과하고 있다. 즉 그는 시계가 하나의 목적, 다시 말해 시간을 알려주기 위한 목적으로 설계되었다는 사실을 놓치고 있다.

시계는 18세기에 이신론자들이 인간에 대한 신의 의도를 설명하기 위해 끌어들인 전형적인 실례實例였다. 성聖 헨리 존Henry St. John, 볼링브룩Viscount Bolingbroke 및 페일리William Paley 등은 《기독교의 증거들Evidences of Christianity》에서 인간은 시계보다 훨씬 더 재능 있는 기계이며, 따라서 보다 더 재능 있는 창조자에 의해 고안되었을 것이라고 주장하는 데 시계를 이용했다. 오늘날 폴러니는 시계의 설계는 그것의 목적을 가리키며 오직 그 목적의 맥락에서만 이해될 수 있는 것과 마찬가지로, 생명이라는 기계 장치의 설계도 역시 어떤 목적을 갖고 있으며 목적이라는 맥락에서의 보다 고차원적인 설명에 의해서만 이해될 수 있다고 말함으로써 앞의 주장에 새로운 관점을 부여하고 있다. 그는 이것을 모든 기계론mechanism의 경계 조건boundary condition이라 부르고 있는데, 이는 다만 그가 제안한 필요조건, 다시 말해 생명은 자신의 외부에 존재하는 전반적인 계획(초월적인 설계도)에 적응하고 봉사하지 않으면 안 된다는 말의 반복에 지나지 않다. 본질적으로 그의 주장은 18세기 수준에 머물러 있다. 왜냐하면 우리는 이미 시계가 설계된 목적을 파악함으로써 비로소 시계가 교묘한 물건이 될 수 있음을 알고 있기 때문이다.

폴러니의 주장에 포함된 하나의 패러독스를 끄집어냄으로써 그것의 오류를 파악하는 일은 무척 쉬운 일처럼 느껴진다. 그 모순은 다음과 같다. 그의 주장은 인간이 (그리고 다른 형태의 생물도) 단순히 기계가 아님을 나타내 보이려 하고 있다. 이러한 목적을 위해 인간은 하나의 전형적인 기계(즉 시계)와 비교되고, 그 결과 인간이 시계를 움직이게 하는 기계 장치보다 훨씬 더 정교하다(즉 훨씬 고도의 목적을 함유하고 있다)는 결론이 도출되고 있다. 이러한 결론은 어떻게 해서 나오는가? 그건 기계로서의 시계 자체는 그것을 움직이게 하는 기계 장치보다 더 정교하다(즉 더 높은 목적의식을 함유하고 있다)는 것을 보임으로써 나온다. 요컨대 심지어 기계라 할지라도 단순히 하나의 기계 장치machinism 혹은 우리가 통상 기계라고 부르는 어떤 것이 아니다. 그러므로 인간은 기계이기 때문에 기계가 아니다. 기계가 기계는 아니라는 논리는 이미 앞에서 밝힌 바 있다.

그럼 어떻게 이러한 패러독스가 발생하는가? 말할 것도 없이 그것은 기계의 제작 의도가 담긴(예컨대 시계 제작자에 의해) 외부 기능external function과 살아 있는 생명체가 자신의 자연적이고도 종 특유의 생명 활동의 연속 체계로 필연적으로 따를 수밖에 없는 내부 계획을 혼동함으로써 야기된다. 이러한 내부 계획이 흔히 우리가 이해하는 것보다 훨씬 더 심오한 의미를 품고 있다는 것을 어떤 식으로 주장하면 좋을까? 먼저 환원법을 생각해볼 수 있지만, 일련의 연속적 과정을 각각의 부분으로 환원시키는 방법은 그 각각의 부분들이 갖는 전체로서의 유기적인 통일성을 간과할 우려가 있으므로 충분한 설명이 될 수 없다. 따라서 그것은 오로지 매우 추상적이고 전형적인 철학적 교의教義에 호소함으로써만 정당화될 수 있다.

그러나 여기서 그러한 함축含蓄은 적절하지 못한데, 그 까닭은 단지 시간을 알려주기 위해 제작된 시계의 유추를 반복하는 데 지나지 않기 때문이다. 확실히 철학에는 환원주의reductionism만으로는 불충분한 맥락이 존재한다. 그렇다 할지라도 환원주의는 그것이 역사적인 설명이고 하나의 결론에 도달되도록 해주는 일시적이고 논리적인 일련의 단계적인 전후 관계를 제공할 때에는 논리상 타당하고 충분하다(참으로 모든 인과적 설명이 여기에 해당하고, 이 경우 최초 원인의 타당성에 이의가 제기되면 모든 것이 의심받게 된다).

만약 계획에 있어 각각의 부분들이 시간의 흐름 속에서 단계적으로 통합되어 비록 처음의 것보다는 작을지라도 하나의 전체를 구성한다면, 전체를 부분으로 환원하는 방법은 계획에 관한 타당한 설명법이 될 수 있다. 따라서 하나의 유기체를 그 유기체의 진화에 의해 전반적인 계획(또는 초월적 설계)이 설명될 수 있는 하나의 역사적 창조물로 간주하는 것은 논리적으로 타당하다. 이 경우 생명 현상의 계획은 무한 의미無限意味를 갖는다. 오로지 무한한 계획만이 창조적일 수 있으므로 진화는 이러한 계획에 해당한다. 진화라는 개방적이고 무한한 계획에 의해 전적으로 새롭고 창조적인 생명 형태가 산출되는바, 진화는 시간의 동력학dynamic of time이라 할 수 있는 것이다.

따라서 지금부터는 바야흐로 개방적이고 무한한 계획으로서의 진화를 고찰하고, 진화를 통해 새로운 생명 형태를 창조하는 데 요구되는 부가적인 원칙들을 살펴볼 차례다. 우선 이런 생명 형태들이 진정으로 창조적이라는 사실을 인식하는 것이 필요한데, 왜냐하면 그것들은 마치 씨앗이 자라 성장 식물이 되는 것처럼 고정불변한 단일의 경로를 따라 진행하는 제한된 계획에 의해 형성되지 않았기 때문이다.

여기서 내리고자 하는 구별은 필연적으로 도달할 수밖에 없는 최종 상태에 의해 미리부터 규정된 일련의 행위 순서와 특수한 결과가 예견되어 있지 않기 때문에 미래를 향해 무한하게 개방된 일련의 사태 간의 차이점이다. 모든 제한적인 계획은 본질적으로 자체 내의 문제에 대한 해답을 내포하고 있다. 하나의 메커니즘으로서의 생명은 이러한 특징을 갖는다. 그와는 대조적으로 개방적이고 무한한 계획 속에 포함되는 일련의 사태들은 순간순간 지나간 사실로부터 나오며, 그 과정의 결과는 단순한 해결이 아니라 창조다. 진화로서의 생명은 이러한 종류의 창조 행위다.

분석이 이 정도에 이르면 생기론자들의 질문은 또 다른 쟁점, 즉 진화의 방향과 시간의 방향 간의 관계라는 문제로 옮아간다. 30억 년이라는 장구한 역사에서 진화는 결코 뒷걸음치지 않았으며, 최소한 통계학적인 의미에서 볼 때도 거꾸로 향하지 않았다(바이러스의 발생과 같은 퇴보적인 경향의 존재가 있긴 하지만 그렇다고 이것이 일반적인 특징을 역전시키지는 못한다). 그 이유는 무엇인가? 왜 진화의 방향은 시간의 흐름과 함께 이곳저곳으로 불규칙하게 진행되지 않을까? 진화의 방향을 앞으로 나아가게 하는 추진력은 무엇이며, 최소한 그것이 역전되지 못하도록 막는 제동 장치는 무엇일까? 그렇다면 미리 계획되지 않고도 이러한 일률적인 진행이 가능할 수 있을까? 진화를 시간이라는 화살에 비끄러매는 요인은 무엇일까?

여기서 해결되어야 할 패러독스는 과학에선 고전적인 것이다. 즉 소규모의 무질서가 대규모의 질서와 시간적·공간적으로 어떻게 조화를 이룰 수 있을까 하는 의문이 그것이다. 만약 이러한 질문을 기체의 흐름 속에 있는 분자에 적용시킨다면 대답은 간단하다. 즉 일정한 흐름 속에 강제된 운동은 각각 개별적 분자의 불규칙적인 운동을 불가능하게 하기 때문이다. 하지만 이러한 소박한 설명만으로는 진화를 해명하는 데 아무런 도움을 주지 못한다. 진화에는 결코 강제된 운동이 존재하지 않기 때문이다. 만약 이와는 반대로 진화 과정에 강제된 운동이 존재한다고 가정하게 되면 생기론의 주장을 받아들이는 결과가 되고 만다.

진화에는 특유의 우발적 사태를 걸러내는 체 또는 선택 장치 역할을 행함으로써 전체적인 체계의 질서를 유지하는 내재적인 잠재력을 갖는 상이한 형태의 통계학적 법칙이 존재한다. 물질계에서도 이러한 협동적 현상이 있다. 예컨대 우리가 이해하는 것으로 결정체 구조 내부의 현상을 들 수 있고, 아직 이해하지 못하는 것으로 액체의 구조 내부의 현상을 들 수 있다. 우발적인 사태의 선택 과정에 질서를 유지해주는 잠재력이 존재함은 분명하지만, 그 잠재력이 발현하는 방법에 관해선 아직도 분명히 알고 있지 못하다. 바로 여기에 시간의 흐름 속에서의 진화에 자연적인 질서를 부여해주는 두 가지 부가적인 원칙이 필요한 까닭이 있는 것이다.

진화의 개념을 이루고 있는 뚜렷한 원칙으로는 다음과 같은 다섯 가지가 있다.

1. 가계 유전
2. 자연 선택
3. 멘델의 유전 법칙
4. 변화 적응성
5. 성층 안정성

처음의 세 가지 내용은 이미 익숙한 것이므로 자세한 설명을 요하지 않을 줄 안다. 그것들은 피셔R. A. Fisher가 《자연 선택의 유전론 *The Genetic Theory of Natural Selection*》에서 공식화한 이래 진화의 구조를 설명해주는 대표적인 설명으로 받아들여지고 있다.

그러나 내 견해로는 여기에 두 가지 원칙, 즉 내가 제안하고자 하는 변화 적응성과 성층 안정성의 원칙을 추가하는 것이 필요하리라 본다. 전자는 생물 형태의 변이성, 그리고 후자는 그것의 안정성과 관련이 있다. 그리고 이 두 원칙은 생물학적 진화가 어떻게 시간의 흐름 속에서, 즉 시간과 동일한 하나의 방향, 의미의 방향을 갖는가 하는 점을 설명해준다. 진화의 방향은 매우 중요하고 핵심적인 현상으로, 많은 통계학적 과정에서도 단연 가장 큰 의미를 갖는다. 왜냐하면 통상 통계학적 절차라고 하면 흔히 평균치를 지향하는 방향을 갖는 법인데, 진화의 방향은 전혀 그렇지 않기 때문이다.

내가 제안하는 두 가지 새로운 원칙 중 첫 번째는 내가 드러내고자 하는 주제의 주변적인 의미를 갖는 것에 불과하기 때문에 매우 간략하게 언급할 예정이다. 하나의 종이 미래의 환경 변화에 적응하려면 우선 현재의 변화에 적응하지 않으면 안 된다. 미래에 유용한 동기 인자가 될 수 있는 지배적인 유전자들은 현재에는 비록 무용하더라도 보존되어야만 한다. 그리고 이를 위해 지배적 유전자들은 자신들에게 빠르게 동기 인자로서의 속성을 길러주는 다른 유전자들의 주위에 간직되지 않으면 안 된다. 지금까지 말한 것들이 미래를 대비하기 위한 신비적인 계획에서가 아니라, 현재에 이루어지기 위해서는, 이런저런 개별적 변이체의 유지를 위해서가 아닌 변이성 그 자체의 유지를 위해 자연 선택에 의해 이루어지지 않으면 안 된다.

유전학적 변이성을 위해 자연 선택이 일어난다는 것은 분명한 사실이다. 선택은 작은 변화들에 의해 균형을 유지한다. 수백 세대 동안 이어지는 환경 속의 장기적인 흐름을 통해 새로운 적응 형태가 선택된다. 반면 어떤 세대 동안에는 어느 한 방향으로 또 다른 세대 동안에는 다른 방향으로 진행되는 단기적인 변동을 통해서는 적응성을 선택할 것이다. 바꿔 말하자면, 단기적인 변동은 돌연변이적인 유전자가 자신의 모습을 드러낼 수 있게 도와주는 유전자 배열의 완성에 유리하도록 일어날 것이다.

이제 우리는 특별히 변이성을 높여주는 단일 유전자가 존재함을 알았다. 예를 들어 유전자 중에는 다른 몇몇 유전자들의 돌연변이율을 동시에 상승시키는 단일 유전자가 존재한다. 이 단일 유전자의 행동은 하나의 유기체, 특히 반수체半數體(세포핵의 염색체 수가 반감하고 있는 핵상의 세포 개체-옮긴이)의 어느 한 부분에서의 유전학적 변화가 다른 부분의 변화와 보조를 맞추어 일어나는 경향을 설명해줄 수도 있다. 돌연변이를 증대시키는 이런 유전자들 중에서 우두머리 격인 유전자가 변화에의 적응력을 높임으로써 미래에의 문을 여는 기능을 담당한다.

이제는 내 주장의 핵심 부분에 관해 언급할 차례다. 유기체와 종의 변이성을 논할 때 그들의 안정성을 고찰하지 않을 수 없음은 너무도 분명한 사실이다. 따라서 우리는 진화의 완전한 이해를 위해 필요한 요건인 안정성의 메커니즘을 추적해볼 필요가 있다. 나는 내 진화의 분석에서 다섯 번째이자 마지막 원칙인 이것을 성층 안정성이라 부른다.

심지어 오늘날에도 진화의 양태는 매우 완만하게 단계적으로 이루어지는, 다시 말해 유전자의 변화에 의해 이루어지는 자연 선택의 개념만으로도 충분한 것처럼 받아들여지고 있다. 그러나 유기체는 하나의 통합된 체계다. 이 말은 통합 체계가 쉽사리 교란될 수 있음을 내포하고 있다. 이 점은 정상적인 유전자든 돌연변이체 유전자든 간에 모든 유전자에 해당된다. 모든 유전자는 마치 지그소 퍼즐의 조각들이 모여 하나의 구조를 이루고 있는 것처럼, 유전자 복합체의 질서 있는 전체성 속에 통합되지 않으면 안 된다.

하지만 지그소 퍼즐에 빗댄 유추는 너무 융통성이 없어 정확한 이해를 그르칠 우려가 있다. 때문에 살아서 움직이는 과정(그리고 그 과정을 작동시키는 구조) 속의 안정성에 관한 기하학적 모형을 필요로 한다. 이 모형은 변화에 대해 고정불변적인 것은 아니다. 뿐만 아니라 이 모형은 시간의 흐름 속에서 생명의 단순한 형태로부터 보다 복잡한 형태가 발생하는 경로를 나타내야만 한다. 이것이 바로 성층 안정성의 모형이다.

자연의 진화 과정에는 선택력의 개입을 요하지 않는 것들이 있다. 이것의 특징적인 경우로 화학적 성분의 진화를 들 수 있는데, 이것들은 처음에는 수소에서 헬륨으로, 다음엔 헬륨에서 탄소로, 그리고 계속해서 보다 무거운 성분으로 서로 다른 항성 속에서 단계적으로 진행되었다. 수소의 원자핵은 서로 잘 결합하기 때문에 충돌하면 쉽게(비록 간접적이지만) 헬륨을 형성한다. 단순한 원자 배열에서 보다 복잡한 원자 배열로의 진화인 헬륨 원자핵은 안정된 새로운 단위가 된다. 따라서 그 헬륨 원자핵은 보다 고도의 성분을 만들어내는 원료로 이용될 수 있다.

그 가장 뚜렷한 예가 헬륨에서 탄소가 형성된 경우다. 두 개의 헬륨 원자핵은 서로 충돌하더라도 안정된 성분을 형성하지 못하고 순식간에 떨어져버린다. 그러나 만약 그 순간적인 찰나에 제3의 헬륨 원자핵이 두 개의 원자핵 사이에 끼어들면, 그것은 둘을 결합시켜 안정된 3가 원소를 만드는데, 이것이 탄소의 원자핵이다. 모든 생물 세포 속의 모든 유기 분자 속에 들어 있는 모든 탄소 원자는 이렇게 불가사의한 3중 충돌에 의해 형성되었다.

단순한 단위들이 어떻게 서로 결합하여 보다 복잡한 통합적 원자 배열을 형성하는지, 이러한 원자 배열들이 안정적이라고 가정할 때 어떻게 그보다 더 복잡한 구조를 만드는 단위로 작용하는지, 그리고 어떻게 이것들이 다시 계속해서 보다 복잡한 구조를 형성하는지를 보여주는 물리학적 모형이 있다. 궁극적으로 철과 같은 무거운 원자들, 그리고 또한 철을 함유하는 보다 복잡한 분자(예컨대 헤모글로빈)라 할지라도 그것은 단지 우주의 수소라고 하는 가장 기초적인 단위 속에 감추어진 안정성의 잠재력을 고찰하여 표현하는 것에 지나지 않는다.

성층 안정성을 구축하는 일련의 단계는 살아 있는 생물 형태에서도 역시 분명하게 나타난다. 원자는 티민, 아데닌, 사이토신, 구아닌 등 네 개의 염기 분자를 만드는데, 이것들은 매우 안정된 원자 배열을 이루고 있다. 이 염기들이 핵산을 구성하는데, 이 또한 매우 안정된 구조다. 그리고 유전자는 이 핵산으로부터 형성된 매우 안정된 구조다. 유전자는 계속하여 단백질 구성의 보조 단위 subunit가 되며, 단백질은 효소를 이룬다. 이런 식의 단계적인 과정을 통해 하나의 완전한 세포가 생성되는 것이다. 세포는 시공 속의 위상적 구조로, 매우 안정적이기 때문에 자급자족의 단위로 생존할 수 있다. 뿐만 아니라 세포는 갖가지 유기체를 형성하며, 이 유기체들은 점점 더 복잡한 형태 속으로 통합된다.

단순한 것에서 보다 복잡한 형태로 진화하는 방식을 보조하는 것으로, 다음과 같은 두 가지 특수 조건이 존재한다. 첫째, 태양으로부터 나오는 에너지다. 태양 에너지는 단순한 단위들 사이의 충돌 횟수를 증가시키고 그것들이 다음 에너지 단계로 옮겨갈 수 있도록 도와준다(마찬가지 원리로 뜨거운 항성 속의 에너지에 의해 단순한 원자핵의 충돌 빈도가 높아지고 보다 높은 에너지 단계로 옮겨가게 된다). 그리고 두 번째로, 자연 선택에 의해 생물 형태 속의 각각 새로운 안정층의 형성을 가속화시켜주는 역할을 한다.

안정성의 층화 현상은 생물 체계의 근본적인 요소이고, 진화가 시간의 흐름 속에서 일관된 방향을 갖는 이유를 설명해준다. 실험을 통해 알 수 있듯이 단일의 돌연변이체는 우연한 실수에 불과하고 시간 속에서 고정된 방향을 갖지 않는다. 그리고 자연 선택 역시 시간 속에서 일정한 방향을 갖거나 강제하지 않는다. 그러나 안정된 통합 구조의 구축에는 낮은 차원의 층으로부터 보다 복잡한 차원의 층이라는 하나의 방향이 존재한다. 이 방향은 일반적으로 역전될 수 없다(비록 바이러스나 숙주로부터 보다 복잡한 생물학적 성분을 착취하고 기생 생물 등 특수한 퇴보의 계통이 존재한다 할지라도). 비유적으로 말하자면, 이것이 바로 진화가 시간이라는 기계에 전진만 할 수 있고 후진은 할 수 없게 만드는 장치라고 할 수 있다.

일반적으로 이미 발생한 퇴행성 돌연변이는 돌이킬 수 없다. 왜냐하면 그것은 전체적인 체계가 도달한 안정성의 수준에 적응할 수 없기 때문이다. 그러한 퇴행성 돌연변이에 혹시 자연 선택에서 제외되지 않을 만한 개별적인 특성이 존재한다 할지라도 그것은 다만 전체로서의 체계 조직을 손상시키고 불안정하게 할 뿐이다. 안정성은 층을 이루고 있기 때문에 진화는 개방적이고 필연적으로 점점 보다 복잡한 형태를 창조할 수밖에 없는 것이다.[6]

따라서 단순한 형태로부터 복잡한 형태로의 진화의 진보 현상은 우연의 결과라고 볼 수 없다는 생기론자들의 주장에는 기이한 아이러니가 존재함을 알 수 있다. 그러나 사실은 그와 반대로 이미 살펴본 것처럼, 진화의 진보는 정확히 우연의 산물이며 우연은 그 자체의 속성상 진보의 과정에 구속되어 있는 것이다. 물질 속에 가려져 있는 안정성의 전체적 잠재력은 서서히 단계적으로 드러나며, 각각의 단계마다 형성되는 보다 높은 안정층은 그보다 하위의 층에 의존하여 형성된다. 하나의 층을 형성하는 제반 안정 단위들은 보다 안정된 통합적 배열을 산출해내는 우연한 요인들과의 충돌에 대비한 원동력으로 작용한다. 이 우발적인 요인들 중 일부가 우연히 안정을 이루게 된다. 아직 밖으로 드러나지 않은 안정의 잠

---

6 보다 자세한 설명은 저자의 'Nature and Knowledge'라는 제목으로 출판된 1967년 오리건 대학의 강의록을 참조할 것. 최근에 봄David Bohm이 복잡성의 유전 체계inherent hierarchy 연구를 위한 비슷한 계획을 추진하고 있는데, 그는 내가 '안정층'이라 부른 것을 '질서의 수준level of order'이라 부르고 있다.

재력이 남아 있는 한, 어떤 우발적인 사태라 할지라도 안정의 성층에 기여할 수밖에 없는 것이다. 이는 마치 아무렇게나 뒤섞인 카드를 서투른 솜씨로나마 골라내어 결국에는 말끔하게 정리하는 일처럼 결코 놀라운 현상이 아니다.

흔히 단순한 형태로부터 복잡한 형태로의 진보는 열역학 제2법칙에 의해 공식화된 우연의 정상적인 통계학 법칙에 반대로 진행된다고 말할 수 있다. 엄격히 말해서 우리는 열역학 제2법칙이 생물체의 경우에는 그대로 적용되지 않는다고 주장함으로써 이러한 비판을 간단히 피할 수 있다. 왜냐하면 열역학 제2법칙은 단지 체계의 안팎으로 전체적인 에너지 흐름이 존재하는 경우에만 적용되는 반면, 모든 생명 체계는 순전히 에너지의 유입inflow으로만 유지되기 때문이다.

그러나 이러한 대답은 질문의 저변에 깔려 있는 의문을 회피하고 있다고 생각된다. 만약 태양에서 나오는 지속적인 에너지의 흐름이 없었다면 생명은 결코 진화를 거듭할 수 없었을 것임은 분명한 사실이다. 그러나 만약 분자 진화의 메커니즘을 설명해주는 요인에 에너지의 흐름밖에 없다면 우리는 아직까지도 점점 더 복잡한 분자 형태가 어떻게 형성될 수 있느냐 하는 문제를 이해하지 못한 채 쩔쩔매고 있을 것이다.

본질적으로 그 에너지 흐름이 할 수 있는 것은 변이의 범위와 빈도를 증대시키는 것, 다시 말해 보다 복잡한 분자 배열의 형성formation을 자극하는 일뿐이다. 그러나 결과적으로 그렇게 형성된 변형 배열 상태의 대부분은 일반적인 열역학적 이동 법칙에 의해 거의 순간적으로 정상 상태로 돌아가고 만다. 바로 여기에 왜 그러한 열역학적 반응이 새로 형성된 모든 생성물에 한결같이 일어나지 않고 오히려 몇몇 복잡한 배열 상태는 안정을 유지한 채 그보다 더한 복잡성의 토대가 되는가 하는 의문을 해명해야 한다는 과제가 남는다.

그러므로 흔히 체계의 모든 구성 부분은 점차 가장 단순한 상태로 떨어질 수밖에 없다는 의미로 해석되는 열역학 제2법칙에 대해 논의함은 대단히 적절하다 할 수 있을 것이다. 그러나 열역학 제2법칙에 대한 이러한 해석은 비평형非平衡 상태에 관한 일반적인 통계의 법칙을 크게 오해하고 있는 것이다. 그 법칙은 체계의 최종적인 균형 상태equilibrium를 기술하고 있다. 따라서 여기에서처럼 균형과는 전혀 무관한 안정 상태에 적용하려면 그것을 다르게 재해석하고 체계화하지 않으면 안 된다. 이러한 조건하에서 열역학 제2법칙은 체계 속에 선행 상태preferred states 또는 선행적 원자 배열이 전혀 존재하지 않는다는 또 하나의 조건이 추가될 때 비로소 물리학적 법칙이 될 수 있다. 현재의 열역학 제2법칙은 본질적으로 단순히 하나의 체계 속에 받아들일 수 있는 원자 배열의 숫자만 계산하고 그중에서 숫자가 가장 많은 것이 평균적 상태, 다시 말해 평범한featureless 상태임을 제시할 뿐이다. 그러므로 만약 하나의 체계 속에 선행된 원자 배열, 다시 말해 체계 속의 균형에 이르는 잠재적 안정성이 존재하지 않는다면 어떤 형태의 특수한 특징이든 간에 예외적이고 일시적일 뿐 궁극적으로는 평균 상태로 수렴될 것이라고 기대해도 좋을 것이다. 이것은 수학적 방법(다른 통계학적 법칙과 마찬가지로)과 결과에 대한 공정한 추측fair guess이 조합된 진정한 일반 원리theorem다. 하지만 그것은 자연계에 관해 거의 아무것도 말해주지 못한다. 열역학 제2법칙이 대단한 발견인 것처럼 흥분이 고조된 이래 지금까지 자연계, 심지어는 원자 구조라는 가장 기본적인 무생물의 세계조차 선행된 질서와 잠재된 안정성으로 가득 차 있음이 밝혀져왔다.

열역학 제2법칙은 원자 배열이 모두 같은 균형 상태 주위의 통계적 법칙을 기술하며, 우발적인 사태에 의해 이러한 체계의 평균 상태가 크게 변동하는 일은 없다는 것을 분명히 밝히고 있다.[7] 이러한 체계 속에는 안정 상태가 존재하지 않는다. 따라서 아무런 층도 형성되지 않고 다만 무차별의 원칙principles of indifference에 의해 평균 상태 주변을 맴돌 뿐이다. 왜냐하면 숫자상으로 볼 때 대부분의 원자 배열이 평균 상태 근방에 몰려 있기 때문이다.

그러나 만약 어떤 원자 배열 같은 안정성의 원인이 평균 상태로 가는 체계 속에 숨은 관계가 존재한다면 통계적 결론은 변하게 된다. 선행적인 원자 배열은 상상할 수 없을 정도로 드물게 보일지도 모르지만, 그것들은 하나의 체계가 형성될 정도의 잠재력을 보유하고 있다. 따라서 이제 체계 속에서는 원래의 평균 상태와 잠재적인 힘 사이에 주도권 싸움이 벌어지게 된다. 평균 상태에는 내재적

---

7 양자 이론을 이용한 노이만Von Neumann의 열역학 제2법칙의 증명은 앞서 언급한 위그너의 주장과 마찬가지로, 그 법칙이 적용되는 체계의 반응behavior이 임의 대칭적인 해밀턴 행렬에 의해 표시될 수 있다는 것, 다시 말해 잠재적 내부 관계를 포함하지 않는 것으로 가정하고 있음을 주목할 필요가 있다.

인 안정성이 존재하지 않기 때문에 선행된 안정적인 원자 배열(즉 체계 속에 잠재되어 있는)이 처음의 분포율을 바꾸기에 충분한 숫자의 체계를 흡수하고, 궁극적으로 하나의 새로운 평균 상태로서의 체계가 성립된다. 이런 식으로 적정한 크기의 체계들은 새로운 수준의 안정성 단계로 진입하는 것이다. 일단 새로운 수준에서 평균 상태가 이루어지면, 다음에는 보다 높은 수준의 안정성으로의 진입이 반복되고, 계속하여 새로운 층이 이루어지는 것이다.

따라서 일반적으로 알려진 것과는 반대로 열역학 제2법칙은 자체의 통계학적 법칙만으로 시간의 흐름 속에서 화살을 비끄러매지 않는다. 따라서 그것이 우리의 시야가 제한될 수밖에 없는 실제 세계의 시간(또는 다른 무엇이든)을 올바르게 기술하려면 몇 가지 경험적 조건이 첨가되어야 할 것이다.

우리가 살고 있는 우주에서와 마찬가지로 겹겹이 숨은 안정층이 존재하는 한, 그러한 안정층을 향해 단계적으로 나아가는 진화 과정에 의해 시간의 방향이 정해진다는 사실이 뒤따른다. 만약 그렇지 않다면 지금까지 우리가 언급한 제반 특징적 현상들이 어떻게 발생했는가를 결코 이해할 수 없을 것이다. 우리는 자연계의 모든 특징적인 현상들이(우리 인간을 포함하여) 처음부터 어떤 초월적인 존재에 의해 완제품 형태로 창조되고 현재까지 아무런 형태 변화도 겪지 않고 심지어는 개별적인 소립자의 형태로 변함없이 유지되어왔다는 신비주의적인 주장을 받아들일 수 없다.

일반적인 의미의 시간, 즉 개방적 시간은 진화의 과정에 의해 기록·평가되며 방향을 부여받는다. 따라서 왜 진화 과정이 시간의 흐름 속에서 고정된 방향을 가지느냐고 묻는 것, 그리고 공론空論으로부터 결론을 끄집어내는 것은 적절하지 못하다. 시간에 방향을 부여하는 것은 물리학적·생물학적 진화 과정이다. 더 이상 아무것도 설명할 것이 없는 곳에서는 어떤 신비한 설명도 요구되지 않는다. 단순한 형태에서 복잡한 형태로의 진보, 다시 말해 성층 안정성의 구축은 진화의 필수 불가결한 특성이며, 시간은 이 특성으로부터 방향을 결정한다. 그리고 여기에서의 방향은 미래를 향한 맹목적인 돌격, 다시 말해 일단 시위를 떠난 화살과 같은 의미의 방향이 아니다. 진화는 시간이라는 화살이 역행할 수 없도록 제어하는 기계 장치 역할을 하며, 일단 이러한 기계 장치가 갖춰지게 되면 우발적인 실수의 역할도 같은 흐름에 흡수될 수밖에 없다.

풍요의 시대를 위하여

1939년 8월 2일, 아인슈타인은 미국 대통령에게 동료 과학자들이 원자 폭탄의 제조 가능성을 보여주는 증거를 갖고 있다고 말했다. 그로부터 5년 후인 1945년 2월, 클라우스 푹스Klaus Fucks는 레이몬드라는 암호명을 가진 소련 첩자에게 원자 폭탄 제조에 관한 지식을 넘겨주었다. 이처럼 엄청난 정보를 제공한 두 사람의 행위에서 전자는 옳고 후자는 그르다고 할 수 있을까? 아니면 둘 다 잘못된 행위였을까? 과연 과학자에게 옳고 그름에 관한 분별력이 존재하는가?

오늘날 이 같은 문제가 많은 사람들의 마음을 괴롭히고 있다. 오늘날 우리 시대는 과연 풍요의 시대라는 말에 걸맞게 산아 제한에서 원자 폭탄에 이르기까지 상식적인 판단을 뒤집어엎을 만큼 폭발적인 지식의 과잉 상태를 겪고 있다. 선량한 시민들은 묻는다. 과연 어떻게 선악을 판단할 수 있는가? 아니, 그걸 꼭 해야만 하는 걸까? 과학은 도덕적 판단력의 상실로 인해 자신의 고유한 책임까지 포기해버렸는가?

일반인들의 마음속에 들어 있는 이러한 두려움은 이해할 만하다. 그러나 나는 그들이 뭔가 잘못 알고 있다고 생각한다. 사실 나는 그들의 우려와는 정반대로 과학자의 인식이 오늘날의 세계에서 가장 도덕적임을 보아왔다.

아인슈타인이 대통령에게 원자 폭탄이 생산될 수 있다고 말했을 때, 그는 민주주의하의 도덕적 인간으로서 마땅히 해야 할 일을 한 것이었다. 왜냐하면 그는 자신이 알고 있는 바대로 국민에 의해 선출된 대표자에게 말했기 때문이다. 그가 판단하기에, 정보를 밝히지 않고 보류하는 것은 국민의 대표자의 행동 선택권을 부정한다는 의미였을 것이다. 만약 아인슈타인이 원자 폭탄에 관한 정보를 대통령에게 알리지 않았더라면 그는 다른 나라에 자신의 지식을 넘긴 푹스와 마찬가지로 자신의 민주주의적 원칙에 불충실했다고 말할 수 있을 것이다. 만일 과학적인 발견 사실의 공개 여부를 과학자들의 자의적인 의사에만 맡겨버린다면, 마치 그들에게 공통체 사회 구성원의 권리를 경멸하도록 부탁하는 것과 같다.

여기에서 몇 가지 극히 개인적인 사실에 대해 언급하고자 한다. 그것은 내가 과학 연구에는 결코 공개되어서는 안 될 분야가 있다고 생각하는 사람들과 똑같은 견해를 품고 있기 때문이다. 나는 전쟁 동안 영국과 미국에 보다 파괴력 강한 폭탄을 제공하기 위해 만들어진 작전 연구반의 일원으로 종군했다. 이를 계기로 전쟁이 끝난 뒤 나는 원자 폭탄의 피해 현황을 보고하기 위해 일본에 파견되었다.

히로시마와 나가사키의 비인간적인 참상을 목격했을 때 나는 원자 무기의 발전은 결국 인류의 파괴로 이어지고 말 것이라는 확신을 갖게 되었다. 결국 나는 대량의 파괴력을 갖는 무기 개발에 참여하지 않기로 결심했다. 하지만 나와 다른 결정을 내린 동료 과학자들보다 내가 도덕적으로 더 우월하다고는 생각지 않는다. 그들이 비록 무기를 만드는 일에 종사한다 할지라도 전쟁을 혐오하고 있음을 잘 알고 있기 때문이다. 따라서 그들의 논리를 조금도 비난하고 싶지 않다.

나는 인류의 가장 큰 위협은 인간의 생존 그 자체의 문제라고 생각한다. 반면 다른 과학자들은 그것이 인간 독립의 문제라고 생각한다. 이 두 가지 판단이 모두 정직하게 내려진 것이라면 둘 다 똑같이 존중되어야 한다. 우리는 의심의 여지 없이 서로 상대편이 잘못 생각하고 있다고 생각한다. 그러나 결코 사악하다고는 생각지 않는다. 우리는 서로가 각자의 신념을 갖기까지 오랫동안 많은 연구를 해온 것을 알고 있다.

나는 오늘날 과학자의 양심이 세상에서 가장 적극적인 도덕성을 갖고 있음을 알아냈다. 과학에 양심이 존재한다고 믿는 사람이 거의 없는 이 시대에 이렇게 말하는 것은 이상하게 들릴지도 모른다. 대부분의 사람들은 과학이 가치 중립적이며 그것의 발견 사실들은 선에도 악에도 똑같이 이용될 수 있다고 인정하는 것만으로도 자신들이 관대한 것으로 생각한다. 물론 이러한 사람들이 품은 생각의 밑바탕엔 선악의 문제는 과학의 기준에 의해 판단될 수 없다는 사상이 깔려 있다. 그들은 과학은 단지 진위만 밝혀줄 뿐이라고 말한다. 그들은 또한 지위와 선악의 판단 기준이 서로 다른 것이라고 주장한다. 그들에 의하면 진위는 사실의 문제이고, 선악은 차원이 다른 양심의 문제다.

이처럼 진위와 선악을 분리하는 것은 건전한 도덕성을 파괴한다. 왜냐하면 그것은 매일 우리 주위에서 발생하는 사건들의 판단 준거로부터 도덕성을 제거하여 도덕성이라는 문제를 실생활과는 거리가 먼 것으로 만들어버리기 때문이다. 이것은 의약품, 정신 건강, 심리학 그리고 인간관계에 가장 큰 영향을 미치는 사회 과학 분야 등의 수많은 발견들을 통해 생활의 근본적인 조건이 변모해 가고 있는 오늘날에 있어 가장 위험스러운 사고방식이 아닐 수 없다. 우리의 여러 습관, 그중에서도 특히 사고방식은 심각하게 변하고 있다.

우리는 민족주의로부터 성性에 이르기까지, 그리고 인종 문제에서부터 각종 범죄에 이르기까지 인간의 복지 문제와 관련되는 모든 분야에서 상대방의 동기를 이해할 때 비로소 그들의 행위에 대해 올바른 판단을 내릴 수 있음을 배운다. 이러한 시대 상황에서 지식과 무지 사이의 차이가 선악의 차이보다 사소한 것이라고 생각하는 것은 매우 위험하다. 진정한 휴머니티는 이해, 즉 자연과 인간에 대한 이해다. 지혜와 선이 연결되어 결코 나뉠 수 없는 품성의 양상으로 나타나지 않는다면 인간적인 따스함은 결코 존재할 수 없는 까닭이 바로 여기에 있다.

과학의 실천 과정에는 심오한 도덕적 교훈이 있다. 그러나 대다수 사람들은 밖으로 드러난 결과에만 집착하기 때문에 그것을 파악하지 못한다. 그들은 과학적 연구 과정의 수많은 고통, 세심한 주의, 끈질긴 인내, 겸허한 자세, 당혹감, 문제의 핵심을 찾아내는 데 투여되는 엄청난 시간, 거의 모든 것을 겸비한 듯 보이지만 단 한 가지를 해명할 수 없어 여태까지의 노력을 무산시킬 수밖에 없는 엄청난 고뇌, 미로를 통과해 한 가닥 실마리를 찾아내야 하는 것과 같은 미망감迷妄感을 알지 못한다. 그들이 보는 것은 단지 차갑고 중립적인 완성된 결과일 뿐이다. 과학자가 추구하는 진리가 상대성 원리처럼 난해한 것이든, 아니면 우주 궤도에 로켓을 발사하는 일처럼 실제적인 것이든 간에 거기에 소모되는 헌신적 노력과 정신적인 집중을 어떻게 짐작할 수 있겠는가?

물론 사실의 발견이든 이론의 발견이든 그것은 가치 중립적이다. 상대성 이론에는 도덕적이라든가 비도덕적인 요소가 전혀 없다. 로켓은 선한 목적뿐만 아니라 파괴적인 목적에도 사용될 수 있으며 심지어 의약품의 발명조차 병의 치료와 함께 살인의 목적으로도 사용될 수 있다. 하지만 이러한 사실들이 과학이 가치 중립적임을 의미하는 것은 아니다. 그러한 사상은 과학의 본질에 대한 오해일 뿐 아니라 언어의 의미적 혼란 협상에 불과하다.

과학은 단순한 발견의 집합체, 즉 영원히 변하지 않게 확립된 사실이나 이론의 창고가 아니다. 과학이란 발견 그 자체의 과정, 다시 말해 살아 있는 과정이다. 그것은 과학자들이 이미 알고 있는 사실이 아니라 아직 모르고 있는 감추어진 사실이다. 과학자들에게 더 많은 사실들을 캐내도록 자극하는 것은 감추어진 사실을 발굴하고자 하는 지적 욕구다.

요컨대 지식이란 과학자들에게 있어 체험의 한 형태다. 이 사실
은 우리 모두에게도 해당된다. 그리고 우리 모두에게 중요한 것은
지금까지의 체험이 아니라 새롭게 진행되고 있는 체험이다. 이것
이 삶의 본질이다. 새로운 체험은 항상 결혼처럼 결정적이고 신혼
여행처럼 달콤한 것이다. 그러나 일단 지난해가 올해보다 더 중요
한 의미를 갖게 되는 순간부터 우리의 인생은 죽은 거나 다름없게
되고 만다.

이와 마찬가지로 과학에서 중요한 것은 최초의 발견 행위가 아
니라 진리에의 끊임없는 추구다. 과학적 발견 그 자체는 이미 과거
에 속하기 때문에 가치 중립적이다. 반면 과학의 실천 과정은 끊임
없이 진실을 추구하고 거짓을 거부하므로 도덕적이다.

'진리'라는 단어는 과학자가 추구하는 것을 묘사하기에는 너무
거창한 말이라고 생각될 수 있다. 사실, 과학에 있어서의 진리가
도덕적 판단보다 심오한 의미를 갖는 것은 아니다. 과학은 사물의
상태에 관한 학문으로, 과학에서 진리라고 하는 것은 어떤 사실의
기술일 뿐일 수도 있다. 그러나 이것이 과학의 참된 역할은 아니
다. 만약 과학의 역할이 어떤 상태의 기술에 불과하다면 그 속에는
어떠한 논쟁도 존재할 수 없을 뿐만 아니라 새로운 이론이 탄생할
여지도 없을 것이다. 따라서 우리는 오늘날에도 아인슈타인의 상
대성 이론이나 진화론을 들어보지도 못한 채 뉴턴의 물리학이나 라
마르크의 생물학만 곧이곧대로 믿을 수밖에 없을 것이다.

현실적으로 과학은 항상 제반 사실의 배열이다. 어느 한 배열보
다 다른 배열을 더 선호함은 겉으로 드러난 자연의 배후에 숨어 있

는 진실을 발견하고자 하는 끊임없는 시도의 한 과정이다. 이렇게 하여 찾은 새로운 진리는 양자 물리학이 그랬듯이 물체가 어떻게 생성되는가에 관한 우리의 모든 상식적인 관념들을 깡그리 깨뜨릴 수도 있고, 나아가 불확실성의 원리처럼 우리가 상상의 힘으로 파악하는 진리에 명백한 한계를 그을 수도 있을 것이다. 아무튼 그것은 자연에 대한 관점의 심각한 재조정이다. 과학에서 추구하는 진리는 사물의 핵심이 되는 어떤 것으로 사실과 부합돼야 할 뿐만 아니라 단순한 사실보다 훨씬 더 심오하고 일관성이 있어야 한다.

과학자들이 자신의 행위를 판단하는 가치 준거는 진리 이외의 다른 아무것도 될 수 없다. 따라서 그들의 사회적 성공이란 것도 이런 유일한 목표에의 인식에서 출발한다. 우리는 제2차 세계 대전을 통해 사회가 공동의 위협에 처했을 때 어느 정도로 개인적 야심과 의식이 잊히는가를 보았다. 이 사실은 과학자 집단의 경우에도 그대로 적용된다. 과학자들의 공동체적 집단community은 종교 재판이라는 위협 아래 갈릴레오의 정신이 무참히 파괴되어버린 이래 지금까지 300여 년 이상이나 진리에의 철두철미한 추구보다 더 중요한 것은 없다는 공동의 인식에 의해 유지될 수 있었다.

하나의 공동체가 단일한 목표를 지향할 때, 그 공동체의 행동 규범은 단순해지고 부정한 타협을 하는 거의 모든 사람의 규범보다 단순하고 엄격해진다. 매일매일 똑같이 반복되는 일상생활에서 악의 없는 거짓말을 한 번도 안 한다거나, 어떻게 하면 세금을 조금이라도 덜 낼 수 있을까 하는 궁리를 전혀 하지 않고 곧이곧대로 살아갈 수 있는 사람은 거의 없다. 대부분의 사람들이 한두 번쯤

자잘한 도피의 방책을 강구한다. 우리는 그렇게 가벼운 죄를 비록 용서하지는 못할지라도 용납은 한다.

그러나 과학자의 직업적인 도덕성은 결코 타협을 묵인하지 않는다. 그들의 도덕률은 자신이 진실이라고 믿는 바를 정확하게, 한 치의 은폐나 생략도 없이 보고할 것을 요구한다. 어떠한 학술 연구 발표지도 과학자가 자신의 이론에서 불합리한 모순을 최소화하거나 이미 널리 알려진 내용을 과도하게 강조하는 것을 허용하지 않는다. 뿐만 아니라 불쾌한 사실을 대신해 편법을 쓰는 것 또한 결코 허용하지 않는다. 과학자는 다른 동료들이 새로운 사실을 발표할 때 그를 절대적으로 신뢰할 수 있다는 사실을 당연한 일로 받아들인다. 이 말은 그 과학자가 발표한 내용은 엄격하게 그가 보았거나 들은 것이지, 그 이상도 그 이하도 아님을 확신할 수 있다는 의미다.

이처럼 절대적인 상호 신뢰야말로 과학자 사회의 두드러진 특징이다. 그러나 이것만으로는 아직 과학적 도덕성의 총체라고 말할 수 없다. 왜냐하면 도덕성의 개념은 인간의 개별적인 신뢰뿐만 아니라 공동체 전체를 포용하기 때문이다. 그러므로 쉽게 포착할 수 없는 공동체 구성원들 간의 세세한 관계까지 고려되어야 한다. 과학의 도덕성은 이처럼 치밀하고 예민하지만 그것은 하나의 단순한 원칙, 즉 과학자의 공동체는 어떠한 것도 진실의 등장을 방해할 수 없을 정도로 철저히 조직화되어야 한다는 원칙으로부터 성숙되었던 것이다.

여기에서 우리는 과학이 단지 진실의 존재를 말해줄 뿐이고 도덕은 당위를 말해준다는 믿음이 얼마나 편협한 견해인가를 확인하게 된다. 물론 과학적 사실, 다시 말해 이미 이루어진 발견들은 단지 어떠한 진실의 존재만을 말해준다. 그러나 진실에의 추구라고 하는 명제는 그러한 공통의 목적에 포함되어 있는 사람들에게 도덕성을 강요하며, 그들이 어떠한 진실의 존재를 밝히려면 마땅히 무엇을 하지 않으면 안 되는가 하는 당위를 말해준다. 아무튼 과학은 진실이 설정됨과 동시에 그것을 실천하는 자들에게 마땅히 어떻게 행동하지 않으면 안 되는가 하는 의무를 부과한다. 과학은 우리 모두에게 진실을 추구하고 발견하는 자세로 행동해야 함을 단순 명쾌하게 일러준다.

우리는 마땅히 우리 모두가 진실을 발견할 수 있게 해주는 자세로 행동하지 않으면 안 된다. 바로 이러한 기본 원칙으로부터 과학자 공동체의 전체적인 조직의 성격이 흘러나온다. 왜냐하면 그러한 기본 원칙은 과학자들의 공동체가 진실에 도달하기 위해 독단적인 강요가 아니라 자유로운 정신의 합의에 의해, 개개인의 편견과 오만, 취약점 및 허영심을 길들일 수 있는 행동 규범을 창조해야만 함을 명쾌하고도 간결하게 천명하고 있기 때문이다. 바로 여기에서 과학은 일견 평범한 듯 보이는 몇 가지 일상적인 행동 유형에 특별한 가치를 부여하게 되는 것이다. 예컨대 일상적인 세계는 개인으로 하여금 이미 받아들여진 과거의 신념에 동조하기를 원하며 회의하고 비판하는 것은 꺼린다. 그러나 과학자들은 과거의 신념은 최종적인 것이 아니라 현재와 미래에 의해 수정되어야 할 존재로 간주한다. 그러므로 과학은 창조적인 사고방식과 그것을 외부로 표현된 논리적인 반대는 소위 점잖고 보수적인 집단에서는 악덕이라고 매도당할지라도 과학의 세계에서는 참된 미덕이 된다.

정신의 독립과 표현의 자유를 특히 중시하는 사회는 반드시 겸손의 습관을 길러야 한다. 일견 역설적으로 들릴지도 모르지만 그러한 공동체에는 필수 불가결한 요건이다. 왜냐하면 겸손한 자세 없이는 어느 누구도 타인의 견해에 대해 면밀한 주의를 기울일 수 없기 때문이다. 진실은 단순히 새로운 생각의 발설에 의해 이루어지는 것이 아니라, 그것들에 대한 철저한 탐구를 요구한다. 그러므로 과학자들은 타인의 의견을 듣고 그들이 이상하다고 말하는 것에 대해 숙고하는 습관을 길러왔다.

과학은 개개인에게 새로운 생각이든 낡은 생각이든 타인의 의견을 존중할 것을 요구한다. 진실은 개별적인 환상의 순간적인 번득임이 아니라 수많은 사람들의 주의 깊은 성찰에 의해 도달되기 때문이다. 이것이 바로 과학자 사회가 민주주의의 전형적인 모형이 되는 이유다. 그것은 젊은이의 참신한 생각을 존중할 뿐만 아니라 비록 시대에 뒤떨어진 낡은 사상일지라도 중히 여긴다. 과학자 사회에서는 낡은 사상이라고 해서 반드시 어리석은 것이 아니라 단지 진실에 이르는 길에서 뒤처져 있을 뿐이라는 것을 인식하고 있기 때문이다.

그러므로 과학의 실천에는 필수 불가결한 일련의 가치들이 내재해 있다. 과학자들 사이에 완벽한 신뢰 관계가 수립되지 않고는 과학의 실천이란 있을 수 없다. 그것은 또한 진리 추구 이외의 목적이 존재하고, 그 목적이 권위에 의한 신념의 현혹이나 강요를 정당화할 경우에도 결코 불가능하다. 또한 그것을 실천하는 모든 이들에게 사상의 독립, 정신의 독립 그리고 제도화된 견해에 대한 반대의 자유가 가치 있다는 확신을 심어주지 못한다면 과학은 결코 이룩될 수 없다. 그러한 요건들이 결여된 상태에서는 새로운 진리의 발견이 불가능함은 두말할 나위 없기 때문이다. 동시에 새로운 생각이나 낡은 관념들을 인내와 관심, 존중을 갖고 검증하고 토론하지 않는다면 과학은 실천될 수 없다. 이러한 가치들이 존재하지 않는다면 과학은 새로운 사실의 발견에 앞서 그것들을 창조하지 않으면 안 될 것이다. 진리가 다른 무엇보다 숭상되지 않는 곳에서는 어떤 사실도 발견될 수 없고 깨달을 수 없기 때문이다.

위에서 과학의 실천에 있어 필수 조건이라 언급한 것들이 모두 가치 중립적인 것만은 아니다. 사실은 그와 반대로 그들의 밑바탕에는 구약 성서에 나오는 진리, 정의 그리고 성실의 도덕을 상기시킬 정도로 엄격한 도덕성이 깔려 있다.

과학적 도덕성이 도덕의 총체를 대변하는 것은 분명 아니다. 그것은 내가 신약 성서적 가치라고 부르는 요소들, 즉 사랑, 친절, 가정에의 충실, 인간적 박애심 등을 결여하고 있다. 이러한 가치들은 인간관계를 형성하는 지침이 될 뿐 아니라 오늘날 대다수의 작가나 예술가들이 주장하고 있는 중심적인 가치관이기도 하다.

인간이라는 존재는 정의와 함께 애정을 필요로 한다. 이 두 가지 가치는 서로 다르지만 어느 하나가 없으면 결코 완전해질 수 없는 것들이다. 통상 가치라고 하면 우리는 종교나 예술의 그것으로 쉽게 연상해왔고 마치 그것들은 과학의 보다 엄격한 가치와는 전혀 별개의 것인 듯 생각하며 살아왔다. 그러나 이제 이러한 구분은 더 이상 용납될 수 없으며, 만약 그것이 계속된다면 이 사회는 머지않아 멸망하고 말 것이다.

20세기에 우리가 당면한 중대한 도덕적 과제는 바로 종교나 문학에서 오랫동안 찬양해왔던 가치들처럼 과학의 가치관들을 우리 삶의 한 부분으로 만드는 것이다. 우리는 인간의 잠재의식 속에서 더 이상 사랑과 진리가 대립하지 않는, 완전한 도덕성을 확립하지 않으면 안 된다. 사랑과 진리는 서로 분리될 수 없는 가치여야 한다. 우리의 치명적인 취약점은 바로 사랑과 선이 진리에 의해 위협받으며, 진리는 거짓에 더욱 친절하고 위안을 주는 것으로 생각한다는 점이다. 또한 개인이나 민족적인 생활의 가치관이 과학에 있어서의 엄격한 가치들과 서로 대립적이라고 생각하는 경향은 오늘날과 같이 풍요한 사회의 민주화를 위협하는 요인으로 작용한다.

사실 오늘날의 문명사회는 과학이 우리의 생활에 끼칠 수 있는 가공할 만한 파괴력에 의해 위협받고 있다. 그리고 우리가 방사능에 의한 죽음의 공포에 위협받는 것과 마찬가지로 과잉 인구에도 위협받고 있다는 사실은 이 시대의 특징이기도 하다. 하지만 이와 같은 위협은 과학적 발견 그 자체에 의한 것이라기보다 과학이 가져올 엄청난 영향력을 정직하게 그리고 한 치의 타협도 없이 심사숙고하지 못했다는 사실에서 기인한다. 우리는 산아 제한의 필요성에 대해 솔직히 그리고 능동적으로 대처하길 거부했기 때문에 과잉 인구에 의해 위협받고 있다. 마찬가지로 우리가 국가들 간에 새로운 신뢰의 시대를 수립할 필요성을 거부했기 때문에 원자 폭탄에 의해 위협받고 있는 것이다. 그러한 사실들에 대처하는 것은 도덕과는 어느 정도 동떨어진 문제이고, 현명해지지 않고도 선善이 가능하리라고 생각하는 경향이 우리에게는 있다.

200여 년 전, 시인 블레이크는 성서에 나오는 예언자들의 도덕성에 관해 다음과 같이 썼다. "정직한 사람은 모두 예언자다. 그들은 사적인 일이나 공적인 일에 대해 자신의 의견을 말한다. 원인은 그 자체에 결과를 잉태하고 있는 법이다. 예언자는 필연적으로 일어나고야 말 결과가, 인간이 하고자 하는 바를 그대로 행하게 할 것이라고는 결코 말하지 않는다." 블레이크는 과학자가 아니라 위대한 종교적 신비주의자였다. 그럼에도 그는 현재의 우리가 부닥칠 문제의 핵심을 우리보다 훨씬 더 정직하게 보았다.

우리는 풍요로운 기술의 시대에 살고 있으면서도 우리가 행동한 결과에는 눈을 감아버리는 행실로 그러한 풍요로움을 통제하려 하는 까닭에 위협에 직면해 있다. 우리는 우리의 생활과 다른 국가들의 생활이 야기시키는 제반 변화의 의미를 철두철미하게 성찰하지 않은 채 보편적인 선에 호소함으로써만 무지를 보충하고 적당히 얼버무리기를 바라고 있다고 해도 과언이 아니다. 우리는 즐거움과 고통을 한꺼번에 주는 발명품을 만들어낸 사람들보다 자기 분석self-analysis에 있어 진실하지도 집요하지도 못하다. 우리는 정신이 빠져나간 과학의 껍데기만 원하고 있다.

과학의 도덕이 사랑의 도덕과 결합하여 우리 사고방식의 한 부분을 형성하지 못할 이유는 전혀 없다. 과학적 사실이 불러일으킬 사태에 대한 치밀한 예견과 대처가 이루어진다면 보다 완벽하고 고결한 도덕을 창조하는 데 도움을 줄 것이다. 예견된 사실에 대해 진실하게 대처한다면 타인에 대한 성실성과 애정은 묵살되지 않을 것이고, 심지어 영웅주의조차 살아남을 수 있을 것이다. 마지막으로 하나의 예를 들고 지금까지의 논의를 마치고자 한다.

1946년 5월 12일, 슬로틴Louis Alexander Slotin은 일곱 명의 동료들과 함께 로스앨러모스에 있는 연구실에서 실험을 하고 있었다. 그는 손재주가 뛰어나고 머리 쓰는 일을 좋아했다. 또 명석하고 약간 대담한 성격의 소유자였다. 요컨대 자신의 일에서 행복을 느끼는 그런 평범한 사람이었다. 당시 서른다섯 살이던 슬로틴은 플루토늄 조립에 관계하고 있었다. 플루토늄 입자는 낱개일 때는 너무 작아 그리 위험하지 않지만 일단 결합하면 무서운 연쇄 반응을 일으킨다. 사실 원자 폭탄의 원리도 이와 같다. 즉 무해한 플루토늄 입자들을 순식간에 결합시킴으로써 보다 크고 폭발적인 덩어리를 형성하는 것이다. 슬로틴은 1945년 7월 뉴멕시코에서 이루어진 최초의 실험적 폭탄 실험을 직접 지휘했었다.

그로부터 거의 1년 후 슬로틴은 같은 종류의 실험을 하고 있었다. 그는 플루토늄 덩어리가 어느 정도의 크기에 이르면 스스로 연쇄 반응을 일으키는가를 확인하기 위해 나사 드라이버를 이용하여 플루토늄의 작은 입자들을 서서히 접근시키고 있었다. 그런데 갑자기 드라이버를 놓치고 말았다. 그 바람에 그것들이 너무 가깝게 접근했고, 갑자기 실험 장치에는 연쇄 반응이 시작되었음을 알리는 중성자의 급증 현상이 일어나기 시작했다. 이윽고 실험실 내부는 방사능 물질로 가득 차고 말았다.

슬로틴은 재빨리 맨손으로 플루토늄 입자들을 떼어내기 시작했다. 이것은 막대한 방사능 조사량繰絲量에 몸을 노출시킴으로써 사실상 자살행위와 같은 것이었다. 그리고 그는 침착하게 조수들에게 사고 당시 그들의 위치를 표시하라고 지시했다. 거리에 따른 방사능에의 노출 정도를 정확히 파악하고자 함이었다.

그 일이 끝나자 그는 즉시 그들을 병원으로 보내 치료를 받게 했다. 그는 동료들에게 자신은 곧 죽을 것이지만 그들은 회복될 수 있을 것이라고 위로했다. 결과는 그가 말한 대로였다.

슬로틴은 플루토늄의 결합에서 중성자와 방사선이 나오는 시간을 최소화함으로써 그와 함께 일하던 일곱 명의 생명을 구했던 것이다. 그러나 자신은 방사능 오염으로 사고 후 9일 만에 죽고 말았다. 동료들을 포함한 그의 행동 배경 및 사고는 과학적이다. 그러나 이것이 슬로틴의 이야기를 꺼낸 이유는 아니다. 오히려 내가 강조하고 싶은 사실은, 그의 도덕성은 언제 어디서나 마땅히 음미해보아야 할 깊은 의미를 띠고 있다는 점이다. 우리는 과연 그의 행위를 영웅주의라고 부를 수 있을까?

도덕을 구성하는 요소에는 다음과 같은 두 가지가 있다. 첫째는 타인의 존재가 문제 되는 경우의 의미로 성실성, 박애심, 애정 등 인간적 사랑의 의식이다. 둘째로 위기에 대한 분명한 판단 의식, 즉 한 인간의 행동 여하(영웅적이든 비겁하든 간에)에 따라 자신과

타인에게 정확히 어떤 일이 발생할 것인가를 추호의 기만이나 현혹됨 없이 판단할 수 있는 냉철한 지식이다. 인간적인 사랑과 단호하고도 과학적인 판단의 결합이야말로 최상의 도덕이다.

마지막으로 슬로틴의 예를 든 데는 또 다른 이유가 있다. 그는 나와는 다른 선택을 한 원자 물리학자였다. 그는 전쟁이 끝난 1년 뒤인 1946년에 죽을 때까지 폭탄의 연구에 몰두했다. 나는 그가 과학자의 의무에 대해 단 한 가지 관점밖에 갖지 못했다고 평하는 것이 아니다. 왜냐하면 우리 모두가 동일하게 행동할 것을 요구하는 것이 도덕의 본질은 아니기 때문이다. 도덕의 본질은 우리 각자가 자신의 양심을 깊이 성찰하고, 양심이 명하는 대로 단호하게 행동하는 데 존재하는 것이다.

인간의 가치

지난 50년간 영국의 철학은 19세기 형이상학에 반기를 들어왔다. 러셀과 비트겐슈타인의 영향으로 영국의 철학은 홉스, 로크, 특히 흄의 전통으로 되돌아갔다. 이것은 물질을 중시하여 철학을 물질계 속에서 검증하려는 전통이다. 그것이 추구하는 증거는 과학자가 추구하는 증거와 마찬가지로, 과학으로 검열·통과되지 않은 증거를 부정한다. 러셀과 비트겐슈타인이 과학 분야에서 수련했다는 사실은 물론 널리 알려진 바이다.

그럼에도 비트겐슈타인의 후기 저작에서는 매우 개인적인, 심지어 내성적introspective인 분위기가 엿보인다. 초기 저작에서 그는 물질계에서 검증될 수 있는 명제만이 타당하다고 주장했다. 그러나 그의 후기 저작을 보면 비트겐슈타인은 명제가 사용되는 방식에서 명제의 의미를 찾았다. 즉 명제가 적용되는 맥락과 취지를 중시하게 된 것이다. 즉 초기의 진리관은 실증적이었던 데 비해 후기의 진리관은 분석적이었다. 비트겐슈타인의 추종자들은 종종 일반적인 검증과 소원한 듯 여기는 그의 후기 철학적 방법론을 중시하고 있다. 그러나 비트겐슈타인도 그랬듯이, 그들의 목적은 여전히 우리의 세계관이 실제 작용 방식과 일치하도록 하는 데 있다.

그런데 이렇게 세련된 선입견들을 용납하지 않는 철학자들이 있다. 그들에게 철학은 좀 더 확고하게 자연 과학에 뿌리를 두고 있는 것으로서, 사회 인식의 한 기술이라고까지 생각되었다. 예를 들어 콘포스Maurice Cornforth는 철학이란 당위의 세계를 향해 세계를 변혁하는 방법을 사람들에게 가르치는 공공의 활동이라고 생각했다. 그에게 있어 그 밖의 모든 것은 단지 말 조작에 불과한 것이다. 따라서 어떠한 검증에 의해 최종적으로 '당위'에 대해 동의할 수 있겠는가라는 물음은 단순한 말 조작이 되는 것이 확실하다.

콘포스와 마찬가지로, 나는 철학이 분석 철학자들이 생각하는 것보다 인간에게 훨씬 많은 도움이 되기를 바란다. 나는 분석 철학자들이 생각하는 것처럼 '존재'와 '당위'가 서로 다른 세계에 속해 있으므로 '존재'로 구성된 판단은 보통 검증할 수 있는 의미를 가지지만 '당위'로 구성된 판단은 그렇지 않다고 생각하지 않는다. 그러나 두 철학 사이의 차이가 양쪽을 확실하게 경멸한다고 해서 극복될 수 있다고는 생각하지 않는다. 나는 콘포스가 비트겐슈타인의 애제자였던 때가 있었음을 기억한다. 따라서 나는 분석 철학과 실천 철학이 어디서부터 실질적으로 분열되기 시작했는가에 대해 스스로에게 질문을 던지게 되는 것이다.

나는 우리가 각 철학의 출발 단위가 무엇인지에 대해 물을 때,

두 철학 사이의 차이를 간파하게 된다고 믿는다. 비트겐슈타인의 단위나 러셀의 단위는 인간이다. 모든 영국 철학은 개인주의다. 콘포스의 단위는 마르크스와 엥겔스의 것과 같다. 그것은 공동체다.

물론 우리가 받아들인 유일한 진리 기준이 한 인간의 것이라면 우리는 사회적 합의의 기초를 가질 수 없다. 내 행동의 '당위성'에 관한 물음은 언제나 몇 사람을 포함하는 사회적 물음이다. 따라서 내가 자신의 것 이외의 어떠한 증거나 판단도 받아들이지 않는다면 나는 물음을 구성할 수 있는 수단을 얻지 못하게 된다.

마찬가지로 오로지 공공만을 강조하는 철학도 행위를 논할 수 있는 여지를 남겨놓지 않는다. 공동체는 우리가 해야 할 일을 규정하므로 개인은 한 인간으로서 그가 그것을 해야 '하는지'의 여부에 대해 논할 수 있는 다른 근거를 가질 수 없다.

때문에 이 철학들 중 어떠한 것도 올바른 행위의 지침이 아니다. 우리가 해야 할 일이 무엇인지를 배울 수 있다면, 다음 두 가지 방향으로 전개되는 자신의 사고를 좇아야 할 것이다. 첫째 인간으로서의 의무, 그것만이 사회를 결합시키기 때문이다. 둘째, 그럼에도 사회가 사회 내 인간에게 허용해야 하는 인간의 개인으로서 행동할 수 있는 자유, 인간을 사회에 결합시킬 뿐 아니라 그 인간들이 개개인으로 존재할 수 있도록 그들에게 자유를 보장해야 하기 때문에 가치의 개념은 심오하고 어렵다. 우리가 이 두 가지를 원하지 않는다면 어떠한 문제도, 어떠한 가치도 존재하지 않는다.

우선 실증 철학자와 분석 철학자의 개인주의 철학부터 살펴보기로 하자. 그것이 어떻게 다른 철학으로 확대되는가를 살펴보자. 정확할수록 좋은 사실의 문제를 예로 들어보자. "게자리는 1054년에 폭발한 초신성超新星의 티끌이며, 그것이 빛나는 이유는 초신성 속에 포함되어 있던 방사성 탄소 때문이다."

이것은 과학상의 단순한 결론이다. 실증 철학자는 그것을 좀 더 단순한 부분으로 쪼개 각각을 검증하려 할 것이다. 하지만 혼자서 그것들을 검증할 수 있다고 생각한다면 그것은 치명적인 환상이다. 원칙상으로 살펴보더라도 다른 사람들의 기록을 조사하고 그것을 믿지 않는다면, 그는 이 명제의 역사적인 부분을 검증할 수 없을 것이다. 그리고 실제적으로도 자기가 신뢰하는 기구 제작자, 천문학자, 핵물리학자 등 여러 분야의 전문가의 도움을 빌리지 않고는 게자리의 팽창률, 빛의 원인이 되는 과정을 검증할 수 없을 것이다. 이러한 모든 지식, 우리의 모든 지식은 공통으로 만들어낸 것이다. 만일 인간이 무리를 이루지 않는 동물이었다면 천체 물리학도 경제학도 심지어 언어도 존재하지 않았을 것이다.

실증 철학자와 분석 철학자가 빠져 있는 오류는 자신이 혼자서 진리 여부를 검증할 수 있다는 가정을 세운 데 있다. 물론 이 때문에 그는 어떠한 사회적 판단도 할 수 없게 된다. 이제 우리가 이러한 가정을 포기하고, 사실의 검증에서조차 다른 사람들의 도움이 필요하다는 것을 인정한다면 어떻게 될까?

그렇다면 우리는 다른 사람들에게 의지하고 그들의 말을 믿을 수 있어야 한다. 즉, 사회를 묶는 원칙이 생기는 것이다. 왜냐하면 그러한 원칙이 없다면 개인은 진리와 거짓을 구별할 방법이 없기 때문이다. 이 원칙은 진리다. 개인적인 기준으로 진리라고 인정할 경우에도 우리는 그것으로 사회를 결합시키도록 해야 한다.

실증 철학자들은 원칙적으로 검증될 수 있는, 즉 그 여부가 인지될 수 있는 명제만이 의미 있다고 주장한다. '존재'어로 구성되는 명제가 여기 속한다. 그러나 '당위'어로 구성된 명제는 그렇지 않다. 하지만 이러한 기준을 좀 더 파고 들어가보면 검증을 가능하게 하는 것은 사회적 연계가 있기 때문이라는 사실을 알 수 있다. 이 연계는 진리를 판별해야 하는 책임 때문에 형성된다. 그러므로 실증 철학자와 분석 철학자의 방법에는 사회적인 명령이 포함되어 있는 것이다. 이러한 사회적 원칙에 따르면, 우리는 무엇이 '진리인지' 검증될 수 있는 방식으로 '행동해야' 한다.

나는 두 가지 입장에서 다른 과학적 철학자들과 믿음을 달리한다. 첫째는 앞서 말했다시피, 진리를 검증하는 개인의 행위에는 우리가 서로에게 어떻게 행동해야 하는가를 판단해주는 사회적 책임이 저절로 포함된다고 믿는다. 둘째로, 진리를 지향하여 함께 애써야 한다는 바로 그 점에서 모든 인간의 가치가 연역될 수 있다고 주장한다.

진리가 인지될 수 있다면, 그것이 행위 속에서 검증될 수 있다면 어떤 다른 조건이 필요한가? 여기에서 어떤 다른 가치들이 저절로 생성되는가?

첫째는 물론 관찰과 사고의 독립이 생겨난다. 독립의 특성은 독창성인데, 이견異見은 그것의 한 가지 표현이다. 또한 이견은 자유의 특징이다. 즉 독창성과 독립성은 올바른 사람이 개인적으로 필요로 하는 것이며, 이견과 자유는 그것들을 보호하기 위한 공적인 수단이다. 이것이 사회가 자유로운 사고, 자유로운 언론, 자유로운 탐구와 관용의 안전장치를 마련해야 하는 이유다. 왜냐하면 그것들은 인간이 진리를 탐구할 때 당연히 뒤따르는 필요 사항이기 때문이다. 물론 중세 기독교 사회와 같이 독단적인 사회에서는 앞서 제시한 가치들 중 어느 것도 존중되거나 당연시되지 않았다.

이의를 제기하면서도 관용을 잃지 않는다는 것은 타인의 견해에 대한 독립성과 그들에 대한 존중 사이의 긴장을 야기한다. 이것은 내가 강조했다시피, 윤리적인 문제의 핵심으로서 사적 요구와 공적 요구의 대결이다. 올바른 사회의 자유와 관용은 무관심이 아니라 존중에 기초해야 한다. 어떤 사회에서나 개인적 가치로서의 존중에는 정의와 정당한 명예에 대한 공적인 인정이 포함된다.

이러한 여러 가치는 실제의 진리를 발견하고 그것을 실천 속에서 검증하는 단조로운 일과는 소원한 문제인 것처럼 보인다. 정의, 명예, 인간에 대한 인간의 존중, 이러한 인간의 가치와 과학 철학은 어떠한 관계가 있는가? 이제 이러한 질문이 윤리학과 창세기를 같은 것으로 여겼다고 생각되는 19세기 논쟁을 우스꽝스럽게 부활시킨 것임이 명백해졌다. 과거를 비평하는 사람으로서 진리를 추구하는 사회가 발달하는 방식을 살펴본 적이 있는 사람이라면, 그러한 질문을 던지지 않을 것이다. 독단적인 사회라면 그렇지 않을 수 있다. 그러나 르네상스와 과학 혁명 이후의 우리 사회와 같은 사회는 한 개인의 작업과 또 다른 개인의 작업을 대립시키고, 서로의 작업을 융합시키면서 성장한다. 그러한 사회는 독립성과 독창성, 이견과 자유, 관용, 정의, 명예, 인간과 인간의 존중 없이는 유지될 수 없다. 이것들이 내가 신뢰하는 인간의 가치다. 나는 그것들이 모두 인간의 불변적이고 유일한 목적인 진리 탐구 속에 필연적으로 포함되어 있다고 믿는다.

과학의 가치

오늘날 상류 사회에서는 문명화된 가치들이 사라져가고 있으며, 그 까닭이 과학 때문이라고 비난하는 것이 당연시되고 있다. 물론 이렇게 말하는 사람들은 현대 생활과 조화를 이루지 못하고 있는 사람들이다. 그러나 과학이 우리 모두가 애호하는 여러 가치를 파괴하고 있다는 그들의 비웃음을 무시할 수는 없다. 왜냐하면 편견이 덜한 사람들에게도 이런 감정이 나타나고 있기 때문이다. 일반적으로 전통적인 가치는 영구적인 체계를 이루는 선험적이고 절대적인 판단을 형성한다고 느끼고들 있다.

그러나 이와는 반대로, 언제나 구성·재구성되고 있는 유동적인 토대를 만들어내는 자연 과학의 개념에는 절대적인 무엇이 없다고 생각되며, 사실상 그러하다. 그 토대를 적용시켜야 하는 것은 어디까지나 사실에 한해서다. 지성적인 사람들조차 과학의 만연이 자신들로부터 판단의 자유를 박탈한다고 느껴 두려워하도록 만드는 것은, 당위가 아닌 존재로서의 사실에 대한 압박감이다. 그들은 과학자에게는 어떠한 영적 충동이나 인간적인 망설임도 없다고 느낀다. 과학이 인정하는 성공이란 세계의 물질적 사실에 순응하는 성공일 뿐이기 때문이다.

이러한 과학에 대한 잠재적인 반대는 이제 어떤 가치를 논할 때에나 드러난다. 인간 행위 속에서 실제로 드러나는 여러 가치를 편견 없이 연구할 때만 그러한 반대를 공격할 수 있다. 우리가 이러한 경험론적 연구를 무시한다면 가치에 대한 일체의 발언은 실제적이지도 합리적이지도 않을 것이다. 따라서 나는 지금 여기서부터 논의를 시작할 것을 제안한다. 이 평론은 짧지만 우리 사회의 몇몇 가치들이 전개·발전되는 방식을 매우 경험적으로 살펴볼 것이다.

나는 인간 사이의 관계를 드러내며 또 그 관계를 지배하는 몇몇 인간적인, 어떤 의미에서는 사회적인 가치에 연구를 국한시키겠다. 그리고 우리가 현재 살고 있는 문명에서 발생하는 가치 연구에 특히 주력하겠다. 현대 문명의 특징 및 특수한 활동은 과학의 실천이다. 과학은 사실을 발견하고 일반 개념하에 분류하는 활동으로, 이러한 개념들은 우리가 그것에 기초하여 행동한 실제 결과에 따라 판단·검증된다. 그러므로 실제의 어떤 경우에 있어서나, 우리들의 사회는 믿음에 따른 행동의 결과에 의해 그 믿음을 판단하는 사회다. 우리가 중력을 믿는 이유는 그것에 따라 우리가 세계에서 작용하는 법칙대로 행동하기 때문이다. 우리가 어떤 가치를 믿는다면, 그러한 가치는 우리로 하여금 그 가치에 의해 생활하고 유지하기를 원하는 사회의 작업 방식에 따라 행동하도록 유도할 것임에 틀림없다.

중력의 개념은 물체가 떨어지는 방식을 설명하기 위해 만들어진 간결하고 정돈된 수단이다. 이러한 의미에서, 과학의 여러 개념은 모든 물체가 생겨나는, 또 물체가 결과하는 방식을 설명하기 위한 수단이다. 그러므로 과학을 비난하는 사람들은 과학을 가리켜 보통 중립적 활동이라고 한다. 우리가 아무리 과학의 개념을 정교하게 만든다 해도 그것은 우리에게 무엇이 일어나야 하는가가 아닌, 무엇이 일어나는가만을 이야기해주기 때문이라는 것이다.

그러나 이것은 과학 활동과 그것의 발견물을 혼동하는 언어의 혼란이다. 중립이라는 말이 묘사만 하고 훈계하는 게 아니라는 뜻이라면, 과학상의 발견물은 진정 중립적이다. 연금술사가 그러했듯이, 비난자들이 과학은 자연을 지휘하고 압도해야 한다고 믿지 않는 한, 발견물이 그 이상의 어떤 것이 될 수 있는가를 생각하기는 매우 어렵다. 과학은 사실의 발견일 뿐 주문呪文의 발견이 아니라고 비평한다면, 나는 기꺼이 그것을 받아들이겠다.

그러나 발견된 사실이 그것들을 발견한 활동과 혼동되어서는 안 됨은 물론이다. 과학 활동은 중립적이지 않다. 그것에는 뚜렷한 방향과 판단이 있다. 과학 활동을 전개할 때 우리는 처음부터 우리에게 심어준 목적을 받아들인다. 과학의 목적은 세계에 대한 진리를 발견하는 것이다. 따라서 과학 활동은 진리 추구를 지향하며, 그것이 사실과 부합하는가를 기준으로 판단된다.

우리는 진리에 가치를 부여할 때에만 과학 활동을 전개할 수 있다. 이것은 비난자들이든 과학자 자신들이든 충분히 명확하게 성찰하지 못했던 주요 문제다. 그들은 발견물에 열중한 탓에 과학 활동이 그 발견물과는 구별된다는 사실을 간과했던 것이다. 우리는 과학 활동을 하면서 새로운 사실을 찾아내고, 그것들을 개념으로 분류함으로써 사실들 사이의 질서를 발견하고, 그 개념이 진리인가 아니면 다른 새로운 사실이 나타나는가를 검증함으로써 그 개념을 판단한다. 무엇이 진리이고 무엇이 오류인가 관심을 기울이지 않는다면, 이러한 과정은 의미가 없으며 아예 실행될 수도 없을 것이다.

비난자들이 과학을 중립적이라고 말하는 것은 발견물 자체로는 가치 판단이 불가능함을 의미한다. 그들은 보통 발견물 사용은 발견물이 암시하지 못하는 제諸 가치에 의해 결정되어야 한다고 말한다. 여기까지는 옳은 이야기다. 사실의 사용은 외부에서 들여온 가치들에 의해 결정되어야 한다. 그러나 이제 비난자들은 논쟁을 말장난으로 만든다. 과학상의 발견물을 사용하기 위해 우리는 발견물 외부의 가치를 가져야 한다. 그러나 비난자들은 이를 과학 외부의 가치를 가져야 한다는 의미로 쉽게 해석한다. 이것이 진실이라 할지라도 그러한 주장이 어떤 의미를 가지는 것은 분명 아니다.

물론 비난자들이 이야기하고자 하는 바는 과학이 발견한 사실들, 과학이 만든 기계, 과학이 펴는 환상조차 현재의 과학 문명에 가치를 부여하지 않는다는 사실이다. 사실이라든가 기계, 환상은 합의된 목적을 지향해야 한다. 그러나 사실은 그러한 의도나 목적을 제시하지 않지만 과학 활동은 그것을 제시한다. 과학 활동은 진리를 그 자체의 목적으로 한다.

여기서 비난자들은 인간이 과학이란 것을 알기 훨씬 전부터 진리가 가치임을 믿었다고 주장할 것이다. 맞는 말이다. 그러나 나는 이러한 믿음이 종종 진리를 매우 기이하게 규정했음을 얘기하고 싶다. 내가 규정하는 바의 진리, 즉 사실에 대한 진리는 갈릴레오를 박해했던 독단적인 사회에서는 가치를 인정받지 못한다. 물질적인 사실들을 진리의 결정 요소로 받아들이는 사회가 진실로 과학적인 사회가 되는 것이다. 이러한 이야기들이 모든 논란의 초점임에도 일반적으로 사람들의 논란은 초점에서 벗어나 있다. 누가 진리를 발견했느냐, 누가 그것을 우리 운명에 도입했느냐는 가치로서의 진리의 역사를 논하는 초점일 수 없다. 유일한 초점은 진리가 과학의 핵심이라는 것이다. 현대와 같은 과학 문명은 사실에 대한 진리를 기본 가치로 인정하지 않는 한, 존속할 수조차 없다. 만일 우리의 문명이 이러한 가치를 갖고 있지 않다면, 그것을 만들어내야만 할 것이다. 왜냐하면 우리 문명은 이러한 가치 없이 살아갈 수 없기 때문이다.

과학 활동은 진리를 그 자체의 목적으로 전제한다는 것을 나는 확언했다. 이러한 근본적인 명제에서 몇 가지 방식으로 논의를 진전시킬 수 있다. 예를 들어 과학적인 기술이 사실과 일치할 경우, 그러한 기술은 진리라고 말하는 바가 무엇인지를 논의할 수 있다. 왜냐하면 그 일치라는 것이 완전할 수 없기 때문이다. 사물의 속성상 그 기술記述은 기술자技術者들이 관용을 요구하는 것과 같은 다소 조악한 상태로 사실과 일치할 수밖에 없다. 그러므로 과학자는 어떤 결론을 내릴 때, 자기가 어느 정도의 조악함을 인정할 것인지부터 결정해야 한다. 이러한 결정은 그것 자체가 판단 활동이므로 우리에게 판단 방법, 가치 부여 방법을 가르친다는 미묘한 역할을 한다고 생각된다. 확실히 그것은 과학에 중립적이라는 누명을 씌움으로써 우리가 대부분 놓치고 마는 것들을 일깨워준다. 즉 과학에는 개인으로서의 과학자가 포함된다는 의식을 일깨워주는 것이다. 모든 발견은 비판적인 판단에 의해 이루어지는 것이므로, 발견은 기계가 아니라 인간에 의해 창조되는 것이다.

그러나 과학은 진리에 가치를 부여해야 한다는 나의 근본 명제로부터 또 다른 방식으로 논의를 진전시키고자 한다. 나는 과학자로서의 개인을 넘어서서 그 명제를 적용시키고자 하며, 그와 같은 인간들로 구성된 사회에서 그 명제가 어떤 의미를 갖는지에 대한 질문을 던진다. 이것은 자연스러운 의미의 확대인데, 왜냐하면 우리 모두는 개인적 가치뿐만 아니라 전체 사회의 가치와 관련을 맺기 때문이다. 그러나 또 다른 이유에서 이 확대는 중요하다. 인간의 가치 선택 중 대부분은 개인으로서 하고 싶은 일과 공동체의 성원으로서 요구되는 일 사이의 선택이다. 이렇게 개인의 희망과 공동체의 의지가 대립하면서 사회적 가치가 만들어진다. 인간이 자기 사회에 대해 젠체할 필요가 없다면, 또 사회가 개인에게 자기 태도를 취할 필요가 없다면 가치의 대립은 존재하지 않는다. 즉 서로의 요구를 조정한다면 개인의 가치와 사회의 가치는 마찰을 빚지도 않을 것이다.

그러므로 과학이 반드시 진리에 가치를 부여해야 함을 발견한다면 우리는 현대의 가치에 대해 설명하기 시작한 것에 불과하다. 왜냐하면 진리는 개인의 가치로서, 과학자 혼자 자기 작업을 할 때 그의 행위의 지침이 되기 때문이다. 그것이 실제 진리와 갈등을 빚는다면 어떠한 신념도 존속할 수 없다는 가정을 사회 전체가 인정할 때만 그것이 사회적 가치의 근원이 되는 것이다. 이것은 우리 사회의 무언의 가정이다. 그것은 우리 사회의 우선적인 가치로서 진리를 내세우는 것, 즉 개인뿐 아니라 사회 전체에 있어서도 진리의 발견은 그 자체가 숭고한 목적이라는 것과 통한다. 따라서 사회 여러 가치의 관계는 사회가 진리를 추구해야 한다는 단일한 명제로부터 논리적으로 차근차근 추론되어야 한다.

나는 과학적인 사회가 진리를 추구해야 한다는 것을 스스로 당연시한다고 말해왔다. 그리고 이것은 그 사회의 성격을 기술한다. 왜냐하면 지금도 진리는 추구되고 있고, 언제나 추구되리라는 것이 이러한 기술에 포함되어 있기 때문이다. 진리의 발견은 끝이 없는 과정이다. 정치적인 진리든 종교적인 진리든, 궁극적인 진리가 발견되었다고 믿는 사회는 그것을 강요하기만 한다. 그것은 권위주의적인 사회다. 진리가 이미 밝혀졌다고 믿는 사회는 모든 변화를 거부하려 한다. 무엇 때문에 변화가 필요한가? 우리 사회가 진리를 추구한다고 말할 때, 그 안에는 사회 스스로도 진리와 함께 변화·진화해야 함을 알고 있다는 뜻이 포함된다. 내가 추출하려는 사회적 가치는 실제로는 사회가 진화하기 위해 정비하는 메커니즘에 관한 것이다. 그러한 가치들은 과학적인 사회에서 진리를 탐구함으로써 발전하는데, 이유는 그 탐구가 사회의 진화를 요구하기 때문이다.

진리를 추구하는 사람은 독립성을 유지해야 하며, 진리의 가치를 중시하는 사회는 그 사람의 독립성을 보장해야 한다. 이성의 시대는 비이성적인 사람(독립적인 위치에 있는 사람들은 항상 비이성적이다)을 납득시키는 데 고심하게 될지도 모른다. 그러나 좀 더 힘을 기울여 책임져야 할 것은 그들이 위협받지 않도록 하는 것이다. 볼테르는 자신의 신념을 자신의 것으로 공유하지 않는 사람들의 독립성에 대해 평생 화를 냈었다. 과학적인 사회는 독립적인 정신을 가진 사람들이 아무리 다른 사람들을 화나게 만들고 골칫거리가 된다 하더라도, 정신적인 독립을 높은 가치로 보아야 한다.

우리가 정신적인 독립에 가치를 부여하는 것은 그것이 독창성을 보장하기 때문이다. 독창성은 새로운 발견을 위한 도구다. 그러나 단지 도구뿐인 독창성이 우리 사회의 가치 중 하나가 되는 이유는 그것이 사회를 진화시키는 데 필연적이기 때문이다. 그러므로 과학적인 사회는 흔히 예술이 중시하곤 하는 전통적인 가치를 축출하는 독창성의 가치를 높이 평가한다. 지난 100년간 점점 더 허위적이며 더욱 괴팍스럽고 개인적인 것이 되어온 예술이 내게는 이상하면서도 경탄스럽게 느껴진다. 이것은 확실히 비평가들이 비인격적인 과학 분야를 맹목적으로 요구함으로써, 독창성을 살려나가야겠다는 압박감에서 연유한 것이다.

독창성이 언제나 미덕이라고 주장하려는 것은 아니다. 마찬가지로 독립성이나 진리 역시 그 자체로 언제나 미덕일 수는 없다고 생각한다. 내가 말하고자 하는 것은 독창성이 독립성과 마찬가지로 우선적인 사회적 가치, 즉 끊임없는 진리 탐구를 위한 수단이기 때문에, 그것이 우리 사회의 가치가 되어왔다는 사실이다. 다른 가치들도 그렇듯, 독창성도 지루한 것이 되어버리는 경우가 있다.

어린이 그림 전시회에 갈 때마다 나는 학습되어 단일화된 독창성들을 수없이 보게 된다. 때때로 그 독창성을 교과목으로 설정하여 가르치고 있는 것이 아닌가 의심스러울 정도다. 단지 전통을 교과목으로 설정하여 가르침으로써 100년 전 어린이들의 그림을 배우고 획일적으로 일치시켜 한심하기만 한 것을 어린이들의 그림에서 발견하게 된다. 사실상 어린이들의 그림은 그들의 글이 문학이 아니듯, 예술이라고 볼 수는 없다. 오늘날 그러한 그림이 100년 전이나 마찬가지로 단조로운 것은 독창성이나 전통 때문이 아니다. 그것은 어린이답기 때문이다. 어린이들의 그림은 지적인 검증을 해볼 수 있다는 데 그 장점이 있다. 즉 그것은 그 어린이가 나중에 어떤 일을 하게 될까에 대한 힌트를 제공한다. 따라서 과학자로서 나는 그 그림이 그러한 확신을 주지 못하는 힌트만을 제공할 때 지루한 기분을 갖게 되는 것이다.

독창성과 독립성은 인간 정신의 특성으로서 우리 사회처럼 사회가 그것들에 가치를 부여하려면, 사회는 그러한 특성들의 표현에 특별히 가치를 부여함으로써 그것들을 보호해야 한다. 때문에 우리는 이견에 가치를 부여하는 것이다. 이견을 많이 제시한 시대는 우리 문학의 기념비를 세운다. 밀턴John Milton의 저서들, 독립 선언서, 웨슬리John Wesley의 설교들, 셸리P. B. Shelley의 시들을 생각해보라. 사실상 우리는 다른 곳, 즉 과거나 다른 나라에서 이견이 발생하는 것을 더 편안하게 생각한다. 서구에서는 스탈린 사후 러시아지식인들이 제기해온 이견을 읽는 것을 가장 좋아한다. 마찬가지로 러시아인들도 서구에서 이견이 생겨나는 것을 더 좋아할 것이라는 사실은 의심할 바가 없다.

그러나 우리가 이러한 인간적 결점에 대해 미소를 띠게 될 때, 우리는 그것들을 넘어서 이견 제시가 우리 문명의 지적 구조의 가치로 인정되어야 함을 인식하게 된다. 그리고 그것은 과학의 실천에서 나타나는 가치다. 즉 그러한 가치는 코페르니쿠스이든 다윈이든 아인슈타인이든 그러한 도전자들이, 이제 사실들은 낡은 개념에서 벗어나므로 새로운 시각이 필요하다고 주장한 때와 같이, 기존 개념이 공공연히 도전받을 때만 진보가 이루어진다는 경험에서 나오는 것이다. 이견 제시는 지적 진화의 수단이다.

이견에 가치를 부여하는 사회는 이견을 제시하는 사람들을 보호하는 장치를 마련해주어야 한다. 이러한 보호 장치들은 정치적인 연설가가 가장 잘 써먹는 가치들이다. 사상의 자유, 언론과 출판의 자유, 결사와 집회의 자유 등등. 그러나 우리가 그러한 가치들을 당연한 것으로 받아들여야 하는 이유는 그것들에 대해 입에 발린 말들을 너무 많이 들었기 때문이 아니다. 또한 우리는 그것들이 어느 사회에서나 자명한 자연스러운 가치들이라고 가정해서는 안 된다. 플라톤은 그의 공화국에 언론과 출판의 자유를 부여하지 않았다. 그 사회가 이의 제기를 격려하고 독창성과 독립성을 촉진시키

과학의 가치 — **355**

려 할 때만 비로소 자유에 가치가 부여된다. 그러므로 자유는 과학적인 사회, 진화하는 사회에 필수적이다. 정체된 사회에서 자유란 성가시고 귀찮은 일일 뿐이다. 그러나 자유는 개인이 그의 사회보다 중요하다는 것에 대한 기본적인 인식을 나타낸다. 이제 다시 우리는 과학이 과학에 대한 일반적 비판과는 달리 개인을 중시한다는 것을 알 수 있다.

지금까지는 과학 실천의 조건으로부터 변화에 기여하는 가치를 추론했을 뿐이다. 그러나 사회에는 변화를 거부하는 가치들도 존재해야 한다. 사회는 공학적인 개념의 관성을 가져야 하는데, 그러한 관성으로 사회는 현재 진리로 주장되는 것이 전복되지 않도록 하며, 미래의 생존 투쟁을 지향하는 진리를 만드는 것이다. 존경, 명예, 존엄성은 다른 사회 활동에 있어서도 그렇지만, 과학의 안정성을 위해 필요하다. 그것들은 과학 실천을 위한 조건이기 때문에 내가 가치 진화를 설명했던 것과 똑같은 방식으로, 그 가치가 주장되는 것이다. 그러나 관성적인 가치들은 어느 사회의 존속에나 필수적이므로 계속 유지되고 있다. 따라서 여기서는 이 정도로 얘기를 맺고자 한다. 대신 그것들에 대해 한 가지만 강조하려 한다. 즉 과학적인 사회에서는 다른 사회에서의 경로와 다른 경로를 통해 관성적 가치에 도달한다는 것이다.
과학적인 사회에서는 존경, 명예, 존엄성 같은 가치들이 진화적인 가치들에서 출발하여 형성되는 관용이라는 가치를 통해 성립된다. 관용은 현대의 가치다. 그것이 각 개인마다 서로 다른 의견을 가지고 있는 사회를 통합시킬 수 있는 필요조건이기 때문이다. 그러므로 관용은 과학적인 사회를 확립시키기 위해, 또 과거의 연구와 미래의 연구를 잇기 위해 필수적인 것이다.

또 이러한 의미에서 본다면 관용은 수동적인 가치가 아니라 오히려 타인에 대한 능동적인 존중에서 발전되는 가치다. 과학에서는 타인이 자기 나름의 의견을 가질 자격이 있음을 인정하는 것만으로는 불충분하다. 우리는 타인의 의견이 그들 자신에게 관심을 유발시키며, 따라서 그 의견이 설사 틀렸다고 생각되는 경우에도 관심을 기울여야 한다는 것을 믿어야만 한다. 과학에서는 종종 다른 사람들이 틀렸다고 생각되는 경우에도 결코 그들이 사악하다는 생각은 하지 않는다. 이와 반대로 종교 재판이 그랬던 것처럼 모든 절대적인 교리는 오류에 빠진 사람들에게 일부러 심술을 부려 오류에 빠진 것으로 판단하고 그들을 교정하기 위해서는 어떠한 고통도 줄 수 있다고 생각한다. 오늘날 세계가 정치적으로 분열된 비극은 독단적인 편협함 때문이다. 서양의 정치가는 동양의 정치가가 오류에 빠졌을 뿐 아니라 사악하다 믿고 있으며, 이것은 동양의 정치가들 역시 마찬가지다.

이제 이런 식으로 과학의 가치들을 열거하는 일은 그만두는 것이 좋겠다. 나는 그 활동의 성격상 과학적인 사회가 만들어낼 것이라고 믿는 모든 가치를 추출하려 해온 것은 아니다. 설사 내가 과학상의 모든 가치를 논리적으로 발견했다 하더라도 그것들이 모든 인간의 가치를 망라했으며, 과학 실천이 인간과 사회에서 그들이 요구하는 모든 가치를 준다고 주장하지는 않겠다.

대부분이 가치에 대한 논란인 과학의 저항에 정면으로 부딪혀보고자 하는 것이 나의 의도다. 이러한 풍조는 언제나 과학이 중립적이라는, 어찌 보면 해될 것이 없는 주장과 더불어 유행한다. 그러나 이 순진한 얘기 속에 숨은 혼란 때문에 그러한 풍조는 해악을 끼친다. 모든 사실과 그 사실들의 분류가 중립적이듯이 과학상의 발견도 중립적이다. 그러나 사실을 발견하고 그 사실들을 배열하는 과학 활동은 중립적이지 않다. 과학 활동은 우선적인 목적, 즉 실질적인 진리의 발견을 지향한다. 과학적인 사회에서 이러한 목적은 지고의 가치로 인정된다.

이러한 주요 가치에서 여타의 가치들이 필연적으로 나온다. 내가 의도하는 바는 그러한 가치들이 어떻게 자연 과학상의 진리 발견이라는 가치에서 나오는가를 밝히는 데 있다. 그렇게 되는 것은 진리를 추구하는 사회는 자체의 진화를 위한 수단을 보장해야 하며, 그러한 수단은 그 사회의 가치가 되기 때문이다.

나는 이러한 가치들 중 몇몇을 예로 들면서, 사회의 가치를 연구하는 데에는 사실상 경험적인 절차가 있음을 지적했다. 나의 작업은 대강 몇몇 가치들을 경험적으로 간결하게 연구하는 것이다. 모든 가치는 난해하고, 과학상의 가치 역시 다른 것과 마찬가지로 난해하다. 가치란 행위에 대한 기계적인 통제나, 미덕의 청사진이 아니다. 가치는 우리 사회의 몇 가지 행동 양식을 통합시키는 것이다. 이러한 의미에서 볼 때, 독창성이 우리 사회의 가치라는 것은 중력이 태양계의 현상이라는 것과 마찬가지로 경험적이고 묘사적인 기술이다. 그리고 내가 진리에 대한 요구로 거슬러 올라가 독창성에 부여된 가치에 대한 근거나 이유를 추구할 때, 나는 몇몇 사물의 보다 근본적인 구조 속에서 중력의 원인을 살펴보려고 했을 때처럼 내가 해야 할 바를 바르게 행하고 있는 것이다.

그렇다고 해서 가치가 단지 우리의 행동에 대한 기술일 뿐이라고 주장하는 것은 아니다. 여기에는 두 가지 이유가 있다. 첫째는, 가치의 상호 작용은 기계적인 힘의 어떠한 복합보다도 더 복잡하다는 것이다. 그것은 우리 삶의 원재료가 되는 긴장을 창조한다. 둘째는, 더욱 단순한 이유로 가치는 우리가 그 행동을 전반적으로 결정짓게 하는 것을 이해할 경우에만 우리의 행동을 기술하는 개념이라는 것이다. 과학은 진리 추구를 지향하면서 움직이고, 모든 사회는 안정을 지향하면서 움직인다. 우리의 과학적인 사회에서의 가치는 안정을 지향하면서도 진화적인 사회를 만드는 방향으로 나아갈 때 우리의 행동을 기술하는 것이다.

과학자들이 영국의 왕립학회Royal Society of England와 프랑스의 왕립 아카데미Academie Royale of France에서 처음 모인 이래 거의 300년의 세월이 흘렀다. 그 당시 과학자들이 진실이라고 여겼던 것은 지금 우리가 볼 때 매우 원시적인 것처럼 보인다. 뉴턴은 그 당시 청년이었으며 중력에 대해서는 거의 생각한 바가 없었다. 300년 동안 모든 과학 이론은 여러 차례 근본적인 변화를 거쳤다. 그러나 과학자 사회는 여전히 안정된 상태로 영국인, 프랑스인, 미국인, 러시아인들을 함께 연결하고 있다. 그리고 정신의 통일성 속에서, 여타 다른 인간의 모임보다는 더욱 심원하게 원칙의 공동체를 이루면서 지탱되어왔다. 과연 이렇게 인상적인 역사가 과학은 비인간적이고 비인격적이라는 신화를 그럴싸하게 꾸미는 것인가? 그것이 진정으로 과학 활동은 그것을 실행하는 사람들을 통합하는 가치를 전혀 만들어내지 않는다는 것을 나타내는 것인가?

내 분석의 요점은 과학을 그 비판으로부터 옹호하려는 것이 아니다. 내가 말하려고 하는 바는, 내가 믿는 비판 속에 깃들어 있는 근본적인 방법상의 오류를 공격하려는 것이다. 즉 우리의 활동 외부에서 가치를 찾으려는 오류다. 만약 가치를 유용한 방식으로 논의하려 한다면, 가치가 움직이는 세계의 현실적인 배경 안에서 경험적으로 그것을 논의해야 한다. 가치가 그 풍요성을 얻게 되는 것은 각각의 인간과 그 사회 간에 이루어지는 긴장으로부터다. 그리고 이런 긴장이 사라지면 우리는 인간다울 수 없다. 즉 우리는 기계적인 곤충의 무리여야 한다. 바로 그렇기 때문에 가치를 단지 절대적인 규범으로, 또는 보편적인 사회적 명령으로 받아들이고 논의할 필요가 없는 것이다. 그리고 반대쪽의 극단으로 달려가 가치를 보급시키는 사회를 배제하고 개인적인 신앙 행위로써 가치를 논의하는 것 역시 쓸모없다. 만약 이러한 일면적인 어느 한쪽을 택한다면 우리는 항상 어떤 과거의 전통에서 가치를 도입하게 되고 그것이 우리에게 별로 적합하지 않다고 유감스러워하는 것이 고작일 것이다.

오늘날 우리의 과학적인 사회에서도 생생하게 살아 있는 몇몇 전통적 가치들이 존재한다. 그러나 그런 가치들이 전통적이든 혹은 새롭든 간에 그것들은 우연히 지금까지 남아 있는 것이 아니라 그것들이 적합하기 때문에 생명을 갖는 것이다. 왜냐하면 그 가치들은 과학의 활동으로부터 성장하고 그에 잘 어울리기 때문이다. 지금은 가치를 논의하는 사람들이 사실적인 진리를 적절히 추구(그 추구는 개인적인 동시에 공통적이다)함으로써 생겨나는 과학 활동의 범위와 가치들의 힘을 배워야 할 때다.

허용 한계의 원칙

나는 두 가지 이유에서 이 논문의 제목을 '불확실성의 원칙' 대신 '허용 한계의 원칙The principle of tolerance'이라 붙였다. 첫째는 그것이 좀 더 정확하고, 둘째는 과학적인 기술description과 일반 상식 및 자연스러운 언어의 일상적인 세계에서 쓰는 기술의 관계에 대해 좀 더 많은 것을 말해주기 때문이다. 그러므로 여러분은 논문 말미에서 과학과 일상적인 세계의 관계, 특히 과학이 도덕적 질서를 나타내는가 그렇지 않은가, 그것은 도덕의 스펙트럼의 어떤 부분을 나타내는가 하는 질문에 특별히 관심을 쏟게 될 때에도 의아하게 생각하지 않을 것이다.

그러한 관계를 밝히는 작업은 과감한 개척이므로 그것을 주된 문제로 삼는다 하더라도 양해해주기 바란다.

왜 우리는 과학이 일반 상식보다 좀 더 치밀하고 좀 더 정확한, 현실에 대한 시각을 제공할 것이라고 생각하는가? 나는 〈인간의 상승〉이라는 텔레비전 프로그램에서 곧 방영될 실험을 했다.

우리는 아우슈비츠 집단 수용소에 있던 한 사람(그의 이름은 슈테판 보로그라제비츠였다)을 불러 맹인 여성으로 하여금 그의 얼굴을 만진 뒤 생김새를 말하라고 했다. 여기에 그녀가 했던 말을 그대로 옮겨보겠다. "그는 나이가 들었군요. 분명히 영국인은 아니라고 생각합니다." (내게는 이 '분명히'라는 말이 매우 기묘하게 들렸다.) "그는 대부분의 영국인보다 둥근 얼굴을 가졌어요." (여기서 나는 다시 전에는 떠오르지 않던 생각을 했다. 그는 폴란드인이었다.) "그는 유럽 대륙인인 것 같군요. 그의 얼굴선은 상당한 고통을 받은 선이에요. 나는 처음엔 그게 흉터인 줄 알았어요. 행복한 얼굴은 아닙니다." 그녀의 말은 뛰어난 기술이었고, 모두 맞았다. 이것은 여러분이 어떤 탐구 방식을 사용하든 그것으로 상당히 많은 것들을 추측해낼 수 있다는 것을 보여준다.

나는 다시 맹인 여성이 기술한 마지막 세 문장에 주의를 환기시키려 한다. "그의 얼굴선은 상당한 고통을 받은 선이에요. 나는 처음엔 그게 흉터인 줄 알았어요. 행복한 얼굴은 아닙니다." 내가 여기에 주의를 기울이는 이유는 나중에 더 확실히 이야기하게 될 것을 미리 언급하는 것이 좋을 듯싶기 때문인데, 그것은 여러분이 아무리 '기술을 하라'고 요구해도 기술하는 사람은 언제나 판단을 내리며 결론을 맺기 때문이다.

그러나 이와 동시에 이 부인이 제공한 정보가 불완전하다는 것은 명백하다. 그것은 프루스트Marcel Proust나 몸Somerset Maugham, 혹은 톨스토이L. N. Tolstoi에 의해 묘사된 얼굴에 대한 기술만큼이나 불완

전한 것이다. 우리는 그런 묘사가 얼굴을 확실하게 고정시키는 것
이라기보다는 탐구하는 것임을 알고 있다. 그리고 그런 것은 예술
가나 작가가 행하는 방식이라고 생각한다.

그러나 자연 과학의 작업은 자연 과학의 방법이 지식을 얻는 유
일한 방법임을 보여주는 것이다. 모든 정보는 불완전하다는 것이
다. 19세기를 통하여, 즉 대략 허셜William Hershel이 적외선을 발견한
1800년과 헤르츠Heinrich Hertz가 라디오 파장을 발견한 1888년(아마
뢴트겐이 엑스선을 발견한 1895년까지 내려가야 할지도 모르겠다)에 걸
쳐 전자기 스펙트럼의 연속성에 대한 명쾌한 해명에 의해 이러한
어려움은 극복된 것으로 보인다. 우리는 끝이 없는 가도를 가고 있
었던 것 같고, 보다 더 나은 방향으로 계속 수정할 수 있었던 것처
럼 보인다.

〈인간의 상승〉프로그램에서 나는 실험을 계속해나갔다. 즉 전자
기의 정보의 전체 스펙트럼을 파장 길이 순으로 가로질러 얼굴을
보게 한 것이다. 만약 여러분이 라디오 파장에서 출발해 센티미터
의 실질적인 한계까지 조사한다면 아직도 얼굴의 대부분을 보지
못할 것이다. 그러나 적외선의 밀리미터 범위까지로 수준을 끌어
올린다면 얼굴을 알아볼 수는 있을 것이다. 그리고 가시의 스펙트
럼을 통해 조사를 계속 진행하면, 우리는 마치 매우 뚜렷한 연속선
상에 있는 것처럼 보이기 때문에(처음에는 엑스선과, 그다음에는
1897년에 J. J. 톰슨이 전자를 발견한 것과 더불어) 그것들에게 어떤 대
상을 제시하든 "그것은 거기에 있다"라고 말할 수 있을 것이다(그
리고 여러분이 이것은 단지 하나의 과학적 환상이라고 생각하지 않도록

하기 위해, 나는 러셀의 초기 철학 전체가 바로 "그 점은 붉다"와 같은 단일한 진술로부터 우주를 구성할 수 있다는 가정 위에 세워졌다는 점을 환기시키고 싶다. 그런데 그런 진술은 너무 낡아 빠진 것이라는 인상을 준다. 왜냐하면 우리는 여러분이 '점'이라든가 '붉다'라고 말할 수 있다고는 생각지 않기 때문이다).

나는 여러분이 뢴트겐의 엑스선 발견에 이어 곧바로 나타난 J. J. 톰슨의 전자 발견에 특히 관심을 가져주었으면 한다. 물론 뢴트겐은 자연 과학에 있어 마지막 남은 위대하고 관대한 아버지와 같은 인물이었다. 그가 그 발견을 해냈을 때 자연 과학이 인간에게 위대한 혜택을 베풀었다는 것을 조금이라도 의심한 사람이 아무도 없었다는 것은 역설적이다. 그리고 뢴트겐은 중세적이고 수염을 기른 이류 대학 교수와 똑같은 종류의 사람이었다. 첫 번째 노벨 물리학상이 1901년 뢴트겐에게 수여되었다는 것은 지극히 당연한 일이었다. 문명 세계를 통틀어 그에 대해 이의를 제기한 견해가 없었다고 생각된다. 그러나 사정은 어떻게 변했는가!

갑자기 전자가 발견된 것이다. 여러분도 알다시피 전자의 발견과 엑스선은 여러 가지로 상충되는 것이 많다. 엑스선은 침투력이 너무 강해 그것에 초점을 맞출 수가 없다. 그래서 우리가 통상 이해하듯 엑스선의 현미경은 만들 수 없는 것이다. 그런데 전자가 그 주위를 살펴볼 수 있는 기회를 제공한 셈이었다. 커다란 전환점은 1912년 라우에Max von Laue의 실험이었다. 그 실험으로 인해 전자는 지극히 작은 것이라도 뚜렷한 윤곽으로 파악할 수 있는 장치를 제공하게 되었다.

지금 전자가 관심을 집중시키는 특별히 멋진 입자인 이유는 다음과 같다. 이미 알고 있는 것처럼 J. J. 톰슨은 전자가 입자라는 것을 입증함으로써 뢴트겐이 수상한 지 얼마 되지 않아 노벨상을 받았다. 그런데 이것은 1897년 이전 20년 동안 많은 논란이 있었던 문제다. J. J. 톰슨의 아들인 조지 톰슨George Thomson이 전자는 파동이라는 사실을 증명함으로써 노벨상을 타게 된 것은 역사의 멋진 아이러니 중 하나다. 이것은 물리학 역사에서도 가장 멋진 부자 관계다.

그리고 그런 이중성은 훌륭한 경고인 셈이다. 왜냐하면 전자가 파동이고 입자의 성질을 전혀 나타내지 않았다면 전자가 파동이라는 관점은 계속해서 유지되었을 것이다. 그러나 전자를 입자로 생각하는 순간 여러분은 보고 있는 것(가령 바이러스)에 전자를 투여함으로써 그 그림자를 다루고 있을 뿐이라는 것을 깨닫게 된다. 따라서 여러분은 시장에서 어느 소녀에게 칼을 들이대고 있는 사람과 본질적으로 같은 위치에 놓여 있는 것이다. 그녀가 재빨리 도망치면 여러분은 그 소녀의 윤곽과 함께 뚜렷이 남게 된다. 사람들이 시장에서 어떤 소녀를 위와 같이 다룰 때 그것을 본 여러분은 또한 다음을 기억할 것이다. 즉 그녀가 재빨리 도망쳐 시야에서 사라진다 해도, 그것이 사람이 아니었을지 모른다고 판단하게 할 만한 아무것도 없다는 점이다. 가시광선의 작용으로도 명백한 차이점은 존재하는 것이다!

바꾸어 말하면, 그림자 짓기shadowing의 과정은 본질적으로 바로 그 활동에 의해 근사치에 세워지는 하나의 과정이다. 그리고 궁극적인 분석에까지, 즉 너무나 미세해서 모든 세부적인 것을 드러낼 수 있는 그림자 짓기에까지 이르게 하는 것은, 전자로써는 절대 할 수 없다. 단지 통상적인 한계만을 말하고 있는 것이 아니다(예컨대 대상은 그에 투여된 파장 길이임에 틀림없다는 식으로). 그보다는 입자의 성질을 갖는 파동이 너무 경직되면 곧 파동의 자유로운 위치는 너무 제한되어 여러분이 완전한 모양을 파악할 수 없게 된다는 사실을 말하고 있는 것이다. 우리는 전자에 의해 만들어진 토륨 원자의 모양을 갖고 있으며 그보다 더 정교한 모습까지 파악할 수 있다. 그러나 아무도 그런 것을 볼 수 있다고 주장할 수는 없다.

이것이 내가 말하고자 한 첫 번째 부분이다. 1800년대 초에 이루어진 허셜의 발견은 관찰에 대한 보다 세련되고 정교하며 놀라운 전망을 약속해주는 듯 보였다. 이는 가시광선에 대한 단일한 옥타브의 발견이 옥타브 너머에 있는 옥타브, 그리고 그 너머에 있는 옥타브로 눈을 돌리게 하여 전자기적인 스펙트럼까지 볼 수 있게 한 것과 비슷하다. 그러나 사실, 그것은 우리에게 완전한 정보를 제공하지 않고 있다. 우리는 정확성을 얻기 위해 그것을 향해 비틀거리며 가고 있고, 우리가 그것을 파악했다고 느낄 때마다 그것은 다시 도망쳐 무한으로 뺑소니치는 것이다.

이제 나는 여러분에게 그런 문제가 1900년대에 새롭게 대두된 문제가 아님을 환기시키려 한다. 그 문제는 1807년경 가우스C. F. Gauss를 위해 괴팅겐 천문대가 설립되던 때에 처음 제시되었다. 아니면 보다 이른 1795년(이때는 단지 다른 세기일 뿐 아니라 다른 세계에 살고 있을 때라고 생각된다), 가우스가 열여덟 살의 어린 청년으로 대학 공부를 위해 괴팅겐에 왔을 무렵이라고 볼 수도 있다.

가우스는 일반적인 전망이나 언어로 얻을 수 있는 것보다 더 정확하게 평가하려면 통계 분석과 더불어 몇 가지 다른 수단을 사용해야 한다는 것을 알고 있었다. 가우스는 분명 1795년까지는 다음과 같은 점을 이미 알고 있었다. 즉 일련의 관찰을 올바로 행하고 실수할 가능성이 있는 관찰에 있어 가장 좋은 태도를 취하려고 노력하는 방법은 그 여러 관찰의 중간을 취하는 것(이는 고전적인 것으로서, 적어도 200년 전에 알려진 것이다)이라는 점과 그 중간 주위에 흩어져 있는 범위를 살펴봄으로써 불확정성의 영역을 평가한다는 점이다. 가우스의 곡선(나는 가우스의 산이라고 생각하는 쪽을 택한다), 예컨대 어떤 별의 관찰 주위에 대한 가우스의 곡선을 살펴보면 우리는 가우스가 명석한 두뇌를 지녔다는 것을 계속 느끼게 된다. 그는 여러분이 행한 관찰에서 중간을 취하는 것으로는 정보를 모두 얻어내지 못한다고 보았기 때문이다. 나머지 정보는 분산 범위에 의해 정확히 얻게 된다. 즉 하이젠베르크가 불확정성의 영역이라 부르고 나는 허용 한계의 영역이라 부르는(이제 나의 주제로 접근해가고 있다) 것에 의해 얻는 것이다.

1800년대 초기의 가우스 견해와 지금 우리의 견해 차이는 간단하다. 가우스는 어떤 사람이 별을 보고 20회의 관찰을 한다는 가정하에 작업하고 있었다. 그 관찰자는 관찰한 것 중 어느 것도 정확하다고 믿지 않는다. 대기 중에서 별의 깜박임이 간섭당하기 때문이다. 게다가 그도 이런저런 관찰을 하면서 점점 지치게 된다. 그는 단지 무수히 많은 소수점이 있는 망원경 측미계micrometer만 읽을 수 있을 뿐이다. 그 당시의 모든 기계 장치로는 그가 다른 관찰에 대해 이의를 제기하고 어떤 관찰에는 "그것은 정확하다"라고 말할 수 없었던 것이다.

그러나 가우스는 우리가 신의 관점을 지닌다면 올바른 관찰을 할 수 있다고 믿었다. 그는 단지 우리가 인간이므로 실수를 저지른다고 믿었을 뿐이다. 즉 인간이기 때문에 분위기에 사로잡히고 렌즈의 작은 흠집에도 갈피를 잡지 못하는 것이다. 굉장히 여러 번 관찰을 거듭하는 것은 "충분히 관찰하면 나머지 것으로 한 가지 실수를 상쇄할 것이다"라고 말하려는 시도일 뿐이다. 그것은 우리에게 평균치를 제공한다. 더구나 관찰의 분산 범위는(이 가우스주의적인 덩어리) 또한 우리에게 무엇인가를 알려주고 있다. 즉 그 평균치가 얼마나 신빙성이 있는가, 동일한 조건하에 이루어진 실험에서 곡선의 꼭짓점으로부터 얼마나 떨어져 평균치가 발견된다고 기대할 수 있는가 하는 것에 대해 이야기하고 있는 셈이다. 하지만 나는 가장 훌륭한 관찰이 존재하고 있음을 전제로 그런 생각이 나타났음을 강조하고 싶다. 거기에는 신의 관점이 드러나 있으며, 별이 있고 관찰이 있다는 생각을 밑에 깔고 있다. 그리고 모든 것이 완벽하면 관찰자는 다른 곳이 아닌 바로 그 장소에서 그것을 볼 수 있으리라 생각하는 것이다.

그런데 별에 대해서는 그것이 진실인지 모르지만 톰슨 부자에 의해 발견되고 논의된 대상에는 해당되지 않는다. 내가 여기에서 통계에 대해 이야기하고자 하는 것은 이 점에 관해서일 뿐이다. 그러나 사람들이 원자, 전자, 기본 입자 측정의 통계에 대해 이야기할 경우, 그것은 갤럽 여론 조사의 통계와 다르다는 사실을 간과하지 않도록 일러두기 위해 잠시 의견을 개진해야겠다. 갤럽 여론 조사는 모든 사람에게 질문을 던짐으로써 이루어지고, 이론상으로는 다시 돌아가 되풀이하여 질문을 던질 수도 있다. 그리고 질문에 대해 모든 사람들은 어떤 의견을 가지고 있다. 그러나 이에 비해 전자들은 의견을 갖고 있지 않으며 위치나 장소, 운동량도 갖고 있지 않다. 그것들이 가지고 있는 유일한 것은 관찰자가 그것들을 볼 때 나타나는 것이다. 그때 그 전자들 중 하나가 전체 전자들을 대변하여 "여기 내가 있다"고 말하며 나타나는 것이다.

그 점을 좀 더 명확히 나타내기 위해 여러분이 현미경으로 어떤 전자를 보고 있다고 생각해보자. 물론 전자를 보기 위해 여러분은 그 위에 어떤 에너지를 비추어야 한다. 그러나 전자는 그 에너지를 받고 다시 튀어 움직이게 된다. 그래서 여러분이 현재 전자가 있는 곳을 파악할 수 있다 하더라도 그것에 빛을 비추지 않았더라면 그것이 어디에 있었는지 알 수가 없다. 이 설명은 절대적으로 옳은 것이다. 그런 입장은 1927년 하이젠베르크의 논문에서부터 나타났다. 그러한 통찰력에도 불구하고 그 입장은 근본적인 오해를 불러일으킬 가능성이 많다. 여러분도 알다시피, 그 설명을 듣고 우리는 전자가 저 밑바닥에 쭈그리고 있는 토끼와 같은 종류일 거라고 생각하게 된다. 우리가 자동차 같은 것을 타고 와서 토끼에게 빛을 비추면 토끼는 놀라서 도망친다. 하지만 그것은 잘못된 생각이다. 전자는 그런 토끼가 아니다. 방정식에 대입하듯이 존재하는 전자는 없다. 여러분이 전자에 빛을 비출 때 비로소 전자가 존재하게 되는 것이다.

현미경 밑에 있는 전자는 하나의 사실도 어떤 실재도 아니며 실험도 아니다. 여러분은 아무것도 볼 수가 없다. 바꾸어 말하면 관찰로 인해 전자가 '교란되었다'라는 기술은 '교란되었다'라는 단어가 공학적인 의미가 아니라 논리적인 의미로 사용될 때 정말로 정확한 것이다. 양자 역학은 단지 관찰 가능한 것만을 다룬다. 입자의 위치로 방정식 안에 들어오는 것은 관찰 가능하다. 그리고 그것은 하이젠베르크가 추출해낸 방정식에 따른다. 즉 $\Delta p \Delta q$ 는 플랑크 상수의 질서 상태를 나타내는 것이다.

그런데 가우스를 위해 천문대가 세워진 1907년과 보른이 그곳에 임명된 1921년 사이의 괴팅겐에는 매우 엄청난 차이가 있다. 1807년에는 여러분이 별이나 전자 혹은 그 이외의 것을 보고 있다고 생각하는 것이 가능했다. 그것은 거기 있는 것이었고, 신적인 관점이 존재했다. 그러나 히틀러가 보른을 내쫓기 전까지 괴팅겐에서의 12년 생활을 청산할 때는 그런 생각이 눈곱만큼도 남아 있지 않았다.

자연의 가능한 논리에 어떤 한계가 있느냐 하는 것을 지금 논의한다는 것은 경솔한 일이 될 것이다. 내가 생각하기에, 한계는 존재하지만 부정적인 것이다. 즉 우리는 문제가 되는 그럴듯한 논리 체계가 자연을 완전하고 충분하게 기술할 수 없다는 증거만 제시할 수 있을 뿐이다. 특히 유한한 공리 체계는 항상 자연법칙의 전체성에 가까워지는 것 이상을 행할 수 없다는 것이 그런 한계로 인해 나타날 수 있다고 본다. 즉 나는 자연은 전체적으로 연관되어 있다고 주장한다. 인간의 실험은 항상 유한하기 때문에, 논리적인 이유뿐 아니라 경험적인 이유에서도 자연법칙에 대한 우리의 공식은 반드시 어떤 연관성을 간과하기 마련이다. 이 점은 내가 다른 곳에서 공식적으로 전개시킨 논의의 내용이다.

여기에서 우리가 할 수 없는 것이 무엇인가를 질문함으로써 얼마나 많은 궁극적인 지식을 얻어낼 수 있는가에 대해 언급하는 것은 적절하면서도 유익한 일이다. 그러한 일련의 불가능성 법칙은 사실상 상이한 물리학 영역의 경험적 구조에 있어 결정적으로 중요한 것을 강력하게 진술하는 것이다(휘태커는 그것을 '무능의 선결 조건'이라고 불렀다). 예컨대 역학을 이루는 대부분은, 영구적인 운동은 불가능하다는 단일한 주장으로부터 추출될 수 있다. 전자기학의 대부분은 공동空洞의 전도체 내부에서 전기장을 유도한다는 것이 불가능하다는 주장으로부터 나오는 것이다.

우주에 관한 여러 다양한 이론들은 우주의 어느 공간에 대해서나 시간에 대해 알아낼 수 없는 상이한 주장에 그 기반을 둘 수도 있다. 특수 상대성 이론에서는 어떤 운동이 일정하다면 광속을 측정해내더라도 자신의 운동을 탐지할 수가 없다. 일반 상대성 이론에서는 어떤 운동에 의해 만들어진 장으로부터 중력장을 분별하는 것이 불가능하다.

양자 역학에서는 매우 대등하지 않은 여러 개의 불가능성의 법칙이 존재한다. 그것들 중 하나가 불확정성의 원리이며, 또 다른 것은 연속적인 관찰에서 동일한 전자를 확인하는 것이 불가능하다는 것이다. 그러나 근본적으로 모든 양자 원리들은 우리가 다음에 관찰한 체계가 어떤 상태에 있는지 전적으로 조사할 수 있는 어떤 장치도 갖고 있지 않다고 주장한다. 그래서 우리가 어떤 특정 대상을 완벽하게 묘사할 것이라고 확신할 수 없다는 것이 나의 공식이다.

따라서 이제 과학의 근본적인 실체들을 바라보는 문제는 우리에게 매우 새로운 개념적 원리들을 제시하고 있다고 생각해야 한다. 앞서 보른의 이름을 거론했는데, 말이 나온 김에 내가 생각하는 그의 언급 중 가장 놀랄 만한 발언에 대해 이야기하고 싶다. 그것은 그가 괴팅겐을 떠난 직후 영국에 가서 한 이야기였다. 그는 "나는 지금 이론 물리학을 현실적인 철학이라고 확신하고 있다"고 말했다. 이 말이 의미하는 바는 그가 괴팅겐에서 보낸 기간 동안 세계에 대한 우리의 생각이 너무나 바뀌었기 때문에 철학의 그런 의미에서 우리가 새롭게 생각을 시작해야 한다는 말이 정당함을 느끼게 되었다는 것이다.

나는 지금 레지스L. M. Régis가 '과학의 정치적인 변방'을 '철학의 정치적인 변방'이라고 부른 그의 훌륭한 분석에 감히 도전하려는 것도 아니다.[8] 그러나 정치적인 변방이 바뀌는 때가 있다(나는 대부분을 그런 시기에 살아온 듯한 느낌이 든다). 나는 러시아에서 태어났

---

8 L. M. Régis, *Anthropogenese versus Anthropologie*, Transactions of the Royal Society of Canada, 1974, fourth series, Vol. 12, pp. 31~58.

다. 그 지역은 곧 독일 땅이 되었고 지금은 폴란드 영토다. 그래서 나는 과학과 철학 간의 변방 역시 전란과 마모attrition를 당하게 마련이라는 생각을 지니고 있다. 그리고 사실 변방에서의 가장 중요한 변화 및 세계관에 있어서의 가장 중대한 변동은(지난 1960년대와 1970년대에 발생했던 경우), 이런 종류의 매우 비일상적인 통찰력을 지니고 있던 소수의 과학자에 의해 생겨난 것이었다. 어떤 통찰력은 특히 레지스의 명제에 적합하다. 왜냐하면 그가 추상성의 언어로서의 수학과 구체성의 언어로서의 철학 간에 짓고자 했던 구분에 대해 그 구분을 적극적으로 추진한 사람들은 사실상 그 두 가지를 함께 모으려는 절망적인 시도를 하고 있는 것이며, 그런 시도는 처음이기 때문이다.

여기에서 전자의 모든 이상한 성질에 대해 논의하지는 않겠다. 왜냐하면 그런 성질은 이상한 것이 아니기 때문이다. 여러분은 전자가 반투족의 추장과 아주 비슷하다는 것을 기억해야 한다. 그는 현실 세계의 일부분이다. 하지만 그가 말하는 모든 것, 예를 들면 근친상간의 관계에서부터 여러분이 먹어야 하고 먹지 말아야 하는 음식 종류, 혹은 복통을 치료하는 방법에 이르기까지 여러분에게 쉽게 설명할 수 있는 것이 아니다. 왜냐하면 비록 그 말이 어떤 인간에 의해 이야기된 것이고 인간적인 의미를 함축하고 있음을 인정한다 하더라도 그 말은 여러분의 세계에 속해 있지 않은 것이기 때문이다. 원자 내 입자의 전 세계가 지금 우리의 세계로 되어가고 있지만 그 세계는 우리에게 단지 이방인에 불과하다. 그래서 여러분은 항상 계속해서 스스로에게 이렇게 중얼거려야 할 것이다. "이제는 제발 전자를 두고 입자니 파동이니 하면서 나를 지겹게 하지 말아 다오. 전자는 단지 전자에 불과한 것이다." 여러분은 그것과 악수를 하고 그다음에 그 행동을 지켜보는 것이다.

원자 내부의 입자들, 즉 아원자亞原子(전자나 양자와 같은 것)와 일반적인 원자에 대한 것들을 말한다는 것은 매우 중요한 일이라고 생각된다. 그런 것들은 아원자 수준에서 이루어지는 과학적인 진술들이 19세기에 그렇게도 고무되었던 정확성의 추구에는 이르지 못할 뿐이라는 것을 보고 놀라지 말아야 함을 우리에게 깨닫게 해 준다. 그런 것은 사람들이 말하는 언어가 아니다. 그리고 이미 내가 많이 언급한 것에 대해 레지스가 말한 것을 다시 이야기하자면 언어는 결정적인 요소인 것이다. 그런데 이 담화가 계속 진행되게 하는 언어는 도대체 무엇인가?

잠시 맹인 여자가 사람의 얼굴을 만지고 나서 그 얼굴에 대해 이야기하는 예를 다시 거론하고자 한다. 만약 그녀 앞에 같은 사람을 다시 세워놓으면 그녀는 알아볼 수 있을까? 잘 모르겠다. 우리가 그의 수염을 깎아버린다면 그녀는 아마 못 알아볼 것이다. 그러나 그녀는 아마도 자신이 인식할 수 있는 다른 것을 찾을 것이다. 보다 단순한 예를 제시하겠다. 나는 사흘 전 포르티에르 교수를 처음 만났다. 그리고 어제 길에서 만났을 때 알아보았고 오늘 아침 그가 들어왔을 때도 알아보았다. 그러나 지금의 그는 내가 토요일에 만났던 사람과 같지 않다고 절대적으로 확신한다. 내가 의미하는 것은 그의 얼굴 모습이 바뀌었다는 점이다. 하지만 나는 다행히도 그런 변화를 눈치채지 못했다. 그러나 만약 내가 10년 동안 그를 만

나왔고 그의 얼굴에 신경을 쓰려고 한다면 나는 계속되는 변화를 깨닫게 될 것이다.

사실상 인간의 얼굴은 매우 훌륭한 사례가 된다. 왜냐하면 여러분이 사물을 인식하기 전에 그것이 동일해야 한다고 생각한다면 사물에 일어난 변화는 전혀 인식될 수 없다는 점을 분명하게 나타내주기 때문이다. 흠이 없는 똑같은 동전을 위도 49도의 남과 북에 사는 사람이 갖고 있다고 해보자. 그 동전들은 서로 같은 것인가? 그것들은 분명 다르다. 그것들은 다른 날짜를 지니고 있기 때문이다. 그러나 만약 그 동전들이 오늘 조폐소에서 나와 같은 날짜를 지니고 있다 하더라도 그것들이 같다고 믿지는 않는다. 또한 그 동전들의 무게를 10^{10} 원자의 정확성까지 측정해서 무게가 똑같다고 해도 그것들이 같은 것이라고는 믿지 않는다. 10^{10} 원자는 하나의 전자에 비해 무지무지하게 많은 양인 것이다. 그러한 사실이 의미하는 것은 현실 세계에서 우리가 일하고 행위할 수 있는 모든 능력은 우리의 인식과 언어에서 어떤 허용 한계를 수용하느냐에 달려 있다는 점이다.

과학이 완전한 사실적 진리를 말해야 한다는 19세기의 노력은 도달될 수 없는 것으로 판명되었다는 이야기뿐만은 아니다. 사실은 그것이 치명적일 것이라는 점이다. 만약 내가 두 사물은 정확히 같은 수의 세포를 가졌으며 같은 수의 원자를 지니고 있음을 단번에 알아낼 수 있는 능력을 부여받았다면 나는 은퇴해서 시나 쓰든지 외설 책을 만들든지 해야 할 것이다. 왜냐하면 나는 실험을 할 수 없을 테니 말이다. 그렇게 되면 나는 계속해서 동료에게 "당신은 그것을 제대로 하고 있지 않아. 그것은 동일한 실험이 아니야"
라고 말하게 될 것이다.

나는 실제로 그런 실험을 한 번 본 적이 있다. 그 일은 어떤 사람
이 그와 나에게는 아무 맛이 없는 듯 느껴지는 흰 분말 가루로 작
업하고 있던 생화학 실험실에서 일어났다. 근처의 다른 실험실에
서 작업하던 사람이 들어와 말했다. "당신이 작업하고 있는 이 지
독하게 쓴 물체는 무엇이오? 옆방에서 일을 할 수가 없소." 그 쓰디
쓴 물체는 페닐티오 요소phenylthiourea였음이 판명되었다. 이후 그것
은 그 맛을 느끼는 사람과 그렇지 않은 사람을 구분하는 데 이용되
면서 유전학적인 테스트의 약품으로 유명해졌다(그것은 단일한 멘델
법칙적인 열성 형질이었다). 그러나 그 약품을 가지고 실제로 작업하
고 있던 두 사람은 열성 형질을 갖는, 맛을 느낄 수 없는 사람이었
으며 우리에게 주의를 환기시켜준 사람은 맛을 느낄 수 있는 사람
이었다는 것은 우연이었다. 그리고 옆방에 있던 사람이 그 분말 가
루로 작업했다면 우리는 절대 이런 성질을 알아낼 수 없었을 것이
다. 왜냐하면 그는 그 맛을 느낄 수 없는 사람이 있으리라고는 전
혀 생각하지 못했을 것이기 때문이다. 너무 일찍 발명되었을 경우
과학이 정체 상태에 빠지게 되었을지도 모르는 발명품 목록을 여
러분이 작성할 수 있다는 것은 과학사에 있어 매우 흥미진진한 측
면의 하나다. 간단한 예를 하나 제시하겠다. 만약 멘델레예프가
헬륨을 어떤 곳에 위치시켜야 할지 알았다면(헬륨은 그가 주기율표
를 만들 때 이미 알려진 기체였다) 전체 주기표는 엉망이 되었을 것이
다. 그는 그러면 다른 기체는 어디에? 하고 질문해야 했을 것이기

때문이다. 아르곤, 크립톤 그리고 그 계열의 모든 기체는 어디에 있는가?

본론에서 벗어나지는 않겠다. 나는 단순한 요점에 충실해야 한다. 만약 사물들이 똑같을 때만 그것들을 확인할 수 있는 초인간적인 능력이 우리에게 있다면 그것은 파멸적인 것이다. 하이젠베르크가 '불확정성'이라 부르고 내가 '허용 한계'라고 부르는 것은 본질적인 안전장치이며 본질적인 조악성의 정도를 가리키는 것이다. 그런데 그것은 현실 세계에서 추상적인 실체들과 더불어 작업할 수 있게 하는 것이다. 그리고 이것이 기술의 문제로서뿐만 아니라 이론의 문제로서도 과학에 종말이 없는 이유다. 발견에는 예견 가능한 종말이 전혀 존재하지 않는다.

이제 나는 허용 한계의 개념에 대해 최종적인 것을 말하고자 한다. 여러분은 내가 '기술description'이라고 부르는 것이 단지 하나의 비교가 아니라 본질적으로 하나의 과정임을 인식할 것이다. 그것은 기록을 위해 이야기하고 있는 맹인 여성이며, 그것을 다른 사람의 기술과 맞추어보는 우리의 비교다. 그것은 과학적인 논문이며 다른 사람이 반복하고 있는 실험이다. 언어는 이 모든 것이 발생하는 데 있어 본질적인 매개물이다.

사실 참된 진술과 거짓 진술이 존재한다는 인간적인 개념은 모든 과학과 모든 우리의 활동이 그에 의존해 있는 것이며 진술들, 즉 언어라는 매개체가 없다면 인식 불가능한 것이다. 우리는 항상 모든 과정이(그것을 과학적인 회의에서 논의하든 문학에서 논의하든 간에) 그 속에서 언어적 설명인 기록을 만드는 과정이라는 점을 잊어버리는 경향이 있다(비록 그 언어가 수학적인 언어라 해도 말이다). 그리고 그것은 진리와 허위(다른 원칙, 가치, 선, 악뿐만 아니라)가 관찰 그 자체에 존재하는 것이 아니라 여러분이 다른 사람들에게 넘겨주는 그에 대한 기록 속에 존재하는 하나의 과정이다.

물론 나는 모든 과학이 한 사람에 의해서만 계속 수행된다고 하더라도 허용 한계의 원칙은 존재할 것이라고 생각한다. 여러분은 아직도 이러한 난점들에 봉착할 것이다. 하지만 그런 문제는 현실적인 문제가 아니다. 왜냐하면 과학 활동에서 가장 중요한 것 중 하나는 그 활동이 공동적인 활동이라는 것이기 때문이다. 그리고 단일한 발견으로부터 영향력이 퍼지고 다른 사람의 정신에 반향이 일게 됨으로써 과학과 다른 인간 활동이 계속 이루어질 수 있기 때문이다.

그 진술은 내가 그에 대해 마무리하려고 하는 매우 중요한 추론을 지니고 있다. 이런 추론은 과학적 발견이나 다른 발견들이 지능 지수가 155인 사람이나 그보다 더 좋은 사람에 의해서만 이룩되는 것인지, 따라서 이런 사람들에게 당연히 특별한 관심을 주어야 하는 것인지에 관한 논의로부터 나온 것이었다. 두 질문에 대한 대답은 긍정적이다. 그러나 다른 많은 대답과 마찬가지로, 그것은 거창한 임기응변 중 하나이며, 그 후에 어떤 사람이 그런 대답을 한 데 대한 잘못을 추궁하면 "너는 그 외의 다른 것을 나에게 묻지 마라"라고 말하는 것이다. 왜냐하면 그다음 질문은 "그러면 어떻게 지식이 퍼지느냐?" 하고 물을 것이 뻔하기 때문이다. 그리고 그에 대해 "그것은 퍼진다. 왜냐하면 인간은 다행스럽게도 지능 지수가 90에서 155까지의 사람이라고 가정되며, 그들에게 있어 그 발견들은 곧 공동체의 성질이 되기 때문이다"라고 대답하는 것이다.

선사 시대 전부를 살펴보고 스스로 자문해보라. 소아시아 연안의 위아래로 흩어져 살고 있던 7만 5000명이 정말로 매듭 묶는 방법을 발견했는가 하고. 물론 그렇지는 않다. 나는 매듭 묶기가 얼마나 여러 차례 발견되었는지 잘 모르지만 겨우 서너 번일 뿐이라는 것은 확실하다. 그러나 매듭에 관한 매우 놀랄 만한 것은 모든 사람들이 단번에 그것이 무엇을 하기 위한 것인지 파악한다는 점이다. 나는 매듭에 관해 이야기하는 것을 즐긴다. 왜냐하면 내가 경험한 가장 흥미로운 것 중 하나가 두 살 반 된 나의 큰딸이 자신이 매듭을 맬 수 있다는 사실에 매우 감격해한다는 것을 알았기 때문이다.

그것은 인간이 발견해낸 것이다. 그것은 구두끈의 매듭을 묶는 조그만 소녀이며, 그것은 그녀의 생각이 곧 모든 사람의 머릿속에서 그녀가 발견한 것을 다시 일깨우는 한 사람의 천재다. 그리고 나에게는 그런 것이 내가 관용의 법칙이라고 부르는 것의 본질적인 부분인 셈이다. 왜냐하면 그것은 지능 지수가 높은 사람이 항상 좋은 사람은 아니라는 것을 우리에게 줄곧 환기시켜주기 때문이다. 이런 표현이 허용될 수 있을지 모르지만, 나는 지능 지수가 매우 높은 악한들을 여러 명 알고 있다.

결국 공동의 활동으로 파악된 과학은 발견 그 자체와 그것이 또한 속성이 되는 사람들 사이의 상호 작용이다. 그것을 속성으로 만드는 사람들이란 그것을 정교하게 하고 그것과 더불어 작업하고 다음 단계를 이루게 하며 다른 것들과 연출시키는 사람들이다. 그리고 이런 상호 작용은 그 발견에는 전혀 관계가 없고, 다만 그것을 이해하는 실제적 쾌락만을 가진 사람에게만 흥미로울 수 있다. 내가 케임브리지 대학에 다닐 무렵 우리 모두는 폴리토프polytopes에 대해 열광했다. 사실 요즘은 폴리토프가 아주 따분하게 보이지만 당시만 해도 그것은 놀랄 만큼 참신한 생각이었다. 즉 뉴턴의 정신이 그의 시대의 문제로 자극받았던 것처럼 마찬가지 방식으로 그것은 당시의 정신을 일깨웠다. 이것은 발견이 이루어지는 순간, 모두를 사로잡는 것이라는 사실을 우리 모두가 의식하도록 만들었다.

그리고 우리 모두는 이 시대에 살고 있다는 행운으로 인해 과학의 과정과 발견들에 어쩔 수 없이 연루되어 있다. 만약 내 생애에 관해 한 가지만 말해야 한다면 나는 그 점을 매우 간단히 말할 것이다. 나는 인간이 상상할 수 있는 가장 거대한 발견을 이룬 20세기에 살았다고 말이다. 나 같은 사람이 디랙의 강의를 듣게 된 것은 사실 경이로운 일이었다(J. J. 톰슨과 러더퍼드Ernest Rutherford에 대해서는 이야기하지 않겠다. 그들은 나에게 기초 과목만 가르쳤을 뿐이기 때문이다. 반면 디랙은 매우 차원 높은 강의를 했다). 그리고 나와 같은 사람이 모노Jacques Monod와 크릭 밑에서 작업을 했다는 것도 놀랄 만한 일이다. 또는 밴팅Frederick Banting과 매클로드J. J. R. Macleod의 기념 액자가 있는 바닥에서 이 구조를 세우게 된 것도 잊지 못할 것이다. 이 기억을 중국에 있는 차 전부와 바꾸라고 해도 안 바꿀 것이다.

놀랄 만한 시대였으며 지금도 그렇다. 그러나 어느 누구의 시대는 아니다. 나 자신이 기억하고 있는 시대, 즉 우리 모두가 1945년에 원자 물리학에서 떠나간 시기와 다음에 다가올 생물학에 관심을 쏟았던 시기 사이에는 과학의 변혁조차 개방된 것이었다. 나는 지금으로부터 20년이 지난 후에 과학이 어떻게 계속될지 알고 싶으며 그렇게 되지 못하고 여기에 없을 경우 유감스러울 것이다. 하지만 그것은 이 세상에서 가장 훌륭한 과학적 결과는 정확함right이 아니라는 점, 이 세상에서 가장 훌륭한 실험은 허용 한계의 영역에 둘러싸여 있다는 점을 이해하는 것에 달려 있다. 이 세상에서 가장 훌륭한 의견의 교환은 만약 여러분이 공산주의가 자본주의보다 나은지 어떤지 혹은 그 반대는 어떤지에 대해 정확히 이야기할 수 없듯이 광속에 관해 정확히 이야기할 수 없다는 것을 이해하지 못할 경우 독단에 빠지게 된다. 결코 농담이 아니다. 우리는 200년 전에도 광속이 동일했었는지조차 모른다. 그리고 그것을 알아낼 어떤 방법도 갖고 있지 못하다. 그렇다고 포기하고 체념하자는 것은 아니다. 브레즈네프Leonid Brezhnev나 슈미트Carl Schmidt와 달리 우리는 대답을 모른다.

내가 이런 말을 하면 사람들은 나에게 말할 것이다. "그것은 원자 물리학과 여론 사이의 억지 유추였다"라고. 그러나 나는 그렇게 생각하지 않는다. 오히려 그와는 반대로, 내 생애 동안 과학이 이루어놓은 가장 위대한 업적은 우리와 같은 수천 명의 사람들(게토ghetto에서 출생했고, 그의 아버지는 여기에 전혀 정착할 수 없었고, 그의

할아버지는 구두를 만드는 사람들)이 본 대로 진실을 말해야 한다고 가르쳐준 바로 그것이었다. 그리고 여러분은 여러분이나 여러분이 논쟁하고 있는 그 사람이나 그것을 정확하게 하지는 못할 것이라는 사실에 대해 관용을 가져야만 한다.

과학 제도의 폐지

—

1939년 2월 2일, 고인이 된 나의 친구이자 동료인 실라르드는 프랑스의 졸리오퀴리J. F. Joliot-Curie에게 한 통의 서한을 보냈다. 거기에서 그는 원자 물리학자들이 더 이상 우라늄 핵분열에 관해 새로운 발견을 하지 않겠다는 자발적인 협약을 만들 것을 제안했다. 그 당시는 역사상 어려운 시대였다. 뮌헨 협정 직후 히틀러가 부상하고 있었는데, 그가 전쟁을 일으킬 것은 분명했다. 이러한 상황에 맞추기라도 한 듯, 우라늄 원자가 쪼개질 수 있음은 의심의 여지가 없다는 결과가 공표되었다.[9] 실라르드는 연쇄 반응이 일어날 수 있다고 결론짓고, 졸리오퀴리에게 다음과 같이 경고했다. "이것은 어떤 상황하에서, 특히 어떤 정부의 손에 들어가면 극도로 위험한 폭탄 제조로 이어질 가능성이 있다."

---

9 'Disintegration of Uranium by Neutrons'에 관한 Lise Meitner & O. R. Frisch의 논문, 《네이처》 1939년 2월 11일에 발표되었다.

실라르드의 예견에도 불구하고, 설혹 연구 결과를 발표하지 말라는 그의 제안을 다른 과학자들이 받아들였다 해도 그가 두려워한 사건이 저지될 수 있었으리라고 믿기는 어렵다. 빠른 속도로 발견이 이루어지고, 더욱이 그것이 내포하는 의미가 매우 중요하고 명확한 분야에 있어 그가 실현시키려 했던 발표 금지는 지나치게 조잡한 것이었다. 기껏해야 실라르드의 계획은 그가 시간을 벌 수 있도록 미봉책 역할 정도나 할 수 있었을까.

그러나 중요한 사실은, 실라르드를 지지하는 과학자는 과학에 대해 유예를 청구하자는 당황한 일반인들의 백일몽을 공유하고 있다는 점이다. 그것은 과학자들 역시 사건의 홍수 속에서 보이지 않는 손이 끊임없이, 더욱더 광범위하고 불쾌한 죽음의 모습을 가리키고 있을 때 무력감을 느낀다는 점을 우리에게 일깨운다. 우리 모두는 시간을 벌고자 한다. 우리 등 뒤에서 이빨을 드러내고 있는 다음 해의 무기 계획 없이, 숙고할 시간을 벌고 싶어 한다.

엄밀한 의미에서 과학에 대한 유예 청구는 30년 전과 마찬가지로 오늘날에도 비현실적인 제안이 될 것이다. 그것은 정부가 과학자에게 주는 보조금이 사라질 때만 생계비와 경력을 겸비한 과학자들에게 부과될 수 있을 것이다. 그러나 힘에 바탕을 둔 협상이란 개념이 편협함을 벗어나지 못하고 있는 때에 군비 경쟁 중인 정부가 거기에 동의할 리 없다. 이는 결국 협박 대 협박을 뜻한다. 만일 모든 정부가 무기 연구 및 그에 대응하는 무기 연구, 무기 개발 및 그에 대응하는 무기 개발을 중지할 것에 동의할 수 있다면 얼마나 멋지고 목가적일 것인가? 그러한 국제 협약이 이뤄질 수 있는 조건이라면, 그것이 바로 평화와 천년 왕국의 창조일 것이기 때문이다.

사실상 어떤 과학자도 유예 실행의 가능성 여부와 관계없이 유예를 받아들이지 않을 것이다(나는 지식의 성장을 사랑하는 사람이라면 누구라도 그러기를 바란다). 자유로운 탐구와 출판이라는 전통은 과학의 진리 기준을 설정하는 데 있어 필수적인 것이 되어왔다. 그것은 정부와 기업의 보안으로 이미 침해를 받아왔으나 우리는 그에 저항하고 그 전통을 확장시켜야 한다. 따라서 과학에 있어서의 정지란 문자 그대로 오도된 개념이므로 나는 그것을 진지하게 다루지 않는다.

그러나 유예라는 대중의 꿈속에서 문자 그대로의 유예만을 본다면 피상적인 관찰이 될 것이다. 거기에는 과학자 자신들 사이의 자발적인 동의라는 좀 더 의미심장한 생각이 담겨 있다.[10] 과학에 대한 문외한도 과학자들에게 그들이 해야 할 일을 이야기한다고 해서 과학의 그릇된 사용을 중단시킬 수 있으리라고는 생각지 않을 것이다. 그래봤자 결과는 권력을 조종할 줄 아는 사람들에 의해 과학이 착취될 뿐이다. 사람들이 유예시키지 못해 아쉬워하는 것은 과학이 선을 위해 사용되기를 바라고 있으며, 그것은 과학자 자신의 행동에 의해서만 실현될 수 있다고 믿기 때문이다.

과학이 양심을 표현해야 한다면, 그것은 과학자 사회에서 자발적으로 이루어져야 한다. 그러나 물론 이러한 희망은 전체 논란의

---

10 이것은 1945년 원자탄이 투하된 이후 여론 조사로 밝혀진 첫 번째 조사 결과로, 그 이후 계속 확인되어왔다.

귀결점이 되는 중대한 문제들을 제기한다. 과학이 그것을 실행하는 사람들에게 그 계율로써 공동체적인 의무감을 불어넣을 수 있는가? 과학자들은 현대 문명에서 그들이 차지하는 핵심적 위치 때문에 강요되는 도덕적인 결정을 하나의 집단으로 받아들이고자 할 수 있는가?

이 심각한 질문들 때문에 어떤 과학자도 편안하게 잠들 수 없을 것이다.

여기 과학자의 행위와 그의 인격이라는 서로 다른 부분에 관련된 서로 다른 두 종류의 문제가 있다. 둘 다 도덕적 양심의 문제이긴 하지만 나는 둘을 구분하여 첫 번째 종류를 '인간성humanity'의 문제, 두 번째 종류를 '성실성integrity'의 문제라 부르겠다.

인간성의 문제는 국가 간의 끊임없는 투쟁과 전쟁의 가능성 속에서 한 인간이 취해야 하는 태도와 관련된다. 과학자는 기술 전문가로서 다른 시민들보다 이 문제에 자주 접하긴 하지만, 그가 느끼는 도덕적 딜레마는 다른 이들의 그것과 똑같다. 그는 자신의 애국심과 보편적인 인간성을 놓고 검토해야 한다. 특별한 점이 있다면 그가 단지 과학자라는 데서 자신이 국제적인 공동체에 속해 있음을 다른 사람들에 비해 더 의식하고 있다는 것이리라.

두 번째 도덕의 문제, 즉 성실성의 문제는 과학이 그것을 추구하는 사람들에게 부과하는 작업의 조건에서 파생되어 나온다. 과학은 끊임없는 진리 탐구이므로 과학에 헌신하는 사람들이라면 설득력 있는 계율을 받아들여야 한다. 예를 들어 그들은 어떤 목적하에서도 진리를 은폐하는 집단이 되어서는 안 된다. 그들에게는 목적과 수단이 분리되지 않는다. 과학은 진리 이외의 어떤 다른 목적도 수긍할 수 없으므로 권력을 추구하는 사람들의 선한 목적을 위해 악한 수단을 사용한다는 식의 편의주의적인 발상을 배격한다.

우선 인간성의 문제를 다루자. 매우 많은 과학자들과 기술자들이 전쟁 물자 연구에 참가한 이래, 우리 마음속에(이것은 실라르드의 경우도 마찬가지다) 크게 자리 잡은 도덕의 문제가 전쟁 거부의 문제가 된 것은 당연하다. 그러나 나중에 이야기하겠지만, 이것만으로는 결코 충분하지 않다. 하지만 그것이 우리 앞에 놓인 첫 번째 문제인 것만은 확실하다. 그것은 지난 25년 동안 일반인들의 예절 감각sense of decency을 상당히 혼란시켜왔던 것이다.

타인도 자기와 같은 인간이라는 것을 생각할 수 있는 사람이라면 어느 누구도 민간인들에게 원자탄, 네이팜탄, 궤도 미사일을 쏘아대는 데 찬성할 리 없다. 그러나 우리는 어느 세계건 이러한 무기의 개발을 명령한 정부들은 모두 그것을 국가에 대한 의무로 규정했음을 알고 있다. 사람들이 이 두려운 비밀을 과학자들이 발견하게 될 때 자신들만 알고 공개하지 말기를 바라는 이유가 이것이다. 국가의 수뇌부에서는 선택의 여지가 없다는 것을 안다. 그들은 국가의 이익을 보호하도록 선출되었으므로 보편적인 인간성에 대해 냉담하지 않을 수 없는 것이다. 더구나 권모술수가 국가의 교섭을 구성하는 세계에서 정치가는 인간성의 명령을 따르지 않는다. 때문에 일반인들로서는 절망적이기는 하지만 과학자들이 국제적인 양심의 수호자로 행동해줄 것을 바라게 되는 것이다.

어떤 과학자들은 국민으로서의 의무 때문에, 자신이 무엇을 하든 최고이기 때문에 선출되었다고 생각하는 국가 수뇌부에 자신들이 알고 있는 바를 알려야 한다. 세계 대전과 같이 국가의 존폐가 위태로워질 때 대부분의 과학자들은 이처럼 행동할 것이다. 과학의 비밀을 마음대로 사용할 권리가 자기에게 있다고 생각한 푹스 같은 사람에 비한다면, 이들은 양심적인 편에 속할 것이다. 평화적인 시기에조차 국가에 대한 충성을 우선시하려는 사람들이 있을 것이다. 나는 이를 개인적인 양심의 문제라고 생각한다. 궁극적으로 충성을 바쳐야 할 대상이 국가라고 여기는 과학자라면 정부를 위해 직접 일함으로써 자신의 양심을 좇아야 할 것이다.

그러나 내가 생각하기에는 오펜하이머와 같이 어떤 때는 무기 기술에 관한 조언자가 되고 어떤 때는 국제적 양심인이 되는 태도는 더 이상 지속될 수 없다. 이제 국가 간의 경쟁은 너무도 치열해져 과학자들이 무기와 전쟁 정책에 참가하면서 개인의 판단 권리를 주장할 수 있는 선택의 여지가 남아 있지 않다. 이것은 비단 전문 분야의 독립성 문제만은 아니다. 그것은 민족주의의 도덕성, 정부 그리고 외교와의 깊은 갈등에서 비롯되는 것이다.

민족주의는 현재 과학을 왜곡시켜 사용하고 있으며 그에 따라 과학 사용자의 기대는 어긋나고 만다. 요르단부터 짐바브웨에 이르기까지, 북아일랜드에서 남아메리카에 이르기까지 전 세계에 걸쳐 인간은 가장 귀하고 값비싼 기술의 산물을 확보하고 있다. 자동 소총, 레이더, 적외선, 망원경, 자동 추적 로켓 등 전쟁과 테러리즘의 세련된 모든 기계류가 그것이다. 이러한 선물들을 잔뜩 갖춘 전

투원들은 그것들을 살인 무기로 사용한다. 그러나 이러한 과학의 선물들은 그들이 가정에서 보다 나은 생활을 하는 데 소용되지는 않고 있다. 그들의 집에는 이렇다 할 화장실, 욕실, 버젓한 가구 한 점, 의료품도 없으며 교육 시설도 제대로 갖춰져 있지 않을지도 모른다. 그처럼 비참하게 살아가는 사람들로 세상이 꽉 차 있다는 것은 매우 부당한 사실이다. 기술 문명의 은총으로 그들에게 살인 무기를 강제로 장착시킨다는 것은 인간애에 대한 모욕이다.

그러므로 당연히 과학자는 양심에 입각하여 전쟁 연구에 직접 종사해야 할 국가에 대한 의무가 있다고 믿지 않는 한, 전쟁에 관계된 간접 분야조차 종사하지 말아야 한다. 전쟁 연구 쪽을 선택한다면 그는 정부 당국이나 기관에서 일해야 한다. 그러나 국가 간의 전쟁 결과를 혐오한다면 그는 어느 나라의 군부이건 군부에서 제안하는 바를 거부해야만 한다.

이것은 물리학 등의 연구 경비를 대부분 군부service department에 의해 지원받는 나라(주로 미국과 러시아)에서는 쉬운 일이 아니다. 왜냐하면 그 지원이 무기와 전략적인 사업에만 적용되는 것이 아니라, 역사적인 타성에 의해 기초적이고 이론적인 연구 분야에까지 널리 확대되어 있기 때문이다.[11]

---

11 나는 자연 과학에서 출발했지만, 이 주제는 현재 정부 보조를 받는 모든 과학에 관련되므로, 독자를 위해 어느 정도 밝혀둘 것이 있다. 지나치게 잡다해지지 않도록 다음 두 가지 통계만 언급하겠다. 기초 연구는 어디에서 이루어지며 비용은 누가 지불하는가? 물론 러시아에서는 정부에 의한 독점이 절대적이다. 1965년과 1970년 사이 미국에서는 기초 연구에 충당되는 연간 총비용(이 기간 동안 총비용은 29억 달러에서 39억 달러로 증가했다)의 62퍼센트가 연방 정부에 의해 지불되었으며 그 58퍼센트가 대학에서 사용되었다. 대학 외부에서의 연구를 총비용에서 뺄 경우 대차 대조표는 다음과 같이 된다. 대학에서의 기초 연구의 75퍼센트는 연방

군사 기금에 의한 과학 지원은 우연히 이루어졌다. 주로 전쟁 중 연구 경비가 파산이 났기 때문에 1945년 이후부터 점차 군사 기금이 과학을 지원하게 되었다. 당시 대부분 국가의 행정 자금은 군부를 통해야 했으므로 군부가 직접 연구 하청을 계속 맡기는 것이 편리했다. 그들은 돈이 부족하지 않았기 때문에, 군사상 실제로 필요할 것으로 여기지 않았던 기초 분야(수학이라든가 심리학 등)에서 활동하는 이론적인 과학자들도 지원하곤 했다.

화학이나 물리학의 연구들이 그렇듯, 이러한 형태의 준군사적 지원은 일반 연구 보조금, 특수 프로젝트 경비 조로 아직도 이루어지고 있다.[12] 미국에서는 이와 비슷한 양태로 우주 계획 연구가 경비를 지원받는다. 또한 이론 분야, 기초 분야의 과학자들은, 엄밀하게 보아 군부는 아니지만 정부가 국가주의의 전초 부대로 유용하다고 믿는 부서에 의해 기금이 관리되는, 길고 긴 기금 수송로의 마지막 선에서 활동하고 있음을 알 수 있다.

이러한 제도 때문에 자연 과학 분야에서 활동하는 사람은 그 연구가 어떤 종류든 연구비를 끌어내리려면 이러한 준군사적인 수송로를 잡는 것이 편리하다. 경우에 따라(미국 같은 경우) 보조금 없이는

정부의 보조금과 계약에 의해 진행되었으며 나머지 25퍼센트는 다른 기금에 의해 진행되었다. 여기서 기초 연구는 모든 과학 분야의 기초 연구를 말한다. 자연 과학에 있어서 또 비기초 분야나 자원·기술 개발 연구에 있어서 그러한 불균형은 더욱 심하다. *National Science Policies of the USA*(Unesco, 1968)와 *National Science Foundation Annual Report*(1969)를 참조할 것.

12 이러한 보조·지원 양식은 미국에서 가장 일반적으로 이루어지므로 미국의 예를 드는 것이다. 그러나 마찬가지 양식이 다른 서구 국가에서도 광범위하게 이루어지고 있다. 예를 들어 NATO의 컴퓨터 연구 경비 지원, 프랑스 정부의 원자력 연구 지원 등이 그렇다.

살아남을 수 없기 때문에 보통 자신의 대학이 연구비를 지급하지 못하면 어쩔 수 없이 돈의 출처에 도움을 주어야 한다. 따라서 각 나라의 자연 과학자들은 전쟁 연구에 관련된 작업을 달가워하지 않으면서도 전쟁 관계를 주된 사업으로 하는 정부 당국 부서의 기금을 받게 되는 것이다.

이제 이것이 잘못된 관습이며 비군사적인 연구에 대한 보조금이 준군사적인 출처에서 나와선 안 된다는 것을 결정해야 된다고 생각한다. 그런 곳에서 돈을 받는 과학자는 그것이 자신의 행위, 자신의 학생들을 포함해 같이 작업하는 사람들에게 미묘한 복종을 강요한다는 사실을 느끼지 않을 수 없다. 그가 묵묵히 져야 할 의무가 당장 드러나지는 않는다 해도, 위기에 처한 정부가 그 의무를 명백히 요구할 때마다 그는 진퇴양난에 처하게 될 것이다.

나는 앞서 정부 당국에서 돈을 받는 대부분의 물리학자에게 달리 어떤 방도가 없다고 말했다. 보조금을 거절하려면 연구를 포기해야 할 판인 것이다. 이는 고통이겠지만 오래 지속되지는 않을 것이다. 연구가 중단되면 우리가 살고 있는 기술 사회는 지탱해나갈 수 없기 때문이다. 따라서 수혜자 자신들 때문에 오래된 루트가 막히게 된다면 새로운 지원 루트를 만들지 않을 수 없을 것이다.

비군사적인 연구에 대한 새로운 지원 체제를 만드는 문제에 관해서는 나중에 살펴보기로 하자. 왜냐하면 그 문제는 자연 과학뿐 아니라 모든 과학에 관계되므로 그것을 논의하기에 앞서, 과학을 정부 당국으로부터도 분리시키는 문제를 확실히 해야 하기 때문이다. 그러자면 전쟁의 비인간성으로부터 일반적으로 정부의 영향력이 갖는 도덕적 위치로 이야기를 풀어나가야 할 것이다.

전쟁을 보다 끔찍하게 만드는 데 과학자들의 연구가 사용된다는 것은 전통적으로 과학자의 양심을 괴롭혀온 문제였다. 그러나 이제 우리가 직면하고 있는 문제는 보다 근본적이고 포괄적인 것이다. 과학자들의 불안은 이제 더 이상 자신의 발견물의 사용·남용, 즉 무기 개발이라든지 우리의 문명을 황폐하게 하는 무책임한 기술에 포함되는 큰 의미에 국한될 수 없다. 그보다 두 가지 도덕성 사이에서 양심을 어떻게 선택해야 하는가 하는 문제에 봉착해 있다. 과학의 도덕성이냐, 국가적인 정부의 힘의 도덕성이냐.

내 견해로는 이 두 도덕성이 서로 조화를 이룰 수 없는 것은 아니다. 세계적으로 과학은 언제나 국경 없는 진취적인 정신이었으며, 과학자들은 하나의 집단으로서 가장 성공적인 국제 공동체를 형성한다. 내가 초기 분석에서 밝혔듯, 국가들이 연합되지 않은 세계에서, 일반 대중은 전체의 인류를 위해 행동할 누군가를 찾으려고 하며 과학자들이 그 역할을 해주기를 바란다.

국내에서도 역시 마키아벨리N. Machiavelli의 《군주론The Prince》에 의해 몇 세기 전 뿌리를 내린 힘의 도덕은 과학 본래의 모습과는 융화될 수 없다. 이것은 모든 과학 분야를 망라하는 정부 후원의 확대와 더불어 자라난 매우 미묘한 근래의 문제다.

널리 퍼지고 있는 도덕적 황폐, 자신의 목적을 위해서는 어떤 수단도 불사한다는 사고방식은 현대의 정부 기관을 왜곡시킨다. 위원회에 가입하는 과학자는 어디서든 정부 편에서 볼 때 정부가 듣고 싶은 것만 듣고 대중이 믿는 것이 좋다고 생각되는 이야기만 말하는 일련의 처리 과정의 감옥에 갇히게 된다. 그 기관은 비밀에 싸여 있다. 그것은 '보안'이라 불리며 그 기관을 보호하기 위해 국민의 눈을 가리는 데 임의로 사용된다. '신뢰성의 갭gap'[13]이라는 완곡한 표현으로 내용 없는 언어를 써가며 핑계를 대는 거대한 기구가 설립된다.

세계 어느 곳에서나 이러한 20세기 정부의 정글에 들어선 과학자는 이중의 핸디캡을 안는다. 먼저 그는 정책을 입안하지 않는다. 그는 그 입안을 도울 수조차 없으며, 대부분의 시간에 자신이 한 조언이 어떤 정책에 기여하는지조차 모른다. 둘째, 과학자에게 좀 더 심각한 문제로, 그가 회의에서 발언하는 내용이 대중에 전달되는 방식을 감독하지 못한다. 과학자에게 좀 더 심각한 문제라고 말하는 이유는 과학에 대한 대중의 신뢰는 과학의 지적 성실성 위에 세워지는 것임에도, 그의 명의로 발표되는 간접적인 논술이나 멋대로 추출해낸 내용들은 그러한 신뢰를 불명예스럽게 만들기 때문이다.

정부는 힘을 행사하는 기구이며 그 힘의 보유에 자기 존재를 의존한다. 20세기에 들어와 정부는 더욱더 스스로를 정당화시킴으로써 자신을 영속화하는 데 시간을 쏟아 넣는다. 이러한 경향을 띠는 정신과 방법은 확실히 과학 본연의 모습과 어울리지 않는데, 그 이

---

13 핑계 및 엄폐의 두 가지 특수한 형태가 여기 작용한다. 첫째는 정부 당국이 정보에 기초한 비판으로부터 자기를 보호하려고 정보를 은폐시키는 것이다. "In place of Information", *Nature*(1969. 6. 28)를 참조할 것. 또 하나는 좀 더 적극적인 것으로, 러시아뿐 아니라 미국에서는 그것들이 마치 국민의 의지를 표현하는 양 정당이나 당국의 정책을 위해 지속적인 선전 작업을 벌인다. 몇몇 워싱턴 옵서버들이 이러한 대중 관련 행동을 잘 평가해놓았다. 그중 하나로 J. W. Fulbright, *The Pentagon Propaganda Machine*(New York, 1970)이 있다.

유는 과학이 다음의 두 부분으로 이루어지기 때문이다. 첫째는 지식의 자유롭고 전체적인 보급이다. 그러나 지식은 힘으로 변하기 때문에 어떤 정부도 그것을 달가워하지 않는다. 또 다른 하나는 과학이 목적과 수단을 분리하지 않는다는 점이다. 그러나 모든 정부는 힘 그 자체가 선한 것이라고 믿기 때문에, 목적을 위해서는 수단과 방법을 가리지 않는다.

러시아의 예는 정부 취향에 종속되는 것이 과학 본연의 모습에 얼마나 타격을 주는지를 보여준다. 일반 생물학과 특수 분야인 유전학은 30년 동안 이류 과학자이며 돌팔이인 리센코Trofim Lysenko에 의해 지배되었다. 그가 가진 유일한 기술은 두 명의 정부 수뇌부의 취향을 이용하는 것뿐이었다. 그 결과, 그는 대대적으로 생물학을 오도하고 학생들을 무지와 기만 속에서 길러내 러시아 농업에 지속적인 폐해를 끼쳤다. 이것들은 과학이 정치적으로 적합하게 권력을 위해 사용되어야 한다는 생각의 결과다. 그러나 리센코의 해악은 여기서 그치지 않는다. 그는 논쟁을 시도하려 했던 사람들을 묵살함으로써 러시아 과학에 대한 다른 러시아 지성인들의 신뢰를 파괴했던 것이다.[14]

우리는 과학이 여느 직업과는 달리 독특한 성격을 지니게 된 문명 속에서 산다. 왜냐하면 이제 권력의 숨어 있는 셈은 지식이며,

---

14 내가 이 잘 알려진 예를 든 것은 최근 메드베데프Zhores A. Medvedev의 *The Rise and Fall of T. D. Lysenko*(New York, 1969)에 의해 잘 실증되었기 때문이며 또한 이 책 출판 이후 계속된 메드베데프에 대한 박해는 관료들이 지배 체제에 의해 생겨난, 현재뿐 아니라 과거의 잘못을 은폐하려고 막대한 노력을 기울이고 있음을 보여준다.

더욱이 우리들 환경에 대한 힘은 발견에서 나오기 때문이다. 그 때문에 지식과 발견을 직업으로 하는 사람들은 우리 사회에서 중대한 위치를 차지한다. 그들이 중요한 만큼 책임도 무겁다. 이것은 지적인 직업을 추구하는 모든 사람들도 마찬가지다. 내가 방금 언급했듯이, 현대 문명은 지적인 문명이며, 과학자들의 책임이란 모든 지식인이 받아들여야 하는 도덕적 책임감의 특별한 경우이기 때문이다. 그럼에도 과학자들이 가장 엄격한 책임을 져야 하는 것은 그들의 연구가 우리의 삶에 가장 큰 영향력을 미쳐왔으며, 그 결과 그들은 사회적으로 중요한 지위에 서게 되어 혜택받는 어린아이들(어떤 사람들은 과학자들을 응석 부리는 어린아이들이라고 말하기도 한다)이 되기 쉽기 때문이다. 따라서 다른 지식인들은 응석 부리는 어린아이들인 그들에게 탁월한 지위가 요구하는 도덕적 리더십을 인정하도록 요구할 권리가 있다. 이것은 섬세한 인간애와 이기심 없는 성실성 모두를 필요로 하는데, 내가 강조하고자 하는 것은 앞의 두 가지 중 후자다.

러시아의 예는 과학자들이 사려 깊은 시민들(자신의 학생들을 포함하여)이 소중히 여기는 수단과 목적으로서의 지식의 성실성을 보호하고자 한다면, 슬며시 다가오는 정부의 후원을 거부해야 한다는 것을 가르쳐준다. 나는 이제 대중의 도덕에 대한 청렴한 기준을 설정해야 할 의무가 과학자들에게 있다고 생각한다.[15] 대중은 하나

---

15 그러므로 수동적인 복종에 대해 계속 반대해온 러시아의 과학자들에게 특별히 존경을 표해야 한다. 그들 중에는 탐Igor Tam, 카피차Pyotr Kapitsa, 사하로프Andrey Sakharov가 있다. 여기

의 발견에서 그다음 발견으로 나아가는 끊임없는 과정이 유지되는 것은 우연이라든가 영리함 때문이 아니라 과학의 방식이 갖는 고유의 성질 때문이라는 것을 이해하기 시작했다. 그것은 바로 전해들은 의견이나 편법, 정치적인 유리함에 주의를 기울이지 않고, 진리를 찾기 위해 엄격히 유지하는 독립성이다. 우리는 그러한 대중의 이해를 소중히 해야 한다. 때가 되면 그것은 국정에까지 지적인 혁명을 가져올 것이기 때문이다. 따라서 우리 과학자들은 모든 장애를 극복할 수 있는 인간의 도덕적인 권위가 어딘가 있으리라는 대중의 희망을 수호하고 모범을 보여주도록 행동해야 한다.

이러한 고찰은 생물학처럼 군사와 관련 없는 정부 기관에서 지원을 받는 과학에도 적용된다. 현재 과학자 공동체community가 직면하고 있는 도덕의 문제는 더 이상 단순히 전쟁이냐 평화냐 하는 척도로 판단될 수 없기 때문이다. 우리는 해가 지남에 따라 더욱더 정부 속에 과학이, 과학 속에 정부가 높은 비중을 차지해가는 것을 본다. 우리가 그 얽히고설킨 매듭을 자르지 않는 한, 모든 과학의 성실성은 위태로워져 우리가 그토록 중시하는 과학에 대한 대중의 신뢰는 손상된다. 연구 계약과 지원을 정부가 직접 감독하는 곳에서는 어디서나 복종하라는 무언의 압력이 존재한다. 그리고 러시아의 예가 보여주듯, 과학이 정치와 권력의 매수에 감염되지 않을

탐의 70세 생일을 축하하여 1965년 사하로프가 쓴 에세이를 인용했다. "상대성 이론, 그다음에는 양자 역학을 받아들이지 않았던 원시적인 독단론에 대항하여 오랫동안 탐이 수호해온 원리 투쟁은 엄청난 역할을 수행했다. 같은 열정을 기울여, 그는 생물학에 있어 독단적이고 고압적인 자세를 반대했다."

만큼 면역성을 가지고 있는 것도 아니다.

어떻게 해야 모든 국가에서 가능한 한 완전히 과학과 정부를 분리할 수 있을 것인지에 대해서도 생각해야 할 때가 되었다. 나는 이것을, 과거 교회 제도가 폐지되어 국가로부터 독립되었다고 말할 때 쓰이는 의미로, 과학 제도의 폐지라고 부른다. 그러한 제도의 폐지는 아마도 러시아에서 스탈린의 감독을 받기를 거부했던 표트르 카피차나 독일에서 히틀러를 위한 연구를 거부했던 라우에 같은 몇몇 저명한 과학자들이 모범을 보여주어야만 이루어질 수 있을지도 모른다. 그러나 당면한 문제는 좀 더 실질적인 것들을 요구한다. 모든 과학자들은 제도의 철폐가 어떤 식으로 일어나야 할 것인지 생각해야 한다. 그래야만 비로소 공동의 대의명분을 만들어낼 수 있기 때문이다.

확실히 어떤 연구가 우선되어야 하는지의 결정권이 정부에 넘어가서는 안 된다. 이것은 정부 당국이 좋아하지 않는 견해이기 때문에, 그 주장이 먹혀들기를 바란다면 한마음으로 뭉칠 필요가 있다. 그들은 당국에 의해 직접 배치된 지원금과 계약을 받아들이지 않을 수도 있다. 이는 현재 다른 어느 곳에서도 자금을 구할 수 없어 연구를 중단하지 않을 수 없는 많은 과학자들에게는 어려운 일이 될 것이다. 그러나 그들이 진지하게, 과학은 과학자의 손에 맡겨야 한다는 의지로 뭉치는 한, 당분간은 기꺼이 어려움에 직면해야만 한다.

결국 한 국가에서 모든 과학자들이 분배할 수 있는 독자적이고도 전체적인 연구 기금 내지 지원금을 확보하는 데 목적을 두어야 할 것이다. 그것은 효과적인 제도 폐지 형식이 될 것이며, 정부도 연구가 정체되는 것을 보느니 차라리 그것을 받아들이게 되리라는 것은 의심할 바 없다. 다른 방도로는 과학자들이 발견물들을 모아 그 사용권을 판매함으로써 과학자 공동체가 스스로의 기금을 마련하고 자력으로 수입을 끌어내는 방법이 있을 것이다.

일단 모든 연구를 위해 독자적인 지원 형식이 수립되면, 그 지원금을 분배하는 일은 과학자 자신이 맡게 된다. 그들은 현재 과학의 각 부문에 할당되는 자금을 신청하는 사람들의 등급을 가려내는 심사 위원을 맡아보기 때문에 많은 기량을 가지고 있다. 그러나 미래에는 분야 대 분야, 주제 대 주제, 부문 대 부문, 피라미드 구조의 첨단에 있는 각 과학 분과 대 나머지 과학 분과의 경중을 달아보는 일을 맡아야 할 것이다.

과학 제도가 폐지되면 과학 공동체는 우선권을 가지고 자기 뜻대로 지원금 일체를 분배해야 할 것이다. 일이 작은 규모일 때는, 이것이 친숙한 일이므로 부담스럽게 느끼지 않는다. 작업을 검토하고 다른 과학자들과 계약을 맺으며 새로운 작업과 계획을 평가하는 것은 과학자들에게 있어 특별한 형식을 갖추지 않고도 교육받는 부분이다. 현재 그것은 전문화된 영역에 보조금을 주는 문제에 관해 조언하는 수많은 소小평가회로 공식화되어 있다. 그러나 그 절차는 변화하여 과학 연구 전 영역에 대한 전체 평가 작업으로 성장하지 말아야 할 어떤 원칙적인 이유는 없다. 대부분의 국가에서 상급 과학 단체, 예를 들어 영국의 학술원과 의학연구회Medical Research Council, 미국의 국립과학아카데미National Academy of Sciences 등은 때때로 단편적인 방식으로나마 그러한 관찰을 한다. 현재까지는 그것이 과학자들이 자기 나라의 과학 정책에 유일하게 드리우는 희미한 그림자다. 하지만 그것은 나아가야 할 길을 제시하는 그림 자다. 그것은 그러한 전반적인 평가 작업 방식이 쓸모가 있으며 기존 절차로부터 더욱 발전할 수 있다는 것을 보여준다.

지금까지 나는 과학 제도 철폐의 두 가지 방법을 제시했다. 첫째는 정부 기관에서 직접 수여하는 보조금이나 계획을 거부하는 것이며, 둘째는 과학자 공동체 그 자체에 의해 배분될 수 있는 단일한 보조금을 요구하는 것이다. 좀 더 먼 미래의 이야기지만, 매우 중요한 세 번째 방법이 있다. 그것은 연구의 분배를 독자적인 국제 사업으로 만드는 것이다.

세계 모든 나라의 대중은 국제적인 양심을 추구하고 있다(이것이 내가 이 논문을 쓰게 된 관점으로, 논문 속에서 계속 부각시켜왔다). 그들은 국가주의는 시대착오이며 사멸하는 문명 형태임을 알기 때문이다. 그러므로 어디서나 대중은 분명 국제적 의무와 성실성의 의미를 표현할 수 있는 실질적인 방법을 과학자들이 찾아내기를 바란다. 이러한 신뢰는 과학이 국제적인 협력 작업으로 인식되기 때문에 생겨나는 것이다. 원칙적으로도, 과학자의 집단이 갖는 성격에 있어서도 과학은 국제적이다.

그러므로 결국 과학 제도의 폐지는 국가적인 정책에서 국제적인 정책으로의 변화를 의미하는 것임에 틀림없다. 확실히 이 정책들은 과학자 자신들에 의해 논의, 수립되고 실천되어야 할 것이다. 소위 국제기구에서 익힌 우리의 경험이 도움이 될 것이다.[16] 그러나 우리는 이 세 번째 방법을 즉시 실현할 수 없을 것이다. 이미 특수 과학 분야에 관한 국제 위원회를 경영할 수 있게 된 것은 사실이다. 그러나 전반적인 과학 분야에서 그러한 위원회를 경영하려면 중대한 책임이 뒤따른다. 전체 과학자 집단은 자기 정책을 수립하는 대표자 제도를 발전시켜야 할 것이며, 그 정책은 젊고 과감하며 이상적이고 비정통적인 사람들의 의견을 많이 참작하도록 해야 할 것이다. 바로 이것이 과학자들에게 자유를 주어야 하는 가장 중요한 이유다.

그러므로 과학자 공동체는 자신의 대표들을 통해 어느 때고 각 과학 부문과 새로운 연구 방면의 중요성을 비교·판단해야 할 것이다. 과학자 공동체는 각 방면의 성공 시기와 승산을 추측해야 할 것이다. 그리고 그것은 우선 어디에 우선순위를 둘 것인지 결정하기 위해 중요성에 대한 판단과 성공에 대한 추측을 적절히 결합시켜야 할 것이다. 그에 따라 전체 보조금이 나뉘어야 한다.

이런 식의 우선권 결정이 단지 과학의 경쟁만 불러일으킨다면 매우 멋진 일이 될 것이다. 그러나 과학 제도가 폐지된다 해도 인간의 생활이 그리 간단하게 풀릴 수는 없다. 단지 과학의 가능성에만 국한하여 연구 분야 중요성을 판단할 수는 없다. 인간의 삶에

---

16 현존 국제 조직들의 단점은 가장 뛰어난 봉사자 중 하나인 뮈르달Gunnar Myrdal이 1969년 토론토에서 한 클라크Clark 기념 강연에 잘 묘사되어 있다. 뮈르달은 그러한 기구들을 '정부 간의' 기구라 부르는데, 그 기구들이 단지 "국가 정책의 다각화 추구를 위한 승인받는 기반matrix"에 불과하기 때문이라는 것이 그가 말하는 이유다. 간사에 대한 국가의 압력에 대해 뮈르달이 평가한 바는 유감스러운 내용이지만 음모, 기만, 스파이, 공개적인 위협에 대해 유익한 정보를 제공한다.

대한 모든 판단에는 묵시적으로 인간적, 사회적 가치가 포함되어 있으므로 과학자 대표들도 그것을 무시할 수는 없을 것이다. 과학자들이 과학을 인간성에 맞게 조화시키는 일을 지금까지 한 것보다 더 잘해내리라는 보장은 없지만, 지금 그들은 도덕적인 임무에 봉착해 있고 따라서 뭔가 노력해야 하는 시기다.

인간의 실현

이 소논문의 제목은 매우 일반적이다. 그러나 여러분은 나의 목적이 매우 독특한 데 있음을 이해할 것이다. 오늘날 합리주의는 왜 150년 전에 비해 더 이상 시대적인 움직임을 자극하지 못하는 것처럼 보이는지 그 이유에 대해 생각해보려고 한다. 무엇 때문에 많은 지성인들이 비합리적인, 심지어 비이성적인 신념에 이끌리게 되었는가? 오랫동안 정립되어온 합리주의 형식이 오늘날에는 왜 부적절하다는 말인가? 이러한 질문과 함께 해답을 찾고, 또 오늘날 그 강력한 의미를 보유하기 위해 합리주의와 휴머니스트의 사상을 어떻게 새롭게 형식화할 것인가에 대한 나의 생각을 밝히겠다. 내가 의도하는 바는 합리주의의 현재적 기초를 발견하는 것이다.

우리가 되돌아가려는 합리주의의 전통은 도전의 전통이 되어왔다. 그것은 19세기 초 지질학자들이 창세기에 도전하면서 시작되었다. 영국 과학진흥협회British Association for the Advancement of Science는 합리주의가 간접적이나마 이 논쟁에서 유리하게 되었다고 추적한다. 150년 전에는 지구의 나이에 관한 논쟁이 주요하고도 선구적인 문제였다. 그러나 곧바로 뒤이어 인간의 혈통에 관한 보다 격렬한 논쟁이 일어나 그것은 잊혀왔다. 20년간의 작업 끝에 다윈이 1859년《종의 기원》을 마지못해 발표한 이래 100년 이상의 세월이 지났다. 다윈이 예상하고 두려워했던 소동이 어김없이 일어나고야 말았다. 옥스퍼드에서 영국 과학진흥협회가 개최된 다음 해인 1860년, 윌버포스 주교는 가장 유명한 반격을 가했다. 10년 후 형이상학학회는 양쪽, 즉 종교적인 사람들과 자유사상가들을 대면시킴으로써 휴전을 위한 최소한의 공통적 기초를 찾아보려고 노력했다. 여기에 초대된 사람들은 글래드스턴과 몰리, 매닝Cardinal Manning과 클리퍼드William Clifford, 테니슨Alfred Tennyson과 요크York 대주교, 스테판Leslie Stephen, 헉슬리였다. 헉슬리가 '불가지론'이라는 새로운 단어를 만들어낸 것은 형이상학학회에서 그의 입장을 분명히 한 것이었다.

그러나 오늘날에는 이렇게 동떨어진 입장에서 바라보는 과장된 표현으로는 하품도 일으키지 못한다. 100년이 지난 오늘날, 이것은 너무 지루한 나머지 어린아이조차 자극시키지 못하는 평범하고도 신파조 같은 역사의 단편이 되어버렸다. 옥스퍼드에서의 논란은 보인Boyne에서의 논란보다 우리의 관심을 끌지 못한다. 왜일까? 그것은 다윈과 헉슬리가 나름대로의 근거를 가지고 자신들에게 반기를 든 사람들을 딱 잘라 몰아붙였기 때문이며, 우리는 그들의 역사상의 승리에 대해 더 이상 관심을 두지 않는다. 여기에 전적인 승리의 아이러니가 있는 것이다.

사실상 이성주의가 승리를 거두었다면 유감의 여지가 없는 일일 것이다. 19세기의 선구적 연구로써 이성주의적인 사고가 모든 인간의 태생과 제도, 인간 행위를 고찰해낼 수 있음이 확증되었다면, 여러분에게 선구자들을 무시하지 말라는 경고도 하지 않을 것이다. 그러나 먼저 1859년 그리고 이후 10년 내지 20년간 기성 종교는 세계에서의 인간의 위치를 다루면서 과학의 발견물들을 공격하려고 노력했다. 그 싸움에서의 패자는 기성 종교였다. 400년 전의 코페르니쿠스처럼, 진화론은 융통성 없는 교회의 도그마를 보잘것없게 보이도록 만들었다. 그러나 코페르니쿠스 때처럼 다윈에 대항한 기성 교회는 패배 속에 주춤거리지 않았다. 갈릴레오에게 굴욕을 주었던 교회는 크게 관용을 보이면서, 지구가 우주의 중심이라는 믿음이 실제로는 자신의 교리의 정수가 아님을 발견했다. 다윈과 틴들John Tyndall에 대해 천둥처럼 화를 내던 주교들은 갑자기 창세기의 융통성 없는 진리를 포기하는 데 만족하고, 대신 그것에 진화 과정의 신비한 수수께끼로써 더욱 빛나는 광채를 부여했다.

그러므로 지표면이 지구의 역사를 보여주는 흔적이라고 주장한 뷔퐁Buffon을 파문시킨다고 위협했던 교회가, 만약 책임 있는 권위를 가진 교회라면, 오늘날에는 그러한 주장을 반박하지 않을 것이다. 지금은 지질학이나 화석 진화를 반대하도록 교육받은 성직자가 설교하지 않는다. 사실상 스페인, 아일랜드 공화국, 미국의 몇몇 주를 제외하곤 교리의 사실상의 진리를 자기 근거로 내세우면서 교회의 교리를 수호하지 않는 것이다. 사실의 문제는 실험에 의거하는 과학자들에게 양도되었다. 이제는 어떤 문제를 내세우든,

어떤 진리를 원시 교리ancient dogmas로 주장하든, 교회는 이성적인 탐구로 파악될 수 있는 진리에 대해서는 체념하고 있다.

물론 이렇게 자기 기반이 변한 것은 교회로서는 화가 나는 일이다. 1800년이 넘는 세월 동안 기독교 교회, 그들의 선조와 그들의 경쟁자들이 내세웠던 교리는 문자 그대로의 진리로 떠받들었다. 때문에 유전학 앞에서 깨진다는 것은 중력의 법칙 앞에서 깨지는 것만큼이나 격분할 일이라고 주장되었다. 게다가 그것은 중력의 법칙보다 한층 더 위험한 것이었다. 그러나 이제 위대한 고위 성직자들은 어리석을 만큼 둔감한 우리 유물론자들에 대해 미소로써 관용을 베풀며 이 모든 것들이 별것 아니라고 이야기한다. 교회는 자신의 정신을 변화시켜온 것이다. 그들은 더 이상 성서의 이야기를 그대로 믿지 않는다. 사실상 그들 중 어떤 이들은 솔직히 성서에서 당황함을 느낀다. 너무 서둘러 불신을 공유하게 된 사람이라면 후회스럽게 생각하며 회고에 빠지게 될지도 모른다.

앞서 말한 바대로, 이와 같이 전통적인 신념의 기반을 변화시키는 것은 괴로운 일이다. 그러나 일단 그렇게 된 바에는 우리가 그렇지 않은 것처럼 행동해보았자 쓸데없는 일이다. 과거 그들이 서 있던 위치에 발을 들여놓는다거나 이제는 과거의 유령이 되어버린 존재에게 결투를 신청해보았자 쓸데없는 일인 것이다. 19세기까지 존재했던 대로의 종교는 이제 사라지고 없다. 19세기의 이성주의가 그것을 죽였던 것이다. 그러나 우리가 그러한 것에 분개하든 냉혹하게 그 유령을 추적하든, 이제는 아무도 우리를 박해하지 않을 것이다. 그것은 이성주의와 휴머니스트 운동이 부득이하게 초래한 것이며 오늘날은 그 운동이 위기에 봉착한 시대다. 그들은 자신들이 역사적인 싸움에서 승리한 자라고 생각하여 과거의 승리를 거두게 해준 무기를 애지중지하며 자랑하고 있다. 내가 여기서 하고자 하는 일은 역사가 아직도 완료되지 않았음을 그들에게 납득시키는 것이다.

왜냐하면 교조주의자, 반계몽주의자, 전통적인 공포와 제재를 이용하는 사람이 아직도 남아 있기 때문이다. 그는 새롭게 변장하고 있지만 과거 다윈, 헉슬리, 클리퍼드의 적이었던 것처럼 지금도 나와 여러분의 적으로 남아 있다. 우리가 그를 미워하고 그가 설교하는 내용에 문제를 제기하는 이유는 결코 그의 특수한 교리(그는 자신의 교리와 다르게 생각하는 사람들을 방해한다) 때문만은 아니다. 교조주의자는 자기 사고의 기반을 이동시켜왔다. 그는 자유롭게 이성적인 탐구를 할 수 있는 분야를 피하는 법을 배워왔다. 유령이 아닌 인간을, 교주가 아닌 교조주의자를 추적하는 것이 훨씬 더 중요하다. 그를 우리 자신의 세기 속으로 몰고 들어와야 한다.

오늘날 종교적인 신념은 확실성에 대한 인간의 갈망을 자기 기반으로 삼는다. 여러분은 이 갈망을 충족시키고 싶은가? 그들은 말한다. 여러분을 둘러보라. 이성으로 파악할 수 없는 어떤 교리에 복종하지 않는다면 여러분은 어떠한 확실성도 찾을 수 없을 것이다. 그들은 이성이 있는 곳에서 의심이 자라난다고 말한다. 비이성적인 것 외에는 그 무엇도 확실하지 않다.

우리의 선구자들이 이 기묘한 전조reversal를 본다면 경악을 금치 못할 것이다. 그들은 이성적인 탐구의 검증을 받지 않는 신념은 그 어떤 것도 보장할 수 없음이 명백하다고 생각했을 것이다. 그리고 그들은 확실성이란 그러한 탐구(이 탐구를 통해 증명된 작은 조각들이 쌓이면서 점차 서로 결합된 하나의 피라미드가 된다)를 통해서만 생겨난다고 생각했을 것이다. 항상 건축 중이며 항상 미완성인 그 피라미드는 이성적으로 조직된 경험이다. 그것이 과학이다. 우리의 선구자들은 물론 인간 경험의 의미 있는 배열로서의 과학이 최종적인 확실성을 주지는 않지만 언제나 접근해 나아가며, 확실성에 접근해 나아가는 데에는 과학 이외의 방법이 없다고 이야기했을 것이다.

그러나 정치적 신념이든 종교적 신념이든 현대의 신념가들은 이처럼 멀리까지 생각하지 않는다. 그들은 단지 과학이 최종적인 확실성을 줄 수 없다고 말하는 데 만족할 뿐이다. 과학이 하나를 설명하면 그것을 넘어선 또 하나의 문제가 놓여 있고, 새로운 하나를 이해하면 그것을 넘어선 새로운 문제가 나타난다. 과학자들은 물질을 구성하는 실질solidity에 관해 의문을 품고, 그것이 분자와 공백으로 구성되었을 뿐임을 발견한다. 그러나 분자가 실질인가? 아니다. 분자는 원자와 공백으로 되어 있다. 그러면 원자가 실질인가? 아니다. 원자 역시 대부분 비어 있다. 그 중앙에 밀도가 높은 핵이 있다. 그런데 그것은 정말 꽉 차 있는가? 물론 아니다. 핵을 구성하는 중성자와 양자는 스스로의 배열을 변화시키기에 충분한 여유 공간을 가지고 있다. 그리고 중성자와 양자가 물질의 말단도 아니다. 그러나 신념을 좇는 사람들은 손을 내저으며 여기에는 자기를 위한 피난처가 없다고 결론 내린다. 각 단계는 새로운 단계를 연다. 각 물음은 새로운 물음을 낳는다. 완전하고 치밀하며 나중에 물음이 제시될 리 없는 신념을 추구하는 사람에게, 과학은 끝없는 복권의 길이다. 그리고 이것은 인간 경험 밖의 그 어느 것도 당연한 것으로 간주하지 않는, 모든 추론 형태에 적용된다. 모든 추론은 끝없는 복권이다.

그러므로 현대의 여러 신념은 이러한 거울의 길을 종식시킬 유일한 방법이 있다고 주장한다. 그들이 독단적으로 주장하는 바에 따르면, 우리는 더 이상 전진하지 않도록 결정을 내려야 한다. 즉 우리가 멈춘 곳에서 우리는 말해야 한다. 탐구는 더 이상 나아가지 않는다. 이것이 절대이며 궁극이다. 막이 내린 지금의 영역은 신이나 권위 또는 히틀러가 말하곤 했던 피와 땅에 의해 고정된다.

그러한 절대자들을 세우는 것은 미래의 모든 탐구로 나아가는 문을 닫는 것이다. 이것이야말로 그들이 의도하는 바이다. 물론 그것은 매우 작은 문에 불과하다고, 신념에 사로잡힌 자들은 말한다. 하지만 그것은 토양의 성질, 흑인의 지적 능력, 습득 형질의 유전 등 한 방향으로 연구가 집중되는 것을 나타내주는 말일 뿐이다. 그런데 절대주의에 감염될 경우 사정은 언제나 이보다 더 악의에 가득 찬 것이 된다. 고대와 근대의 역사는 모두 일단 한 분야의 탐구가 금지되면 모든 분야가 침체된다는 것을 보여준다. 동양이든 서양이든, 중국이든 로마든, 중세든 현대든 어느 사회에서나 과학과 이성적인 사유(종교적이건 사회적이건)는 절대적인 교리의 강요에도 불구하고 오래도록 살아남았다. 오늘날 우리가 만일 변화하는 세계의 불확실성으로부터 구원받기 위해 편안하고 모호한 교리를 찾

고 싶다면, 차라리 내일 당장 암흑시대가 되돌아오리라는 가능성
과 직면하는 것이 낫다.

탐구는 사실상 단편의 총합이므로, 한 부문만 억눌러도 모든 탐
구가 침체에 빠질 것이라는 위험을 앞에서 잠깐 살펴보았다. 한 과
학 분야의 성격이 오도되면 모든 과학이 오도된다. 확실성을 추구
하는 사람들은 과학이 끊임없는 분석 과정이라고 말한다. 그들의
이야기는 한 과학 분야가 아니라 모든 과학 분야에 있어, 실로 모
든 추론 작업에 있어 부적합한 이야기다.

탐구자가 발견한 바대로 사실을 분석한다는 것은 이성적인 세계
관을 형성하기 시작한다는 것이다. 그러나 그것은 단지 시작일 뿐
이다. 과학은 경험을 분석하지만 분석으로 세계의 그림picture을 파
악한 것은 아니다. 분석은 단지 그 그림의 자료를 제공할 뿐이다.
과학과 모든 이성적 사고의 목적은 세계에 대해 좀 더 풍부하고 좀
더 통일적인 그림을 만드는 데 있다. 그 그림 속에서 각 경험은 단
편 이상의 것으로 결합된다. 이것은 분석이 아닌 종합 작업이다.

그러므로 분석은 그 자체가 목적이 아니다. 결코 목적이 될 수
없다. 서로 다른 경험처럼 보이는 것들 가운데 공통점을 뽑아내기
위해 분석이 필요할 뿐이다. 과학이 추구하는 바는 이러한 것들을
일관되게 해내는 것이다. 사람들은 무엇 때문에 원자를 발견하려
고 그토록 애썼던가? 무엇 때문에 물질을 분해하려고 애썼던가?
그것은 서로 다르게 보이는 것들, 예를 들어 눈과 얼음, 물, 구름,
증기 간의 통일성을 찾아내고 싶었기 때문이다. 각기 다른 간격으

로 결집되거나 벌어지는 동일한 물 분자에 대한 그림을 스스로 만들지 않는 한, 여러분은 얼음이 녹아 물이 되고, 또 물 부피의 몇 배나 되는 증기로 변화하는 것에 대해 통일적인 그림을 만들 수 없을 것이다. 그 그림은 통일성이 있으므로 각 부분에 대해 풍부한 설명을 해준다. 그것은 눈송이, 빗방울, 구름에 대해 공통되는, 따라서 새로운 의미를 부여한다.

그러므로 정신은 새로운 종합을 위해 아직 경험되지 않은 자료를 얻으려고 실험하거나 추론할 때 분석을 행하는 것이다.

정신이 발견하는 공통된 내용, 정신의 종합 결과는 언제나 개념이 된다. 짝을 이루는 개념들은 그 공통된 내용의 수준에서 일관성을 갖는다. 그 내용은 좀 더 조야한 수준에 대해 확실성을 제시하지 않으며 또한 좀 더 세련된 수준 속에서 확실성을 추구해야 하는 것도 아니다. 예를 들어 내가 당신 손을 잡을 때, 우리의 손을 사용하고 있을 뿐, 원자들이 결합된 것은 아니다. 악수할 때 그렇게 많은 원자들 사이의 공간들이 얽혀 있다는 생각으로 혼란스러워한다면 그야말로 난센스다. 우리가 하고 있는 행위는 인간의 수준에 순종하는 것이다.

만일 결정체를 논의하게 된다면, 나는 혼란을 야기시킬 수 없을 만큼 당연하고 완전한, 또 다른 수준에서 얘기를 전개해나갈 것이다. 이러한 수준에서, 눈송이가 아름다운 것은 날씨가 춥기 때문이라고 말한다면 의미가 있다. 즉 눈송이 원자는 무질서하게 움직이지 않으므로 결정체를 이루는 것이다. 이러한 관찰에는 좀 더 조야한, 또는 좀 더 세련된 수준의 개념적 추상화가 필요치 않다. 그러한 원자 수준의 종합은 그 자체로 완전하고 충분하다. 우리가 전자학이라든가 화학 같은 다른 종류의 경험에 대해 이야기하려는 것이 아니라면 순도fineness라든가 전자와 핵 같은 다음 수준으로 이전할 필요는 없다.

이제 매우 추상적인 개념인 중력에 대해 생각해보자. 뉴턴은 중력이라는 개념을 보편적인 역제곱 법칙의 형태로 발견했는데, 그 자체가 이미 추상적인 발견들의 총체를 조직하기 위한 것이었다. 그런 발견들 중에는 태양을 중심으로 하는 혹성의 타원 운동과 그 속도에 대해 케플러가 발견한 법칙들이 포함된다. 또한 이 법칙들은 혹성과 지구의 궤도는 태양에서 바라볼 때 단순한 형태로, 의미 있는 통일을 이룬다고 보았던 코페르니쿠스의 천재성에 의존하여 발견된 것이었다. 또 우리가 기억해야 할 것은 코페르니쿠스가 천문학적 명상의 세기의 후계자였다는 점이다. 현재로서는 시대에 맞지 않는 것처럼 생각되지만, 그 세기에는 별의 궤도가 자연의 보다 깊은 조직 체계를 증명한다는 심오한 사상이 세워졌었다.

그러므로 중력의 개념은 일반 법칙들을 결합시키며, 그 법칙들은 하나씩이라면 표를 만들 수 없었을 개별적인 관찰과 응용을 집대성한다. 이는 매우 중요한 문제다. 왜냐하면 과학에 대한 가장 일반적인 오해는 새로운 사실이 발견될 때마다 그것을 하나씩 끼워 넣는 두꺼운 루스 리프loose leaf식 책처럼 생각하는 것이기 때문이다. 과학을 이렇게 생각하는 것은 너무나도 잘못되었다. 그런 식의 과학 사전은 있지도 않고, 있을 수도 없다. 과학을 일종의 요리

책처럼 원자탄을 제조하는 특수한 비결을 적어놓은, 다소 색다른 사실들의 모음으로만 생각하려는 것이 그러한 생각의 허점이다.

그러나 과학은 사실의 모음이 아니다. 그것은 일반 법칙하에 사실들을 조직한 것이며, 또한 그 법칙들은 중력과 같이 인간 정신의 창조물들과 개념들로 결합된 것이다. 사실들은 끊임없는 혼돈이다. 과학은 그러한 사실들 속에서 어떤 질서를 발견하는 작업이다. 그리고 이러한 질서는 단지 사실들을 속기速記하듯 처리하는 것이 아니다. 그것들에 의미를 부여하는, 아니 그 질서 자체가 사실들의 의미인 것이다. 과학은 흩어져 있는 의미 없는 사실들을 보편적인 개념하에 조직해냄으로써, 자연 속에서 질서를 발견하는 인간 활동이다.

과학을 사실의 열거로만 생각하는 사람들은 인간의 행위에 대해서도 똑같은 실책을 범한다. 그들은 윤리학을 일종의 에티켓 책으로 생각한다. 즉 어떤 한 가지 일을 어떻게 해야 하는지 각각의 비결을 가르쳐준다고 생각한다. "A 부인에게 밧줄에 대해 이야기하지 마라. 왜냐하면 그녀의 남편이 교수형을 당했기 때문이다." 그러나 물론 윤리학은 여러분에게 경우에 따라 해서는 안 될 말을 가르쳐주는 책이 아니다. 그리고 윤리학은 여러분이 좀 더 넓은 안목과 취향을 가짐으로써 화내지 않을 수 있는 방법을 가르치는, 좀 더 일반적인 명령도 아니다. 윤리학은 우리의 행위를 전체적으로 결합시키는 조직화다. 예를 들어 과학의 여러 개념이 사실과 법칙의 기초를 이루듯이 이웃 사랑, 충성, 인간의 존엄성은 교과서의 예절이나 주일 학교에서의 가르침의 기초를 이룬다.

그런데 과학의 여러 개념은 신이 우리에게 준 것이 아니다. 그것들은 인간 경험의 분석을 통해 창조·종합되었다. 윤리학의 여러 개념도 마찬가지 방식으로 구했다. 우리는 먼저 사회생활에 대한 우리의 경험을 분석한다. 또는 부모와 선생님들이 시작해놓은 분석을 받아들인다. 이것은 과학자가 자기 분석의 많은 부분을 선구자들에게서 받아들이는 것과 같다. 이런 식으로 우리가 수천 가지 상황에서 행위라는 실을 풀어나갈 때, 우리는 또한 여기 있는 실과 저기 있는 실을 묶어서 어느 경우에나 공통이라고 발견한 바에 대해 새로운 창조적 개념을 만들어낸다. 명예, 진리, 충성이라는 개념들은 우리가 태어날 때부터 혹은 사춘기 때에 이미 만들어진 개념으로 우리에게 씌워진 것도 아니고, 단지 문제가 발생하는 것을 싫어하는 경찰이나 선생님들이 우리에게 주입시킨 것도 아니다. 그러한 개념들 속에서 우리는 스스로 인간과 사회에 대한 우리의 자라나는 경험들을 조직화하는 것이다. 우리는 과학의 여러 개념, 중력이라든가 진화라는 개념을 공유하듯이, 그러한 윤리 개념들을 다른 사람들과 공유하는데, 이유는 그 개념들이 우리 모두에게 일어날 수 있는 경험들로부터 확립된 것이기 때문이다.

그러므로 나는 충성심이라는 개념과 중력이라는 개념이 서로 다른 종류의 개념들이 아니라고 주장하는 바이다. 그 두 개념은 모두 경험 전체를 결합시키는 데 기여한다. 단지 차이가 있다면 하나는 사회적인 경험에, 하나는 자연 과학적인 경험에 관계한다는 것이다. 개념은 흩어져 있는 행위의 예들을 속기하는 식으로 모아놓은 것도 아니다. 그것은 좀 더 깊이 들어가 사회적이든 자연 과학적이든 그 행위 전체에 질서와 의미를 부여한다. 우리는 인간의 동일한 탐구 과정을 통해 각 개념에 도달한다. 중력이 전체의 회전을 의식적으로 설명하듯이, 충성은 의식적이든 무의식적이든 우리가 사회적 인간으로서의 자신의 경험을 설명할 때 사용하는 개념이다. 여기에는 좀 더 수준 높은 제재가 필요 없으며, 탐구가 여기에서 절대적인 종말을 보는 것도 아니다.

그러므로 나는 윤리학이 사회 속의 인간을 연구하는 학문이라고 생각한다. 그것은 우주론cosmology이 천체를 연구하는 학문인 것과 같은 의미다. 여러분은 내가 사회 속의 인간을 연구하는 학문이라고 했지, 결코 사회를 연구하는 학문이라고 말하지 않았음을 알아차릴 것이다. 이런 유의 관점을 펼치면서 범해왔던 오류 가운데 하나는 인간이 마치 사회 속에만, 사회를 위해서만 존재하는 듯 말하는 것이다. 자연 과학의 세계가 각 원자에도 존재하고 천체의 별들이 세계에도 모두 존재하듯이, 인간과 사회는 서로에게 속해 있다. 현대의 우주론의 힘은 그것이 원자에 대한 지식을 별의 세계를 연구하는 데까지 도입한다는 데 있다. 그러므로 우리는 인간에 대한 지식을 사회를 연구하는 데 도입해야만 사회 속의 인간에 관해 연구할 수 있다.

일반적으로 이런 종류의 모든 견해들은, 과학은 존재만을 다루고 윤리학은 당위만을 다룬다는 주장에 의해 공격받는다. 과학이 사실의 모음으로 나타나고 윤리학이 제재의 모음으로 나타나는 때에는 이러한 비평이 힘을 얻는다. 그러나 우리가 법칙, 자연, 사회의 차원으로 한 걸음 한 걸음 올라갈 때 이러한 비평은 힘을 잃는다. '법칙'이라는 말이 자연과 사회 모두에 쓰인다는 것은 결코 우연이 아니다. 로크는 뉴턴의 저서에 깊은 감명을 받고, 정부의 기능은 사회 법칙을 발견하고 적용시키는 데 있을 뿐이라고 주장했다.

그러나 로크는 이야기를 충분히 진전시키지 않았다. 이제 우리는 한 걸음 더 나아가야 한다. 법칙에서 인간 정신이 법칙을 뛰어넘어 창조하는 좀 더 심오하고 상상력이 풍부한 개념으로 나아가야 하는 것이다. 중력이라는 개념 속에서 우리는 물질적 작용의 특수 법칙을 이야기하는 것이 아니라 어떻게 자연이 움직이는가를 단일한 그림으로 표현한다. 세계를 결합시키고 또 움직이며 진화시키는 것은 무엇인가를 표현하는 것이다. 바로 이러한 방식으로 충성, 정의, 존경, 존엄이라는 개념은 특수한 공동체, 특수한 응용을 뛰어넘는다. 각각은 인간의 사회에 대한 관계를 좀 더 포괄적으로 제시한다. 즉 우리 인간의 세계가 어떻게 결합되고 성장하며 진화하는가를 제시한다.

이것이 바로 과학이 개념을 확립하는 작업이라고 누차 이야기하는 이유다. 왜냐하면 개념의 수준에서는 존재와 당위 사이에 차이가 없기 때문이다. 개념은 좀 더 일반적인 그림으로써 사물의 특수한 관계, 또는 법칙 사이의 특수한 관계가 아닌 일반적인 관계 형태를 제시한다. 중력의 개념이 있어야만 세계가 안정되면서도 변화할 수 있음을 설명한다. 충성의 개념은 충성이 있어야만 어떤 인간 사회가 안정되면서 변화할 수 있음을 말해준다.

그런데 어떤 개념도 궁극적일 수 없다. 개념은 만들어지고 또다시 수정되기 때문이다. 아인슈타인이 중력 대신 다른 어떤 것을 사용했어도 중력의 개념이 거짓이 되지는 않는다. 다만 상대성이라는 좀 더 넓은 개념의 일부가 될 뿐이다. 때가 되면 충성이라든가 독립성, 성실성보다 더 넓은 통일적인 개념들이 나타날 것이다. 그렇다고 앞의 개념들이 오류가 되지는 않는다. 그것들은 새로운, 보다 넓은 이해의 일부가 될 것이다.

인간과 사회에 대한 우리의 생각이 변화할 수 있다고 인정한다면, 우리는 양자에 대해 자유롭게 탐구하고 사유해야 한다. 윤리학은 궁극적인 체계가 아니다. 그것은 일종의 활동이기 때문이다. 똑같은 의미로 과학은 궁극적인 체계가 아니라 활동이다. 이에 대해 클리퍼드는 다음과 같이 말했다.

그러므로 과학적 사고는 행동의 지침이며, 그 사고가 도달한 진리는 우리가 이상적으로 오류 없이 사유할 수 있는 성질의 것이 아니라, 두려움 없이 행동해도 좋은 지침이라는 것을 기억하라. 여러분은 과학적 사고가 인간 진보의 동반자 또는 조건이 아니라 인간 진보 그 자체임을 깨닫지 않으면 안 된다.

우리가 인간과 사회에 대해 이런 식으로 일관되게 생각한다면 우리는 목사의 설교보다 강력한 윤리를 만들 것이다.

르네상스 이래 자유 탐구는 우리에게 물리적인 자연에 대한 믿을 수 없을 정도의 지배력을 갖게 해주었다. 그것은 인간이 자연에 대한 자유 탐구 과정에서 참된 이해를 확장시키려고 끊임없이 노력해왔기 때문이다. 르네상스 이전의 암흑기에는 비밀스럽게 행한 것을 제외하고는 공식적인 과학이 없었다.

어쨌든 인간 사회 속의 자원에 대한 인간의 지배는 비교될 수 없을 정도로 성장해왔다. 우리는 르네상스 때보다 광대한 영토를 소유하며, 그 영토의 생산물과 부를 더욱 자유로이 공유한다. 그러나 일관되고 행복한 인간 공동체를 만드는 데 있어 우리가 이룩한 진보는 매우 작다. 교회는 이것이 우리가 중세의 종교 교리를 저버렸기 때문이라고 이야기한다. 이것은 '그 시대'에 대한 목사들의 웅변과 감독 제도의 성격을 잘 드러내는 추론 방식이다.

반대로 나는 거의 1000년 동안 중세의 종교 신념은 그들이 세계를 어떤 식으로 만들 수 있는가를 주장했다는 가장 소박한 경험론을 주장한다. 즉 우리는 어떤 것이 인간 모두에게 재앙이 되는가를 알기 위해 실험을 반복할 필요가 없다. 그렇다. 우리를 계속 뒤에 머물게 한 것은 르네상스 이후 윤리학 분야의 자유로운 탐구의 부재다. 우리는 자연에 대한 이해를 증진시켜온 것과 똑같은 방식으로 인간 정신을 자유로이 탐구할 때 비로소 윤리학에 대한 이해를 증진시킬 것이다.

어떤 인간의 재능이든 이러한 탐구에 대한 충돌을 중심으로 파생되지 않은 것이 없다. 권위는 인간 주체를 필요로 하지 않는다. 소나 공작에게 복종을 강요할 수는 있으나 그들이 지속적인 탐구를 하도록 자극할 수는 없다. 이 작지만 중대한 차이는 관찰과 경험이 가능하다는 사실, 즉 우리는 소의 젖을 짜지만 소는 우리의 젖을 짜지 않는다는 사실을 낳는다. 또 그것은 우리가 공작을 아름답게 생각하여 그것을 사육하지만, 그들은 우리를 사육하지 않는다는 사실을 낳는다. 이 재미있는 예들은 우리에게 근본적인 문제들을 제기한다. 인간을 권위로써 지배하는 것은 가장 인간적인 성격을 박탈하는 것이며, 인간 이하로 멸시하는 것이다. 절대적인 지시로 인간을 위협하는 것은 교회가 주장하듯, 동물을 인간 속에 집어넣는 것이 아니라 그를 가둠으로써 동물로 만드는 것이다. 어쨌든 그것은 인간을 비인간화시킨다.

오늘날 이성주의가 적극적인 체제를 갖추려면 이성주의 발언 내용의 핵심에 놓여야 한다. 인간을 인간답게 만들려면 무엇보다도 자유로운 탐구가 주어져야 한다. 세계를 비인간적이고 무의미한 것으로 만드는 것은 과학이나 이성주의가 아니다. 오히려 권위에 대한 굴복이다. 자연의 아름다움을 빼앗는 것은 우리 자신을 보려 하지 않는 것이다. 우리는 종교적인 눈물의 안개를 통해 세계의 아름다움을 보기 때문에, 아름다움을 개인적인 경험으로 되돌아보지 않는다.

이성주의는 세계를 인간의 체험 장소로서 탐구한다. 그리고 그것이 지적인 체험이기 때문에 덜 인간적인 것이 아니라 그렇기 때문에 오히려 더 인간적이다. 과학을 경시하는 사람들은 어째서 정신이 우리의 재능 중 가장 비인간적이란 듯 행동하는가? 탐구 정신은 인간의 신성神性이다.

그러한 정신은 인간과 사회를 관찰할 때 그것들을 죽어 있는 것으로 취급하지 않는다. 과학은 우주의 그 어느 부분도 죽어 있는 것으로 다루지 않는다. 과학은 그것을 변화·진화하는 것으로 다루는데, 보다 중요한 것은 그것에 대한 우리의 이해가 끊임없는 창조적 변화라는 사실이다. 그러므로 이성주의자로서 우리는 인간과 사회가 두 개의 박물관 구획인 것처럼 이야기할 필요가 없다. 오히려 우리가 이해하고 싶은 것은 인간의 상태뿐 아니라 인간의 가능성이며, 변화하는 인간이 만들 수 있는 사회다.

우리가 탐구해야 하는 것은 인간의 잠재력이다. 우리가 추구해야 하는 것은 인간의 실현이다. 이와는 대조적으로 인간을 고정된 죽은 것으로 다루고, 자기 부정에서만 미덕을 추구하며 죄악을 열거하는 것이 바로 암흑시대의 교리다. 이러한 금욕의 미덕은 우리가 아직도 지속시키고 있는 중세의 죽은 사회를 표현하는 것이다. 그러한 사회는 끊임없이 결핍에 직면하므로 인간의 가장 큰 미덕이 동족을 위해 영웅적으로 자신을 희생하는 것이 되어버린다. 우리는 그렇게 결핍된 시대를 어느 정도 벗어났다. 그리고 그러한 결핍 시대의 미덕을 벗어나야만 한다. 이에 대해 시인 블레이크는 다음과 같이 솔직히 표현하였다.

평화와 풍요, 가정의 행복은 숭고한 예술의 근원이며, 또 금욕이 아닌 향유가 지성의 양식임이 이론적인 철학자들에게 입증되고 있다.

블레이크는 모범적으로 검약하는 사람이었다. 그의 예는 우리가 방종을 초래하지 않고도 금욕의 윤리에 대해 반기를 들 수 있음을 쉽게 보여준다. 블레이크가 자신의 삶에 대해 언급한 것을 다시 인용한다.

　　얼마 안 되는 예술가들을 포함하여 몇몇 사람들은 이 그림을 그린 사람이 다른 이들의 지원을 제대로 받았더라면 그토록 잘 그려낼 수 없었을 거라고 주장해왔다. 그렇게 생각하는 사람들에게 빈곤에 처해 있는 민족들의 상태에 대해, 그들의 예술 수용 능력에 대해 돌아보게 하라. 예술은 그 어느 것보다 우선적이지만, 그러한 논란은 빈곤보다는 풍요에 적합한 이야기다. 그는 위대한 예술가가 되지 못했을지라도 자력에 의해 위대한 예술 작품을 만들어냈을 것이다. 최후 심판의 목적은 악한 자를 선하게 만드는 데 있는 것이 아니라, 악한 자가 빈곤과 고통에 처해 있는 선한 자를 비열한 논쟁과 암시로써 괴롭히지 못하도록 하는 데 있다.

　　150년 전에 쓰인 이 글은 내가 생각하기에 현대 이성주의의 기초이기도 하다. 우리는 우리의 인간적 재능을 발휘할 것을 주장한다. 에티켓 책이나 주일 학교의 윤리학보다 좀 더 심오하게 우리의 재능을 이해할 것을 요구한다. 우리가 추구하는 이해는 사실상 어떠한 법률 책에도 담겨 있지 않은데, 그 이유는 그러한 이해가 자체의 성격상 성문화될 수 없기 때문이다. 그것은 이해이지 처방 수단의 모음집이 아니다. 그러한 이해는 본질적으로 사물을 바라보는 이성적이고 과학적인 방식이다.

과학은 사실이나 법칙에 관한 책이 아니며 자연에 통일성과 의미를 부여하는 개념의 창조이기 때문이다. 그러한 개념들은 인간과 사회에 대한 우리의 이해 속에 존재한다. 진리, 충성, 정의, 자유, 존경, 인간의 존엄성 등은 이런 종류의 개념들이다. 하지만 그것들은 인간 정신을 위해 인간 정신이 창조한 개념들이다. 그것들은 신이 내린 규칙들이 아니다. 이성적이고 합리적인 윤리 체계는 그것들을 탐구하는 가운데 자라나는 것이다.

과학이 우리에게 영원히 존재하는 것을 가르쳐줄 수 없는 것과 마찬가지로 영원한 당위를 가르쳐주지는 않을 것이다. 과학과 윤리학은 보다 넓은 의미에서는 모두 영원하지만 역시 끊임없이 진화해가는 관계를 탐구하는 활동이다. 인간이 점차 변화하고 발전해나간다 하더라도 영원히 인간적인 것에 의존해야 하는 것은 인간과 사회가 맺는 관계의 성격이다. 우리가 연구하는 것은 현재의 인간과 사회가 아니라, 저들이 인간적으로 됨으로써 저들 속에 지니게 되는 모든 잠재력이다. 새로운 이성주의에 대한 연구는 사회 속의 인간, 인간 속의 사회가 가지는 잠재력, 즉 가장 깊은 의미의 인간 실현에 대한 연구가 될 것이다.

창조의 과정

Bronowski, J., *Science and Human Values*, New York, 1958.

Butterfield, H., *The Origins of Modern Science, 1300~1800*, London, 1949.

Lennbursky, S., *The Physical World of the Greeks*, London, 1956.

상상력의 세계

Buytendijk, F. J. J., Considerations de psychologie comparée à propos d'expériences faites avec le singe Cercopithecus, *Archives Néerlandaises de Physiologie de l'Homme et des Animaux*, vol. 5, 1921, pp. 42~88.

Einstein, Albert, Autobiographical notes. In *Albert Einstein: Philosopher-Scientist*, edited by P. A. Schilpp. Evanston, Illinois, 1949.

Galilei, Galileo, *Discorsi e Dimostrazioni Matematiche, Intorno a Due Nuove Scienze*, Leyden, 1638.

Hunter, Walter S., The delayed reaction in animals and children, *Behavior Monographs*, vol. 2, no. 1, 1913, pp. 1~86.

Jacobsen, Carlyle F., Functions of the frontal association area in primates, *Archives of Neurology and Psychiatry*, vol. 33, 1935, pp. 558~569.

Kepler, Johannes, *Somnium: The Dream, or Posthumous Work on*

Lunar Astronomy, Translated by Edward Rosen, Madison, Wisconsin, 1967.

Nicolson, Marjorie H., *Voyages to the Moon*, New York, 1948.

Peirce, Charles S., Speculative grammar. In *Collected Papers*, vol. 2, Cambridge, Massachusetts, 1932.

Yates, Frances A., *The Art of Memory*, London, 1966.

정신의 논리

Braithwaite, R. B., *Scientific Explanation*, Cambridge, England, 1953.

Bronowski, J., *The Common Sense of Science*, London, 1951.

Bronowski, J., *The Identity of Man*, New York, 1965.

Carnap, Rudolf, *The Logical Syntax of Language*, New York, 1937.

Church, Alonzo, A note on the *Entscheidungsproblem. Journal of Symbolic Logic*, vol. 1, 1936, pp. 40~41, 101~102.

Church, Alonzo, An unsolvable problem of elementary number theory, *American Journal of Mathematics*, vol. 58, 1936, pp. 345~363.

Gödel, Kurt, Über formal unentscheidbare Sätze der *Principia Mathematica* und verwandter Systeme, I. *Monatshefte für Mathematik und Physik*, vol. 38, 1931, pp. 173~198.

Hilbert, David and Bernays, P., *Grundlagen der Mathematik*, Berlin, 1934~1939.

Kleene, S. C., General recursive functions of natural numbers, *Mathematische Annalen*, vol. 112, 1936, pp. 727~742.

Kleene, S. C., Recursive predicates and quantifiers, *Transactions of the American Mathematical Society*, vol. 53, 1943, pp. 41~73.

Lucas, J. R. Minds, machines and Gödel, *Philosophy*, vol. 36, 1961, pp. 112~127.

Myhill, John, Some philosophical implications of mathematical logic, *Review of Metaphysics*, vol. 6, 1952, pp. 165~198.

Nagel, Ernest and R. Newman, James, *Gödel's Proof*, New York, 1958.

Poincaré, Henri, *Calcul des Probabilités*, Paris, 1912.

Popper, Karl R., *Conjectures and Refutations: The Growth of Scientific Knowledge*, London, 1963.

Ramsey, F. P., *The Foundations of Mathematics*, London, 1931.

Richard, Jules, Les principes des mathématiques et le problème des ensembles, *Revue Générale des Sciences Pures et Appliquées*, vol. 16, 1905, pp. 541~543.

Riesz, Frédéric, Sur la théorie ergodique, *Commentarii Mathematici Helvetici*, vol. 17, 1944, 1945, pp. 221~239.

Tarski, Alfred, Der Wahrheitsbegriff in den formalisierten Sprachen, *Studia Philosophica*, vol. 1, 1936, pp. 261~405.

Turing, A. M., On computable numbers with an application to the *Entscheidungsproblem*, *Proceedings of the London Mathematical Society*, series 2, 1936, 1937, vol. 42, pp. 230~265, vol. 43, pp. 544~546.

Whitehead, A. N. and Russell, Bertrand, *Principia Mathematica*, Cambridge, England, 1910~1913.

Wittgenstein, Ludwig, *The Blue and Brown Books*, Oxford, 1958.

휴머니즘과 지식의 성장

Ayer, A. J., *Language, Truth, and Logic*, London, 1936.

Bernal, J. D., *The Social Function of Science*, London, 1939.

Bronowski, J., *The Identity of Man*, New York, 1965.

Bronowski, J., The logic of the mind. *American Scientist*, vol. 54, no. 1, 1966, pp. 1~14.

Carnap, Rudolf, *Logical Foundations of Probability*, Chicago, 1950.

Clark, G. N., *Science and Social Welfare in the Age of Newton*, London, 1937.

Cornforth, Maurice, *Science versus Idealism*, London, 1946.

Gödel, Kurt, Über formal unentscheidbare Sätze der *Principia Mathematica* und verwandter Systeme, I. *Monatshefte für Mathematik und Physik*, vol. 38, 1931, pp. 173~198.

Hessen, B., The social and economic roots of Newton's *Principia*. Paper delivered at the International Congress of the History of Science, London, 1931. Reprinted in *Science at the Crossroads*(London, 1932), 1931.

Kepler, Johannes, *Astronomia Nova*, Heidelberg, 1609.

Keynes, J. M., *A Treatise on Probability*, London, 1921.

Laplace, P. S. de., Essai philosophique sur les probabilités. Introduction to the second edition of his *Théorie Analytique des Probabilités*, Paris, 1814.

Neyman, J. and Pearson, E. S., On the use and interpretation of certain test criteria, *Biometrika*, vol. 20A, 1928.

Popper, K. R., *The Logic of Scientific Discovery*, London, 1959.

Popper, K. R., *Conjectures and Refutations: The Growth of Scientific Knowledge*, London, 1963.

Ramsey, F. P., *The Foundations of Mathematics*, London, 1931.

Spinoza, Baruch, *Tractatus Theologico-Politicus*, Hamburg, 1670.

Tarski, Alfred, Der Warheitsbegriff in den formalisierten Sprachen, *Studia Philosophica*, vol. 1, 1936, pp. 261~405.

Turing, A. M., On computable numbers with an application to the *Entscheidungsproblem*. *Proceedings of the London Mathematical Society*, series 2, 1936, 1937, vol. 42, pp. 230~265, vol. 43, pp. 544~546.

Whitehead, A. N. and Russell, Bertrand, *Principia Mathematica*, Cambridge, England, 1910~1913.

Wittgenstein, Ludwig, *Tractatus Logico-Philosophicus*, London, 1922.

인간의 언어와 동물의 언어

Alexander, R. D., Sound communication in Orthoptera and Cicadidae. In *Animal Sounds and Communication*, edited by W. E. Lanyon and W. N. Tavolga, Washington, 1960, pp. 38~92.

Altmann, S. A., Social behavior of anthropoid primates: Analysis of recent concepts. In *Roots of Behavior*, edited by E. L. Bliss, New York, 1962, pp. 277~285.

Andrew, R. J., The origin and evolution of the calls and facial expressions of the primates, *Behaviour*, vol. 20, 1963, pp. 1~109.

Bally, G., *Vom Ursprung und von den Grenzen der Freiheit*, Basel, 1945.

Blest, A. D., The concept of "ritualisation" in *Current Problems in Animal Behaviour*, edited by W. H. Thorpe and O. L. Zangwill. Cambridge, England, 1961.

Bronowski, J., The logic of experiment, *Advancement of Science*, vol. 9, 1952, pp. 289~296.

Bronowski, J., The logic of the mind, *American Scientist*, vol. 54, 1966, pp. 1~14.

Bronowski, J. and Long, W. M., Statistics of discrimination in anthropology, *American Journal of Physical Anthropology*, vol. 10, 1952, pp. 385~394.

Bronowski, J. and Long, W. M., The australopithecine milk canines, *Nature*, vol. 172, 1953, p. 251.

Bruner, J. S., Introduction to *Thought and Language* by L. S. Vygotsky, Cambridge, Massachusetts, 1962.

Butler, S., Thought and language. In *Collected Essays*, London, 1890.

Buytendijk, F. J. J., Considérations de psychologie comparée à propos d'expériences faites avec le singe Cercopithecus, *Archives Néerlandaises de Physiologie de l'Homme et des Animaux*, vol. 5, 1921, pp. 42~88.

Campbell, B., Quantitative taxonomy and human evolution. In *Classification and Human Evolution*, edited by S. L. Washburn, Chicago, 1963, pp. 50~74.

Carthy, J. D., Do animals see polarized light? *New Scientist*, vol. 10, 1961, pp. 660~662.

Chomsky, N., *Cartesian Linguistics*, New York, 1966.

Dart, R. A., The first australopithecine fragment from the Makapansgat pebble culture stratum, *Nature*, vol. 176, 1955, pp. 170~171.

Descartes, R., *Discours de la Méthode*, part 5. Leyden, 1637.

Einstein, A., Elektrodynamik bewegter Körper, *Annalen der Physik*, vol. 17, 1905, pp. 891~921.

Esch, H., Über die Schallerzeugung beim Werbetanz der Honigbiene, *Zeitschrift Vergleichender Physiologie*, vol. 45, 1961, pp. 1~11.

Esch, H., Private communication, 1965.

Faber, A., *Laut-und Gebärdensprache bei Insekten Orthoptera*, Stuttgart, 1953.

Frisch, K. von, *Bees: Their Vision, Chemical Senses, and Language*, Ithaca, New York, 1950.

Goodall, J., Feeding behaviour of wild chimpanzees. In *The Primates*, edited by J. Napier(Zoological Society of London Symposium, vol. 10), 1963, pp. 39~47.

Hebb, D. O. and Thompson, W. R., The social significance of animal studies. In *Handbook of Social Psychology*, edited by G. Lindsey, vol. 1, Cambridge, Massachusetts, 1954, pp. 532~561.

Hinde, R. A. and Rowell, T. E., Communication by postures and facial expressions in the rhesus monkey(Macaca mulatta), *Proceedings of the Zoological Society of London*, vol. 138, 1962, pp. 1~21.

Hockett, C. F., Animal "languages" and human language. In *The Evolution of Man's Capacity for Culture*, arranged by J. N. Spuhler,

Detroit, 1959, pp. 32~39.

Hockett, C. F., Logical considerations in the study of animal communication. In *Animal Sounds and Communication*, edited by W. E. Lanyon and W. N. Tavolga, Washington, 1960, pp. 392~430.

Hockett, C. F., The problem of universals in language. In *Universals of Language*, edited by J. H. Greenberg, Cambridge, Massachusetts, 1963, pp. 1~29.

Hockett, C. F. and Ascher, R., The human revolution, *Current Anthropology*, vol. 5, 1964, pp. 135~147.

Hunter, W. S., The delayed reaction in animals and children, *Behavior Monographs*, vol. 2, 1913, pp. 1~86.

Huxley, J., Lorenzian ethology, *Zeitschrift für Tierpsychologie*, vol. 20, 1963, pp. 402~409.

Jakobson, R., Phonology and phonetics. In *Selected Writings*, vol. 1, The Hague, 1962, pp. 464~504, Retrospect. Ibid, pp. 631~658.

Jakobson, R., Towards a linguistic typology of aphasic impairments. In *Disorders of Language*, edited by A. V. S. de Reuck and M. O' Connor, London, 1964, pp. 21~42.

Jakobson, R., Private communication, 1966.

Kainz, F., *Die 'Sprache' der Tiere*, Stuttgart, 1961.

Keats, J., Ode on a Grecian urn. In *Lamia, Isabella, The Eve of St. Agnes and Other Poems*, London, 1820, pp. 113~116.

Koehler, O., Vorsprachliches Denken und "Zählen" der Vögel. In *Ornithologie als biologische Wissenschaft*, Heidelberg, 1949, pp. 125~146.

Koenig, O., Das Aktionssystem der Bartmeise. *Österreichische Zooligische Zeitschrift*, vol. 3, 1951, p. 247ff.

Köhler, W., *Intelligenzprüfungen an Menschenaffen*, Berlin, 1921.

Kroeber, A. L., Sign and symbol in bee communications, *Proceedings of the National Academy of Sciences*, vol. 38, 1952, pp. 753~757.

Lack, D., The behaviour of the robin, *Proceedings of the Zoological Society of London*, vol. 109A, 1939, pp. 169~178.

Lanyon, W. E., The ontogeny of vocalizations in birds. In *Animal Sounds and Communication*, edited by W. E. Lanyon and W. N. Tavolga, Washington, 1960, pp. 321~347.

Leakey, L. S. B., A new fossil skull from Olduvai, *Nature*, vol. 184, pp. 491~493.

Leakey, L. S. B., New finds at Olduvai Gorge. *Nature*, vol. 189, 1961, pp. 649~650.

Lindauer, M., *Communication among Social Bees*, Cambridge, Massachusetts, 1961.

Marler, P., The logical analysis of animal communication, *Journal of Theoretical Biology*, vol. 1, 1961, pp. 295~317.

Müller, M., *Lectures on the Science of Language*, New York, 1872.

Oakley, K., Tools makyth man. *Antiquity*, vol. 31, 1957, pp. 199~209.

Orowan, E., The origin of man, *Nature*, vol. 175, 1955, pp. 683~684.

Peirce, C. S., Speculative grammar. In *Collected Papers*, vol. 2, Cambridge, Massachusetts, 1932, p. 129ff.

Pumphrey, R. J., The origin of language, *Acta Psychologica*, vol. 9, 1953, pp. 219~237.

Pumphrey, R. J., Private communication, 1964.

Robinson, J. T., The australopithecines and their bearing on the origin of man and of stone tool-making. In *Ideas on Human Evolution*, edited by W. Howells, Cambridge, Massachusetts, 1962, pp. 279~294.

Robinson, J. T. and Mason, R. J., Occurrence of stone artifacts with australopithecus at Sterkfontein, *Nature*, vol. 180, 1957, pp. 521~524.

Tarski, A., The semantic conception of truth, *Philosophy and Phenomenological Research*, vol. 4, 1944, pp. 13~47.

Thorpe, W. H., *Bird-Song*, Cambridge, England, 1961.

Tinbergen, N., *The Study of Instinct*, Oxford, 1951.

Tinbergen, N. and Cullen, M., Ritualization among blackheaded gulls. In *Royal Society Conference on Ritualization of Behaviour in Animals and Man*, London, 1965.

Tobias, P. V. and Leakey, L. S. B., Robinson J. T. and others, *Current Anthropology*, vol. 6, 1965, pp. 343~431.

Vygotsky, L. S., *Thought and Language*, Cambridge, Massachusetts, 1962.

Washburn, S. L., Speculations on the interrelations of the history of tools and biological evolution. In *The Evolution of Man's Capacity for Culture*, arranged by J. N. Spuhler, Detroit, 1959, pp. 21~31.

Washburn, S. L., Tools and human evolution, *Scientific American*, vol. 203, 1960, pp. 62~75.

Waterman, T. H., Systems analysis and the visual orientation of animals, *American Scientist*, vol. 54, 1966, pp. 15~45.

Wenner, A. M., Sound production during the waggle dance of the honey bee, *Animal Behaviour*, vol. 10, 1962, pp. 79~95.

Wenner, A. M., Private communication, 1965.

Wordsworth, W., Preface to the second edition of *Lyrical Ballads*, Bristol, 1800.

Zhinkin, N. I., An application of the theory of algorithms to the study of animal speech. In *Acoustic Behaviour of Animals*, edited by R. G. Busnel, Amsterdam, 1963, pp. 132~180.

생물학적 구조에 있어서의 언어

Aristotle, *De Motu Animalium. De Incessu Animalium*. In *Works*, edited by J. A. Smith and W. D. Ross, vol. 5, Oxford, 1912, pp. 698a~714b.

Bellugi, U., Learning the language, *Psychology Today*, vol. 4, no. 7,

1970, p. 32ff.

Bellugi, U., Private communication, 1971.

Berlin, B. and Kay, P., *Basic Color Terms*, Berkeley, 1969.

Bernal, J. D., Molecular structure, biochemical function, and evolution. In *Theoretical and Mathematical Biology*, edited by T. H. Waterman and H. J. Morowitz, New York, 1965, pp. 96~135.

Bethe, H. A., Energy production in stars, *Physical Review*, vol. 55, 1939, p. 434.

Broca, P., Remarques sur le siège de la faculté du langage articulé, suivie d'une observation d'aphémie(perte de la parole). *Bulletin de la Societé Anatomique de Paris*, vol. 36, 1861, pp. 330~357.

Bronowski, J., *The Identity of Man*, New York, 1965.

Bronowski, J., The logic of the Mind, *American Scientist*, vol. 54, no. 1, 1966, pp. 1~14.

Bronowski, J., Human and animal languages. In *To Honor Roman Jakobson*, I. The Hague, 1967, pp. 374~394.

Bronowski, J., *Nature and Knowledge. The Philosophy of Contemporary Science*, Eugene, Oregon, 1969a.

Bronowski, J., On the uniqueness of man. Review of *Biology and Man* by G. G. Simpson, *Science*, vol. 165, no. 3894, 1969b, pp. 680~681.

Bronowski, J. and Bellugi, U., Language, name and concept, *Science*, vol. 168, no. 3932, 1970, pp. 669~673.

Bryan, A. L., The essential morphological basis for human culture, *Current Anthropology*, vol. 4, no. 3, 1963, pp. 297~306.

Campbell, B. G., *Human Evolution: An Introduction to Man's Adaptations*, Chicago, 1966.

Chomsky, N., *Aspects of the Theory of Syntax*, Cambridge, Massachusetts, 1965.

Chomsky, N., *Cartesian Linguistics*, New York, 1966.

Chomsky, N., *Language and Mind*, New York, 1968.

Clark, E. V., How children describe time and order. In *The Structure and Psychology of Language*, vol. 2, edited by T. G. Bever and W. Weksel, New York, 1971.

Conrad, R., Acoustic confusions and memory span for words, *Nature*, vol. 197, no. 4871, 1963, pp. 1029~1030.

Davenport, R. K. and Rogers, C. M., Intermodal equivalence of stimuli in apes, *Science*, vol. 168, 1970, pp. 279~280.

Descartes, R., *De Homine Figuris et Latinate Donatus a Florentio Schuyl*, Leyden, 1662.

Gardner, A. R. and Gardner, B. T., Teaching sign language to a chimpanzee, *Science*, vol. 165, 1969, pp. 664~672.

Geiger, L., *Contributions to the History of the Development of the Human Race*, London, 1880.

Geschwind, N., The development of the brain and the evolution of language. Georgetown University Press. Monograph series on languages and linguistics, no. 17, Washington, D. C., 1964, pp. 155~169.

Geschwind, N., Disconnexion syndromes in animals and man, *Brain*, vol. 88, 1965, pp. 237~294, 585~644.

Geschwind, N. and Quadfasel, F. A. and Segarra, J. M., Isolation of the speech area, *Neuropsychologia*, vol. 6, no. 4, 1968, pp. 327~340.

Geschwind, N., The organization of language and the brain. *Science*, vol. 170, 1970, pp. 940~944.

Gladstone, W. E., *Studies on Homer and the Homeric Age*, Oxford, 1858.

Goldstein, K., Transkortikale Aphasien, *Ergebnisse der Neurologie und Psychiatrie*, 1915, p. 422.

Gray, T., An ode on a distant prospect of Eton College, 1747.

Gregory, R., *The Intelligent Eye*, London, 1970.

Harlow, H. F., The heterosexual affectional system in monkeys, *American Psychologist*, vol. 17, 1962, pp. 1~9.

Hockett, C. F., Comments on "The essential morphological basis for human culture" by Alan Lyle Bryan, *Current Anthropology*, vol. 4, no. 3, 1963, pp. 303~304.

Hockett, C. F. and Ascher, R., The human revolution, *Current Anthropology*, vol. 5, no. 3, 1964, pp. 135~167.

Hunter, W. S., The delayed reaction in animals and children, *Behavior Monographs*, vol. 2, 1913, pp. 1~86.

Jacobsen, C. F., Studies of cerebral functions in primates. I. The function of the frontal areas in monkeys, *Comparative Psychology Monographs*, vol. 13, no. 63, 1936, pp. 3~60.

Jakobson, R., Towards a linguistic typology of aphasic impairments. In *Disorders of Language*, edited by A. V. S. de Reuck and M. O' Connor, London, 1964, pp. 21~42.

Jakobson, R., Linguistic types of aphasia. In *Brain Function*, vol. 3: *Speech, Language, and Communication*, edited by E. C. Carterette, Berkeley, 1966, pp. 67~91.

Jakobson, R., The Kazan School of Polish Linguistics and its place in the international development of phonology. In *Selected Writings*, vol. 2, The Hague, 1970, p. 395.

Lamarck, J. B., *Philosophie Zoologique*, Paris, 1809.

Lancaster, J. B., Primate communication systems and the emergence of human language. In *Primates*, edited by P. C. Jay, New York, 1968, pp. 439~457.

Lashley, K. S., The problem of serial order in behavior. In *Cerebral Mechanisms in Behavior*, edited by L. A. Jeffress, New York, 1951, pp. 112~146.

Lenneberg, E. H., *Biological Foundations of Language*, New York, 1967.

Levy, J., Possible basis for the evolution of lateral specialization of the human brain, *Nature*, vol. 224, 1969, pp. 614~615.

Lieberman, P. H., Primate vocalizations and human linguistic ability, *Journal of the Acoustical Society of America*, vol. 44, 1968a, pp. 1574~1584.

Lieberman, P. H. and Harris, K. S. and Wolff, P., Newborn infant cry in relation to nonhuman primate vocalizations, *Journal of the Acoustical Society of America*, vol. 44, 1968b, p. 365(a).

Lieberman, P. H. and Klatt, D. L. and Wilson, W. A., Vocal tract limitations on the vowel repertoires of the rhesus monkey and other nonhuman primates, *Science*, vol. 164, 1969, pp. 1185~1187.

Lieberman, P. H. and E. S. Crelin, On the speech of Neanderthal man, *Linguistic Inquiry*, vol. 2, no. 2, 1971, pp. 203~222.

Luria, A. R., *Traumatic Aphasia. Its Syndromes, Psychology and Treatment*, The Hague, 1970.

Myers, R. E., Corpus callosum and visual gnosis. In *Brain Mechanisms and Learning*, edited by J. F. Delafresnaye, Oxford, 1961.

Oakley, K. P., Tools makyth man, *Antiquity*, vol. 31, 1957, pp. 199~209.

Pandya, D. N. and Kuypers, H. G. J. M., Cortico-cortical connections in the rhesus monkey, *Brain Research*, vol. 13, no. 1, 1969, pp. 13~36.

Penfield, W. and Roberts, L., *Speech and Brain-Mechanisms*, Princeton, New Jersey, 1959.

Premack, D., The education of S-A-R-A-H, *Psychology Today*, vol. 4, no. 4, 1970.

Russell, B., *"Mysticism and Logic" and Other Essays*, London, 1918.

Sapir, E., *Language: An Introduction to the Study of Speech*, New York, 1921.

Simpson, G. G., *Biology and Man*, New York, 1969.

Skinner, B. F., *Verbal Behavior*, New York, 1957.

Sperry, R. W., The great cerebral commisure, *Scientific American*, vol. 210, 1964, pp. 42~52.

Sperry, R. W., Hemispheric interaction and the mind-brain problem. In *Brain and Conscious Experience*, edited by J. C. Eccles, Heidelberg, 1965.

Tarski, A., Der Warheitsbegriff in den formalisierten Sprachen, *Studia Philosophica*, vol. 1, 1936, p. 261.

Thomson, G. P., On the waves associated with β-rays, and the relation between free electrons and their waves, *Philosophical Magazine*, vol. 7, 1929, p. 405.

Thomson, J. J., Cathode rays, *Philosophical Magazine*, vol. 44, 1897. p. 293.

Thorpe, W. H., *Learning and Instinct in Animals*, London, 1956.

Thorpe, W. H., *Bird-Song: The Biology of Vocal Communication and Expression in Birds*, Cambridge, England, 1961.

Tinbergen, N., *The Study of Instinct*, Oxford, 1951.

Tinbergen, N., *The Herring Gull's World: A Study of the Social Behaviour of Birds*, London, 1953.

Vygotsky, L. S., *Thought and Language*, edited and translated by E. Hanfmann and G. Vakar. Cambridge, Massachusetts, 1962.

Washburn, S. L., Tools and Human Evolution, *Scientific American*, Vol. 203, 1960, pp. 62~75.

Washburn, S. L., *The Study of Human Evolution*, Eugene, Oregon, 1968.

Weir, R. H., *Language in the Crib*, The Hague, 1962.

Wernicke, C., *Der aphasische Symptomencomplex*, Breslau, 1874.

Wiesel, T. N. and Hubel, D. H., Comparison of the effects of unilateral and bilateral eye closure on cortical unit responses in kittens,

Journal of Neurophysiology, vol. 28, 1965, pp. 1029~1040.

Wilks, Y., Review of *Language and Mind* by Noam Chomsky, *The Listener*, vol. 82, 1969, pp. 44~46.

Zhinkin, N. I., An application of the theory of algorithms to the study of animal speech. In *Acoustic Behaviour of Animals*, edited by R. G. Busnel, Amsterdam, 1963, pp. 132~180.

복잡한 진화에서의 새로운 개념들

Bernal, J. D., Molecular structure, biochemical function, and evolution. In *Theoretical and Mathematical Biology*, edited by T. H. Waterman and H. J. Morowitz, Waltham, Massachusetts, 1964, pp. 96~135.

Bethe, H. A., Energy production in stars, *Physical Review*, vol. 55, 1939, p. 434.

Bohm, D., Some remarks on the notion of order. In *Towards a Theoretical Biology*, edited by C. H. Waddington, Edinburgh, Scotland, 1969, pp. 18~40.

Bronowski, J., *The Identity of Man*, New York, 1965.

Bronowski, J., *Nature and Knowledge*, Eugene, Oregon, 1969.

Delbrück, M., A physicist looks at biology, *Transactions of the Connecticut Academy of Arts and Sciences*, vol. 38. Reprinted in *Phage and the Origins of Molecular Biology*, edited by J. Cairns, G. S. Stent and J. D. Watson(Cold Spring Harbor, 1966), 1949, pp. 9~22.

Elsasser, W. M., *The Physical Foundation of Biology*, New York, 1958.

Fisher, R. A., *The Genetical Theory of Natural Selection*, Oxford, 1930.

Harrison, B. J. and Holliday, R., Senescence and the fidelity of protein synthesis in Drosophila, *Nature*, vol. 213, 1967, p. 990.

Holliday, R., Errors in protein synthesis and clonal senescence in fungi, *Nature*, vol. 221, 1969, pp. 1224~1228.

Hayflick, L., Cell culture and the aging phenomenon. In *Topics in the*

Biology of Aging, edited by P. L. Krohn, New York, 1966, pp. 83~100.

von Neumann, J., *Mathematische Grundlagen der Quantenmechanik*, Berlin, 1932.

Orgel, L. E., The maintenance of the accuracy of protein synthesis and its relevance to ageing, *Proceedings of the National Academy of Sciences*, vol. 49, 1963, pp. 517~521.

Paley, W., *Evidences of Christianity*, London, 1794.

Polanyi, M., Life transcending physics and chemistry, *Chemical and Engineering News*, vol. 45, no. 35, 1967, pp. 54~66.

Polanyi, M., Life's irreducible structure, *Science*, vol. 160, 1968, pp. 1308~1312.

Schrödinger, E., *What is Life?*, Cambridge, England, 1944.

Watson, J. D. and Crick, F. H. C., A structure for deoxyribose nucleic acid, *Nature*, vol. 171, 1953, pp. 737~738.

Wigner, E. P., The probability of the existence of a self-reproducing unit. In *The Logic of Personal Knowledge: Essays Presented to Michael Polanyi on his Seventieth Birthday*, London, 1961.